大学数学

（经济、管理类专业适用）

主编　李选民
参编　张宇萍　曹黎侠
　　　王文海

西安交通大学出版社
XI'AN JIAOTONG UNIVERSITY PRESS

内容简介

本书分上、下两篇。上篇为线性代数与线性规划，主要介绍了行列式、矩阵、向量组的线性相关性、线性方程组的解、特征值与特征向量、二次型及线性规划的基本概念和单纯形法。下篇为概率论与数理统计，主要介绍了事件与概率、一维与多维随机变量及分布、随机变量的数字特征、数理统计的基本概念、分布参数的点估计和区间估计、参数的假设检验等内容。

本书在编写的过程中遵循“拓宽基础、强化能力、立足应用”的原则与“必须、够用”的尺度，在知识内容与结构体系上做到由浅入深、循序渐进，有利于学生对知识的理解和掌握。

图书在版编目(CIP)数据

大学数学/李选民主编. —西安:西安交通大学出版社，2011.8(2021.7 重印)
经济、管理类专业适用
ISBN 978-7-5605-3959-1

Ⅰ.①大… Ⅱ.①李… Ⅲ.①高等数学-高等学校-教材 Ⅳ.①O13

中国版本图书馆 CIP 数据核字(2011)第 130284 号

书　　名 大学数学(经济、管理类专业适用)
主　　编 李选民
责任编辑 刘雅洁

出版发行 西安交通大学出版社
(西安市兴庆南路 1 号　邮政编码 710048)
网　　址 http://www.xjtupress.com
电　　话 (029)82668357　82667874(发行中心)
(029)82668315(总编办)
传　　真 (029)82668280
印　　刷 西安日报社印务中心

开　　本 787mm×1092mm　1/16　**印张** 16.75　**字数** 404 千字
版次印次 2011 年 8 月第 1 版　2021 年 7 月第 9 次印刷
书　　号 ISBN 978-7-5605-3959-1
定　　价 30.00 元

读者购书、书店添货、如发现印装质量问题，请与本社发行中心联系、调换。
订购热线:(029)82665248　(029)82665249
投稿热线:(029)82664954
读者信箱:jdlgy@yahoo.cn

前　言

《大学数学(经济、管理类专业适用)》是一本为高等院校财经类学生撰写的教材,其内容涵盖了教育部颁布的高等财经类专业核心课程《经济数学基础》教学大纲中线性代数和概率论与数理统计部分的全部基本要求,并略有拓宽,可以满足普通高校经济、管理类各专业对本课程的要求。

在编写本书时,作者遵循"拓宽基础,强化能力,立足应用"与"必需、够用为度"的原则,注重基本概念、基本理论和基本方法。在引入概念时,不吝用一定的篇幅引入实际问题,以其为背景直观地给予说明;对部分定理,不过分强调严格抽象的理论推导,而代之以例证;在内容表达方式上,不像对数学系学生的要求那么严格,而是将数学语言在某些地方"通俗化";在例题的选择上,淡化解题技巧的训练,而是通过较多的基本且典型的例题培养学生的基本能力;在知识体系、结构体系上尽量做到由浅入深,循序渐进,有利于学生对基本概念、基本理论的掌握,同时也利于学生自学。

本书也可供对线性代数、概率论与数理统计要求较低的工科类学生使用,还可作为高职高专、成人教育类非数学专业的相关课程的教材。书中带"*"号的内容和习题,可根据专业的不同需要与学时安排略去不讲,供学有余力的学生自学。

本书由李选民教授主编,杨力教授主审。参编人员有张宇萍教授、曹黎侠副教授及王文海老师。其中上篇的线性代数与线性规划,由李选民、王文海编写,下篇的概率论与数理统计,由张宇萍、曹黎侠编写,最后由李选民负责修改、统稿。本书在编写的过程中得到了西安工业大学、西安工业大学理学院及数学系的大力支持和帮助,并得到西安交通大学出版社大力支持,在此深表感谢。

由于水平所限,书中难免存在一些不妥之处,恳切希望读者批评指正。

编　者

2011 年 5 月

目　录

上篇　线性代数与线性规划

上　篇

线性代数与线性规划

在科学研究、工程技术及经济管理中，经常遇到需要解决的问题可以直接或者近似地表示成变量之间的线性关系，或者虽是非线性关系但可以转化为线性关系，因此对线性关系的研究显得尤为重要. 线性代数是研究线性关系最基本的数学工具. 线性规划是运筹学中的重要内容，它在解决技术问题中的最优化，工业、农业、交通运输业的计划与管理、分析与决策中都有广泛的应用.

本篇的第 1 章至第 6 章介绍了线性代数的一些基本内容，第 7 章介绍了线性规划的基本概念和方法.

第 1 章　行列式

行列式是一种基本的数学工具. 本章主要内容包括介绍 n 阶行列式的定义，以三阶行列式为主介绍行列式的性质及计算方法，最后介绍用 n 阶行列式求解 n 元线性方程组的克拉默(Cramer)法则.

1.1　二阶与三阶行列式

1.1.1　二元线性方程组与二阶行列式

行列式的概念首先是在求解方程组个数与未知量个数相同的一次方程组(以后常把一次方程组称为线性方程组)中提出来的. 例如，用消元法解二元线性方程组

$$\begin{cases} a_{11}x_1 + a_{12}x_2 = b_1 \\ a_{21}x_1 + a_{22}x_2 = b_2 \end{cases} \tag{1.1}$$

为消去未知数 x_2，以 a_{22} 、a_{12} 分别乘上列两个方程的两端，然后两个方程相减，得

$$(a_{11}a_{22} - a_{12}a_{21})x_1 = b_1a_{22} - a_{12}b_2$$

类似地消去 x_1，得

$$(a_{11}a_{22} - a_{12}a_{21})x_2 = a_{11}b_2 - b_1a_{21}$$

当 $a_{11}a_{22} - a_{12}a_{21} \neq 0$ 时，方程组(1.1)的解为

$$x_1 = \frac{b_1a_{22} - a_{12}b_2}{a_{11}a_{22} - a_{12}a_{21}}, \qquad x_2 = \frac{a_{11}b_2 - b_1a_{21}}{a_{11}a_{22} - a_{12}a_{21}} \tag{1.2}$$

为了表述方便，引入记号

$$\begin{vmatrix} a_{11} & a_{12} \\ a_{21} & a_{22} \end{vmatrix} \tag{1.3}$$

这个记号称为**二阶行列式**，它由 2^2 个数组成，它代表一个算式，等于数 $a_{11}a_{22} - a_{12}a_{21}$，即

$$\begin{vmatrix} a_{11} & a_{12} \\ a_{21} & a_{22} \end{vmatrix} = a_{11}a_{22} - a_{12}a_{21}$$

数 $a_{ij}\,(i,j = 1,\ 2)$ 称为行列式(1.3)的**元素**，元素 a_{ij} 的第一个下标 i 称为行标，表明该元素位于第 i 行，第二个下标 j 称为列标，表明该元素位于第 j 列.

上述二阶行列式的定义，可用对角线法则来记忆. 如图 1-1 所示，把 a_{11} 到 a_{22} 的实连线称为主对角线，a_{12} 到 a_{21} 的虚连线称为副对角线，于是二阶行列式便是主对角线上的两元素之积减去副对角线上两元素之积所得的差. 这种方法称为二阶行列式的**对角线法则**.

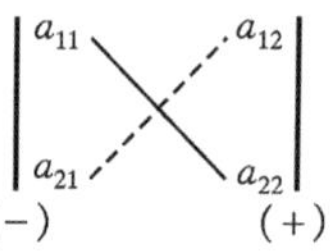

图 1-1

利用二阶行列式的概念，那么式(1.2)中 x_1, x_2 的分子也可以写成二阶行列式，即

$$b_1a_{22} - a_{12}b_2 = \begin{vmatrix} b_1 & a_{12} \\ b_2 & a_{22} \end{vmatrix}, \qquad a_{11}b_2 - b_1a_{21} = \begin{vmatrix} a_{11} & b_1 \\ a_{21} & b_2 \end{vmatrix}$$

若记

$$D=\begin{vmatrix} a_{11} & a_{12} \\ a_{21} & a_{22} \end{vmatrix},\qquad D_1=\begin{vmatrix} b_1 & a_{12} \\ b_2 & a_{22} \end{vmatrix},\qquad D_2=\begin{vmatrix} a_{11} & b_1 \\ a_{21} & b_2 \end{vmatrix}$$

则式(1.2)可写成

$$x_1=\frac{D_1}{D}=\frac{\begin{vmatrix} b_1 & a_{12} \\ b_2 & a_{22} \end{vmatrix}}{\begin{vmatrix} a_{11} & a_{12} \\ a_{21} & a_{22} \end{vmatrix}},\qquad x_2=\frac{D_2}{D}=\frac{\begin{vmatrix} a_{11} & b_1 \\ a_{21} & b_2 \end{vmatrix}}{\begin{vmatrix} a_{11} & a_{12} \\ a_{21} & a_{22} \end{vmatrix}}$$

注意，这里的分母 D 是由方程组(1.1)的系数所确定的二阶行列式(称为系数行列式)，x_1 的分子 D_1 是用常数 b_1、b_2 替换 D 中 x_1 的系数 a_{11}、a_{21} 所得的二阶行列式，D_2 是用常数 b_1、b_2 替换 D 中 x_2 的系数 a_{12}、a_{22} 所得的二阶行列式.

例 1.1　求解二元线性方程组 $\begin{cases} 3x_1+x_2=9 \\ x_1-2x_2=-4 \end{cases}$.

解　由于

$$D=\begin{vmatrix} 3 & 1 \\ 1 & -2 \end{vmatrix}=3\times(-2)-1\times 1=-7\neq 0$$

$$D_1=\begin{vmatrix} 9 & 1 \\ -4 & -2 \end{vmatrix}=9\times(-2)-1\times(-4)=-14$$

$$D_2=\begin{vmatrix} 3 & 9 \\ 1 & -4 \end{vmatrix}=3\times(-4)-9\times 1=-21$$

所以

$$x_1=\frac{D_1}{D}=\frac{-14}{-7}=2,\qquad x_2=\frac{D_2}{D}=\frac{-21}{-7}=3$$

1.1.2　三阶行列式

对于 9 个元素 a_{ij} $(i,j=1,\ 2,\ 3)$，记号

$$\begin{vmatrix} a_{11} & a_{12} & a_{13} \\ a_{21} & a_{22} & a_{23} \\ a_{31} & a_{32} & a_{33} \end{vmatrix}$$

称为**三阶行列式**，它由 3^2 个数组成，也代表一个算式，等于

$$a_{11}a_{22}a_{33}+a_{12}a_{23}a_{31}+a_{13}a_{21}a_{32}-a_{11}a_{23}a_{32}-a_{12}a_{21}a_{33}-a_{13}a_{22}a_{31}$$

即

$$\begin{vmatrix} a_{11} & a_{12} & a_{13} \\ a_{21} & a_{22} & a_{23} \\ a_{31} & a_{32} & a_{33} \end{vmatrix}=a_{11}a_{22}a_{33}+a_{12}a_{23}a_{31}+a_{13}a_{21}a_{32}-a_{11}a_{23}a_{32}-a_{12}a_{21}a_{33}-a_{13}a_{22}a_{31} \tag{1.4}$$

式(1.4)中右端含有 6 项，每项均为不同行不同列的三个元素的乘积再冠以正负号，其代数和也可以用划线(见图 1－2)的方法记忆. 其中各实线连接的三个元素的乘积是代数和中的正

项,各虚线连接的三个元素乘积是代数和中的负项.这种方法称为三阶行列式的对角线法则.

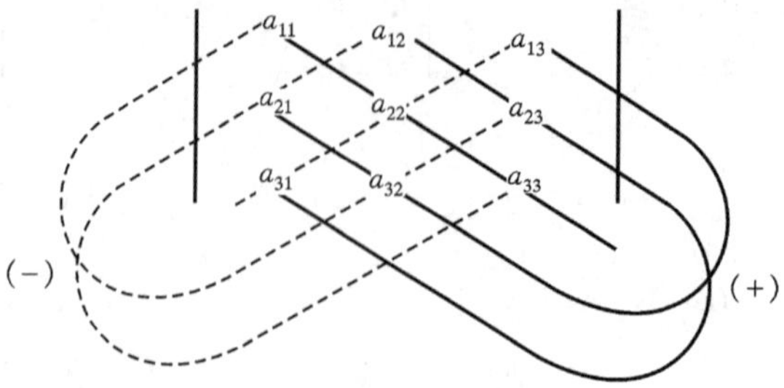

图 1-2

当引入三阶行列式的概念后,对于三元线性方程组

$$\begin{cases} a_{11}x_1 + a_{12}x_2 + a_{13}x_3 = b_1 \\ a_{21}x_1 + a_{22}x_2 + a_{23}x_3 = b_2 \\ a_{31}x_1 + a_{32}x_2 + a_{33}x_3 = b_3 \end{cases}$$

若系数行列式

$$D = \begin{vmatrix} a_{11} & a_{12} & a_{13} \\ a_{21} & a_{22} & a_{23} \\ a_{31} & a_{32} & a_{33} \end{vmatrix} \neq 0$$

用消元法求解这个方程组,可得

$$x_1 = \frac{D_1}{D}, \qquad x_2 = \frac{D_2}{D}, \qquad x_3 = \frac{D_3}{D}$$

其中 $D_j\ (j = 1,2,3)$是用常数 b_1, b_2, b_3 替换 D 中的第 j 列所得的行列式,即

$$D_1 = \begin{vmatrix} b_1 & a_{12} & a_{13} \\ b_2 & a_{22} & a_{23} \\ b_3 & a_{32} & a_{33} \end{vmatrix}, D_2 = \begin{vmatrix} a_{11} & b_1 & a_{13} \\ a_{21} & b_2 & a_{23} \\ a_{31} & b_3 & a_{33} \end{vmatrix}, D_3 = \begin{vmatrix} a_{11} & a_{12} & b_1 \\ a_{21} & a_{22} & b_2 \\ a_{31} & a_{32} & b_3 \end{vmatrix}$$

例 1.2　求解三元线性方程组 $\begin{cases} x_1 + 2x_2 - 4x_3 = 9 \\ -2x_1 + 2x_2 + x_3 = 1 \\ -3x_1 + 4x_2 - 2x_3 = 7 \end{cases}$.

解　按对角线法有

$$\begin{aligned} D = \begin{vmatrix} 1 & 2 & -4 \\ -2 & 2 & 1 \\ -3 & 4 & -2 \end{vmatrix} &= 1\times 2\times(-2) + 2\times 1\times(-3) + (-4)\times(-2)\times 4 - (-4)\times \\ &\quad 2\times(-3) - 2\times(-2)\times(-2) - 1\times 1\times 4 \\ &= -14 \end{aligned}$$

同理

$$D_1 = \begin{vmatrix} 9 & 2 & -4 \\ 1 & 2 & 1 \\ 7 & 4 & -2 \end{vmatrix} = -14, D_2 = \begin{vmatrix} 1 & 9 & -4 \\ -2 & 1 & 1 \\ -3 & 7 & -2 \end{vmatrix} = -28, D_3 = \begin{vmatrix} 1 & 2 & 9 \\ -2 & 2 & 1 \\ -3 & 4 & 7 \end{vmatrix} = 14$$

所以

$$x_1=\frac{D_1}{D}=1,\qquad x_2=\frac{D_2}{D}=2,\qquad x_3=\frac{D_3}{D}=-1$$

例 1.3　$\begin{vmatrix} a & 1 & 0 \\ 1 & a & 0 \\ 4 & 1 & 1 \end{vmatrix}>0$ 的充分必要条件是什么？

解　按对角线法则有 $\begin{vmatrix} a & 1 & 0 \\ 1 & a & 0 \\ 4 & 1 & 1 \end{vmatrix}=a^2-1$. 由于 $a^2-1>0$ 当且仅当 $|a|>1$，所以 $\begin{vmatrix} a & 1 & 0 \\ 1 & a & 0 \\ 4 & 1 & 1 \end{vmatrix}>0$ 的充分必要条件是 $|a|>1$.

注：对角线法则只适合用于二阶与三阶行列式.

1.2　全排列及逆序数

上节我们引进了二、三阶行列式的概念，得到了求解二元一次方程组及三元一次方程组的行列式解法，该方法使得方程组的求解公式化、程序化. 那么对于一般的 n 元线性方程组

$$\begin{cases} a_{11}x_1+a_{12}x_2+\cdots+a_{1n}x_n=b_1 \\ a_{21}x_1+a_{22}x_2+\cdots+a_{2n}x_n=b_2 \\ \qquad\vdots \\ a_{n1}x_1+a_{n2}x_2+\cdots+a_{nn}x_n=b_n \end{cases}$$

能否类似引入 n 阶行列式的概念，是否可得 n 元一次方程组的行列式解法？为此，先介绍全排列及逆序数的概念.

定义 1.1　将 n 个不同的元素按某种顺序排成一列，称为这 n 个元素的一个**全排列**（简称**排列**，也称 **n 级排列**）.

显然，当 $n>1$ 时，按不同的顺序它们可以组成不同的排列，其排列的总数通常用 P_n 表示.

例如，三个元素 1，2，3 可以组成以下六种全排列：123，132，213，231，312，321，故 $P_3=6$.

一般，从 n 个不同的元素中任取一个放在一个位置上，有 n 种取法；取定后从剩下的 $n-1$ 个元素中又取一个放在第二个位置上，有 $n-1$ 种取法；如此继续进行下去，直到最后只剩下一个元素放在第 n 个位置，只有一种取法，故有

$$P_n=n(n-1)\cdots3\cdot2\cdot1=n!$$

在本章内容中，我们所提到的排列中各元素均为正整数，取 n 个元素的一个全排列表示 n 个元素 $1,2,\cdots,n$ 的一个 n 级排列，记为 $a_1a_2\cdots a_n$.

对于 n 个不同的正整数，我们规定从小到大为标准次序，从小到大的排列称为标准排列，其他的排列都或多或少地改变了标准次序.

例如 4213 是 1，2，3，4 的一个排列，显然改变了标准排列 1234.

定义 1.2　在一个 n 级排列 $a_1a_2\cdots a_n$ 中，某两元素 a_i，$a_j(i,j=1,2,\cdots,n)$，如果 $i<j$，而 $a_i>a_j$，则称数对 a_i，a_j 构成该排列的一个**逆序**. 一个排列中，逆序的总数称为这个排列的

逆序数.

例 1.4 求排列 4213 的逆序数.

解 该排列中共有 4 与 2,4 与 1,4 与 3,2 与 1 这四个逆序,所以排列 4213 的逆序数是 4.

为了方便起见,我们用 $\tau(a_1a_2\cdots a_n)$ 表示 $a_1a_2\cdots a_n$ 的逆序数.即,$\tau(4213)=4$.

给定排列 $a_1a_2\cdots a_n$,我们可以按照以下方法计算逆序数,设在第一个数 a_1 后面比它小的数有 t_1 个,在第二个数 a_2 后面比它小的数有 t_2 个,…,第 $n-1$ 个数 a_{n-1} 后面比它小的数有 t_{n-1} 个,则该排列的逆序数

$$\tau(a_1a_2\cdots a_n)=t_1+t_2+\cdots+t_{n-1}$$

例 1.5 求排列 32514 的逆序数.

解 $t_1=2,\ t_2=1,\ t_3=2,\ t_4=0$,于是 $\tau(32514)=5$.

例 1.6 求排列 $n(n-1)\cdots 321$ 的逆序数.

解 $t_1=n-1,\ t_2=n-2,\ \cdots,t_{n-2}=2,\ t_{n-1}=1$,于是

$$\tau(n(n-1)\cdots 321)=(n-1)+(n-2)+\cdots+2+1=\frac{n(n-1)}{2}$$

由逆序数定义不难得出:标准排列的逆序数为零.

定义 1.3 设 $a_1a_2\cdots a_n$ 是一个 n 级排列,若 $\tau(a_1a_2\cdots a_n)$ 是一个偶数,则称 $a_1a_2\cdots a_n$ 为**偶排列**;若 $\tau(a_1a_2\cdots a_n)$ 是一个奇数,则称 $a_1a_2\cdots a_n$ 为**奇排列**.

1.3 n 阶行列式的定义

1.1 节给出了二阶、三阶行列式,即

$$\begin{vmatrix} a_{11} & a_{12} \\ a_{21} & a_{22} \end{vmatrix}=a_{11}a_{22}-a_{12}a_{21}$$

$$\begin{vmatrix} a_{11} & a_{12} & a_{13} \\ a_{21} & a_{22} & a_{23} \\ a_{31} & a_{32} & a_{33} \end{vmatrix}=a_{11}a_{22}a_{33}+a_{12}a_{23}a_{31}+a_{13}a_{21}a_{32}-a_{11}a_{23}a_{32}-a_{12}a_{21}a_{33}-a_{13}a_{22}a_{31}$$

由二阶、三阶行列式容易看出:

(1) 二阶行列式表示所有不同行不同列的两元素的乘积的代数和.两元素的乘积可以表示为

$$a_{1j_1}a_{2j_2}$$

j_1j_2 为 2 级排列,当 j_1j_2 取遍了 2 级排列 12,21 时,即得到二阶行列式所有项(不包含符号),共为 2! =2 项.

三阶行列式表示所有位于不同行不同列的 3 个元素乘积的代数和,3 个元素乘积可以表示为

$$a_{1j_1}a_{2j_2}a_{3j_3}$$

$j_1j_2j_3$ 为 3 级排列,当 $j_1j_2j_3$ 取遍了 3 级排列时,即得到三阶行列式所有的项(不包含符号),共为 3! =6 项.

(2) 每一项的符号是,当这一项中元素的行标按标准排列后,如果对应的列标构成的排列是偶排列则取正号,对应的列标构成的排列是奇排列则取负号.例如三阶行列式中带正号的三

项列标排列 123,231,312 都是偶排列,带负号的三项列标排列 132,213,321 都是奇排列.

综上所述,二阶行列式可写成

$$\begin{vmatrix} a_{11} & a_{12} \\ a_{21} & a_{22} \end{vmatrix} = \sum_{j_1 j_2} (-1)^{\tau(j_1 j_2)} a_{1j_1} a_{2j_2}$$

式中 $\sum\limits_{j_1 j_2}$ 表示对 1,2 所有排列求和. 三阶行列式可写成

$$\begin{vmatrix} a_{11} & a_{12} & a_{13} \\ a_{21} & a_{22} & a_{23} \\ a_{31} & a_{32} & a_{33} \end{vmatrix} = \sum_{j_1 j_2 j_3} (-1)^{\tau(j_1 j_2 j_3)} a_{1j_1} a_{2j_2} a_{3j_3}$$

式中 $\sum\limits_{j_1 j_2 j_3}$ 表示对所有的 1, 2, 3 的求和.

仿此,可给出 n 阶行列式的定义.

定义 1.4　由 n^2 个数 a_{ij} ($i,j=1, 2, 3, \cdots, n$) 排成 n 行 n 列,并记为

$$\begin{vmatrix} a_{11} & a_{12} & \cdots & a_{1n} \\ a_{21} & a_{22} & \cdots & a_{2n} \\ \vdots & \vdots & & \vdots \\ a_{n1} & a_{n2} & \cdots & a_{nn} \end{vmatrix} \tag{1.5}$$

称为 n **阶行列式**,简记作 $det(a_{ij})$. 这 n^2 个数称为行列式的**元素**, a_{ij} 称为行列式第 i 行第 j 列元素, i 称为 a_{ij} 的行标, j 称为 a_{ij} 列标. n 阶行列式是一个数,这个数等于所有取自不同行、不同列的 n 个元素,并将行标按标准次序排列起来作乘积

$$a_{1j_1} a_{2j_2} \cdots a_{nj_n} \tag{1.6}$$

的代数和. 这里 $j_1 j_2 \cdots j_n$ 是 1, 2, …, n 的一个排列,式(1.6)的乘积共有 $n!$ 项,式(1.6)的每项都按下列规则带符号:当 $j_1 j_2 \cdots j_n$ 是偶排列时带有正号,当 $j_1 j_2 \cdots j_n$ 是奇排列时带负号.

为此行列式(1.5)可简写为

$$\begin{vmatrix} a_{11} & a_{12} & \cdots & a_{1n} \\ a_{21} & a_{22} & \cdots & a_{2n} \\ \vdots & \vdots & & \vdots \\ a_{n1} & a_{n2} & \cdots & a_{nn} \end{vmatrix} = \sum_{j_1 j_2 \cdots j_n} (-1)^{\tau(j_1 j_2 \cdots j_n)} a_{1j_1} a_{2j_2} \cdots a_{nj_n} \tag{1.7}$$

其中 $\sum\limits_{j_1 j_2 \cdots j_n}$ 表示对 1, 2, …, n 的所有排列求和,故式(1.7)是 $n!$ 项的代数和.

例如,四阶行列式

$$\begin{vmatrix} a_{11} & a_{12} & a_{13} & a_{14} \\ a_{21} & a_{22} & a_{23} & a_{24} \\ a_{31} & a_{32} & a_{33} & a_{34} \\ a_{41} & a_{42} & a_{43} & a_{44} \end{vmatrix}$$

所表示的代数和中共有 $4! = 24$ 项. 其中含有一项 $a_{11}a_{23}a_{32}a_{44}$, 而 $\tau(1324) = 1$, 则 $a_{11}a_{23}a_{32}a_{44}$ 前面应冠以负号;此行列式同时也含有另一项 $a_{13}a_{24}a_{31}a_{42}$, 而 $\tau(3412) = 4$, 则 $a_{13}a_{24}a_{31}a_{42}$ 前面应冠以正号. 注意:24 项中不会含有 $a_{11}a_{13}a_{22}a_{44}$ 或 $a_{13}a_{22}a_{32}a_{41}$. 想想为什么?

例 1.7　计算四阶行列式

$$D=\begin{vmatrix} a & 0 & 0 & b \\ 0 & c & d & 0 \\ 0 & e & f & 0 \\ g & 0 & 0 & h \end{vmatrix}$$

解　根据定义，D 是 $4!=24$ 项的代数和. 但是，由于 D 中不少元素为零，所以 24 项不少的项为零. 不为零的项只有四项：$acfh$，$bdeg$，$adeh$，$bcfg$，它们对应的列标排列依次为 1234，4321(偶排列)，1324，4231(奇排列)，因此

$$D=acfh+bdeg-adeh-bcfg$$

例 1.8　计算行列式

$$D=\begin{vmatrix} a_{11} & 0 & 0 & \cdots & 0 \\ a_{21} & a_{22} & 0 & \cdots & 0 \\ a_{31} & a_{32} & a_{33} & \cdots & 0 \\ \vdots & \vdots & \vdots & & \vdots \\ a_{n1} & a_{n2} & a_{n3} & \cdots & a_{nn} \end{vmatrix}$$

解　这样的行列式叫**下三角形行列式**.

由于 D 的第一行除了 a_{11} 外其他元素都是零，于是要得到非零项，第一行必须选 a_{11}，而第二行不能选 a_{21}，因为第一列中只能选一个元素，所以在第二行中只能选非零元素 a_{22}，同理第三行只能选 a_{33}，…，第 n 行只能选 a_{nn}，这样 D 不含零元素的只有一项 $a_{11}a_{22}\cdots a_{nn}$，又该项行标、列标都是按标准次序排列，前面的符号取正，所以

$$D=a_{11}a_{22}\cdots a_{nn}$$

这表明下三角形行列式等于主对角线上元素的乘积.

行列式中从左上角到右下角的对角线称为**主对角线**，从右上角到左下角的对角线称为**副对角线**.

同理可得**上三角形行列式**

$$\begin{vmatrix} a_{11} & a_{12} & a_{13} & \cdots & a_{1n} \\ 0 & a_{22} & a_{23} & \cdots & a_{2n} \\ 0 & 0 & a_{33} & \cdots & a_{3n} \\ \vdots & \vdots & \vdots & & \vdots \\ 0 & 0 & 0 & 0 & a_{nn} \end{vmatrix}=a_{11}a_{22}a_{33}\cdots a_{nn}$$

例 1.9　证明对角行列式

(1) $$D_1=\begin{vmatrix} \lambda_1 & 0 & \cdots & 0 \\ 0 & \lambda_2 & \cdots & 0 \\ \vdots & \vdots & & \vdots \\ 0 & 0 & \cdots & \lambda_n \end{vmatrix}=\lambda_1\lambda_2\cdots\lambda_n.$$

(2) $$D_2=\begin{vmatrix} 0 & 0 & \cdots & 0 & \lambda_n \\ 0 & 0 & \cdots & \lambda_{n-1} & 0 \\ \vdots & \vdots & & \vdots & \vdots \\ 0 & \lambda_2 & \cdots & 0 & 0 \\ \lambda_1 & 0 & \cdots & 0 & 0 \end{vmatrix}=(-1)^{\frac{n(n-1)}{2}}\lambda_1\lambda_2\cdots\lambda_n.$$

证　因(1)是上三角形行列式特殊情况,结果显然.

现证(2). 由于行列式 D_2 不含零的项只有 $\lambda_n\lambda_{n-1}\cdots\lambda_2\lambda_1$,而该项行标已按标准次序排列,列标排列 n(n−1)…321 的逆序数为

$$\tau(n(n-1)\cdots 321)=\frac{n(n-1)}{2}$$

所以

$$D_2=(-1)^{\frac{n(n-1)}{2}}\lambda_n\lambda_{n-1}\cdots\lambda_2\lambda_1=(-1)^{\frac{n(n-1)}{2}}\lambda_1\lambda_2\cdots\lambda_{n-1}\lambda_n$$

1.4　行列式的性质

直接用行列式的定义计算行列式,一般来说是较繁琐的,因此必须对行列式作进一步的研究,找出切实可行的计算方法. 本节我们不加证明地给出行列式的性质,只用三阶行列式加以验证,详细证明读者可参考相关的资料.

将行列式 D 的行与相应的列互换后得到的新的行列式,称为 D 的**转置行列式**,记为 D^{T} 或 D', 其互换过程称为对 D 的**转置**. 即若

$$D=\begin{vmatrix} a_{11} & a_{12} & \cdots & a_{1n}\\ a_{21} & a_{22} & \cdots & a_{2n}\\ \vdots & \vdots & & \vdots\\ a_{n1} & a_{n2} & \cdots & a_{nn}\end{vmatrix}$$

则

$$D^{\mathrm{T}}=\begin{vmatrix} a_{11} & a_{21} & \cdots & a_{n1}\\ a_{12} & a_{22} & \cdots & a_{n2}\\ \vdots & \vdots & & \vdots\\ a_{1n} & a_{2n} & \cdots & a_{nn}\end{vmatrix}$$

行列式具有如下性质:

性质 1　行列式转置后,其值不变,即 $D=D^{\mathrm{T}}$.

例如

$$D=\begin{vmatrix} 3 & 1 & 2\\ 0 & -2 & 1\\ 1 & 0 & 2\end{vmatrix}=-12+1+4=-7$$

其转置行列式

$$D^{\mathrm{T}}=\begin{vmatrix} 3 & 0 & 1\\ 1 & -2 & 0\\ 2 & 1 & 2\end{vmatrix}=-12+1+4=-7$$

此性质说明了行列式中,行、列地位的对称性,由此可知,行列式中行的性质对列也同样成立.

性质 2　互换行列式中的任意两行(列),行列式仅改变符号.

例如

$$D=\begin{vmatrix}3&1&2\\0&-2&1\\1&0&2\end{vmatrix}=-7$$

互换第一行和第三行得

$$D_1=\begin{vmatrix}1&0&2\\0&-2&1\\3&1&2\end{vmatrix}=-4+12-1=7$$

则

$$D=-D_1$$

推论 若行列式 D 中有两行(列)对应元素相同,则行列式为零.

这是因为互换 D 中相同的两行,由性质 2 知 $D=-D$, 于是 $D=0$.

性质 3 用 k 乘行列式 D 中的某一行(列),等于以数 k 乘此行列式. 即

$$\begin{vmatrix}a_{11}&a_{12}&\cdots&a_{1n}\\\vdots&\vdots&&\vdots\\ka_{i1}&ka_{i2}&\cdots&ka_{in}\\\vdots&\vdots&&\vdots\\a_{n1}&a_{n2}&\cdots&a_{nn}\end{vmatrix}=k\begin{vmatrix}a_{11}&a_{12}&\cdots&a_{1n}\\\vdots&\vdots&&\vdots\\a_{i1}&a_{i2}&\cdots&a_{in}\\\vdots&\vdots&&\vdots\\a_{n1}&a_{n2}&\cdots&a_{nn}\end{vmatrix}$$

例如,用数 $k=2$ 乘 $\begin{vmatrix}3&1&2\\0&-2&1\\1&0&2\end{vmatrix}$ 的第三行得

$$\begin{vmatrix}3&1&2\\0&-2&1\\2&0&4\end{vmatrix}=-24+2+8=-14$$

即

$$\begin{vmatrix}3&1&2\\0&-2&1\\2&0&4\end{vmatrix}=2\begin{vmatrix}3&1&2\\0&-2&1\\1&0&2\end{vmatrix}=2\times(-7)=-14$$

推论 1 如果行列式 D 中某行(列)的所有元素有公因子,则公因子可以提到行列式外面.

推论 2 如果行列式 D 中有两行(列)的对应元素成比例,则 $D=0$.

推论 3 如果行列式 D 中某行(列)的所有元素全为零,则 $D=0$.

性质 4 如果行列式 D 中的某一行(列)的元素都是两数之和(设第 i 行元素都是两数之和),即若

$$D=\begin{vmatrix}a_{11}&a_{12}&\cdots&a_{1n}\\\vdots&\vdots&&\vdots\\a_{i1}+b_{i1}&a_{i2}+b_{i2}&\cdots&a_{in}+b_{in}\\\vdots&\vdots&&\vdots\\a_{n1}&a_{n2}&\cdots&a_{nn}\end{vmatrix},$$

则 D 等于下列两个行列式之和:

$$D=\begin{vmatrix}a_{11}&a_{12}&\cdots&a_{1n}\\ \vdots&\vdots&&\vdots\\ a_{i1}&a_{i2}&\cdots&a_{in}\\ \vdots&\vdots&&\vdots\\ a_{n1}&a_{n2}&\cdots&a_{nn}\end{vmatrix}+\begin{vmatrix}a_{11}&a_{12}&\cdots&a_{1n}\\ \vdots&\vdots&&\vdots\\ b_{i1}&b_{i2}&\cdots&b_{in}\\ \vdots&\vdots&&\vdots\\ a_{n1}&a_{n2}&\cdots&a_{nn}\end{vmatrix}$$

例如

$$D=\begin{vmatrix}3&1&2\\0&-2&1\\1&0&2\end{vmatrix}=\begin{vmatrix}2+1&1+0&0+2\\0&-2&1\\1&0&2\end{vmatrix}$$

$$=\begin{vmatrix}2&1&0\\0&-2&1\\1&0&2\end{vmatrix}+\begin{vmatrix}1&0&2\\0&-2&1\\1&0&2\end{vmatrix}$$

$$=(-8+1)+0=-7$$

性质 5　将行列式某一行(列)的所有元素同乘以数 k 后加到另一行(列)对应位置的元素上,行列式的值不变.即

$$D=\begin{vmatrix}a_{11}&a_{12}&\cdots&a_{1n}\\ \vdots&\vdots&&\vdots\\ a_{i1}&a_{i2}&\cdots&a_{in}\\ \vdots&\vdots&&\vdots\\ a_{j1}&a_{j2}&\cdots&a_{jn}\\ \vdots&\vdots&&\vdots\\ a_{n1}&a_{n2}&\cdots&a_{nn}\end{vmatrix}=\begin{vmatrix}a_{11}&a_{12}&\cdots&a_{1n}\\ \vdots&\vdots&&\vdots\\ a_{i1}+ka_{j1}&a_{i2}+ka_{j2}&\cdots&a_{in}+ka_{jn}\\ \vdots&\vdots&&\vdots\\ a_{j1}&a_{j2}&\cdots&a_{jn}\\ \vdots&\vdots&&\vdots\\ a_{n1}&a_{n2}&\cdots&a_{nn}\end{vmatrix}$$

例如,将 $D=\begin{vmatrix}3&1&2\\0&-2&1\\1&0&2\end{vmatrix}$ 的第三行乘以 $k=-2$ 加到第一行上得

$$D=\begin{vmatrix}1&1&-2\\0&-2&1\\1&0&2\end{vmatrix}=-4+1-4=-7$$

即

$$D=\begin{vmatrix}3&1&2\\0&-2&1\\1&0&2\end{vmatrix}=\begin{vmatrix}3+1\times(-2)&1+0\times(-2)&2+2\times(-2)\\0&-2&1\\1&0&2\end{vmatrix}$$

上面给出了行列式的一些基本性质,这些性质在行列式的计算和理论研究都很重要.下面举例说明适当引用行列式的性质,可以简化行列式的计算.

以 r_i 表示行列式的第 i 行,以 c_i 表示行列式的第 i 列.交换 i,j 两行记作 $r_i\leftrightarrow r_j$;第 i 行乘以数 k 记作 kr_i 或 $r_i\times k$;第 i 行提出因子 k 记作 $r_i\div k$;以数 k 乘第 j 行加到第 i 行记作 $r_i+k\,r_j$,对列也有类似记号,此时将 r 换成 c.

例 1.10　计算行列式

$$D=\begin{vmatrix}1&1&1&1\\1&2&3&2\\2&3&1&2\\3&1&2&2\end{vmatrix}$$

解 根据行列式的性质 5 和性质 3 的推论 2,

$$D\xlongequal[r_2+r_4]{r_2+r_3}\begin{vmatrix}1&1&1&1\\6&6&6&6\\2&3&1&2\\3&1&2&2\end{vmatrix}=0$$

例 1.11 计算行列式

$$D=\begin{vmatrix}1&1&-1&3\\-1&-1&2&1\\2&5&2&4\\1&2&3&2\end{vmatrix}$$

解

$$D\xlongequal[\substack{r_3-2r_2\\r_4-r_1}]{r_2+r_1}\begin{vmatrix}1&1&-1&3\\0&0&1&4\\0&3&4&-2\\0&1&4&-1\end{vmatrix}\xlongequal{r_2\leftrightarrow r_4}-\begin{vmatrix}1&1&-1&3\\0&1&4&-1\\0&3&4&-2\\0&0&1&4\end{vmatrix}$$

$$\xlongequal{r_3-r_1}-\begin{vmatrix}1&1&-1&3\\0&1&4&-1\\0&0&-8&1\\0&0&1&4\end{vmatrix}\xlongequal{r_3\leftrightarrow r_4}\begin{vmatrix}1&1&-1&3\\0&1&4&-1\\0&0&1&4\\0&0&-8&4\end{vmatrix}$$

$$\xlongequal{r_4+8r_3}\begin{vmatrix}1&1&-1&3\\0&1&4&-1\\0&0&1&4\\0&0&0&33\end{vmatrix}=33$$

例 1.12 计算行列式

$$D=\begin{vmatrix}1&1&-1&3\\-\frac{1}{6}&-\frac{1}{6}&\frac{1}{3}&\frac{1}{6}\\2&5&2&4\\\frac{1}{2}&1&\frac{3}{2}&1\end{vmatrix}$$

解 这个行列式有几个分数,若直接利用性质化为三角形行列式,不可避免地要进行分数计算,这样容易出错.我们先将相关的行或列乘以适当的倍数,就把分数化为整数,然后再进行计算.

$$D \xlongequal[2r_4]{6r_2} \frac{1}{6}\cdot\frac{1}{2}\begin{vmatrix} 1 & 1 & -1 & 3 \\ -1 & -1 & 2 & 1 \\ 2 & 5 & 2 & 4 \\ 1 & 2 & 3 & 2 \end{vmatrix} \xlongequal{\text{由例1.11}} \frac{1}{12}\times 33 = \frac{33}{12}$$

例 1.13　计算 n 阶行列式

$$D = \begin{vmatrix} a & b & b & \cdots & b \\ b & a & b & \cdots & b \\ b & b & a & \cdots & b \\ \vdots & \vdots & \vdots & & \vdots \\ b & b & b & \cdots & a \end{vmatrix}$$

解　这个行列式的各行(或各列)元素的和都是相同的,均为 $a+(n-1)b$,因此,逐次将第 $i\ (i=2,3,\cdots,n)$ 列都加到第一列上得

$$D \xlongequal{c_1+\sum_{i=2}^{n}c_i} \begin{vmatrix} a+(n-1)b & b & b & \cdots & b \\ a+(n-1)b & a & b & \cdots & b \\ a+(n-1)b & b & a & \cdots & b \\ \vdots & \vdots & \vdots & & \vdots \\ a+(n-1)b & b & b & \cdots & a \end{vmatrix} \xlongequal{c_i\div(a+(n-1)b)} (a+(n-1)b)\begin{vmatrix} 1 & b & b & \cdots & b \\ 1 & a & b & \cdots & b \\ 1 & b & a & \cdots & b \\ \vdots & \vdots & \vdots & & \vdots \\ 1 & b & b & \cdots & a \end{vmatrix}$$

$$\xlongequal{r_i-r_1\,(i=2,3,\cdots,n)} (a+(n-1)b)\begin{vmatrix} 1 & b & b & \cdots & b \\ 0 & a-b & 0 & \cdots & 0 \\ 0 & 0 & a-b & \cdots & 0 \\ \vdots & \vdots & \vdots & & \vdots \\ 0 & 0 & 0 & 0 & a-b \end{vmatrix} = (a+(n-1)b)\ (a-b)^{n-1}$$

例 1.14　证明

$$\begin{vmatrix} a+b & b+c & c+a \\ a_1+b_1 & b_1+c_1 & c_1+a_1 \\ a_2+b_2 & b_2+c_2 & c_2+a_2 \end{vmatrix} = 2\begin{vmatrix} a & b & c \\ a_1 & b_1 & c_1 \\ a_2 & b_2 & c_2 \end{vmatrix}$$

证

$$\text{左端} \xlongequal{\text{性质4}} \begin{vmatrix} a & b+c & c+a \\ a_1 & b_1+c_1 & c_1+a_1 \\ a_2 & b_2+c_2 & c_2+a_2 \end{vmatrix} + \begin{vmatrix} b & b+c & c+a \\ b_1 & b_1+c_1 & c_1+a_1 \\ b_2 & b_2+c_2 & c_2+a_2 \end{vmatrix}$$

$$\xlongequal[\text{第二个}c_2-c_1]{\text{第一个}c_3-c_1} \begin{vmatrix} a & b+c & c \\ a_1 & b_1+c_1 & c_1 \\ a_2 & b_2+c_2 & c_2 \end{vmatrix} + \begin{vmatrix} b & c & c+a \\ b_1 & c_1 & c_1+a_1 \\ b_2 & c_2 & c_2+a_2 \end{vmatrix}$$

$$\xlongequal[\text{第二个}c_3-c_2]{\text{第一个}c_2-c_3} \begin{vmatrix} a & b & c \\ a_1 & b_1 & c_1 \\ a_2 & b_2 & c_2 \end{vmatrix} + \begin{vmatrix} b & c & a \\ b_1 & c_1 & a_1 \\ b_2 & c_2 & a_2 \end{vmatrix}$$

$$\xlongequal{\text{性质2}} \begin{vmatrix} a & b & c \\ a_1 & b_1 & c_1 \\ a_2 & b_2 & c_2 \end{vmatrix} + \begin{vmatrix} a & b & c \\ a_1 & b_1 & c_1 \\ a_2 & b_2 & c_2 \end{vmatrix}$$

$$= 2\begin{vmatrix} a & b & c \\ a_1 & b_1 & c_1 \\ a_2 & b_2 & c_2 \end{vmatrix}$$

例 1.15　证明

$$D = \begin{vmatrix} a_0 & b_1 & b_2 & \cdots & b_n \\ c_1 & a_1 & 0 & \cdots & 0 \\ c_2 & 0 & a_2 & \cdots & 0 \\ \vdots & \vdots & \vdots & & 0 \\ c_n & 0 & 0 & \cdots & a_n \end{vmatrix} = (a_0 - \sum_{i=1}^{n} \frac{b_i c_i}{a_i}) \prod_{i=1}^{n} a_i \quad (a_1 a_2 \cdots a_n \neq 0)$$

证　将 D 中第 i 列乘以 $-\frac{c_i}{a_i}$ $(i = 1, 2, \cdots, n)$ 加到第一列上得

$$D = \begin{vmatrix} a_0 - \sum_{i=1}^{n} \frac{b_i c_i}{a_i} & b_1 & b_2 & \cdots & b_n \\ 0 & a_1 & 0 & \cdots & 0 \\ 0 & 0 & a_2 & \cdots & 0 \\ \vdots & \vdots & \vdots & & \vdots \\ 0 & 0 & 0 & \cdots & a_n \end{vmatrix} = (a_0 - \sum_{i=1}^{n} \frac{b_i c_i}{a_i}) a_1 a_2 \cdots a_n$$

$$= (a_0 - \sum_{i=1}^{n} \frac{b_i c_i}{a_i}) \prod_{i=1}^{n} a_i$$

1.5　行列式按行列展开法则

我们知道低阶行列式比高阶行列式容易计算，那么能否将一个阶数较高的行列式化为阶数较低的行列式来计算？为此，我们先引入下列定义.

定义 1.5　在 n 阶行列式 $D = \det(a_{ij})$ 中去掉元素 a_{ij} 所在的第 i 行和第 j 列后，余下的 $n-1$ 阶行列式称为 D 中元素 a_{ij} 的余子式，记为 M_{ij}，即

$$M_{ij} = \begin{vmatrix} a_{11} & \cdots & a_{1(j-1)} & a_{1(j+1)} & \cdots & a_{1n} \\ \vdots & & \vdots & \vdots & & \vdots \\ a_{(i-1)1} & \cdots & a_{(i-1)(j-1)} & a_{(i-1)(j+1)} & \cdots & a_{(i-1)n} \\ a_{(i+1)1} & \cdots & a_{(i+1)(j-1)} & a_{(i+1)(j+1)} & \cdots & a_{(i+1)n} \\ \vdots & & \vdots & \vdots & & \vdots \\ a_{n1} & \cdots & a_{n(j-1)} & a_{n(j+1)} & \cdots & a_{nn} \end{vmatrix}$$

定义 1.6　n 阶行列式 D 中元素 a_{ij} 的余子式 M_{ij} 前面添加符号 $(-1)^{i+j}$ 后，称为 a_{ij} 的**代数余子式**，记为 A_{ij}，即

$$A_{ij} = (-1)^{i+j} M_{ij}$$

例如，四阶行列式

$$D=\begin{vmatrix} a_{11} & a_{12} & a_{13} & a_{14} \\ a_{21} & a_{22} & a_{23} & a_{24} \\ a_{31} & a_{32} & a_{33} & a_{34} \\ a_{41} & a_{42} & a_{43} & a_{44} \end{vmatrix}$$

其中，a_{23} 的代数余子式是

$$A_{23}=(-1)^{2+3}M_{23}=-\begin{vmatrix} a_{11} & a_{12} & a_{14} \\ a_{31} & a_{32} & a_{34} \\ a_{41} & a_{42} & a_{44} \end{vmatrix}$$

a_{31} 的代数余子式是

$$A_{31}=(-1)^{3+1}M_{31}=\begin{vmatrix} a_{12} & a_{13} & a_{14} \\ a_{22} & a_{23} & a_{24} \\ a_{42} & a_{43} & a_{44} \end{vmatrix}$$

对于三阶行列式有

$$D=\begin{vmatrix} a_{11} & a_{12} & a_{13} \\ a_{21} & a_{22} & a_{23} \\ a_{31} & a_{32} & a_{33} \end{vmatrix}=a_{11}a_{22}a_{33}+a_{12}a_{23}a_{31}+a_{13}a_{21}a_{32}-a_{11}a_{23}a_{32}-a_{12}a_{21}a_{33}-a_{13}a_{22}a_{31}$$

右端整理得

$$\begin{aligned} D &=-a_{21}(a_{12}a_{33}-a_{13}a_{32})+a_{22}(a_{11}a_{33}-a_{13}a_{31})-a_{23}(a_{11}a_{32}-a_{12}a_{31}) \\ &=a_{21}(-1)^{2+1}\begin{vmatrix} a_{12} & a_{13} \\ a_{32} & a_{33} \end{vmatrix}+a_{22}(-1)^{2+2}\begin{vmatrix} a_{11} & a_{13} \\ a_{31} & a_{33} \end{vmatrix}+a_{23}(-1)^{2+3}\begin{vmatrix} a_{11} & a_{12} \\ a_{31} & a_{32} \end{vmatrix} \\ &=a_{21}A_{21}+a_{22}A_{22}+a_{23}A_{23} \end{aligned} \tag{1.8}$$

或

$$\begin{aligned} D &=a_{11}(a_{22}a_{33}-a_{23}a_{32})-a_{21}(a_{12}a_{33}-a_{13}a_{32})+a_{31}(a_{12}a_{23}-a_{13}a_{22}) \\ &=a_{11}(-1)^{1+1}\begin{vmatrix} a_{22} & a_{23} \\ a_{32} & a_{33} \end{vmatrix}+a_{21}(-1)^{2+1}\begin{vmatrix} a_{12} & a_{13} \\ a_{32} & a_{33} \end{vmatrix}+a_{31}(-1)^{3+1}\begin{vmatrix} a_{12} & a_{13} \\ a_{22} & a_{23} \end{vmatrix} \\ &=a_{11}A_{11}+a_{21}A_{21}+a_{31}A_{31} \end{aligned} \tag{1.9}$$

由式(1.8)可以看出，三阶行列式等于它的第二行各元素与其对应的代数余子式乘积之和. 同样由式(1.9)可以看出，三阶行列式也等于它的第一列各元素与其对应的代数余子式乘积之和. 可以验证结论对其他行或列也成立. 对于 n 阶行列式有同样的结论，这就是下面的定理.

定理 1.1　n 阶行列式

$$D=\begin{vmatrix} a_{11} & a_{12} & \cdots & a_{1n} \\ a_{21} & a_{22} & \cdots & a_{2n} \\ \vdots & \vdots & & \vdots \\ a_{n1} & a_{n2} & \cdots & a_{nn} \end{vmatrix}$$

等于它的任一行(列)的各元素与其对应的代数余子式乘积之和，即

$$D=\sum_{k=1}^{n}a_{ik}A_{ik}=a_{i1}A_{i1}+a_{i2}A_{i2}+\cdots+a_{in}A_{in}\quad(i=1,\ 2,\ \cdots,\ n) \tag{1.10}$$

或

$$D=\sum_{k=1}^{n}a_{kj}A_{kj}=a_{1j}A_{1j}+a_{2j}A_{2j}+\cdots+a_{nj}A_{nj}\quad(j=1,\ 2,\ \cdots,\ n)\tag{1.11}$$

公式(1.10)称为**行列式按行展开法则**;公式(1.11)称为**行列式按列展开法则**(证明略).

例 1.16　分别按第一行与第二行展开行列式

$$D=\begin{vmatrix}1&0&-2\\1&1&3\\-2&3&1\end{vmatrix}$$

解　(1) 按第一行展开

$$D=1\times(-1)^{1+1}\begin{vmatrix}1&3\\3&3\end{vmatrix}+0\times(-1)^{1+2}\begin{vmatrix}1&3\\-2&1\end{vmatrix}+(-2)\times(-1)^{1+3}\begin{vmatrix}1&1\\-2&3\end{vmatrix}$$

$$=1\times(-8)+0+(-2)\times5=-18$$

(2) 按第二行展开

$$D=1\times(-1)^{2+1}\begin{vmatrix}0&-2\\3&1\end{vmatrix}+1\times(-1)^{2+2}\begin{vmatrix}1&-2\\-2&1\end{vmatrix}+3\times(-1)^{2+3}\begin{vmatrix}1&0\\-2&3\end{vmatrix}$$

$$=1\times(-6)+1\times(-3)+3\times(-3)=-18$$

例 1.17　写出下面四阶行列式按第三列的展开式,并计算该行列式的值,其中

$$D=\begin{vmatrix}6&5&0&1\\0&-1&2&0\\8&3&0&4\\0&-2&0&-3\end{vmatrix}$$

解　D 按第三列展开为

$$D=0\cdot A_{13}+2A_{23}+0\cdot A_{33}+0\cdot A_{43}$$

$$=2\times(-1)^{2+3}\begin{vmatrix}6&5&1\\8&3&4\\0&-2&-3\end{vmatrix}=2\times(-98)=-196$$

在例 1.17 中,计算该行列式可以用某行或者其他某列展开,比较而言,按第三列展开计算量最小,这是因为第三列只有一个非零元素,因此计算四阶行列式时可转化为只计算一个三阶行列式就可求得四阶行列式的值,一般来说,利用公式(1.10)或(1.11)计算 n 阶行列式时,某行(列)含有较多的元素“0”才有真正的计算意义,因此,我们可以先利用行列式性质,使某行(列)变成只有一、两个非零元素,然后再按行(列)展开,下面我们通过例子说明该方法.

例 1.18　计算行列式

$$D=\begin{vmatrix}3&2&-1&4\\2&-3&5&1\\1&0&-2&3\\5&4&1&2\end{vmatrix}$$

解　第三行已有一个零元素,而且有一个元素为 1,那么我们可以将第三行变成只有一个非零元素,并且避免了分数运算.

$$D \xlongequal[c_4-3c_1]{c_3+2c_1} \begin{vmatrix} 3 & 2 & 5 & -5 \\ 2 & -3 & 9 & -5 \\ 1 & 0 & 0 & 0 \\ 5 & 4 & 11 & -13 \end{vmatrix} = 1\times(-1)^{3+1}\begin{vmatrix} 2 & 5 & -5 \\ -3 & 9 & -5 \\ 4 & 11 & -13 \end{vmatrix}$$

$$\xlongequal{c_3+c_2} \begin{vmatrix} 2 & 5 & 0 \\ -3 & 9 & 4 \\ 4 & 11 & -2 \end{vmatrix} \xlongequal{r_2+2r_3} \begin{vmatrix} 2 & 5 & 0 \\ 5 & 31 & 0 \\ 4 & 11 & -2 \end{vmatrix}$$

$$= (-2)\times(-1)^{3+3}\begin{vmatrix} 2 & 5 \\ 5 & 31 \end{vmatrix}$$

$$=-74$$

例 1.19　计算 n 阶行列式

$$D_n = \begin{vmatrix} x & y & 0 & \cdots & 0 & 0 \\ 0 & x & y & \cdots & 0 & 0 \\ 0 & 0 & x & \cdots & 0 & 0 \\ \vdots & \vdots & \vdots & & \vdots & \vdots \\ 0 & 0 & 0 & \cdots & 0 & y \\ y & 0 & 0 & \cdots & 0 & x \end{vmatrix}$$

解　将行列式按第一列展开

$$D_n = x\cdot(-1)^{1+1}\begin{vmatrix} x & y & \cdots & 0 & 0 \\ 0 & x & \cdots & 0 & 0 \\ \vdots & \vdots & & \vdots & \vdots \\ 0 & 0 & \cdots & x & y \\ 0 & 0 & \cdots & 0 & x \end{vmatrix}_{(n-1)} + y\cdot(-1)^{n+1}\begin{vmatrix} y & 0 & \cdots & 0 & 0 \\ x & y & \cdots & 0 & 0 \\ \vdots & \vdots & & \vdots & \vdots \\ 0 & 0 & \cdots & y & 0 \\ 0 & 0 & \cdots & x & y \end{vmatrix}_{(n-1)}$$

$$= x^n + (-1)^{n+1}y^n$$

例 1.20　计算 n 阶行列式

$$D_n = \begin{vmatrix} 1 & 2 & 2 & \cdots & 2 \\ 2 & 2 & 2 & \cdots & 2 \\ 2 & 2 & 3 & \cdots & 2 \\ \vdots & \vdots & \vdots & & \vdots \\ 2 & 2 & 2 & \cdots & n \end{vmatrix}$$

解　$$D_n \xlongequal{r_i-r_2(i=1,3,\cdots,n)} \begin{vmatrix} -1 & 0 & 0 & \cdots & 0 \\ 2 & 2 & 2 & \cdots & 2 \\ 0 & 0 & 1 & \cdots & 0 \\ \vdots & \vdots & \vdots & & \vdots \\ 0 & 0 & 0 & \cdots & n-2 \end{vmatrix}$$

$$\xlongequal{\text{按第一行展开}} (-1)\times(-1)^{1+1}\begin{vmatrix} 2 & 2 & \cdots & 2 \\ 0 & 1 & \cdots & 0 \\ \vdots & \vdots & & \vdots \\ 0 & 0 & \cdots & n-2 \end{vmatrix}_{(n-1)} =-2(n-2)!$$

例 1.21 证明范德蒙德(*Vandermonde*)行列式

$$D_n=\begin{vmatrix}1&1&1&\cdots&1\\a_1&a_2&a_3&\cdots&a_n\\a_1^2&a_2^2&a_3^2&\cdots&a_n^2\\\vdots&\vdots&\vdots&&\vdots\\a_1^{n-1}&a_2^{n-1}&a_3^{n-1}&\cdots&a_n^{n-1}\end{vmatrix}=\prod_{n\geqslant i>j\geqslant 1}(a_i-a_j)\quad(n\geqslant 2)$$

式中 $\prod$ 为连乘号，$\prod\limits_{n\geqslant i>j\geqslant 1}(a_i-a_j)$ 表示 $a_1,a_2,\cdots,a_n$ 这 n 个数的所有可能的 $a_i-a_j(i>j)$ 的乘积.

证 用数学归纳法

当 n=2 时，
$$\begin{vmatrix}1&1\\a_1&a_2\end{vmatrix}=a_2-a_1$$
结论正确.

假设对于 $n-1$ 阶范德蒙德行列式结论成立，则对 n 阶范德蒙德行列式，从第 n 行开始，逐行减去上面相邻行的 a_1 倍，得

$$D=\begin{vmatrix}1&1&1&\cdots&1\\0&a_2-a_1&a_3-a_1&\cdots&a_n-a_1\\0&a_2(a_2-a_1)&a_3(a_3-a_1)&\cdots&a_n(a_n-a_1)\\0&a_2^2(a_2-a_1)&a_3^2(a_3-a_1)&\cdots&a_n^2(a_n-a_1)\\\vdots&\vdots&\vdots&&\vdots\\0&a_2^{n-2}(a_2-a_1)&a_3^{n-2}(a_3-a_1)&\cdots&a_n^{n-2}(a_n-a_1)\end{vmatrix}$$

按第一列展开，并提出每一列元素的公因子，就有

$$D=(a_2-a_1)(a_3-a_1)\cdots(a_n-a_1)\begin{vmatrix}1&1&\cdots&1\\a_2&a_3&\cdots&a_n\\a_2^2&a_3^2&\cdots&a_n^2\\\vdots&\vdots&&\vdots\\a_2^{n-2}&a_3^{n-2}&\cdots&a_n^{n-2}\end{vmatrix}$$

右边的行列式是一个 $n-1$ 阶的范德蒙德行列式. 由归纳法假设知，它等于 $\prod\limits_{n\geqslant i>j\geqslant 2}(a_i-a_j)$，代入上式，即得

$$D=(a_2-a_1)(a_3-a_1)\cdots(a_n-a_1)\prod_{n\geqslant i>j\geqslant 2}(a_i-a_j)=\prod_{n\geqslant i>j\geqslant 1}(a_i-a_j)$$

注:本例说明用数学归纳法,有时也可计算或证明 n 阶行列式.

定理 1.1 说明 n 阶行列式等于它的任一行(列)的各元素与其对应的代数余子式乘积之和,那么一个 n 阶行列式中任意一行(列)的元素与另一行(列)对应元素的代数余子式的乘积之和情况又怎么样? 在例 1.16 中,第二行三个元素的代数余子式分别为

$$A_{21}=-6,\qquad A_{22}=-3,\qquad A_{23}=-3$$

用第一行三个元素 $a_{11}=1$，$a_{12}=0$，$a_{13}=-2$ 或第三行三个元素 $a_{31}=-2$，$a_{32}=3$，$a_{33}=1$，分别与第二行三个元素代数余子式作对应乘积的和是

$$a_{11}A_{21}+a_{12}A_{22}+a_{13}A_{23}=1\times(-6)+0\times(-3)+(-2)\times(-3)=0$$

或

$$a_{31}A_{21}+a_{32}A_{22}+a_{33}A_{23}=(-2)\times(-6)+3\times(-3)+1\times(-3)=0$$

其结果均为零,同样用第一行、第二行各元素与第三行对应元素的代数余子式的乘积之和也等于零,对列也有类似的结论,一般地有下面的定理.

定理 1.2　n 阶行列式

$$D=\begin{vmatrix} a_{11} & \cdots & a_{1i} & \cdots & a_{1k} & \cdots & a_{1n} \\ \vdots & & \vdots & & \vdots & & \vdots \\ a_{i1} & \cdots & a_{ii} & \cdots & a_{ik} & \cdots & a_{in} \\ \vdots & & \vdots & & \vdots & & \vdots \\ a_{j1} & \cdots & a_{ji} & \cdots & a_{jk} & \cdots & a_{jn} \\ \vdots & & \vdots & & \vdots & & \vdots \\ a_{n1} & \cdots & a_{ni} & \cdots & a_{nk} & \cdots & a_{nn} \end{vmatrix}$$

中任意一行(列)的元素与另一行(列)对应元素的代数余子式的乘积之和等于零. 即

$$a_{j1}A_{i1}+a_{j2}A_{i2}+\cdots+a_{jn}A_{in}=0 \quad (j\neq i) \tag{1.12}$$

或

$$a_{1k}A_{1i}+a_{2k}A_{2i}+\cdots+a_{nk}A_{ni}=0 \quad (k\neq i) \tag{1.13}$$

综合定理 1.1 及定理 1.2，我们有公式

$$\sum_{k=1}^{n}a_{jk}A_{ik}=a_{j1}A_{i1}+a_{j2}A_{i2}+\cdots+a_{jn}A_{in}=\begin{cases}D, & j=i\\ 0, & j\neq i\end{cases};$$

$$\sum_{k=1}^{n}a_{kj}A_{ki}=a_{1j}A_{1i}+a_{2j}A_{2i}+\cdots+a_{nj}A_{ni}=\begin{cases}D, & j=i\\ 0, & j\neq i\end{cases}.$$

1.6　克拉默法则

本节讨论与行列式计算关系密切的方程个数与未知量个数相等的线性方程组解的问题. 与二元、三元线性方法相仿的有下述结论.

定理 1.3(克拉默法则)　如果线性方程组

$$\begin{cases} a_{11}x_1+a_{12}x_2+\cdots+a_{1n}x_n=b_1\\ a_{21}x_1+a_{22}x_2+\cdots+a_{2n}x_n=b_2\\ \qquad\vdots\\ a_{n1}x_1+a_{n2}x_2+\cdots+a_{nn}x_n=b_n \end{cases} \tag{1.14}$$

的系数行列式

$$D=\begin{vmatrix} a_{11} & a_{12} & \cdots & a_{1n}\\ a_{21} & a_{22} & \cdots & a_{2n}\\ \vdots & \vdots & & \vdots\\ a_{n1} & a_{n2} & \cdots & a_{nn} \end{vmatrix}\neq 0$$

则线性方程组(1.14)有解,且解是唯一的,其解为

$$x_1=\frac{D_1}{D},\quad x_2=\frac{D_2}{D},\quad \cdots,\quad x_n=\frac{D_n}{D} \tag{1.15}$$

其中 D_j ($j=1,2,\cdots,n$) 是将 D 中第 j 列元素 $a_{1j},a_{2j},\cdots,a_{nj}$ 换成常数项 $b_1,b_2,\cdots,b_n$，而其余各列保持不变所得的行列式. 即

$$D_j=\begin{vmatrix} a_{11} & \cdots & a_{1j-1} & b_1 & a_{1j+1} & \cdots & a_{1n} \\ a_{21} & \cdots & a_{2j-1} & b_2 & a_{2j+1} & \cdots & a_{2n} \\ \vdots & & \vdots & \vdots & \vdots & & \vdots \\ a_{n1} & \cdots & a_{nj-1} & b_n & a_{nj+1} & \cdots & a_{nn} \end{vmatrix}$$

(证明略).

例 1.22 解线性方程组

$$\begin{cases} x_1-x_2+x_3-2x_4=2 \\ 2x_1-x_3+4x_4=4 \\ 3x_1+2x_2+x_3=-1 \\ -x_1+2x_2-x_3+2x_4=-4 \end{cases}$$

解 计算行列式

$$D=\begin{vmatrix} 1 & -1 & 1 & -2 \\ 2 & 0 & -1 & 4 \\ 3 & 2 & 1 & 0 \\ -1 & 2 & -1 & 2 \end{vmatrix}=-2\neq 0$$

$$D_1=\begin{vmatrix} 2 & -1 & 1 & -2 \\ 4 & 0 & -1 & 4 \\ -1 & 2 & 1 & 0 \\ -4 & 2 & -1 & 2 \end{vmatrix}=-2,\qquad D_2=\begin{vmatrix} 1 & 2 & 1 & -2 \\ 2 & 4 & -1 & 4 \\ 3 & -1 & 1 & 0 \\ -1 & -4 & -1 & 2 \end{vmatrix}=4,$$

$$D_3=\begin{vmatrix} 1 & -1 & 2 & -2 \\ 2 & 0 & 4 & 4 \\ 3 & 2 & -1 & 0 \\ -1 & 2 & -4 & 2 \end{vmatrix}=0,\qquad D_4=\begin{vmatrix} 1 & -1 & 1 & 2 \\ 2 & 0 & -1 & 4 \\ 3 & 2 & 1 & -1 \\ -1 & 2 & -1 & -4 \end{vmatrix}=-1,$$

所以

$$x_1=\frac{D_1}{D}=1,\quad x_2=\frac{D_2}{D}=-2,\quad x_3=\frac{D_3}{D}=0,\quad x_4=\frac{D_4}{D}=\frac{1}{2}$$

是所给方程组的解.

需要强调的是,线性方程组只有当系数行列式不等于零时,才能应用克拉默法则求解. 一般来说,用克拉默法则求线性方程组的解时,计算量还是比较大的,不过用计算机求解线性方程组已经有一套成熟方法. 但是不管怎样,克拉默法则给出了在一定条件下线性方程组解的存在性和唯一性,并且给出了具体的求解公式,这个公式简单明了,便于记忆,在理论上与实践中都具有重要的意义.

如果线性方程组(1.14)的常数项均为零,即

$$\begin{cases} a_{11}x_1+a_{12}x_2+\cdots+a_{1n}x_n=0 \\ a_{21}x_1+a_{22}x_2+\cdots+a_{2n}x_n=0 \\ \qquad\vdots \\ a_{n1}x_1+a_{n2}x_2+\cdots+a_{nn}x_n=0 \end{cases} \tag{1.16}$$

则式(1.16)称为**齐次线性方程组**.

显然,齐次线性方程组(1.16)一定有零解 $x_j = 0 \quad (j = 1, 2, \cdots, n)$,对于齐次线性方程组是否有非零解,可由以下定理判定.

定理 1.4　如果齐次线性方程组(1.16)的系数行列式 $D \neq 0$,则它仅有零解.或者说,如果齐次线性方程组(1.16)有非零解,那么它的系数行列式 $D = 0$.

还可以证明:齐次线性方程组(1.16)的系数行列式 $D = 0$,则一定有非零解.综合有:齐次线性方程组(1.16)有非零解的充分必要条件是 $D = 0$.

例 1.23　当 λ 取何值时,方程组

$$\begin{cases} \lambda x_1 + x_2 + x_3 = 0 \\ x_1 + \lambda x_2 + x_3 = 0 \\ x_1 + x_2 + \lambda x_3 = 0 \end{cases}$$

只有零解.

解　由定理 1.4 知,当 $D \neq 0$ 时方程组只有零解.因为

$$D = \begin{vmatrix} \lambda & 1 & 1 \\ 1 & \lambda & 1 \\ 1 & 1 & \lambda \end{vmatrix} \xlongequal[c_1+c_3]{c_1+c_2} \begin{vmatrix} \lambda+2 & 1 & 1 \\ \lambda+2 & \lambda & 1 \\ \lambda+2 & 1 & \lambda \end{vmatrix} = (\lambda+2)\begin{vmatrix} 1 & 1 & 1 \\ 1 & \lambda & 1 \\ 1 & 1 & \lambda \end{vmatrix}$$

$$= (\lambda+2)\begin{vmatrix} 1 & 1 & 1 \\ 0 & \lambda-1 & 0 \\ 0 & 0 & \lambda-1 \end{vmatrix} = (\lambda+2)(\lambda-1)^2$$

所以 $\lambda \neq -2$ 且 $\lambda \neq 1$ 时方程组只有零解.

习　题　1

1. 求下列各排列的逆序数,并指出它的奇偶性.

(1) 43521　(2) 23154　(3) 315462　(4) 36715284

2. 确定以下各项在相应行列式中所带的符号.

(1) $a_{12}a_{24}a_{31}a_{45}a_{53}$;　　(2) $a_{21}a_{53}a_{16}a_{42}a_{65}a_{34}$;

(3) $a_{25}a_{34}a_{51}a_{72}a_{66}a_{17}a_{43}$

3. 选择 k, l,使 $a_{13}a_{2k}a_{34}a_{42}a_{5l}$ 为五阶行列式中带有负号的项.

4. 计算二阶行列式:

(1) $\begin{vmatrix} 3 & 4 \\ -5 & 6 \end{vmatrix}$;(2) $\begin{vmatrix} a-b & b \\ -b & a+b \end{vmatrix}$;(3) $\begin{vmatrix} 34215 & 35215 \\ 28092 & 29092 \end{vmatrix}$.

5. 计算三阶行列式:

(1) $\begin{vmatrix} 1 & 2 & 3 \\ 3 & 2 & 1 \\ 2 & 1 & 3 \end{vmatrix}$;(2) $\begin{vmatrix} 3 & 1 & 301 \\ 1 & 2 & 102 \\ 2 & 4 & 199 \end{vmatrix}$;(3) $\begin{vmatrix} 1+a & 1 & 1 \\ 1 & 1+a & 1 \\ 1 & 1 & 1+a \end{vmatrix}$.

6. 计算下列行列式：

(1) $\begin{vmatrix} 1 & 1 & 1 & 1 \\ 1 & 2 & 3 & 4 \\ 1 & 3 & 6 & 10 \\ 1 & 4 & 10 & 20 \end{vmatrix}$；　　(2) $\begin{vmatrix} 1 & 2 & 3 & 4 \\ 2 & 3 & 4 & 1 \\ 3 & 4 & 1 & 2 \\ 4 & 1 & 2 & 3 \end{vmatrix}$；

(3) $\begin{vmatrix} -2 & 2 & -4 & 0 \\ 4 & -1 & 3 & 5 \\ 3 & 1 & -2 & -3 \\ 2 & 0 & 5 & 1 \end{vmatrix}$；　　(4) $\begin{vmatrix} x & y & x+y \\ y & x+y & x \\ x+y & x & y \end{vmatrix}$.

7. 设行列式 $D=\begin{vmatrix} 3 & 0 & 4 & 2 \\ 2 & 2 & 2 & 2 \\ 0 & -7 & 0 & 0 \\ 5 & 3 & -2 & 2 \end{vmatrix}$，则第四行各元素的余子式之和为多少？第四行各元素的代数余子式之和为多少？

8. 已知四阶行列式 D 中第三列元素依次为 -1， 2， 0， 1，它们的余子式依次为 5， 3， -7， 4，求 $D=$?.

9. 解方程 $\begin{vmatrix} 1 & 2 & 3 \\ x-2 & 4 & 6 \\ 3 & 6 & x^2 \end{vmatrix}=0$.

10. 用行列式性质证明：

(1) $\begin{vmatrix} a_1+kb_1 & b_1+c_1 & c_1 \\ a_2+kb_2 & b_2+c_2 & c_2 \\ a_3+kb_3 & b_3+c_3 & c_3 \end{vmatrix}=\begin{vmatrix} a_1 & b_1 & c_1 \\ a_2 & b_2 & c_2 \\ a_3 & b_3 & c_3 \end{vmatrix}$；

(2) $\begin{vmatrix} y+z & z+x & x+y \\ x+y & y+z & z+x \\ z+x & x+y & y+z \end{vmatrix}=-2\begin{vmatrix} x & y & z \\ y & z & x \\ z & x & y \end{vmatrix}$.

11. 用克拉默法则解下列方程：

(1) $\begin{cases} x+y-2z=-3 \\ 5x-2y+7z=22 \\ 2x-5y+4z=4 \end{cases}$；

(2) $\begin{cases} 2x_1+x_2-5x_3+x_4=8 \\ 2x_2-x_3+2x_4=-5 \\ x_1-3x_2-6x_4=9 \\ x_1+4x_2-7x_3+6x_4=0 \end{cases}$；

12. 设方程组 $\begin{cases} x+y+z=a+b+c \\ ax+by+cz=a^2+b^2+c^2 \\ bcx+cay+abz=3abc \end{cases}$

试问 a，b，c 满足什么条件时，方程组有唯一解，并求出唯一解.

第 2 章　矩　阵

矩阵是数学中最重要的基本概念之一，它是将一组有序的数据视为“整体量”进行表述和运算，从而使问题的研究更加简洁和深刻. 矩阵不仅是学习后面几章的基础和工具，在其他数学分支以及自然科学、现代经济学、管理学、工程技术方面也有着广泛的应用. 这一章主要介绍矩阵的基本知识，包括矩阵的概念及其运算，矩阵的初等变换、初等矩阵，矩阵的逆，矩阵的秩，分块矩阵等内容.

2.1　矩阵的概念

2.1.1　矩阵的定义

为引入矩阵的定义，我们先看几个例子.

例 2.1　一个国家两个机场 A_1、A_2，与另一个国家的三个机场 B_1、B_2、B_3 通航网络如图 2-1 所示.

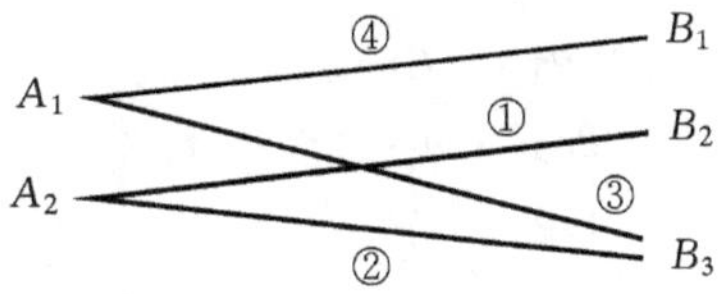

图 2-1

每条连线上的数字表示航线上不同航班的数目，例如由 A_1 到 B_1 有 4 个航班. 于是可将这些信息表示如下

Ⅱ / Ⅰ	B_1	B_2	B_3
A_1	4	0	3
A_2	0	1	2

这些数字排成 2 行 3 列表

$$\begin{pmatrix} 4 & 0 & 3 \\ 0 & 1 & 2 \end{pmatrix}$$

它表示了两个国家间航班的信息.

例 2.2　在物资调运中，经常要考虑如何供应销地，使物资的总运费最低. 如果某个地区的煤有三个产地 x_1，x_2，x_3，有四个销地 y_1，y_2，y_3，y_4，可以用一个数表来表示煤的调运方案

销地＼产地	x_1	x_2	x_3
y_1	a_{11}	a_{12}	a_{13}
y_2	a_{21}	a_{22}	a_{23}
y_3	a_{31}	a_{32}	a_{33}
y_4	a_{41}	a_{42}	a_{43}

其中数 a_{ij} 表示由产地 x_i 到销地 y_j 的数量.这些数字排成 4 行 3 列表

$$\begin{pmatrix} a_{11} & a_{12} & a_{13} \\ a_{21} & a_{22} & a_{23} \\ a_{31} & a_{32} & a_{33} \\ a_{41} & a_{42} & a_{43} \end{pmatrix}$$

它表示了某地区煤的调运方案.

例 2.3　n 个变量 $x_1, x_2, \cdots, x_n$ 与 m 个变量 $y_1, y_2, \cdots, y_m$ 之间的关系式

$$\begin{cases} y_1 = a_{11}x_1 + a_{12}x_2 + \cdots + a_{1n}x_n \\ y_2 = a_{21}x_1 + a_{22}x_2 + \cdots + a_{2n}x_n \\ \qquad \vdots \\ y_m = a_{m1}x_1 + a_{m2}x_2 + \cdots + a_{mn}x_n \end{cases} \tag{2.1}$$

表示一个从 $x_1, x_2, \cdots, x_n$ 到 $y_1, y_2, \cdots, y_m$ 的线性变换,其中 a_{ij} 为常数.

线性变换(2.1)确定后,它的系数 a_{ij} 就可以排成如下 m 行 n 列的一个矩形数表

$$\begin{pmatrix} a_{11} & a_{12} & \cdots & a_{1n} \\ a_{21} & a_{22} & \cdots & a_{2n} \\ \vdots & \vdots & & \vdots \\ a_{m1} & a_{m2} & \cdots & a_{mn} \end{pmatrix} \tag{2.2}$$

反之,如果给定了数表(2.2),以它作为线性变换的系数,就可以唯一确定线性变换(2.1),因此,线性变换(2.1)和数表(2.2)之间存在着一一对应关系.

类似这种矩形表,在自然科学、工程技术及经济领域常常被利用,这种数表在数学上就叫做矩阵.

定义 2.1　由 $m \times n$ 个数 $a_{ij}(i=1, 2, \cdots, m;\ j=1, 2, \cdots, n)$ 排成 m 行 n 列的矩形数表

$$\begin{pmatrix} a_{11} & a_{12} & \cdots & a_{1n} \\ a_{21} & a_{22} & \cdots & a_{2n} \\ \vdots & \vdots & & \vdots \\ a_{m1} & a_{m2} & \cdots & a_{mn} \end{pmatrix}$$

称为 **m 行 n 列矩阵**,简称 **$m \times n$ 矩阵**.通常用大写的黑体英文字母 $\boldsymbol{A}, \boldsymbol{B}, \boldsymbol{C}, \cdots$ 表示它,记为

$$\boldsymbol{A} = \begin{pmatrix} a_{11} & a_{12} & \cdots & a_{1n} \\ a_{21} & a_{22} & \cdots & a_{2n} \\ \vdots & \vdots & & \vdots \\ a_{m1} & a_{m2} & \cdots & a_{mn} \end{pmatrix} \tag{2.3}$$

这 $m \times n$ 个数称为矩阵 $\boldsymbol{A}$ **元素**,简称元,数 a_{ij} 位于矩阵 $\boldsymbol{A}$ 的第 i 行第 j 列,称为矩阵 $\boldsymbol{A}$ 的 (i,j) 元. 以数 a_{ij} 为 (i,j) 元的矩阵可简记为 (a_{ij}) 或 $(a_{ij})_{m\times n}$, $m \times n$ 矩阵 $\boldsymbol{A}$ 也记作 $\boldsymbol{A}_{m\times n}$.

元素是实数的矩阵称为**实矩阵**,元素是复数的矩阵称为**复矩阵**. 本书中的矩阵都指的是实矩阵.

2.1.2　几种特殊型矩阵

1. 行矩阵

当 $m = 1$ 时

$$\boldsymbol{A} = (a_1\ a_2\ \cdots\ a_n)$$

称为**行矩阵**,也称**行向量**,为避免元素之间的混淆,行矩阵也记作

$$\boldsymbol{A} = (a_1,\ a_2,\ \cdots\ ,a_n)$$

2. 列矩阵

当 $n = 1$ 时

$$\boldsymbol{A} = \begin{pmatrix} a_1 \\ a_2 \\ \vdots \\ a_m \end{pmatrix}$$

称为**列矩阵**,也称**列向量**.

3. 零矩阵

元素全是零的矩阵称为**零矩阵**,记作 $\boldsymbol{O}_{m\times n}$, 在不致于混淆的情况下,可以简记为 $\boldsymbol{O}$.

4. 方阵

当 $m = n$ 时

$$\boldsymbol{A} = \begin{pmatrix} a_{11} & a_{12} & \cdots & a_{1n} \\ a_{21} & a_{22} & \cdots & a_{2n} \\ \vdots & \vdots & & \vdots \\ a_{n1} & a_{n2} & \cdots & a_{nn} \end{pmatrix}$$

称为 **n 阶矩阵**,也称 **n 阶方阵**,简记为 $\boldsymbol{A}_n$.

在 n 阶方阵 $\boldsymbol{A}$ 中,从左上角到右下角的对角线上的元素 a_{11}, a_{22}, $\cdots$,a_{nn} 称为**主对角线元素**.

5. 三角形矩阵

在 n 阶方阵 $\boldsymbol{A}$ 中,如果主对角线左下方的元素全为零,即

$$\boldsymbol{A} = \begin{pmatrix} a_{11} & a_{12} & \cdots & a_{1n} \\ 0 & a_{22} & \cdots & a_{2n} \\ \vdots & \vdots & & \vdots \\ 0 & 0 & \cdots & a_{nn} \end{pmatrix}$$

称为**上三角形矩阵**. 如果主对角线右上方的元素全为零,即

$$\boldsymbol{A}=\begin{pmatrix} a_{11} & 0 & \cdots & 0 \\ a_{21} & a_{22} & \cdots & 0 \\ \vdots & \vdots & & \vdots \\ a_{n1} & a_{n2} & \cdots & a_{nn} \end{pmatrix}$$

称为**下三角形矩阵**.

上三角形矩阵和下三角形矩阵统称为三角形矩阵.

6. 对角矩阵($\boldsymbol{\Lambda}$ 矩阵)

如果一个方阵主对角线以外的元素全为零,主对角线元素至少有一个不为零,这种矩阵称为**对角矩阵**,也称为 **$\boldsymbol{\Lambda}$ 矩阵**,记为

$$\boldsymbol{\Lambda}=\begin{pmatrix} \lambda_1 & & & \\ & \lambda_2 & & \\ & & \ddots & \\ & & & \lambda_n \end{pmatrix}$$

其中未写出的元素全为零.

7. 单位矩阵

如果一个方阵主对角线以外的元素全为零,主对角线元素全为"1",这种矩阵称为**单位矩阵**,记为 $\boldsymbol{E}$ 或 $\boldsymbol{E}_n$. 即

$$\boldsymbol{E}=\begin{pmatrix} 1 & & & \\ & 1 & & \\ & & \ddots & \\ & & & 1 \end{pmatrix}$$

最后需要作如下说明:

(1) 零矩阵和单位矩阵是两个重要的特殊矩阵,有着如数"0"和"1"那样类似性质,它们的作用将在以后逐渐明确;

(2) 行列式和矩阵(即使是方阵)是本质不同的概念. 行列式是由其元素按一定运算法则计算后得到一个确定的"数",而矩阵是按一定次序排成的"数表".

2.2 矩阵的运算

矩阵的意义不仅在于将一些数排成一个矩形数表的形式,而且在于对它定义了以下理论意义和实际意义的运算,从而使它成为进行理论研究和解决实际问题的有力工具.

为引入矩阵的运算,先介绍几个基本概念.

1. 同型矩阵:行数与列数分别对应相等的两个矩阵称为**同型矩阵**. 如

$$\boldsymbol{A}=\begin{pmatrix} a_1 & a_2 & a_3 \\ b_1 & b_2 & b_3 \end{pmatrix},\ \boldsymbol{B}=\begin{pmatrix} c_1 & c_2 & c_3 \\ d_1 & d_2 & d_3 \end{pmatrix},\ \boldsymbol{C}=\begin{pmatrix} e_1 & f_1 \\ e_2 & f_2 \\ e_3 & f_3 \end{pmatrix}$$

则 $\boldsymbol{A}$ 与 $\boldsymbol{B}$ 是同型矩阵,而 $\boldsymbol{A}$ 与 $\boldsymbol{C}$ 、$\boldsymbol{B}$ 与 $\boldsymbol{C}$ 都不是同型矩阵.

2. 两个矩阵相等:如果矩阵 A 与 B 是同型矩阵,即 $\boldsymbol{A}=(a_{ij})_{m\times n}$, $\boldsymbol{B}=(b_{ij})_{m\times n}$, 且

$$a_{ij} = b_{ij} \ (i = 1, 2, \cdots, m; j = 1, 2, \cdots, n)$$

则称 **A** 与 **B** 相等，记作 $\boldsymbol{A} = \boldsymbol{B}$.

3. 负矩阵：设

$$\boldsymbol{A} = (a_{ij})_{m\times n} = \begin{pmatrix} a_{11} & a_{12} & \cdots & a_{1n} \\ a_{21} & a_{22} & \cdots & a_{2n} \\ \vdots & \vdots & & \vdots \\ a_{m1} & a_{m2} & \cdots & a_{mn} \end{pmatrix}$$

则矩阵

$$(-a_{ij})_{m\times n} = \begin{pmatrix} -a_{11} & -a_{12} & \cdots & -a_{1n} \\ -a_{21} & -a_{22} & \cdots & -a_{2n} \\ \vdots & \vdots & & \vdots \\ -a_{m1} & -a_{m2} & \cdots & -a_{mn} \end{pmatrix}$$

称为矩阵 **A** 的**负矩阵**，记作 $-\boldsymbol{A}$.

2.2.1 矩阵的加法

定义 2.2 设有两个 $m \times n$ 矩阵

$$\boldsymbol{A} = \begin{pmatrix} a_{11} & a_{12} & \cdots & a_{1n} \\ a_{21} & a_{22} & \cdots & a_{2n} \\ \vdots & \vdots & & \vdots \\ a_{m1} & a_{m2} & \cdots & a_{mn} \end{pmatrix}, \boldsymbol{B} = \begin{pmatrix} b_{11} & b_{12} & \cdots & b_{1n} \\ b_{21} & b_{22} & \cdots & b_{2n} \\ \vdots & \vdots & & \vdots \\ b_{m1} & b_{m2} & \cdots & b_{mn} \end{pmatrix}$$

则 $m \times n$ 矩阵

$$\begin{pmatrix} a_{11}+b_{11} & a_{12}+b_{12} & \cdots & a_{1n}+b_{1n} \\ a_{21}+b_{21} & a_{22}+b_{22} & \cdots & a_{2n}+b_{2n} \\ \vdots & \vdots & & \vdots \\ a_{m1}+b_{m1} & a_{m2}+b_{m2} & \cdots & a_{mn}+b_{mn} \end{pmatrix}$$

称为 **A** 与 **B** 的和，记作 $\boldsymbol{A}+\boldsymbol{B}$. 即

$$\boldsymbol{A}+\boldsymbol{B} = (a_{ij}+b_{ij})_{m\times n}$$

例 2.4 有两种物资从四个产地运往三个销地，其调运方案分别为矩阵 **A** 与 **B**，其中

$$\boldsymbol{A} = \begin{pmatrix} 3 & 5 & 7 & 2 \\ 2 & 0 & 4 & 3 \\ 0 & 1 & 2 & 3 \end{pmatrix}, \quad \boldsymbol{B} = \begin{pmatrix} 1 & 3 & 2 & 0 \\ 2 & 1 & 5 & 7 \\ 0 & 6 & 4 & 8 \end{pmatrix}$$

则从各产地运往各销地两种物资的总运量为

$$\begin{aligned} \boldsymbol{A}+\boldsymbol{B} &= \begin{pmatrix} 3 & 5 & 7 & 2 \\ 2 & 0 & 4 & 3 \\ 0 & 1 & 2 & 3 \end{pmatrix} + \begin{pmatrix} 1 & 3 & 2 & 0 \\ 2 & 1 & 5 & 7 \\ 0 & 6 & 4 & 8 \end{pmatrix} \\ &= \begin{pmatrix} 3+1 & 5+3 & 7+2 & 2+0 \\ 2+2 & 0+1 & 4+5 & 3+7 \\ 0+0 & 1+6 & 2+4 & 3+8 \end{pmatrix} = \begin{pmatrix} 4 & 8 & 9 & 2 \\ 4 & 1 & 9 & 10 \\ 0 & 7 & 6 & 11 \end{pmatrix} \end{aligned}$$

注意:只有两个矩阵是同型矩阵时才能进行加法运算,且是两个矩阵对应元素相加.

由定义,不难验证矩阵的加法具有下列运算规律(设 $\boldsymbol{A}$, $\boldsymbol{B}$, $\boldsymbol{C}$, $\boldsymbol{O}$ 都是 $m\times n$ 矩阵):

(1) $\boldsymbol{A}+\boldsymbol{B}=\boldsymbol{B}+\boldsymbol{A}$;

(2) $(\boldsymbol{A}+\boldsymbol{B})+\boldsymbol{C}=\boldsymbol{A}+(\boldsymbol{B}+\boldsymbol{C})$;

(3) $\boldsymbol{A}+\boldsymbol{O}=\boldsymbol{A}$;

(4) $\boldsymbol{A}+(-\boldsymbol{A})=\boldsymbol{O}$.

利用负矩阵的概念,可以定义矩阵的减法.设 $\boldsymbol{A}$ 与 $\boldsymbol{B}$ 为同型矩阵,则 $\boldsymbol{A}+(-\boldsymbol{B})$ 称为 $\boldsymbol{A}$ 与 $\boldsymbol{B}$ 的差(或矩阵的减法),记为 $\boldsymbol{A}-\boldsymbol{B}$, 即

$$\boldsymbol{A}-\boldsymbol{B}=\boldsymbol{A}+(-\boldsymbol{B})$$

2.2.2 数与矩阵的乘法

定义 2.3　设 $\boldsymbol{A}=(a_{ij})_{m\times n}$, k 为一个数,规定矩阵

$$\begin{pmatrix} ka_{11} & ka_{12} & \cdots & ka_{1n} \\ ka_{21} & ka_{22} & \cdots & ka_{2n} \\ \vdots & \vdots & & \vdots \\ ka_{m1} & ka_{m2} & \cdots & ka_{mn} \end{pmatrix}$$

为数 k 与矩阵 $\boldsymbol{A}$ 的乘积,记为 $k\boldsymbol{A}$ 或 $\boldsymbol{A}k$.

由定义不难验证数乘矩阵满足下列运算规律(设 $\boldsymbol{A}$, $\boldsymbol{B}$ 为 $m\times n$ 矩阵, k, l 为数):

(1) $(k+l)\boldsymbol{A}=k\boldsymbol{A}+l\boldsymbol{A}$;

(2) $k(\boldsymbol{A}+\boldsymbol{B})=k\boldsymbol{A}+k\boldsymbol{B}$;

(3) $k(l\boldsymbol{A})=l(k\boldsymbol{A})=(kl)\boldsymbol{A}$.

矩阵的加法与数乘矩阵统称为**矩阵的线性运算**.

例 2.5　设

$$\boldsymbol{A}=\begin{pmatrix} 1 & -2 & 4 \\ 3 & 5 & 0 \\ -1 & 2 & -7 \end{pmatrix},\ \boldsymbol{B}=\begin{pmatrix} 3 & 2 & 1 \\ -6 & 7 & -2 \\ 0 & 4 & 1 \end{pmatrix}$$

求矩阵 $\boldsymbol{X}$, 使之满足矩阵方程 $2\boldsymbol{A}+\boldsymbol{X}=\boldsymbol{B}$.

解　由 $2\boldsymbol{A}+\boldsymbol{X}=\boldsymbol{B}$ 得

$$\boldsymbol{X}=\boldsymbol{B}-2\boldsymbol{A}=\begin{pmatrix} 3 & 2 & 1 \\ -6 & 7 & -2 \\ 0 & 4 & 1 \end{pmatrix}-2\begin{pmatrix} 1 & -2 & 4 \\ 3 & 5 & 0 \\ -1 & 2 & -7 \end{pmatrix}$$

$$=\begin{pmatrix} 3 & 2 & 1 \\ -6 & 7 & -2 \\ 0 & 4 & 1 \end{pmatrix}-\begin{pmatrix} 2 & -4 & 8 \\ 6 & 10 & 0 \\ -2 & 4 & -14 \end{pmatrix}=\begin{pmatrix} 1 & 6 & -7 \\ -12 & -3 & -2 \\ 2 & 0 & 15 \end{pmatrix}$$

2.2.3 矩阵与矩阵的乘法

矩阵的加法和数与矩阵的乘法都表示了事物之间的一种数量关系,矩阵与矩阵相乘(也称矩阵的乘法)同样表示事物之间的一种数量关系.先看下面的例子.

例 2.6　某地区有四个工厂Ⅰ,Ⅱ,Ⅲ,Ⅳ,生产甲、乙、丙三种产品,矩阵 $\boldsymbol{A}$ 表示一年中各个工厂生产各种产品的数量,矩阵 $\boldsymbol{B}$ 表示各种产品的单位价格(元)及单位利润(元),矩阵 $\boldsymbol{C}$ 表示各工厂的总收入及总利润.

$$\boldsymbol{A}=\begin{pmatrix} a_{11} & a_{12} & a_{13} \\ a_{21} & a_{22} & a_{23} \\ a_{31} & a_{32} & a_{33} \\ a_{41} & a_{42} & a_{43} \end{pmatrix}\begin{matrix}\text{Ⅰ}\\ \text{Ⅱ}\\ \text{Ⅲ}\\ \text{Ⅳ}\end{matrix},\quad \boldsymbol{B}=\begin{pmatrix} b_{11} & b_{12} \\ b_{21} & b_{22} \\ b_{31} & b_{32} \end{pmatrix}\begin{matrix}\text{甲}\\ \text{乙}\\ \text{丙}\end{matrix},\quad \boldsymbol{C}=\begin{pmatrix} c_{11} & c_{12} \\ c_{21} & c_{22} \\ c_{31} & c_{32} \\ c_{41} & c_{42} \end{pmatrix}\begin{matrix}\text{Ⅰ}\\ \text{Ⅱ}\\ \text{Ⅲ}\\ \text{Ⅳ}\end{matrix}$$

其中 $a_{ij}(i=1,\ 2,\ 3,\ 4\ ;\ j=1,\ 2,\ 3)$ 是第 i 个工厂生产的第 j 种产品的数量,b_{j1},$b_{j2}(j=1,\ 2,\ 3)$ 分别是第 j 种产品的单位价格及单位利润,c_{i1},$c_{i2}(i=1,\ 2,\ 3,\ 4)$ 分别是第 i 个工厂生产三种产品的总收入及总利润,则矩阵 $\boldsymbol{A}$,$\boldsymbol{B}$,$\boldsymbol{C}$ 的元素之间有下列关系

$$\boldsymbol{C}=\begin{pmatrix} c_{11} & c_{12} \\ c_{21} & c_{22} \\ c_{31} & c_{32} \\ c_{41} & c_{42} \end{pmatrix}=\begin{pmatrix} a_{11}b_{11}+a_{12}b_{21}+a_{13}b_{31} & a_{11}b_{12}+a_{12}b_{22}+a_{13}b_{32} \\ a_{21}b_{11}+a_{22}b_{21}+a_{23}b_{31} & a_{21}b_{12}+a_{22}b_{22}+a_{23}b_{32} \\ a_{31}b_{11}+a_{32}b_{21}+a_{33}b_{31} & a_{31}b_{12}+a_{32}b_{22}+a_{33}b_{32} \\ a_{41}b_{11}+a_{42}b_{21}+a_{43}b_{32} & a_{41}b_{12}+a_{42}b_{22}+a_{43}b_{32} \end{pmatrix}$$

其中

$$c_{ij}=a_{i1}b_{1j}+a_{i2}b_{2j}+a_{i3}b_{3j}\qquad (i=1,\ 2,\ 3,\ 4\ ;\ j=1,\ 2,\ 3)$$

即矩阵 $\boldsymbol{C}$ 中的第 i 行第 j 列元素等于矩阵 $\boldsymbol{A}$ 的第 i 行元素与 $\boldsymbol{B}$ 的第 j 列对应元素作乘积的和. 这种由 $\boldsymbol{A}$,$\boldsymbol{B}$ 决定矩阵 $\boldsymbol{C}$ 的方法,就叫作矩阵的乘法.

一般地,定义矩阵乘法如下.

定义 2.4　设 $\boldsymbol{A}$ 是一个 $m\times s$ 矩阵

$$\boldsymbol{A}=\begin{pmatrix} a_{11} & a_{12} & \cdots & a_{1s} \\ a_{21} & a_{22} & \cdots & a_{2s} \\ \vdots & \vdots & & \vdots \\ a_{m1} & a_{m2} & \cdots & a_{ms} \end{pmatrix}$$

$\boldsymbol{B}$ 是一个 $s\times n$ 矩阵

$$\boldsymbol{B}=\begin{pmatrix} b_{11} & b_{12} & \cdots & b_{1n} \\ b_{21} & b_{22} & \cdots & b_{2n} \\ \vdots & \vdots & & \vdots \\ b_{s1} & b_{s2} & \cdots & b_{sn} \end{pmatrix}$$

作 $m\times n$ 矩阵

$$\boldsymbol{C}=\begin{pmatrix} c_{11} & c_{12} & \cdots & c_{1n} \\ c_{21} & c_{22} & \cdots & c_{2n} \\ \vdots & \vdots & & \vdots \\ c_{m1} & c_{m2} & \cdots & c_{mn} \end{pmatrix}$$

其中 $\boldsymbol{C}$ 的第 i 行第 j 列元素等于矩阵 $\boldsymbol{A}$ 的第 i 行元素与 $\boldsymbol{B}$ 的第 j 列对应元素作乘积之和,即

$$c_{ij}=a_{i1}b_{1j}+a_{i2}b_{2j}+\cdots+a_{is}b_{sj}\qquad (i=1,\ 2,\ \cdots,\ m\ ;\ j=1,\ 2,\ \cdots,n)$$

则称 $\boldsymbol{C}$ 为矩阵 $\boldsymbol{A}$ 与矩阵 $\boldsymbol{B}$ 乘积,记为

$$\boldsymbol{C}=\boldsymbol{AB}$$

注意:只有当第一个矩阵 $\boldsymbol{A}$(左矩阵)的列数等于第二个矩阵 $\boldsymbol{B}$(右矩阵)行数时,$\boldsymbol{AB}$ 才有意义,而矩阵 $\boldsymbol{C}=\boldsymbol{AB}$ 的行数等于 $\boldsymbol{A}$ 的行数,列数等于 $\boldsymbol{B}$ 的列数. 为此,我们常记为

$$\boldsymbol{A}_{m\times s}\boldsymbol{B}_{s\times n}=\boldsymbol{C}_{m\times n}$$

例 2.7 设

$$\boldsymbol{A}=\begin{pmatrix}3 & -1\\ 0 & 3\\ 1 & 4\end{pmatrix},\quad \boldsymbol{B}=\begin{pmatrix}1 & 3 & 1 & 2\\ 0 & -2 & 1 & 0\end{pmatrix}$$

求 $\boldsymbol{AB}$.

解 因为 $\boldsymbol{A}$ 是 3×2 矩阵,$\boldsymbol{B}$ 是 2×4 矩阵,$\boldsymbol{A}$ 的列数等于 $\boldsymbol{B}$ 的行数,所以矩阵 $\boldsymbol{A}$ 与 $\boldsymbol{B}$ 可以相乘,其乘积 $\boldsymbol{AB}=\boldsymbol{C}$ 是一个 3×4 矩阵,按公式有

$$\begin{aligned}\boldsymbol{AB}&=\begin{pmatrix}3 & -1\\ 0 & 3\\ 1 & 4\end{pmatrix}\begin{pmatrix}1 & 3 & 1 & 2\\ 0 & -2 & 1 & 0\end{pmatrix}\\ &=\begin{pmatrix}3\times1+(-1)\times0 & 3\times3+(-1)\times(-2) & 3\times1+(-1)\times1 & 3\times2+(-1)\times0\\ 0\times1+3\times0 & 0\times3+3\times(-2) & 0\times1+3\times1 & 0\times2+3\times0\\ 1\times1+4\times0 & 1\times3+4\times(-2) & 1\times1+4\times1 & 1\times2+4\times0\end{pmatrix}\\ &=\begin{pmatrix}3 & 11 & 2 & 6\\ 0 & -6 & 3 & 0\\ 1 & -5 & 5 & 2\end{pmatrix}\end{aligned}$$

注意:这里 $\boldsymbol{BA}$ 是无意义的.

例 2.8 设

$$\boldsymbol{A}=(1,\ 2,\ 3),\qquad \boldsymbol{B}=\begin{pmatrix}1\\ 2\\ 3\end{pmatrix}$$

求 $\boldsymbol{AB}$ 和 $\boldsymbol{BA}$.

解

$$\boldsymbol{AB}=(1,\ 2,\ 3)\begin{pmatrix}1\\ 2\\ 3\end{pmatrix}=1\times1+2\times2+3\times3=14$$

$$\boldsymbol{BA}=\begin{pmatrix}1\\ 2\\ 3\end{pmatrix}(1,\ 2,\ 3)=\begin{pmatrix}1\times1 & 1\times2 & 1\times3\\ 2\times1 & 2\times2 & 2\times3\\ 3\times1 & 3\times2 & 3\times3\end{pmatrix}=\begin{pmatrix}1 & 2 & 3\\ 2 & 4 & 6\\ 3 & 6 & 9\end{pmatrix}$$

例 2.9 设

$$\boldsymbol{A}=\begin{pmatrix}1 & 1\\ -1 & -1\end{pmatrix},\quad \boldsymbol{B}=\begin{pmatrix}1 & -1\\ -1 & 1\end{pmatrix}$$

求 $\boldsymbol{AB}$ 和 $\boldsymbol{BA}$.

解

$$\boldsymbol{AB}=\begin{pmatrix}1 & 1\\ -1 & -1\end{pmatrix}\begin{pmatrix}1 & -1\\ -1 & 1\end{pmatrix}=\begin{pmatrix}0 & 0\\ 0 & 0\end{pmatrix}$$

$$\boldsymbol{BA}=\begin{pmatrix}1&-1\\-1&1\end{pmatrix}\begin{pmatrix}1&1\\-1&-1\end{pmatrix}=\begin{pmatrix}2&2\\-2&-2\end{pmatrix}$$

例 2.10 设

$$\boldsymbol{A}=\begin{pmatrix}3&1\\4&6\end{pmatrix},\quad \boldsymbol{B}=\begin{pmatrix}2&1\\4&6\end{pmatrix},\quad \boldsymbol{C}=\begin{pmatrix}0&0\\1&1\end{pmatrix}$$

求 $\boldsymbol{AC}$ 和 $\boldsymbol{BC}$.

解

$$\boldsymbol{AC}=\begin{pmatrix}3&1\\4&6\end{pmatrix}\begin{pmatrix}0&0\\1&1\end{pmatrix}=\begin{pmatrix}1&1\\6&6\end{pmatrix}$$

$$\boldsymbol{BC}=\begin{pmatrix}2&1\\4&6\end{pmatrix}\begin{pmatrix}0&0\\1&1\end{pmatrix}=\begin{pmatrix}1&1\\6&6\end{pmatrix}$$

从上面几个例子可以看出

(1)当 $\boldsymbol{A}$ 与 $\boldsymbol{B}$ 能作乘法运算时，$\boldsymbol{B}$ 与 $\boldsymbol{A}$ 不一定能作乘法运算；当 $\boldsymbol{A}$ 与 $\boldsymbol{B}$ 能作乘法运算，且 $\boldsymbol{B}$ 与 $\boldsymbol{A}$ 也能作乘法运算，但 $\boldsymbol{AB}$ 与 $\boldsymbol{BA}$ 不一定同型；当 $\boldsymbol{A}$ 与 $\boldsymbol{B}$ 是 n 阶方阵时，显然 $\boldsymbol{AB}$ 与 $\boldsymbol{BA}$ 也是 n 阶方阵，但 $\boldsymbol{AB}$ 与 $\boldsymbol{BA}$ 不一定相等. 总之，矩阵乘法不满足交换律.

(2)当 $\boldsymbol{A}\neq\boldsymbol{O}$, $\boldsymbol{B}\neq\boldsymbol{O}$ 时，$\boldsymbol{AB}$ 不一定不等于 $\boldsymbol{O}$.

(3)当 $\boldsymbol{AB}=\boldsymbol{AC}$ 且 $\boldsymbol{A}\neq\boldsymbol{O}$, 不一定 $\boldsymbol{B}=\boldsymbol{C}$.

所有这些都是矩阵乘法与数的乘法不同之处，希望引起读者注意. 当然矩阵乘法与数的乘法也有相同之处，矩阵乘法满足如下运算规律(假设运算是可行的)：

(1) $(\boldsymbol{AB})\boldsymbol{C}=\boldsymbol{A}(\boldsymbol{BC})$；

(2) $\boldsymbol{A}(\boldsymbol{B}+\boldsymbol{C})=\boldsymbol{AB}+\boldsymbol{AC}$，$(\boldsymbol{B}+\boldsymbol{C})\boldsymbol{A}=\boldsymbol{BA}+\boldsymbol{CA}$；

(3) $k(\boldsymbol{AB})=(k\boldsymbol{A})\boldsymbol{B}=\boldsymbol{A}(k\boldsymbol{B})$ (k 为常数)；

(4)设 $\boldsymbol{A}=(a_{ij})_{m\times n}$，则 $\boldsymbol{E}_m\boldsymbol{A}=\boldsymbol{A}$，$\boldsymbol{AE}_n=\boldsymbol{A}$；

(5) $\boldsymbol{AO}=\boldsymbol{O}$，$\boldsymbol{OA}=\boldsymbol{O}$.

有了矩阵的乘法，就可以定义矩阵的幂. 设 $\boldsymbol{A}$ 是 n 阶方阵，定义

$$\boldsymbol{A}^0=\boldsymbol{E},\quad \boldsymbol{A}^1=\boldsymbol{A},\quad \boldsymbol{A}^2=\boldsymbol{AA},\cdots,\quad \boldsymbol{A}^{k+1}=\boldsymbol{A}^k\boldsymbol{A}$$

其中 k 为正整数. 这就是说，$\boldsymbol{A}^k$ 就是 k 个 $\boldsymbol{A}$ 连乘，称 $\boldsymbol{A}^k$ 为 $\boldsymbol{A}$ 的 k 次幂.

方阵的幂满足以下运算规律

$$\boldsymbol{A}^k\boldsymbol{A}^l=\boldsymbol{A}^{k+l},\quad (\boldsymbol{A}^k)^l=\boldsymbol{A}^{kl}$$

其中 k, l 为非负整数.

由于矩阵乘法不满足交换律，则对两个 n 阶方阵 $\boldsymbol{A}$、$\boldsymbol{B}$，一般来说，$(\boldsymbol{AB})^k\neq\boldsymbol{A}^k\boldsymbol{B}^k$. 类似地，$(\boldsymbol{A}+\boldsymbol{B})^2\neq\boldsymbol{A}^2+2\boldsymbol{AB}+\boldsymbol{B}^2$，$\boldsymbol{A}^2-\boldsymbol{B}^2\neq(\boldsymbol{A}-\boldsymbol{B})(\boldsymbol{A}+\boldsymbol{B})$ 等. 然而，下面结论总是成立的.

设 $\boldsymbol{A}$ 是任一 n 阶方阵，$\boldsymbol{E}$ 是 n 阶单位阵，则有

$$(\boldsymbol{A}+\boldsymbol{E})^2=\boldsymbol{A}^2+2\boldsymbol{AE}+\boldsymbol{E}^2=\boldsymbol{A}^2+2\boldsymbol{A}+\boldsymbol{E}$$

$$\boldsymbol{A}^2-\boldsymbol{E}=\boldsymbol{A}^2-\boldsymbol{E}^2=(\boldsymbol{A}-\boldsymbol{E})(\boldsymbol{A}+\boldsymbol{E})$$

更一般地有

$$(\boldsymbol{A}+\boldsymbol{E})^n=\boldsymbol{A}^n+C_n^1\boldsymbol{A}^{n-1}+C_n^2\boldsymbol{A}^{n-2}+\cdots+C_n^k\boldsymbol{A}^{n-k}+\cdots+C_n^n\boldsymbol{E}$$

$$\boldsymbol{A}^n-\boldsymbol{E}=(\boldsymbol{A}-\boldsymbol{E})(\boldsymbol{A}^{n-1}+\boldsymbol{A}^{n-2}+\cdots+\boldsymbol{A}+\boldsymbol{E})$$

例 2.11 求证

$$\begin{pmatrix}1 & 1\\0 & 1\end{pmatrix}^n=\begin{pmatrix}1 & n\\0 & 1\end{pmatrix}$$

证 用数学归纳法.当 $n=1$ 时,等式显然成立.设 $n=k$ 时等式成立,即

$$\begin{pmatrix}1 & 1\\0 & 1\end{pmatrix}^k=\begin{pmatrix}1 & k\\0 & 1\end{pmatrix}$$

则 $n=k+1$ 时

$$\begin{aligned}\begin{pmatrix}1 & 1\\0 & 1\end{pmatrix}^{k+1}&=\begin{pmatrix}1 & 1\\0 & 1\end{pmatrix}^k\begin{pmatrix}1 & 1\\0 & 1\end{pmatrix}=\begin{pmatrix}1 & k\\0 & 1\end{pmatrix}\begin{pmatrix}1 & 1\\0 & 1\end{pmatrix}\\&=\begin{pmatrix}1\times1+1\times0 & 1\times1+k\times1\\0\times1+1\times0 & 0\times1+1\times1\end{pmatrix}\\&=\begin{pmatrix}1 & k+1\\0 & 1\end{pmatrix}\end{aligned}$$

即 $n=k+1$ 时等式成立.所以

$$\begin{pmatrix}1 & 1\\0 & 1\end{pmatrix}^n=\begin{pmatrix}1 & n\\0 & 1\end{pmatrix}$$

还需要说明的是,有了矩阵乘法和矩阵相等的概念,线性方程组就可以用一个矩阵方程来表示.设线性方程组

$$\begin{cases}a_{11}x_1+a_{12}x_2+\cdots+a_{1n}x_n=b_1\\a_{21}x_1+a_{22}x_2+\cdots+a_{2n}x_n=b_2\\\qquad\vdots\\a_{m1}x_1+a_{m2}x_2+\cdots+a_{mn}x_n=b_m\end{cases}\tag{2.4}$$

令

$$\boldsymbol{A}=\begin{pmatrix}a_{11} & a_{12} & \cdots & a_{1n}\\a_{21} & a_{22} & \cdots & a_{2n}\\\vdots & \vdots & & \vdots\\a_{m1} & a_{m2} & \cdots & a_{mn}\end{pmatrix},\ \boldsymbol{x}=\begin{pmatrix}x_1\\x_2\\\vdots\\x_n\end{pmatrix},\ \boldsymbol{b}=\begin{pmatrix}b_1\\b_2\\\vdots\\b_m\end{pmatrix}$$

则式(2.4)可以写成

$$\boldsymbol{Ax}=\boldsymbol{b}$$

其中 $\boldsymbol{A}$ 称为线性方程组式(2.4)的系数矩阵,$\boldsymbol{x}$ 是未知量组成的列矩阵,$\boldsymbol{b}$ 是常数项组成的列矩阵.

将线性方程组写成矩阵形式,不仅书写简便,而且可以将线性方程组的理论与矩阵理论联系起来.同样我们也可以将例 2.3 的线性变换用矩阵形式表示,读者不妨自己完成.

2.2.4 矩阵的转置

定义 2.5 设 $m\times n$ 矩阵

$$A = \begin{pmatrix} a_{11} & a_{12} & \cdots & a_{1n} \\ a_{21} & a_{22} & \cdots & a_{2n} \\ \vdots & \vdots & & \vdots \\ a_{m1} & a_{m2} & \cdots & a_{mn} \end{pmatrix}$$

将矩阵 $\boldsymbol{A}$ 的行换成同序数的列，得到一个 $n\times m$ 矩阵，则该矩阵称为 $\boldsymbol{A}$ 的转置矩阵，记作 $\boldsymbol{A}^{\mathrm{T}}$ 或 $\boldsymbol{A}'$，即

$$\boldsymbol{A}^{\mathrm{T}} = \begin{pmatrix} a_{11} & a_{21} & \cdots & a_{m1} \\ a_{12} & a_{22} & \cdots & a_{m2} \\ \vdots & \vdots & & \vdots \\ a_{1n} & a_{2n} & \cdots & a_{mn} \end{pmatrix}$$

矩阵的转置也是矩阵的一种运算，满足下述运算规律(假设运算都是可行的)：

(1) $(\boldsymbol{A}^{\mathrm{T}})^{\mathrm{T}} = \boldsymbol{A}$；

(2) $(\boldsymbol{A}+\boldsymbol{B})^{\mathrm{T}} = \boldsymbol{A}^{\mathrm{T}} + \boldsymbol{B}^{\mathrm{T}}$；

(3) $(k\boldsymbol{A})^{\mathrm{T}} = k\,\boldsymbol{A}^{\mathrm{T}}$；

(4) $(\boldsymbol{AB})^{\mathrm{T}} = \boldsymbol{B}^{\mathrm{T}}\boldsymbol{A}^{\mathrm{T}}$.

前三个容易证明，我们仅证明(4).

证　设

$$\boldsymbol{A} = \begin{pmatrix} a_{11} & a_{12} & \cdots & a_{1s} \\ a_{21} & a_{22} & \cdots & a_{2s} \\ \vdots & \vdots & & \vdots \\ a_{m1} & a_{m2} & \cdots & a_{ms} \end{pmatrix} = (a_{ij})_{m\times s}$$

$$\boldsymbol{B} = \begin{pmatrix} b_{11} & b_{12} & \cdots & b_{1n} \\ b_{21} & b_{22} & \cdots & b_{2n} \\ \vdots & \vdots & & \vdots \\ b_{s1} & b_{s2} & \cdots & b_{sn} \end{pmatrix} = (b_{ij})_{s\times n}$$

则 $\boldsymbol{AB}$ 是 $m\times n$ 矩阵，由矩阵转置的定义知 $(\boldsymbol{AB})^{\mathrm{T}}$ 是 $n\times m$ 矩阵；因为 $\boldsymbol{B}^{\mathrm{T}}$ 是 $n\times s$ 矩阵，$\boldsymbol{A}^{\mathrm{T}}$ 是 $s\times m$ 矩阵，则 $\boldsymbol{B}^{\mathrm{T}}\boldsymbol{A}^{\mathrm{T}}$ 是 $n\times m$ 矩阵；于是 $(\boldsymbol{AB})^{\mathrm{T}}$ 和 $\boldsymbol{B}^{\mathrm{T}}\boldsymbol{A}^{\mathrm{T}}$ 是同型矩阵.

$(\boldsymbol{AB})^{\mathrm{T}}$ 中的第 i 行第 j 列元素是 $\boldsymbol{AB}$ 中的第 j 行第 i 列元素，即

$$a_{j1}b_{1i} + a_{j2}b_{2i} + \cdots + a_{js}b_{si} = \sum_{k=1}^{s} a_{jk}b_{ki}$$

而 $\boldsymbol{B}^{\mathrm{T}}\boldsymbol{A}^{\mathrm{T}}$ 中的第 i 行第 j 列元素是 $\boldsymbol{B}$ 的第 i 列与 $\boldsymbol{A}$ 的第 j 行对应元素乘积的和，即

$$b_{1i}a_{j1} + b_{2i}a_{j2} + \cdots + b_{si}a_{js} = \sum_{k=1}^{s} b_{ki}a_{jk}$$

显然

$$\sum_{k=1}^{s} a_{jk}b_{ki} = \sum_{k=1}^{s} b_{ki}a_{jk}$$

即 $(\boldsymbol{AB})^{\mathrm{T}}$ 与 $\boldsymbol{B}^{\mathrm{T}}\boldsymbol{A}^{\mathrm{T}}$ 对应元素相等，所以

$$(\boldsymbol{AB})^{\mathrm{T}} = \boldsymbol{B}^{\mathrm{T}}\boldsymbol{A}^{\mathrm{T}}$$

例 2.12　已知

$$\boldsymbol{A}=\begin{pmatrix}2&0&1\\0&2&3\\1&1&0\end{pmatrix},\qquad \boldsymbol{B}=\begin{pmatrix}1&1\\2&-1\\-1&1\end{pmatrix}$$

求 $(\boldsymbol{AB})^{\mathrm{T}}$.

解法一 因为

$$\boldsymbol{AB}=\begin{pmatrix}2&0&1\\0&2&3\\1&1&0\end{pmatrix}\begin{pmatrix}1&1\\2&-1\\-1&1\end{pmatrix}=\begin{pmatrix}1&3\\1&1\\3&0\end{pmatrix}$$

所以

$$(\boldsymbol{AB})^{\mathrm{T}}=\begin{pmatrix}1&1&3\\3&1&0\end{pmatrix}$$

解法二

$$(\boldsymbol{AB})^{\mathrm{T}}=\boldsymbol{B}^{\mathrm{T}}\boldsymbol{A}^{\mathrm{T}}=\begin{pmatrix}1&2&-1\\1&-1&1\end{pmatrix}\begin{pmatrix}2&0&1\\0&2&1\\1&3&0\end{pmatrix}=\begin{pmatrix}1&1&3\\3&1&0\end{pmatrix}$$

有了矩阵转置的定义,下面我们给出对称矩阵的定义.

定义 2.6 设 $\boldsymbol{A}$ 是 n 阶方阵,若 $\boldsymbol{A}^{\mathrm{T}}=\boldsymbol{A}$,即 $a_{ij}=a_{ji}(i,j=1,\ 2,\ \cdots,\ n)$,则称 $\boldsymbol{A}$ 为**对称矩阵**.

对称矩阵的特点是:它的元素以主对角线为对称轴对应相等.如

$$\boldsymbol{A}=\begin{pmatrix}1&5&1&2\\5&3&4&0\\1&4&0&1\\2&0&1&2\end{pmatrix}$$

就是一个对称矩阵.

对称矩阵有以下性质:

(1) 两个同阶对称矩阵的和仍是对称矩阵;

(2) 数乘对称矩阵仍是对称矩阵.

注意:两个同阶对称矩阵的乘积不一定是对称矩阵.例如

$$\boldsymbol{A}=\begin{pmatrix}2&-1\\-1&0\end{pmatrix},\quad \boldsymbol{B}=\begin{pmatrix}0&1\\1&0\end{pmatrix}$$

都是二阶对称矩阵,但

$$\boldsymbol{AB}=\begin{pmatrix}2&-1\\-1&0\end{pmatrix}\begin{pmatrix}0&1\\1&0\end{pmatrix}=\begin{pmatrix}-1&2\\0&-1\end{pmatrix}$$

就不是对称矩阵.

2.2.5 方阵的行列式

定义 2.7 由 n 阶方阵 $\boldsymbol{A}$ 的元素按原来位置所构成的行列式,称为方阵 $\boldsymbol{A}$ 的行列式,记为 $|\boldsymbol{A}|$ 或 $\det\boldsymbol{A}$.

由 $\boldsymbol{A}$ 确定 $|\boldsymbol{A}|$ 的这种运算,满足下述运算规律(设 $\boldsymbol{A}$, $\boldsymbol{B}$ 是 n 阶方阵,k 为常数):

(1) $|\boldsymbol{A}^{\mathrm{T}}| = |\boldsymbol{A}|$;

(2) $|k\boldsymbol{A}| = k^n |\boldsymbol{A}|$(注意与行列式性质的区别);

(3) $|\boldsymbol{AB}| = |\boldsymbol{A}||\boldsymbol{B}|$.

性质(1)、(2)不难证明,性质(3)证明繁琐,这里不予证明,现举一例验证.

例 2.13 设

$$\boldsymbol{A} = \begin{pmatrix} 1 & 3 \\ 2 & 5 \end{pmatrix}, \boldsymbol{B} = \begin{pmatrix} 0 & 2 \\ 3 & 1 \end{pmatrix}$$

则

$$|\boldsymbol{A}| = \begin{vmatrix} 1 & 3 \\ 2 & 5 \end{vmatrix} = -1, |\boldsymbol{B}| = \begin{vmatrix} 0 & 2 \\ 3 & 1 \end{vmatrix} = -6$$

于是

$$|\boldsymbol{A}||\boldsymbol{B}| = (-1) \times (-6) = 6$$

又

$$\boldsymbol{AB} = \begin{pmatrix} 1 & 3 \\ 2 & 5 \end{pmatrix} \begin{pmatrix} 0 & 2 \\ 3 & 1 \end{pmatrix} = \begin{pmatrix} 9 & 5 \\ 15 & 9 \end{pmatrix}$$

于是

$$|\boldsymbol{AB}| = \begin{vmatrix} 9 & 5 \\ 15 & 9 \end{vmatrix} = 81 - 75 = 6$$

所以

$$|\boldsymbol{AB}| = |\boldsymbol{A}||\boldsymbol{B}|$$

由行列式性质还可以得到以下结果:设

$$\boldsymbol{A} = \begin{pmatrix} a_{11} & \cdots & a_{1m} & 0 & \cdots & 0 \\ \vdots & & \vdots & \vdots & & \vdots \\ a_{m1} & \cdots & a_{mm} & 0 & \cdots & 0 \\ c_{11} & \cdots & c_{1n} & b_{11} & \cdots & b_{1n} \\ \vdots & & \vdots & \vdots & & \vdots \\ c_{n1} & \cdots & c_{mn} & b_{n1} & \cdots & b_{nn} \end{pmatrix}, \boldsymbol{B} = \begin{pmatrix} a_{11} & \cdots & a_{1m} & c_{11} & \cdots & c_{1n} \\ \vdots & & \vdots & \vdots & & \vdots \\ a_{m1} & \cdots & a_{mm} & c_{m1} & \cdots & c_{mn} \\ 0 & \cdots & 0 & b_{11} & \cdots & b_{1n} \\ \vdots & & \vdots & \vdots & & \vdots \\ 0 & \cdots & 0 & b_{n1} & \cdots & b_{nn} \end{pmatrix}$$

则

$$|\boldsymbol{A}| = D_1 \cdot D_2, \qquad |\boldsymbol{B}| = D_1 \cdot D_2$$

其中

$$D_1 = \begin{vmatrix} a_{11} & \cdots & a_{1m} \\ \vdots & & \vdots \\ a_{m1} & \cdots & a_{mm} \end{vmatrix}, D_2 = \begin{vmatrix} b_{11} & \cdots & b_{1n} \\ \vdots & & \vdots \\ b_{n1} & \cdots & b_{nn} \end{vmatrix}$$

本节最后给出一个与方阵行列式有关的定义.

定义 2.8 设 $\boldsymbol{A}$ 为 n 阶方阵,若 $|\boldsymbol{A}| \neq 0$,则称 $\boldsymbol{A}$ 是**非奇异的**,否则称 $\boldsymbol{A}$ 是**奇异的**.

例如

$$\boldsymbol{A} = \begin{pmatrix} 1 & 3 & -2 \\ 0 & 2 & 1 \\ 3 & 0 & 0 \end{pmatrix}$$

由于 $|\boldsymbol{A}| = 21 \neq 0$,所以 $\boldsymbol{A}$ 是非奇异的. 又如

$$\boldsymbol{B}=\begin{pmatrix}1&2&3\\2&4&6\\2&1&2\end{pmatrix}$$

由于 $|\boldsymbol{B}| = 0$,所以 $\boldsymbol{B}$ 是奇异的.

2.3 矩阵的初等变换与初等矩阵

矩阵的初等变换是矩阵的一种十分重要的运算,它在解线性方程组、求逆阵及矩阵理论的探讨中都起到重要的作用. 本节我们给出矩阵的初等变换与初等矩阵的概念及初等变换与矩阵乘法之间的联系.

2.3.1 矩阵的初等变换

定义 2.9 对矩阵 $\boldsymbol{A}$ 施以下列变换称为矩阵的**初等行变换**:

(1)互换 $\boldsymbol{A}$ 的两行(互换 i,j 两行,记作 $r_i \leftrightarrow r_j$);

(2)以数 $k \neq 0$ 乘某一行中的所有元素(第 i 行乘 k,记作 kr_i 或 $r_i \times k$);

(3)把某一行所有元素的 k 倍加到另一行对应的元素上(第 j 行 k 倍加到第 i 行上,记作 $r_i + kr_j$).

将上述定义的"行"换成"列",就得到矩阵的**初等列变换**的定义(所用记号是把" r "换成" c ").

矩阵的初等行变换与初等列变换统称为矩阵的**初等变换**.

注意:初等变换的逆变换仍是初等变换,且变换类型相同. 例如,变换 $r_i \leftrightarrow r_j$ 的逆变换即为本身;变换 $r_i \times k$ 的逆变换为 $r_i \times \frac{1}{k}$;变换 $r_i + k\ r_j$ 的逆变换为 $r_i + (-k)r_j$ 或 $r_i - kr_j$.

定义 2.10 如果矩阵 $\boldsymbol{A}$ 经过有限次初等变换变成矩阵 $\boldsymbol{B}$,就称矩阵 $\boldsymbol{A}$ 与 $\boldsymbol{B}$ 等价,记作 $\boldsymbol{A} \cong \boldsymbol{B}$ 或 $\boldsymbol{A} \rightarrow \boldsymbol{B}$.

矩阵之间的等价关系具有下列性质:

(1)反身性 $\boldsymbol{A} \cong \boldsymbol{A}$;

(2)对称性 若 $\boldsymbol{A} \cong \boldsymbol{B}$,则 $\boldsymbol{B} \cong \boldsymbol{A}$;

(3)传递性 若 $\boldsymbol{A} \cong \boldsymbol{B}$, $\boldsymbol{B} \cong \boldsymbol{C}$,则 $\boldsymbol{A} \cong \boldsymbol{C}$.

例 2.14 设矩阵

$$\boldsymbol{A}=\begin{pmatrix}1&3&1&2&1\\3&9&3&8&4\\2&4&6&12&6\\2&7&0&2&3\end{pmatrix}$$

现对 $\boldsymbol{A}$ 施行一系列的初等行变换如下:

$$\boldsymbol{A}=\begin{pmatrix}1&3&1&2&1\\3&9&3&8&4\\2&4&6&12&6\\2&7&0&2&3\end{pmatrix}\xrightarrow[r_4-2r_1]{\substack{r_2-3r_1\\r_3-2r_1}}\begin{pmatrix}1&3&1&2&1\\0&0&0&2&1\\0&-2&4&8&4\\0&1&-2&-2&1\end{pmatrix}$$

$$\xrightarrow{r_2\leftrightarrow r_4}\begin{pmatrix}1&3&1&2&1\\0&1&-2&-2&1\\0&-2&4&8&4\\0&0&0&2&1\end{pmatrix}\xrightarrow{r_3+2r_2}\begin{pmatrix}1&3&1&2&1\\0&1&-2&-2&1\\0&0&0&4&2\\0&0&0&2&1\end{pmatrix}$$

$$\xrightarrow{r_4-\frac{1}{2}r_3}\begin{pmatrix}1&3&1&2&1\\0&1&-2&-2&1\\0&0&0&4&2\\0&0&0&0&0\end{pmatrix}\overset{\text{def}}{=}\boldsymbol{B}_1$$

我们称如上形式的矩阵 $\boldsymbol{B}_1$ 为**行阶梯形矩阵**.

一般地,称满足下列条件的矩阵为行阶梯形矩阵:

(1) 元素全为 0 的行(零行)全在矩阵的下方(如果有零行的话);

(2) 每个元素不全为零的行(称非零行)的首元(第一个不为零的元素)出现在上一行首元的右边.

当我们通过初等行变换将矩阵 $\boldsymbol{A}$ 化成一个行阶梯形矩阵 $\boldsymbol{B}_1$ 时,我们常称 $\boldsymbol{B}_1$ 是矩阵 $\boldsymbol{A}$ 的行阶梯形.

注意:一个矩阵 $\boldsymbol{A}$ 的行阶梯形并不唯一.

对例 2.14 中的 $\boldsymbol{B}_1$ 再继续施行初等行变换

$$\boldsymbol{B}_1=\begin{pmatrix}1&3&1&2&1\\0&1&-2&-2&1\\0&0&0&4&2\\0&0&0&0&0\end{pmatrix}\xrightarrow[r_3\times\frac{1}{4}]{r_1-3r_2}\begin{pmatrix}1&0&7&8&-2\\0&1&-2&-2&1\\0&0&0&1&\frac{1}{2}\\0&0&0&0&0\end{pmatrix}$$

$$\xrightarrow[r_2+2r_3]{r_1-8r_3}\begin{pmatrix}1&0&7&0&-6\\0&1&-2&0&2\\0&0&0&1&\frac{1}{2}\\0&0&0&0&0\end{pmatrix}\overset{\text{def}}{=}\boldsymbol{B}$$

称这样的行阶梯形矩阵为行简化阶梯形矩阵.

一般地,满足下列条件的行阶梯形矩阵称为**行简化阶梯形矩阵**:

(1) 各非零行的首元都是 1;

(2) 每个首元所在列的其余元素都是零.

由例 2.14 做题的过程,不难得到下述定理.

定理 2.1　任一个 $m\times n$ 的非零矩阵 $\boldsymbol{A}$,总可经过有限次初等行变换先化为行阶梯形矩阵,再化为行简化阶梯形矩阵.

2.3.2　初等矩阵

定义 2.11　对单位矩阵 $\boldsymbol{E}$ 只进行一次初等变换后得到的矩阵称为**初等矩阵**.

因为矩阵的初等变换有三种情形,所以对应的初等矩阵也有三种类型:

(1) 互换 $\boldsymbol{E}$ 的 i,j 两行($r_i\leftrightarrow r_j$)得到的初等矩阵记为 $\boldsymbol{P}(i,j)$;

(2) 用不等于零的数 k 乘 E 的第 i 行($r_i \times k$)得到的初等矩阵记为 $\boldsymbol{P}(i(k))$;

(3) 用数 k 乘 $\boldsymbol{E}$ 的第 j 行再加到第 i 行($r_i + kr_j$)得到的初等矩阵记为 $\boldsymbol{P}(i,j(k))$.

例如对四阶单位矩阵 $\boldsymbol{E}$ 分别施行下列初等行变换:

(1) 交换 $\boldsymbol{E}$ 的第一、三行

$$\boldsymbol{E}=\begin{pmatrix}1&0&0&0\\0&1&0&0\\0&0&1&0\\0&0&0&1\end{pmatrix}\xrightarrow{r_1\leftrightarrow r_3}\begin{pmatrix}0&0&1&0\\0&1&0&0\\1&0&0&0\\0&0&0&1\end{pmatrix}=\boldsymbol{P}(1,\ 3)$$

(2)用 5 乘以 $\boldsymbol{E}$ 的第二行

$$\boldsymbol{E}=\begin{pmatrix}1&0&0&0\\0&1&0&0\\0&0&1&0\\0&0&0&1\end{pmatrix}\xrightarrow{r_2\times 5}\begin{pmatrix}1&0&0&0\\0&5&0&0\\0&0&1&0\\0&0&0&1\end{pmatrix}=\boldsymbol{P}(2(5))$$

(3)用 (-2) 乘以 $\boldsymbol{E}$ 的第四行再加到第二行上

$$\boldsymbol{E}=\begin{pmatrix}1&0&0&0\\0&1&0&0\\0&0&1&0\\0&0&0&1\end{pmatrix}\xrightarrow{r_2+(-2)r_4}\begin{pmatrix}1&0&0&0\\0&1&0&-2\\0&0&1&0\\0&0&0&1\end{pmatrix}=\boldsymbol{P}(2,4(-2))$$

则 $\boldsymbol{P}(1,\ 3)$,$\boldsymbol{P}(2(5))$,$\boldsymbol{P}(2,4(-2))$ 都是四阶初等矩阵. 而矩阵

$$\begin{pmatrix}1&0&0&0\\0&3&0&-2\\0&0&1&0\\0&0&0&1\end{pmatrix},\qquad\begin{pmatrix}1&0&1&0\\0&1&0&1\\0&0&1&0\\0&0&0&1\end{pmatrix}$$

都不是初等矩阵(为什么?).

类似地可以得到与矩阵初等列变换相应的初等矩阵. 不过须要说明的是,对单位矩阵 $\boldsymbol{E}$ 只作一次初等列变换所得到的初等矩阵也包括在上述所列举的三种类型中,例如,将 $\boldsymbol{E}$ 的第 i 列 k 倍加到第 j 列($c_j + kc_i$)得到的初等矩阵,等于将 $\boldsymbol{E}$ 的第 j 行 k 倍加到第 i 行($r_i + kr_j$)得到的矩阵.

2.3.3 用矩阵的乘积表示矩阵的初等变换

用 m 阶初等矩阵左乘 $m \times n$ 矩阵 $\boldsymbol{A}$ 与对 $\boldsymbol{A}$ 施行一次初等行变换之间有何联系?下面我们通过例子说明.

设 $\boldsymbol{A}$ 是一个 4×3 矩阵,即

$$\boldsymbol{A}=\begin{pmatrix}a_{11}&a_{12}&a_{13}\\a_{21}&a_{22}&a_{23}\\a_{31}&a_{32}&a_{33}\\a_{41}&a_{42}&a_{43}\end{pmatrix}$$

则

$$\boldsymbol{P}(1,\ 3)\boldsymbol{A}=\begin{pmatrix}0&0&1&0\\0&1&0&0\\1&0&0&0\\0&0&0&1\end{pmatrix}\begin{pmatrix}a_{11}&a_{12}&a_{13}\\a_{21}&a_{22}&a_{23}\\a_{31}&a_{32}&a_{33}\\a_{41}&a_{42}&a_{43}\end{pmatrix}=\begin{pmatrix}a_{31}&a_{32}&a_{33}\\a_{21}&a_{22}&a_{23}\\a_{11}&a_{12}&a_{13}\\a_{41}&a_{42}&a_{43}\end{pmatrix}=\boldsymbol{B}_1$$

即

$$\boldsymbol{A}=\begin{pmatrix}a_{11}&a_{12}&a_{13}\\a_{21}&a_{22}&a_{23}\\a_{31}&a_{32}&a_{33}\\a_{41}&a_{42}&a_{43}\end{pmatrix}\xrightarrow{r_1\leftrightarrow r_3}\begin{pmatrix}a_{31}&a_{32}&a_{33}\\a_{21}&a_{22}&a_{23}\\a_{11}&a_{12}&a_{13}\\a_{41}&a_{42}&a_{43}\end{pmatrix}=\boldsymbol{B}_1$$

也就是说,用初等矩阵 $\boldsymbol{P}(1,\ 3)$ 左乘 $\boldsymbol{A}$，等于对 $\boldsymbol{A}$ 施行初等行变换 $r_1\leftrightarrow r_3$ 得到的 $\boldsymbol{B}_1$；

$$\boldsymbol{P}(2(5))\boldsymbol{A}=\begin{pmatrix}1&0&0&0\\0&5&0&0\\0&0&1&0\\0&0&0&1\end{pmatrix}\begin{pmatrix}a_{11}&a_{12}&a_{13}\\a_{21}&a_{22}&a_{23}\\a_{31}&a_{32}&a_{33}\\a_{41}&a_{42}&a_{43}\end{pmatrix}$$

$$=\begin{pmatrix}a_{11}&a_{12}&a_{13}\\5a_{21}&5a_{22}&5a_{23}\\a_{31}&a_{32}&a_{33}\\a_{41}&a_{42}&a_{43}\end{pmatrix}=\boldsymbol{B}_2$$

即

$$\boldsymbol{A}=\begin{pmatrix}a_{11}&a_{12}&a_{13}\\a_{21}&a_{22}&a_{23}\\a_{31}&a_{32}&a_{33}\\a_{41}&a_{42}&a_{43}\end{pmatrix}\xrightarrow{r_2\times 5}\begin{pmatrix}a_{11}&a_{12}&a_{13}\\5a_{21}&5a_{22}&5a_{23}\\a_{31}&a_{32}&a_{33}\\a_{41}&a_{42}&a_{43}\end{pmatrix}=\boldsymbol{B}_2$$

也就是说,用初等矩阵 $\boldsymbol{P}(2(5))$ 左乘 $\boldsymbol{A}$，等于对 $\boldsymbol{A}$ 施行初等行变换 $r_2\times 5$ 得到的 $\boldsymbol{B}_2$；

$$\boldsymbol{P}(2,\ 4(-2))\boldsymbol{A}=\begin{pmatrix}1&0&0&0\\0&1&0&-2\\0&0&1&0\\0&0&0&1\end{pmatrix}\begin{pmatrix}a_{11}&a_{12}&a_{13}\\a_{21}&a_{22}&a_{23}\\a_{31}&a_{32}&a_{33}\\a_{41}&a_{42}&a_{43}\end{pmatrix}$$

$$=\begin{pmatrix}a_{11}&a_{12}&a_{13}\\a_{21}-2a_{41}&a_{22}-2a_{42}&a_{23}-2a_{43}\\a_{31}&a_{32}&a_{33}\\a_{41}&a_{42}&a_{43}\end{pmatrix}=\boldsymbol{B}_3$$

即

$$\boldsymbol{A}=\begin{pmatrix}a_{11}&a_{12}&a_{13}\\a_{21}&a_{22}&a_{23}\\a_{31}&a_{32}&a_{33}\\a_{41}&a_{42}&a_{43}\end{pmatrix}\xrightarrow{r_2-2r_4}\begin{pmatrix}a_{11}&a_{12}&a_{13}\\a_{21}-2a_{41}&a_{22}-2a_{42}&a_{23}-2a_{43}\\a_{31}&a_{32}&a_{33}\\a_{41}&a_{42}&a_{43}\end{pmatrix}=\boldsymbol{B}_3$$

也就是说,用初等矩阵 $P(2,4(-2))$ 左乘 $\boldsymbol{A}$，等于对 $\boldsymbol{A}$ 施行初等行变换 $r_2+(-2)r_4$ 得到的

$\boldsymbol{B}_3$.

类似地,可以验证对 $\boldsymbol{A}$ 施行一次初等列变换,只要用相应的三阶初等矩阵右乘 $\boldsymbol{A}$. 一般地有下述定理.

定理 2.2　设 $\boldsymbol{A}$ 是一个 $m\times n$ 矩阵,对 $\boldsymbol{A}$ 施行一次初等行变换,相当于对 $\boldsymbol{A}$ 左乘一个 m 阶初等矩阵;对 $\boldsymbol{A}$ 施行一次初等列变换,相当于对 $\boldsymbol{A}$ 右乘一个 n 阶初等矩阵.

利用前面的概念及结论,我们可以得到下面的定理.

定理 2.3　设 $\boldsymbol{A}$ 是一个 n 阶非奇异方阵,则存在着有限个 n 阶初等矩阵 $\boldsymbol{P}_1, \boldsymbol{P}_2, \cdots, \boldsymbol{P}_l$,使

$$\boldsymbol{P}_l\boldsymbol{P}_{l-1}\cdots\boldsymbol{P}_2\boldsymbol{P}_1\boldsymbol{A}=\boldsymbol{E}$$

其中 $\boldsymbol{E}$ 为 n 阶单位矩阵.

*__证__　设

$$\boldsymbol{A}=\begin{pmatrix} a_{11} & a_{12} & \cdots & a_{1n} \\ a_{21} & a_{22} & \cdots & a_{2n} \\ \vdots & \vdots & & \vdots \\ a_{n1} & a_{n2} & \cdots & a_{nn} \end{pmatrix}$$

由于 $\boldsymbol{A}$ 为非奇异方阵,既有 $|\boldsymbol{A}|\neq 0$,则 $\boldsymbol{A}$ 的第一列元素不全为零. 不妨设 $a_{11}\neq 0$,先将第一行乘以 $\dfrac{1}{a_{11}}$,再将变换后的第一行乘以 $-a_{i1}(i=2,3,\cdots,n)$ 加到第 $i\,(i=2,3,\cdots,n)$ 行上,这样经过若干次初等行变换,则 $\boldsymbol{A}$ 就变成

$$\boldsymbol{B}=\begin{pmatrix} 1 & * & \cdots & * \\ 0 & & & \\ \vdots & & \boldsymbol{A}_1 & \\ 0 & & & \end{pmatrix}$$

其中 $*$ 表示经过初等行变换后第一行元素,$\boldsymbol{A}_1$ 表示经过初等行变换后的一个 $n-1$ 阶矩阵. 显然 $|\boldsymbol{B}|=|\boldsymbol{A}_1|$,而 $|\boldsymbol{A}_1|$ 与 $|\boldsymbol{A}|$ 相差一个非零因子 a_{11},所以 $|\boldsymbol{A}_1|\neq 0$,从而 $\boldsymbol{A}_1$ 的第一列元素也不全为零,于是用类似的方法对 $\boldsymbol{B}$ 进行若干次初等行变换,则 $\boldsymbol{A}$ 就变成

$$\boldsymbol{C}=\begin{pmatrix} 1 & 0 & * & \cdots & * \\ 0 & 1 & * & \cdots & * \\ 0 & 0 & & & \\ \vdots & \vdots & & \boldsymbol{A}_2 & \\ 0 & 0 & & & \end{pmatrix}$$

其中 $\boldsymbol{A}_2$ 是 $n-2$ 阶方阵,类似有 $|\boldsymbol{A}_2|\neq 0$,依此方法继续作下去,经过 n 个步骤 $\boldsymbol{A}$ 就变成单位矩阵 $\boldsymbol{E}$,即 $\boldsymbol{A}\to\boldsymbol{E}$. 注意到每作一次初等行变换相当于对 $\boldsymbol{A}$ 左乘一个初等矩阵,所以存在着有限个 n 阶初等矩阵 $\boldsymbol{P}_1, \boldsymbol{P}_2, \cdots, \boldsymbol{P}_l$,使

$$\boldsymbol{P}_l\boldsymbol{P}_{l-1}\cdots\boldsymbol{P}_2\boldsymbol{P}_1\boldsymbol{A}=\boldsymbol{E}$$

2.4 可逆矩阵

2.4.1 逆矩阵的概念

在数的运算中, 当数 $a\neq 0$ 时, 总存在唯一一个数 a^{-1}, 使得 $a\cdot a^{-1}=a^{-1}\cdot a=1$. 这里

我们把 a^{-1} 叫做 a 的逆数. 在解一元一次方程 $ax=b$ 时，若 $a\neq 0$，两边左乘以 a 的逆数 a^{-1}，使得 $x=a^{-1}b$，那么在解第 1 章式(1.14)的线性方程组时，当我们将其写成矩阵方程 $\boldsymbol{Ax}=\boldsymbol{b}$，能否像解一元一次方程那样来求其解？在回答这个问题之前，我们先引入可逆矩阵与逆矩阵的概念，并讨论矩阵可逆的条件及求逆矩阵的方法.

定义 2.12　设 $\boldsymbol{A}$ 是 n 阶方阵，如果存在着 n 阶方阵 $\boldsymbol{B}$，使得

$$\boldsymbol{AB}=\boldsymbol{BA}=\boldsymbol{E}$$

则称 $\boldsymbol{A}$ 是**可逆矩阵**，也称 $\boldsymbol{A}$ 是**可逆的**，并把矩阵 $\boldsymbol{B}$ 称为方阵 $\boldsymbol{A}$ 的**逆矩阵**，记为 $\boldsymbol{B}=\boldsymbol{A}^{-1}$，即

$$\boldsymbol{AA}^{-1}=\boldsymbol{A}^{-1}\boldsymbol{A}=\boldsymbol{E}$$

注意：

(1)从定义可以看出，$\boldsymbol{A}$ 和 $\boldsymbol{B}$ 的地位对称. 当方阵 $\boldsymbol{A}$ 可逆时，方阵 $\boldsymbol{B}$ 也可逆，即 $\boldsymbol{A}$ 和 $\boldsymbol{B}$ 互逆，且 $\boldsymbol{A}^{-1}=\boldsymbol{B}$，$\boldsymbol{B}^{-1}=\boldsymbol{A}$.

(2) $n\ (n\geqslant 2)$ 阶方阵 $\boldsymbol{A}$ 的逆矩阵 $\boldsymbol{A}^{-1}$ 是一个 n 阶方阵，不能写成 $\boldsymbol{A}^{-1}=\dfrac{1}{\boldsymbol{A}}$.

现在需要解决的问题是，是否任何一个方阵都是可逆的，若可逆，逆矩阵是否唯一，又如何求其逆矩阵？为此，我们先引入伴随矩阵的概念.

定义 2.13　设 n 阶方阵

$$\boldsymbol{A}=\begin{pmatrix} a_{11} & a_{12} & \cdots & a_{1n} \\ a_{21} & a_{22} & \cdots & a_{2n} \\ \vdots & \vdots & & \vdots \\ a_{n1} & a_{n2} & \cdots & a_{nn} \end{pmatrix}$$

其行列式 $|\boldsymbol{A}|$ 的元素 a_{ij} 的代数余子式 $A_{ij}(i,j=1,\ 2,\ \cdots,\ n)$，构成如下矩阵

$$\begin{pmatrix} A_{11} & A_{21} & \cdots & A_{n1} \\ A_{12} & A_{22} & \cdots & A_{n2} \\ \vdots & \vdots & & \vdots \\ A_{1n} & A_{2n} & \cdots & A_{nn} \end{pmatrix}$$

称为 $\boldsymbol{A}$ 的伴随矩阵，记为 $\boldsymbol{A}^*$，即

$$\boldsymbol{A}^*=\begin{pmatrix} A_{11} & A_{21} & \cdots & A_{n1} \\ A_{12} & A_{22} & \cdots & A_{n2} \\ \vdots & \vdots & & \vdots \\ A_{1n} & A_{2n} & \cdots & A_{nn} \end{pmatrix}$$

例 2.15　求矩阵

$$\boldsymbol{A}=\begin{pmatrix} 1 & 0 & 1 \\ 2 & 1 & 0 \\ -3 & 2 & -5 \end{pmatrix}$$

的伴随矩阵.

解　由于 $|\boldsymbol{A}|$ 的各元素代数余子式分别为

$$A_{11}=\begin{vmatrix} 1 & 0 \\ 2 & -5 \end{vmatrix}=-5,\qquad A_{12}=-\begin{vmatrix} 2 & 0 \\ -3 & -5 \end{vmatrix}=10,\qquad A_{13}=\begin{vmatrix} 2 & 1 \\ -3 & 2 \end{vmatrix}=7$$

$$A_{21}=-\begin{vmatrix}0&1\\2&-5\end{vmatrix}=2,\quad A_{22}=\begin{vmatrix}1&1\\-3&-5\end{vmatrix}=-2,\quad A_{23}=-\begin{vmatrix}1&0\\-3&2\end{vmatrix}=-2$$

$$A_{31}=\begin{vmatrix}0&1\\1&0\end{vmatrix}=-1,\quad A_{32}=-\begin{vmatrix}1&1\\2&0\end{vmatrix}=2,\quad A_{33}=\begin{vmatrix}1&0\\2&1\end{vmatrix}=1$$

所以

$$\boldsymbol{A}^*=\begin{pmatrix}-5&2&-1\\10&-2&2\\7&-2&1\end{pmatrix}$$

下面我们解决上文提出的问题.

定理 2.4 若方阵 $\boldsymbol{A}$ 是可逆的,则 $\boldsymbol{A}$ 的逆矩阵唯一.

证 设 $\boldsymbol{B}$, $\boldsymbol{C}$ 都是 $\boldsymbol{A}$ 的逆矩阵,即

$$\boldsymbol{AB}=\boldsymbol{BA}=\boldsymbol{E},\qquad \boldsymbol{AC}=\boldsymbol{CA}=\boldsymbol{E}$$

则

$$\boldsymbol{B}=\boldsymbol{BE}=\boldsymbol{B}(\boldsymbol{AC})=(\boldsymbol{BA})\boldsymbol{C}=\boldsymbol{EC}=\boldsymbol{C}$$

所以 $\boldsymbol{A}$ 的逆矩阵唯一.

定理 2.5 若方阵 $\boldsymbol{A}$ 是可逆的,则 $|\boldsymbol{A}|\neq 0$.

证 由于 $\boldsymbol{A}$ 可逆,则存在方阵 $\boldsymbol{B}$, 使 $\boldsymbol{AB}=\boldsymbol{BA}=\boldsymbol{E}$, 于是 $|\boldsymbol{AB}|=|\boldsymbol{E}|=1$, 即有 $|\boldsymbol{A}||\boldsymbol{B}|=1$, 所以 $|\boldsymbol{A}|\neq 0$.

定理 2.6 若 $|\boldsymbol{A}|\neq 0$, 则矩阵 $\boldsymbol{A}$ 可逆,且

$$\boldsymbol{A}^{-1}=\frac{1}{|\boldsymbol{A}|}\boldsymbol{A}^*$$

证 由第 1 章定理 1.1、定理 1.2 的结论有

$$\boldsymbol{AA}^*=\begin{pmatrix}a_{11}&a_{12}&\cdots&a_{1n}\\a_{21}&a_{22}&\cdots&a_{2n}\\\vdots&\vdots&&\vdots\\a_{n1}&a_{n2}&\cdots&a_{nn}\end{pmatrix}\begin{pmatrix}A_{11}&A_{21}&\cdots&A_{n1}\\A_{12}&A_{22}&\cdots&A_{n2}\\\vdots&\vdots&&\vdots\\A_{1n}&A_{2n}&\cdots&A_{nn}\end{pmatrix}$$

$$=\begin{pmatrix}|\boldsymbol{A}|&0&\cdots&0\\0&|\boldsymbol{A}|&\cdots&0\\\vdots&\vdots&&\vdots\\0&0&\cdots&|\boldsymbol{A}|\end{pmatrix}=|\boldsymbol{A}|\boldsymbol{E}$$

因为 $|\boldsymbol{A}|\neq 0$, 则有

$$\boldsymbol{A}\left(\frac{1}{|\boldsymbol{A}|}\boldsymbol{A}^*\right)=\boldsymbol{E}$$

同理

$$\left(\frac{1}{|\boldsymbol{A}|}\boldsymbol{A}^*\right)\boldsymbol{A}=\boldsymbol{E}$$

即

$$\boldsymbol{A}\left(\frac{1}{|\boldsymbol{A}|}\boldsymbol{A}^*\right)=\left(\frac{1}{|\boldsymbol{A}|}\boldsymbol{A}^*\right)\boldsymbol{A}=\boldsymbol{E}$$

由定义 2.12 知,方阵 $\boldsymbol{A}$ 可逆,且

$$A^{-1} = \frac{1}{|A|}A^*$$

综合定理 2.5、定理 2.6 有:方阵 A 可逆的充分必要条件是 $|A| \neq 0$.

推论 设 A, B 为 n 阶方阵,若 $AB = E$(或 $BA = E$),则 $A^{-1} = B$.

证 由 $AB = E$ 得 $|A||B| = 1$, 即 $|A| \neq 0$, 所以 A 可逆,即存在 A^{-1}, 使

$$AA^{-1} = A^{-1}A = E$$

于是

$$B = EB = (A^{-1}A)B = A^{-1}(AB) = A^{-1}E = A^{-1}$$

推论告诉我们,判别 B 是否是 A 的逆矩阵,只须验证 $AB = E$ 或 $BA = E$ 即可.

例 2.16 已知方阵 A 满足 $A^2 - 2A - 4E = O$, 试证 A、$A + E$ 可逆,并求 A^{-1} 及 $(A+E)^{-1}$.

证 由 $A^2 - 2A - 4E = O$, 得 $A^2 - 2A = 4E$, 即 $A(\frac{1}{4}(A - 2E)) = E$, 由推论知 A 可逆,

且 $A^{-1} = \frac{1}{4}(A - 2E)$.

由 $A^2 - 2A - 4E = O$, 得 $A^2 - 2A - 3E = E$, 即 $(A+E)(A-3E) = E$, 由推论知 $A+E$ 可逆,且 $(A+E)^{-1} = A - 3E$.

例 2.17 设 A 是一个方阵, 且对某一个正整数 k, 有 $A^k = O$, 证明:$E-A$ 可逆, 且 $(E-A)^{-1} = E + A + A^2 + \cdots + A^{k-1}$.

证 由于 $A^k = O$, 且

$$\begin{aligned}
&(E - A)(E + A + A^2 + \cdots + A^{k-1}) \\
&= E + A + A^2 + \cdots + A^{k-1} - A - A^2 - \cdots - A^{k-1} - A^k \\
&= E - A^k
\end{aligned}$$

则

$$(E - A)(E + A + A^2 + \cdots + A^{k-1}) = E$$

所以

$$(E - A)^{-1} = E + A + A^2 + \cdots + A^{k-1}$$

2.4.2 可逆矩阵的性质

(1)若 A 可逆, 则 A^{-1} 也可逆, 且 $(A^{-1})^{-1} = A$;

(2)若 A 可逆, 数 $k \neq 0$, 则 kA 可逆, 且 $(kA)^{-1} = \frac{1}{k}A^{-1}$;

(3)若 A 可逆, 则 A^T 也可逆, 且 $(A^T)^{-1} = (A^{-1})^T$;

(4)若 A, B 为同阶方阵且均可逆, 则 AB 可逆,且 $(AB)^{-1} = B^{-1}A^{-1}$.

(5)若 n 阶方阵 A 可逆, 则 A^* 也可逆, 且

$$(A^*)^{-1} = (A^{-1})^* = \frac{1}{|A|}A$$

性质(1)、(2)、(3)由推论容易验证,下面只证(4)、(5).

证 (4) 由于 A, B 均可逆,则 $|A| \neq 0$, $|B| \neq 0$, 于是 $|AB| = |A||B| \neq 0$, 所以 AB 可逆. 又

$$(\boldsymbol{AB})(\boldsymbol{B}^{-1}\boldsymbol{A}^{-1}) = \boldsymbol{A}(\boldsymbol{BB}^{-1})\boldsymbol{A}^{-1} = \boldsymbol{AA}^{-1} = \boldsymbol{E}$$

所以

$$(\boldsymbol{AB})^{-1} = \boldsymbol{B}^{-1}\boldsymbol{A}^{-1}$$

* **证** (5) 由于

$$\boldsymbol{AA}^* = \boldsymbol{A}^*\boldsymbol{A} = |\boldsymbol{A}|\boldsymbol{E}$$

则

$$|\boldsymbol{AA}^*| = |\boldsymbol{A}||\boldsymbol{A}^*| = ||\boldsymbol{A}|\boldsymbol{E}| = |\boldsymbol{A}|^n$$

若 $\boldsymbol{A}$ 可逆,则 $|\boldsymbol{A}| \neq 0$,于是 $|\boldsymbol{A}^*| = |\boldsymbol{A}|^{n-1} \neq 0$,即 $\boldsymbol{A}^*$ 可逆,且

$$\boldsymbol{A}^*\left(\frac{1}{|\boldsymbol{A}|}\boldsymbol{A}\right) = \boldsymbol{E}$$

由推论知

$$(\boldsymbol{A}^*)^{-1} = \frac{1}{|\boldsymbol{A}|}\boldsymbol{A} \quad ①$$

由于

$$(\boldsymbol{A}^{-1})^*(\boldsymbol{A}^{-1}) = |\boldsymbol{A}^{-1}|\boldsymbol{E} \quad ②$$

且不难证明(自己完成)

$$|\boldsymbol{A}^{-1}| = \frac{1}{|\boldsymbol{A}|}$$

则②式两端右乘 $\boldsymbol{A}$ 有

$$(\boldsymbol{A}^{-1})^* = |\boldsymbol{A}^{-1}|\boldsymbol{A} = \frac{1}{|\boldsymbol{A}|}\boldsymbol{A} \quad ③$$

由式①、③得到

$$(\boldsymbol{A}^*)^{-1} = (\boldsymbol{A}^{-1})^* = \frac{1}{|\boldsymbol{A}|}\boldsymbol{A}$$

2.4.3 求逆矩阵方法

1. 公式法(伴随矩阵法)

定理 2.6 的结论实际上已给出了利用伴随矩阵求逆矩阵的一种方法,即

$$\boldsymbol{A}^{-1} = \frac{1}{|\boldsymbol{A}|}\boldsymbol{A}^*$$

我们称其为公式法或伴随矩阵法.

例 2.18 判别下列方阵是否可逆,若可逆,求其逆矩阵.

(1) $\boldsymbol{A} = \begin{pmatrix} 1 & 0 & 1 \\ 2 & 1 & 0 \\ -3 & 2 & -5 \end{pmatrix}$, (2) $\boldsymbol{B} = \begin{pmatrix} 1 & 2 & 3 \\ 1 & 3 & -15 \\ 3 & 7 & -9 \end{pmatrix}$.

解 (1) 由于

$$|\boldsymbol{A}| = \begin{vmatrix} 1 & 0 & 1 \\ 2 & 1 & 0 \\ -3 & 2 & -5 \end{vmatrix} = -5 + 4 + 3 = 2 \neq 0$$

则 $\boldsymbol{A}$ 可逆,又由例 2.15 知

$$\boldsymbol{A}^* = \begin{pmatrix} -5 & 2 & -1 \\ 10 & -2 & 2 \\ 7 & -2 & 1 \end{pmatrix}$$

所以

$$\boldsymbol{A}^{-1} = \frac{1}{|\boldsymbol{A}|}\boldsymbol{A}^* = \frac{1}{2}\begin{pmatrix} -5 & 2 & -1 \\ 10 & -2 & 2 \\ 7 & -2 & 1 \end{pmatrix} = \begin{pmatrix} -\frac{5}{2} & 1 & -\frac{1}{2} \\ 5 & -1 & 1 \\ \frac{7}{2} & -1 & \frac{1}{2} \end{pmatrix}$$

(2) 由于

$$|\boldsymbol{B}| = \begin{vmatrix} 1 & 2 & 3 \\ 1 & 3 & -15 \\ 3 & 7 & -9 \end{vmatrix} = -27 - 90 + 21 - 27 + 18 + 105 = 0$$

所以方阵 $\boldsymbol{B}$ 不可逆.

例 2.19　已知 $\boldsymbol{A} = \begin{pmatrix} a & b \\ c & d \end{pmatrix}$,试确定 a,b,c,d 满足何条件时 $\boldsymbol{A}$ 可逆,并求 $\boldsymbol{A}^{-1}$.

解　由于 $|\boldsymbol{A}| = \begin{vmatrix} a & b \\ c & d \end{vmatrix} = ad - bc$,所以当 $ad - bc \neq 0$ 时 $\boldsymbol{A}$ 可逆.又 $A_{11} = d$, $A_{12} = -c$, $A_{21} = -b$, $A_{22} = a$,于是

$$\boldsymbol{A}^* = \begin{pmatrix} d & -b \\ -c & a \end{pmatrix}$$

所以

$$\boldsymbol{A}^{-1} = \frac{1}{|\boldsymbol{A}|}\boldsymbol{A}^* = \frac{1}{ad - bc}\begin{pmatrix} d & -b \\ -c & a \end{pmatrix}$$

对于二阶方阵 $\boldsymbol{A}$,其伴随矩阵 $\boldsymbol{A}^*$ 具有特征:$\boldsymbol{A}$ 的主对角线互换,副对角线(从右上角到左下角)反号.记住这一特征,就可以很容易写出可逆二阶方阵的逆矩阵.例如,对 $\boldsymbol{A} = \begin{pmatrix} 2 & 4 \\ 1 & 3 \end{pmatrix}$,

由于 $|\boldsymbol{A}| = 2$,则 $\boldsymbol{A}^{-1} = \frac{1}{2}\begin{pmatrix} 3 & -4 \\ -1 & 2 \end{pmatrix} = \begin{pmatrix} \frac{3}{2} & -2 \\ -\frac{1}{2} & 1 \end{pmatrix}$

2. 初等变换法

若方阵 $\boldsymbol{A}$ 可逆,则 $|\boldsymbol{A}| \neq 0$,由 2.3 节定理 2.3 知,存在着有限个初等矩阵 $\boldsymbol{P}_1$, $\boldsymbol{P}_2$, $\cdots$, $\boldsymbol{P}_l$,使

$$\boldsymbol{P}_l \cdots \boldsymbol{P}_2 \boldsymbol{P}_1 \boldsymbol{A} = \boldsymbol{E} \tag{2.5}$$

由于 $\boldsymbol{A}$ 可逆,用 $\boldsymbol{A}^{-1}$ 右乘式(2.5)两端得

$$\boldsymbol{P}_l \cdots \boldsymbol{P}_2 \boldsymbol{P}_1 \boldsymbol{E} = \boldsymbol{A}^{-1} \tag{2.6}$$

比较式(2.5)、(2.6)可以看出,如果用一系列初等行变换将矩阵 $\boldsymbol{A}$ 变成单位矩阵 $\boldsymbol{E}$,则在

同样的初等行变换下，就可以将单位矩阵 $\boldsymbol{E}$ 变成 $\boldsymbol{A}$ 的逆矩阵 $\boldsymbol{A}^{-1}$. 因此，我们得到用初等行变换求逆矩阵的方法.

将 n 阶单位矩阵放在 n 阶可逆矩阵 $\boldsymbol{A}$ 的右边，构成一个 $n\times 2n$ 矩阵 $(\boldsymbol{A}\mid\boldsymbol{E})$，对 $(\boldsymbol{A}\mid\boldsymbol{E})$ 作一系列初等行变换，当 $(\boldsymbol{A}\mid\boldsymbol{E})$ 中的 $\boldsymbol{A}$ 变成 $\boldsymbol{E}$ 时，则 $\boldsymbol{E}$ 就变成 $\boldsymbol{A}^{-1}$，即

$$(\boldsymbol{A}\mid\boldsymbol{E})\xrightarrow{\text{初等行变换}}(\boldsymbol{E}\mid\boldsymbol{A}^{-1})$$

我们称上面的方法为初等行变换法. 类似也有初等列变换法，这里不做介绍.

例 2.20 用初等行变换法求

$$\boldsymbol{A}=\begin{pmatrix}1&0&1\\2&1&0\\-3&2&-5\end{pmatrix}$$

的逆矩阵 $\boldsymbol{A}^{-1}$.

解 由例 2.18 知 $\boldsymbol{A}$ 是可逆的，作 3×6 矩阵

$$(\boldsymbol{A}\mid\boldsymbol{E})=\left(\begin{array}{ccc|ccc}1&0&1&1&0&0\\2&1&0&0&1&0\\-3&2&-5&0&0&1\end{array}\right)\xrightarrow[r_3+3r_1]{r_2-2r_1}\left(\begin{array}{ccc|ccc}1&0&1&1&0&0\\0&1&-2&-2&1&0\\0&2&-2&3&0&1\end{array}\right)$$

$$\xrightarrow{r_3-2r_2}\left(\begin{array}{ccc|ccc}1&0&1&1&0&0\\0&1&-2&-2&1&0\\0&0&2&7&-2&1\end{array}\right)\xrightarrow[r_2+r_3]{r_1-\frac{1}{2}r_3}\left(\begin{array}{ccc|ccc}1&0&0&-\frac{5}{2}&1&-\frac{1}{2}\\0&1&0&5&-1&1\\0&0&2&7&-2&1\end{array}\right)$$

$$\xrightarrow{r_3\times\frac{1}{2}}\left(\begin{array}{ccc|ccc}1&0&0&-\frac{5}{2}&1&-\frac{1}{2}\\0&1&0&5&-1&1\\0&0&1&\frac{7}{2}&-1&\frac{1}{2}\end{array}\right)$$

所以

$$\boldsymbol{A}^{-1}=\begin{pmatrix}-\frac{5}{2}&1&-\frac{1}{2}\\5&-1&1\\\frac{7}{2}&-1&\frac{1}{2}\end{pmatrix}$$

本节最后我们举两个应用逆矩阵解方程的例子.

例 2.21 解线性方程组

$$\begin{cases}x_1\qquad\quad+x_3=2\\2x_1+x_2\qquad\quad=1\\-3x_1+2x_2-5x_3=-4\end{cases}$$

解 设

$$\boldsymbol{A}=\begin{pmatrix}1&0&1\\2&1&0\\-3&2&-5\end{pmatrix},\ \boldsymbol{x}=\begin{pmatrix}x_1\\x_2\\x_3\end{pmatrix},\ \boldsymbol{b}=\begin{pmatrix}2\\1\\-4\end{pmatrix}$$

则线性方程组可表示成矩阵方程

$$\boldsymbol{Ax}=\boldsymbol{b}$$

由例 2.18 知 $|\boldsymbol{A}|\neq 0$，则方程组有唯一解，且 $\boldsymbol{A}$ 可逆. 对矩阵方程，两端左乘 $\boldsymbol{A}^{-1}$，得 $\boldsymbol{A}^{-1}\boldsymbol{Ax}=\boldsymbol{A}^{-1}\boldsymbol{b}$，即

$$\boldsymbol{x}=\boldsymbol{A}^{-1}\boldsymbol{b}$$

再由例 2.18，有

$$\boldsymbol{x}=\begin{pmatrix}-\dfrac{5}{2} & 1 & -\dfrac{1}{2}\\ 5 & -1 & 1\\ \dfrac{7}{2} & -1 & \dfrac{1}{2}\end{pmatrix}\begin{pmatrix}2\\1\\-4\end{pmatrix}=\begin{pmatrix}-2\\5\\4\end{pmatrix}$$

即方程组的解为 $x_1=-2,\quad x_2=5,\quad x_3=4$.

例 2.22　设

$$\boldsymbol{A}=\begin{pmatrix}2&2&1\\3&1&5\\3&2&3\end{pmatrix},\quad \boldsymbol{B}=\begin{pmatrix}2&1\\5&-2\end{pmatrix},\quad \boldsymbol{C}=\begin{pmatrix}1&3\\2&0\\3&1\end{pmatrix}$$

求矩阵 $\boldsymbol{X}$，使 $\boldsymbol{AXB}=\boldsymbol{C}$.

解　由于 $|\boldsymbol{A}|=1,\quad |\boldsymbol{B}|=-9$，则 $\boldsymbol{A}^{-1}$，$\boldsymbol{B}^{-1}$ 存在，对矩阵方程 $\boldsymbol{AXB}=\boldsymbol{C}$ 左乘 $\boldsymbol{A}^{-1}$、右乘 $\boldsymbol{B}^{-1}$，得

$$\boldsymbol{A}^{-1}\boldsymbol{AXBB}^{-1}=\boldsymbol{A}^{-1}\boldsymbol{CB}^{-1}$$

即

$$\boldsymbol{X}=\boldsymbol{A}^{-1}\boldsymbol{CB}^{-1}$$

可以求得

$$\boldsymbol{A}^{-1}=\begin{pmatrix}-7&-4&9\\6&3&-7\\3&2&-4\end{pmatrix}$$

容易求得

$$\boldsymbol{B}^{-1}=\frac{1}{-9}\begin{pmatrix}-2&-1\\-5&2\end{pmatrix}=\frac{1}{9}\begin{pmatrix}2&1\\5&-2\end{pmatrix}$$

于是

$$\boldsymbol{X}=\boldsymbol{A}^{-1}\boldsymbol{CB}^{-1}=\begin{pmatrix}-7&-4&9\\6&3&-7\\3&2&-4\end{pmatrix}\begin{pmatrix}1&3\\2&0\\3&1\end{pmatrix}\left(\frac{1}{9}\begin{pmatrix}2&1\\5&-2\end{pmatrix}\right)$$

$$=\frac{1}{9}\begin{pmatrix}12&-12\\-9&11\\-5&5\end{pmatrix}\begin{pmatrix}2&1\\5&-2\end{pmatrix}=\frac{1}{9}\begin{pmatrix}-36&36\\37&-31\\15&-15\end{pmatrix}$$

2.5　矩阵的秩

在 2.3 节中知，一个矩阵 $\boldsymbol{A}$ 总可经一系列初等行变换变成行阶梯形矩阵，其行阶梯形矩

阵中非零行数 r 究竟反映了矩阵 $\boldsymbol{A}$ 的什么属性？它是否由 $\boldsymbol{A}$ 唯一确定？本节就讨论这个问题.

定义 2.14 在 $m\times n$ 矩阵 $\boldsymbol{A}$ 中，任取 k 行与 k 列，位于这些行、列交叉处的 k^2 个元素，不改变它们在 $\boldsymbol{A}$ 中所处的位置次序而得到的 k 阶行列式，称为矩阵 $\boldsymbol{A}$ 的 k 阶子式.

显然，$k\leqslant \min\{m, n\}$. 特别当 $\boldsymbol{A}$ 是 n 阶方阵时，$k\leqslant n$，且 $\boldsymbol{A}$ 的最高阶子式是 $|\boldsymbol{A}|$.

一个 $m\times n$ 矩阵 $\boldsymbol{A}$ 的 k 阶子式共有 $C_m^kC_n^k$ 个. 例如

$$\boldsymbol{A}=\begin{pmatrix}1&3&2&-1\\-2&0&1&4\\0&0&1&0\end{pmatrix}$$

则 $\boldsymbol{A}$ 的第一、三行，第二、四列交叉处的元素构成的二阶子式为

$$\begin{vmatrix}3&-1\\0&0\end{vmatrix}$$

而 $\boldsymbol{A}$ 的第一、二行，第一、三列交叉处的元素构成的二阶子式为

$$\begin{vmatrix}1&2\\-2&1\end{vmatrix}$$

$\boldsymbol{A}$ 中二阶子式共有 $C_3^2C_4^2=3\times 6=18$ 个.

在 $m\times n$ 矩阵 $\boldsymbol{A}$ 中，当 $\boldsymbol{A}=\boldsymbol{O}$，它的任何子式都为零；当 $\boldsymbol{A}\neq\boldsymbol{O}$ 时，$\boldsymbol{A}$ 中至少有一个元素不为零，则 $\boldsymbol{A}$ 至少有一个一阶子式不为零；再考察 $\boldsymbol{A}$ 的二阶子式，如果 $\boldsymbol{A}$ 中至少有一个二阶子式不为零，则往下考察三阶子式，依此类推(假设存在的话)，最后必达到 $\boldsymbol{A}$ 中存在着 r 阶子式不为零，而再没有比 r 更高阶的非零子式. 这个非零子式的最高阶数 r，反映了矩阵 $\boldsymbol{A}$ 内在的重要特性，在矩阵的理论及应用中都有重要的意义，为此引入以下定义.

定义 2.15 在 $m\times n$ 矩阵 $\boldsymbol{A}$ 中，如果 $\boldsymbol{A}$ 的最高阶非零子式 D 的阶数为 r，即存在着 r 阶子式 D 不为零，而所有的 $r+1$ 阶子式(如果存在的话)全为零，则称 D 为矩阵 $\boldsymbol{A}$ 的最高阶非零子式，称数 r 为矩阵 $\boldsymbol{A}$ 的秩，记作 $R(\boldsymbol{A})$，即 $R(\boldsymbol{A})=r$. 当 $\boldsymbol{A}=\boldsymbol{O}$ 时，规定 $R(\boldsymbol{A})=0$.

由矩阵秩的定义及行列式的性质，不难得到矩阵秩具有以下性质：

(1)若 $\boldsymbol{A}$ 是 $m\times n$ 矩阵，则 $R(\boldsymbol{A})\leqslant\min\{m, n\}$；

(2)若 $\boldsymbol{A}$ 是 n 阶方阵，则 $R(\boldsymbol{A})=n$ 的充要条件是 $|\boldsymbol{A}|\neq 0$，或 $R(\boldsymbol{A})<n$ 的充要条件是 $|\boldsymbol{A}|=0$；

(3) $R(\boldsymbol{A}^{\mathrm{T}})=R(\boldsymbol{A})$；

(4) $R(k\boldsymbol{A})=\begin{cases}R(\boldsymbol{A}), & k\neq 0\\ 0, & k=0\end{cases}$ (其中 k 为常数)；

(5)若 $\boldsymbol{A}$ 有一个 r 阶子式不为零，则 $R(\boldsymbol{A})\geqslant r$；

(6)若 $\boldsymbol{A}$ 的所有 $r+1$ 阶子式全为零，则 $R(\boldsymbol{A})\leqslant r$.

例 2.23 求矩阵

$$\boldsymbol{A}=\begin{pmatrix}1&2&3&0\\0&1&2&1\\2&4&6&0\end{pmatrix}$$

的秩.

解　$\boldsymbol{A}$ 中存在着二阶子式 $\begin{vmatrix}1 & 2\\0 & 1\end{vmatrix}=1\neq 0$（注意也有二阶子式等于零，如 $\begin{vmatrix}3 & 0\\6 & 0\end{vmatrix}=0$），由于 $\boldsymbol{A}$ 的第一、三行成比例，所以它的所有三阶子式（4 个）全为零，则不为零的子式最高阶数 $r=2$，所以 $R(\boldsymbol{A})=2$.

例 2.24　求矩阵

$$\boldsymbol{B}=\begin{pmatrix}2 & 0 & -1 & 3 & 1\\0 & 3 & 1 & 4 & 0\\0 & 0 & 0 & 1 & -5\\0 & 0 & 0 & 0 & 0\end{pmatrix}$$

的秩.

解　$\boldsymbol{B}$ 是一个行阶梯形矩阵，由于 $\boldsymbol{B}$ 的第 4 行元素全为零，所以 $\boldsymbol{B}$ 的所有 4 阶子式全为零. 但是在 $\boldsymbol{B}$ 中存在这样一个三阶子式：行取非零的（所有）一、二、三行，列取首元（第一个不为零的元素）所在的列，这样就得到一个主对角元素全不为零的上三角形行列式

$$D=\begin{vmatrix}2 & 0 & 3\\0 & 3 & 4\\0 & 0 & 1\end{vmatrix}=6\neq 0$$

所以 $R(\boldsymbol{B})=3$.

不难看出 $\boldsymbol{B}$ 的秩数就是该阶梯形矩阵的非零行数. 该结论对任一行阶梯形矩阵都是成立的.

对于一般的矩阵，当行数、列数较高时，用定义求其秩较麻烦，下面我们来讨论通过矩阵的初等变换求矩阵秩的方法，为此，给出下面的定理.

定理 2.7　矩阵经过初等变换后，其秩不变. 即若 $\boldsymbol{A}\cong\boldsymbol{B}$，则 $R(\boldsymbol{A})=R(\boldsymbol{B})$.

* **证**　仅讨论经一次初等行变换的情形.

设 $\boldsymbol{A}_{m\times n}$ 经初等行变换变为 $\boldsymbol{B}_{m\times n}$，且 $R(\boldsymbol{A})=r_1$，$R(\boldsymbol{B})=r_2$.

(1) 对 $\boldsymbol{A}$ 施行互换两行的变换时，矩阵 $\boldsymbol{B}$ 中 r_1+1 阶子式要么就是 $\boldsymbol{A}$ 的 r_1+1 阶子式，要么与 $\boldsymbol{A}$ 的 r_1+1 阶子式差个负号. 由于 $\boldsymbol{A}$ 的 r_1+1 阶子式全为零，所以 $\boldsymbol{B}$ 的 r_1+1 阶子式也全为零，因此 $R(\boldsymbol{B})<r_1+1$，即有 $R(\boldsymbol{B})\leqslant r_1=R(\boldsymbol{A})$.

(2) 对 $\boldsymbol{A}$ 施行某行乘非零常数 k 的变换时，矩阵 $\boldsymbol{B}$ 中 r_1+1 阶子式要么就是 $\boldsymbol{A}$ 的 r_1+1 阶子式，要么是 $\boldsymbol{A}$ 的 r_1+1 阶子式的 k 倍. 由于 $\boldsymbol{A}$ 的 r_1+1 阶子式全为零，所以 $\boldsymbol{B}$ 的 r_1+1 阶子式也全为零，因此 $R(\boldsymbol{B})<r_1+1$，即有 $R(\boldsymbol{B})\leqslant r_1=R(\boldsymbol{A})$.

(3) 对 $\boldsymbol{A}$ 施行第 j 行乘 k 加到第 i 行变换时，设矩阵 $\boldsymbol{B}$ 的任一 r_1+1 阶子式为 $|\boldsymbol{B}_1|$. 对 $|\boldsymbol{B}_1|$ 分三种情况讨论：

① 如果 $|\boldsymbol{B}_1|$ 不含 A 的第 i 行，则 $|\boldsymbol{B}_1|$ 就是 $\boldsymbol{A}$ 的 r_1+1 阶子式，所以 $|\boldsymbol{B}_1|=0$；

② 如果 $|\boldsymbol{B}_1|$ 既含有 $\boldsymbol{A}$ 的第 i 行，又含有 $\boldsymbol{A}$ 的第 j 行，相当于对 $\boldsymbol{A}$ 对应的一个 r_1+1 阶子式某行 k 倍加到另外一行上，由行列式的性质知，$|\boldsymbol{B}_1|=0$；

③ 如果 $|\boldsymbol{B}_1|$ 含有 $\boldsymbol{A}$ 的第 i 行，但不含第 j 行，则 $|\boldsymbol{B}_1|=|\boldsymbol{A}_1|+k|\boldsymbol{A}_2|$，其中 $|\boldsymbol{A}_1|$ 是 $\boldsymbol{A}$ 相应的一个 r_1+1 阶子式，则 $|\boldsymbol{A}_1|=0$；$|\boldsymbol{A}_2|$ 是 $|\boldsymbol{A}_1|$ 中 $\boldsymbol{A}$ 的第 i 行用 $\boldsymbol{A}$ 的第 j 行替换后的行列式，则 $|\boldsymbol{A}_2|$ 或是 $\boldsymbol{A}$ 的一个 r_1+1 阶子式，或与 $\boldsymbol{A}$ 的一个 r_1+1 阶子式差个负号，不论哪种情况都有 $|\boldsymbol{A}_2|=0$；从而 $|\boldsymbol{B}_1|=0$. 综合三种情况有：$R(\boldsymbol{B})\leqslant r_1=R(\boldsymbol{A})$.

由以上分析知,对 $\boldsymbol{A}$ 施行一次初等行变换变成 $\boldsymbol{B}$,则 $R(\boldsymbol{B}) \leqslant R(\boldsymbol{A})$.

$\boldsymbol{A}$ 经过初等行变换变成 $\boldsymbol{B}$,同样 $\boldsymbol{B}$ 也可以经过相应的初等行变换(逆变换)变成 $\boldsymbol{A}$,类似的方法有 $R(\boldsymbol{A}) \leqslant R(\boldsymbol{B})$.

由于 $R(\boldsymbol{B}) \leqslant R(\boldsymbol{A})$,且 $R(\boldsymbol{A}) \leqslant R(\boldsymbol{B})$,所以只有

$$R(\boldsymbol{A}) = R(\boldsymbol{B})$$

推论 设 $\boldsymbol{A}$ 为 m 阶可逆方阵,$\boldsymbol{B}$ 为任一 $m \times n$ 矩阵,则 $R(\boldsymbol{AB}) = R(\boldsymbol{B})$.

我们知道行阶梯形矩阵的秩就是其非零行数,那么对于一般的矩阵 $\boldsymbol{A}$,只要施行初等行变换变成行阶梯形 $\boldsymbol{B}$,当求出 $R(\boldsymbol{B})$,也就得到 $R(\boldsymbol{A})$.

例 2.25 求矩阵

$$\boldsymbol{A} = \begin{pmatrix} 1 & -2 & -1 & 0 & 2 \\ -2 & 4 & 2 & 6 & -6 \\ 2 & -1 & 0 & 2 & 3 \\ 3 & 3 & 3 & 3 & 4 \end{pmatrix}$$

的秩.

解 对 $\boldsymbol{A}$ 施行初等行变换变成行阶梯形矩阵 $\boldsymbol{B}$

$$\boldsymbol{A} \xrightarrow[r_4 - 3r_1]{\substack{r_2 + 2r_1 \\ r_3 - 2r_1}} \begin{pmatrix} 1 & -2 & -1 & 0 & 2 \\ 0 & 0 & 0 & 6 & -2 \\ 0 & 3 & 2 & 2 & -1 \\ 0 & 9 & 6 & 3 & -2 \end{pmatrix} \xrightarrow{r_2 \leftrightarrow r_4} \begin{pmatrix} 1 & -2 & -1 & 0 & 2 \\ 0 & 9 & 6 & 3 & -2 \\ 0 & 3 & 2 & 2 & -1 \\ 0 & 0 & 0 & 6 & -2 \end{pmatrix}$$

$$\xrightarrow{r_3 - \frac{1}{3}r_2} \begin{pmatrix} 1 & -2 & -1 & 0 & 2 \\ 0 & 9 & 6 & 3 & -2 \\ 0 & 0 & 0 & 1 & -\frac{1}{3} \\ 0 & 0 & 0 & 6 & -2 \end{pmatrix} \xrightarrow{r_4 - 6r_3} \begin{pmatrix} 1 & -2 & -1 & 0 & 2 \\ 0 & 9 & 6 & 3 & -2 \\ 0 & 0 & 0 & 1 & -\frac{1}{3} \\ 0 & 0 & 0 & 0 & 0 \end{pmatrix} = \boldsymbol{B}$$

由于 $R(\boldsymbol{B}) = 3$,所以 $R(\boldsymbol{A}) = 3$.

2.6 分块矩阵及其运算

2.6.1 分块矩阵的概念

对于行数和列数较高的矩阵,为了简化运算,经常采用分块法,使大矩阵的运算化成若干小矩阵间的运算,同时也使原矩阵的结构显得简单清晰.

将矩阵 $\boldsymbol{A}$ 用一组横线和一组纵线(两组数目可以不必相同)划分成若干块行数与列数较少的矩阵,每个小矩阵称为 $\boldsymbol{A}$ 的**子块**,以子块为元素的矩阵称为**分块矩阵**.

矩阵分块有多种形式,可根据具体需要而定,例如,矩阵

$$\boldsymbol{A} = \begin{pmatrix} 1 & 0 & 0 & 3 \\ 0 & 1 & 0 & -1 \\ 0 & 0 & 1 & 0 \\ 0 & 0 & 0 & 1 \end{pmatrix}$$

可分成

$$A=\left(\begin{array}{ccc:c}1&0&0&3\\0&1&0&-1\\0&0&1&0\\\hdashline 0&0&0&1\end{array}\right)=\begin{pmatrix}E_3&B\\O&E_1\end{pmatrix}$$

其中

$$E_3=\begin{pmatrix}1&0&0\\0&1&0\\0&0&1\end{pmatrix},B=\begin{pmatrix}3\\-1\\0\end{pmatrix},\quad O=(0,\ 0,\ 0),\quad E_1=(1)$$

也可分成

$$A=\left(\begin{array}{cc:cc}1&0&0&3\\0&1&0&-1\\\hdashline 0&0&1&0\\0&0&0&1\end{array}\right)=\begin{pmatrix}E_2&C\\O&E_2\end{pmatrix}$$

其中

$$E_2=\begin{pmatrix}1&0\\0&1\end{pmatrix},\quad C=\begin{pmatrix}0&3\\0&-1\end{pmatrix},\quad O=\begin{pmatrix}0&0\\0&0\end{pmatrix}$$

又例如 $m\times n$ 矩阵 $A=(a_{ij})_{m\times n}$ 按行分块为

$$A=\left(\begin{array}{cccc}a_{11}&a_{12}&\cdots&a_{1n}\\\hdashline a_{21}&a_{22}&\cdots&a_{2n}\\\hdashline \vdots&\vdots&&\vdots\\\hdashline a_{m1}&a_{m2}&\cdots&a_{mn}\end{array}\right)=\begin{pmatrix}A_1\\A_2\\\vdots\\A_m\end{pmatrix}$$

其中

$$A_i=(a_{i1},\ a_{i2},\ \cdots,\ a_{in})\ (i=1,\ 2,\ \cdots,\ m)$$

按列分块

$$A=\left(\begin{array}{c:c:c:c}a_{11}&a_{12}&\cdots&a_{1n}\\a_{21}&a_{22}&\cdots&a_{2n}\\\vdots&\vdots&&\vdots\\a_{m1}&a_{m2}&\cdots&a_{mn}\end{array}\right)=(B_1,\ B_2,\ \cdots,\ B_n)$$

其中

$$B_j=\begin{pmatrix}a_{1j}\\a_{2j}\\\vdots\\a_{mj}\end{pmatrix}\qquad(j=1,\ 2,\ \cdots,\ n)$$

2.6.2 分块矩阵的运算

分块矩阵的运算与普通矩阵的运算规则相似,但分块时要注意,运算的两矩阵按块能运算,并且参与运算的子块也能运算,即内外都能运算.

1. 分块矩阵的加法

设 $\boldsymbol{A}$ 与 $\boldsymbol{B}$ 为同型矩阵,采用相同的分块法,若

$$\boldsymbol{A}=\begin{pmatrix}\boldsymbol{A}_{11} & \cdots & \boldsymbol{A}_{1s}\\ \vdots & & \vdots\\ \boldsymbol{A}_{r1} & \cdots & \boldsymbol{A}_{rs}\end{pmatrix},\boldsymbol{B}=\begin{pmatrix}\boldsymbol{B}_{11} & \cdots & \boldsymbol{B}_{1s}\\ \vdots & & \vdots\\ \boldsymbol{B}_{r1} & \cdots & \boldsymbol{B}_{rs}\end{pmatrix}$$

其中 $\boldsymbol{A}_{ij}$ 与 $\boldsymbol{B}_{ij}$ $(i=1,\ 2,\ \cdots,\ r\ ;\ j=1,\ 2,\ \cdots,\ s)$ 为同型矩阵,则

$$\boldsymbol{A}+\boldsymbol{B}=\begin{pmatrix}\boldsymbol{A}_{11}+\boldsymbol{B}_{11} & \cdots & \boldsymbol{A}_{1s}+\boldsymbol{B}_{1s}\\ \vdots & & \vdots\\ \boldsymbol{A}_{r1}+\boldsymbol{B}_{r1} & \cdots & \boldsymbol{A}_{rs}+\boldsymbol{B}_{rs}\end{pmatrix}$$

2. 数与分块矩阵的乘法

设 $\boldsymbol{A}=\begin{pmatrix}\boldsymbol{A}_{11} & \cdots & \boldsymbol{A}_{1s}\\ \vdots & & \vdots\\ \boldsymbol{A}_{r1} & \cdots & \boldsymbol{A}_{rs}\end{pmatrix}$, k 为常数,则 $k\boldsymbol{A}=\begin{pmatrix}k\boldsymbol{A}_{11} & \cdots & k\boldsymbol{A}_{1s}\\ \vdots & & \vdots\\ k\boldsymbol{A}_{r1} & \cdots & k\boldsymbol{A}_{rs}\end{pmatrix}$.

3. 分块矩阵的乘法

设矩阵 $\boldsymbol{A}=(a_{ij})_{m\times l}$, $\boldsymbol{B}=(b_{ij})_{l\times n}$,其分块矩阵分别为

$$\boldsymbol{A}=\begin{pmatrix}\boldsymbol{A}_{11} & \cdots & \boldsymbol{A}_{1t}\\ \vdots & & \vdots\\ \boldsymbol{A}_{s1} & \cdots & \boldsymbol{A}_{st}\end{pmatrix},\boldsymbol{B}=\begin{pmatrix}\boldsymbol{B}_{11} & \cdots & \boldsymbol{B}_{1r}\\ \vdots & & \vdots\\ \boldsymbol{B}_{t1} & \cdots & \boldsymbol{B}_{tr}\end{pmatrix}$$

其中 $\boldsymbol{A}_{i1}$, $\boldsymbol{A}_{i2}$, $\cdots$, $\boldsymbol{A}_{it}$ $(i=1,2,\cdots,s)$ 的列数分别等于 $\boldsymbol{B}_{1j}$, $\boldsymbol{B}_{2j}$, $\cdots$, $\boldsymbol{B}_{tj}$ $(j=1,2,\cdots,r)$ 的行数,则

$$\boldsymbol{AB}=\begin{pmatrix}\boldsymbol{C}_{11} & \cdots & \boldsymbol{C}_{1r}\\ \vdots & & \vdots\\ \boldsymbol{C}_{s1} & \cdots & \boldsymbol{C}_{sr}\end{pmatrix}$$

其中

$$\boldsymbol{C}_{ij}=\sum_{k=1}^{t}\boldsymbol{A}_{ik}\boldsymbol{B}_{kj}\qquad (i=1,\ 2,\ \cdots,\ s\ ;\ j=1,2,\cdots,r)$$

例 2.26 设

$$\boldsymbol{A}=\begin{pmatrix}1 & 1 & 1\\ 1 & 2 & 1\\ 0 & 1 & 2\end{pmatrix},\quad \boldsymbol{B}=\begin{pmatrix}1 & 0\\ 0 & 1\\ 2 & 3\end{pmatrix}$$

用分块矩阵计算 $\boldsymbol{AB}$.

解法一 将矩阵 $\boldsymbol{A}$、$\boldsymbol{B}$ 分块如下

$$\boldsymbol{A}=\begin{pmatrix}1 & 1 & 1\\ 1 & 2 & 1\\ 0 & 1 & 2\end{pmatrix}=\begin{pmatrix}\boldsymbol{A}_{11} & \boldsymbol{A}_{12}\\ \boldsymbol{A}_{21} & \boldsymbol{A}_{22}\end{pmatrix},\quad \boldsymbol{B}=\begin{pmatrix}\boldsymbol{E}\\ \boldsymbol{B}_{21}\end{pmatrix}$$

其中

$$\boldsymbol{A}_{11}=\begin{pmatrix}1 & 1\\ 1 & 2\end{pmatrix},\boldsymbol{A}_{12}=\begin{pmatrix}1\\ 1\end{pmatrix},\boldsymbol{A}_{21}=(0,\ \ 1),\boldsymbol{A}_{22}=(2),\boldsymbol{B}_{21}=(2,\ \ 3)$$

则

$$AB=\begin{pmatrix}A_{11} & A_{12}\\ A_{21} & A_{22}\end{pmatrix}\begin{pmatrix}E\\ B_{21}\end{pmatrix}=\begin{pmatrix}A_{11}+A_{12}B_{21}\\ A_{21}+A_{22}B_{21}\end{pmatrix}$$

由于

$$A_{11}+A_{12}B_{21}=\begin{pmatrix}1 & 1\\ 1 & 2\end{pmatrix}+\begin{pmatrix}1\\ 1\end{pmatrix}(2,\ 3)=\begin{pmatrix}1 & 1\\ 1 & 2\end{pmatrix}+\begin{pmatrix}2 & 3\\ 2 & 3\end{pmatrix}=\begin{pmatrix}3 & 4\\ 3 & 5\end{pmatrix}$$

$$A_{21}+A_{22}B_{21}=(0,\ 1)+2(2,\ 3)=(4,\ 7)$$

所以

$$AB=\begin{pmatrix}3 & 4\\ 3 & 5\\ 4 & 7\end{pmatrix}$$

解法二 将 A 按行分块,将 B 按列分块

$$A=\begin{pmatrix}A_1\\ A_2\\ A_3\end{pmatrix},\qquad B=(B_1,\ B_2)$$

其中

$$A_1=(1,\ 1,\ 1),A_2=(1,\ 2,\ 1),A_3=(0,\ 1,\ 2),B_1=\begin{pmatrix}1\\ 0\\ 2\end{pmatrix},B_2=\begin{pmatrix}0\\ 1\\ 3\end{pmatrix}$$

则

$$AB=\begin{pmatrix}A_1\\ A_2\\ A_3\end{pmatrix}(B_1\ B_2)=\begin{pmatrix}A_1B_1 & A_1B_2\\ A_2B_1 & A_2B_2\\ A_3B_1 & A_3B_2\end{pmatrix}$$

由于

$$A_1B_1=3,A_1B_2=4,A_2B_1=3,A_2B_2=5,A_3B_1=4,A_3B_2=7$$

所以

$$AB=\begin{pmatrix}3 & 4\\ 3 & 5\\ 4 & 7\end{pmatrix}$$

例 2.27 设

$$A=\begin{pmatrix}1 & 0 & 1 & 3\\ 0 & 1 & 2 & 4\\ 0 & 0 & -1 & 0\\ 0 & 0 & 0 & -1\end{pmatrix},B=\begin{pmatrix}1 & 2 & 0 & 0\\ 2 & 0 & 0 & 0\\ 6 & 3 & 1 & 0\\ 0 & -2 & 0 & 1\end{pmatrix}$$

用分块矩阵计算 AB.

解 将矩阵 A 、B 分块如下

$$\boldsymbol{A}=\left(\begin{array}{cc:cc}1&0&1&3\\0&1&2&4\\ \hdashline 0&0&-1&0\\0&0&0&-1\end{array}\right)=\begin{pmatrix}\boldsymbol{E}&\boldsymbol{A}_{12}\\\boldsymbol{O}&-\boldsymbol{E}\end{pmatrix},\ \boldsymbol{B}=\left(\begin{array}{cc:cc}1&2&0&0\\2&0&0&0\\ \hdashline 6&3&1&0\\0&-2&0&1\end{array}\right)=\begin{pmatrix}\boldsymbol{B}_{11}&\boldsymbol{O}\\\boldsymbol{B}_{21}&\boldsymbol{E}\end{pmatrix}$$

其中

$$\boldsymbol{A}_{12}=\begin{pmatrix}1&3\\2&4\end{pmatrix},\quad \boldsymbol{B}_{11}=\begin{pmatrix}1&2\\2&0\end{pmatrix},\quad \boldsymbol{B}_{21}=\begin{pmatrix}6&3\\0&-2\end{pmatrix}$$

则

$$\boldsymbol{AB}=\begin{pmatrix}\boldsymbol{E}&\boldsymbol{A}_{12}\\\boldsymbol{O}&-\boldsymbol{E}\end{pmatrix}\begin{pmatrix}\boldsymbol{B}_{11}&\boldsymbol{O}\\\boldsymbol{B}_{21}&\boldsymbol{E}\end{pmatrix}=\begin{pmatrix}\boldsymbol{B}_{11}+\boldsymbol{A}_{12}\boldsymbol{B}_{21}&\boldsymbol{A}_{12}\\-\boldsymbol{B}_{21}&-\boldsymbol{E}\end{pmatrix}$$

由于

$$\boldsymbol{B}_{11}+\boldsymbol{A}_{12}\boldsymbol{B}_{21}=\begin{pmatrix}1&2\\2&0\end{pmatrix}+\begin{pmatrix}1&3\\2&4\end{pmatrix}\begin{pmatrix}6&3\\0&-2\end{pmatrix}=\begin{pmatrix}1&2\\2&0\end{pmatrix}+\begin{pmatrix}6&-3\\12&-2\end{pmatrix}=\begin{pmatrix}7&-1\\14&-2\end{pmatrix}$$

所以

$$\boldsymbol{AB}=\begin{pmatrix}7&-1&1&3\\14&-2&2&4\\-6&-3&-1&0\\0&2&0&-1\end{pmatrix}$$

由上例可以看出,在分块矩阵的乘法运算中,当子块中有较多的零矩阵子块或单位矩阵子块,那么分块矩阵的乘法的运算还是较方便.

4. 分块矩阵的转置

设矩阵 $\boldsymbol{A}$ 的分块矩阵为

$$\boldsymbol{A}=\begin{pmatrix}\boldsymbol{A}_{11}&\cdots&\boldsymbol{A}_{1s}\\\vdots&&\vdots\\\boldsymbol{A}_{r1}&\cdots&\boldsymbol{A}_{rs}\end{pmatrix}$$

则

$$\boldsymbol{A}^{\mathrm{T}}=\begin{pmatrix}\boldsymbol{A}_{11}^{\mathrm{T}}&\cdots&\boldsymbol{A}_{r1}^{\mathrm{T}}\\\vdots&&\vdots\\\boldsymbol{A}_{1s}^{\mathrm{T}}&\cdots&\boldsymbol{A}_{rs}^{\mathrm{T}}\end{pmatrix}$$

即矩阵 $\boldsymbol{A}$ 的转置相当于对分块矩阵的转置及对子块的转置.

2.6.3 分块对角方阵的运算性质

定义 2.16 设 $\boldsymbol{A}$ 为 n 阶方阵,若 $\boldsymbol{A}$ 的分块矩阵只有在对角线上有非零子块,其余子块为零矩阵,且在对角线上的子块都是方阵,即

$$\boldsymbol{A}=\begin{pmatrix}\boldsymbol{A}_1&&&\boldsymbol{O}\\&\boldsymbol{A}_2&&\\&&\ddots&\\\boldsymbol{O}&&&\boldsymbol{A}_s\end{pmatrix}$$

其中 $\boldsymbol{A}_i(i=1,2,\cdots,s)$ 都是方阵,则称 $\boldsymbol{A}$ 为**分块对角方阵**.

分块对角方阵具有以下运算性质

设

$$\boldsymbol{A}=\begin{pmatrix}\boldsymbol{A}_1 & & & \boldsymbol{O}\\ & \boldsymbol{A}_2 & & \\ & & \ddots & \\ \boldsymbol{O} & & & \boldsymbol{A}_s\end{pmatrix},\ \boldsymbol{B}=\begin{pmatrix}\boldsymbol{B}_1 & & & \boldsymbol{O}\\ & \boldsymbol{B}_2 & & \\ & & \ddots & \\ \boldsymbol{O} & & & \boldsymbol{B}_s\end{pmatrix}$$

其中 $\boldsymbol{A}$ 与 $\boldsymbol{B}$ 为同阶方阵, $\boldsymbol{A}_i,\boldsymbol{B}_i(i=1,2,\cdots,s)$ 也为同阶方阵,则

(1) $$\boldsymbol{A}+\boldsymbol{B}=\begin{pmatrix}\boldsymbol{A}_1+\boldsymbol{B}_1 & & & \boldsymbol{O}\\ & \boldsymbol{A}_2+\boldsymbol{B}_2 & & \\ & & \ddots & \\ \boldsymbol{O} & & & \boldsymbol{A}_s+\boldsymbol{B}_s\end{pmatrix}$$

(2) $$k\boldsymbol{A}=\begin{pmatrix}k\boldsymbol{A}_1 & & & \boldsymbol{O}\\ & k\boldsymbol{A}_2 & & \\ & & \ddots & \\ \boldsymbol{O} & & & k\boldsymbol{A}_s\end{pmatrix}$$

(3) $$\boldsymbol{AB}=\begin{pmatrix}\boldsymbol{A}_1\boldsymbol{B}_1 & & & \boldsymbol{O}\\ & \boldsymbol{A}_2\boldsymbol{B}_2 & & \\ & & \ddots & \\ \boldsymbol{O} & & & \boldsymbol{A}_s\boldsymbol{B}_s\end{pmatrix}$$

(4) $$|\boldsymbol{A}|=|\boldsymbol{A}_1||\boldsymbol{A}_2|\cdots|\boldsymbol{A}_s|$$

(5) 若 $|\boldsymbol{A}_i|\neq 0\ (i=1,2,\cdots,s)$, 则 $\boldsymbol{A}$ 可逆,且

$$\boldsymbol{A}^{-1}=\begin{pmatrix}\boldsymbol{A}_1^{-1} & & & \boldsymbol{O}\\ & \boldsymbol{A}_2^{-1} & & \\ & & \ddots & \\ \boldsymbol{O} & & & \boldsymbol{A}_s^{-1}\end{pmatrix}$$

例 2.28 求方阵

$$\boldsymbol{A}=\begin{pmatrix}1&2&0&0&0&0\\1&3&0&0&0&0\\0&0&2&2&1&0\\0&0&3&1&5&0\\0&0&3&2&3&0\\0&0&0&0&0&4\end{pmatrix}$$

的行列式 $|\boldsymbol{A}|$ 及逆矩阵 $\boldsymbol{A}^{-1}$.

解 将方阵 $\boldsymbol{A}$ 分块成对角方阵

$$A=\left(\begin{array}{cc|ccc|c}1&2&0&0&0&0\\1&3&0&0&0&0\\\hline 0&0&2&2&1&0\\0&0&3&1&5&0\\0&0&3&2&3&0\\\hline 0&0&0&0&0&4\end{array}\right)=\begin{pmatrix}A_1&&O\\&A_2&\\O&&A_3\end{pmatrix}$$

其中

$$A_1=\begin{pmatrix}1&2\\1&3\end{pmatrix},\quad A_2=\begin{pmatrix}2&2&1\\3&1&5\\3&2&3\end{pmatrix},\quad A_3=(4)$$

由于

$$|A_1|=1,\qquad A_1^{-1}=\begin{pmatrix}3&-2\\-1&1\end{pmatrix},$$

$$|A_2|=1,\qquad A_2^{-1}=\begin{pmatrix}-7&-4&9\\6&3&-7\\3&2&-4\end{pmatrix}\text{(参看例 2.22)},$$

$$|A_3|=4,\qquad A_3^{-1}=\left(\frac{1}{4}\right),$$

所以

$$|A|=|A_1||A_2||A_3|=1\times1\times4=4$$

$$A^{-1}=\begin{pmatrix}3&-2&0&0&0&0\\-1&1&0&0&0&0\\0&0&-7&-4&9&0\\0&0&6&3&-7&0\\0&0&3&2&-4&0\\0&0&0&0&0&\frac{1}{4}\end{pmatrix}$$

*2.7　投入产出的数学模型

投入产出分析是对国民经济各部门之间的相互关系以及各种经济关系进行数量分析的一种方法.它通过部门联系平衡表、矩阵代数和线性规划等数学方法以及先进的计算技术来实现.

2.7.1　部门联系平衡表

整个国民经济是由许多经济部门组成的有机总体.各经济部门之间在产品的生产、分配上有着非常复杂的联系.每一个部门都有着双重性,即一方面作为生产部门,以自己的产品分配给其他生产部门作为生产资料并满足人民和社会的非生产部门的需要,同时也提供积累和出口等;另一方面,作为消费者在其生产过程中又消耗了其他各部门的产品及进口物资等.这样,各部门之间就形成了错综复杂的关系.为了揭示这种关系,我们按照一定顺序,将整个国民经济分成若干个物资生产部门及消耗部门，设国民经济物资生产部门共有 n 个，那么这 n 个物资生产部门的联系平衡表如表 2.1 所示.

表 2.1　部门联系平衡表

投入／产出		消耗部门				最终产品(y)			总产品
		1	2	…	n	消费	积累	合计	
生产部门	1	x_{11}	x_{12}	…	x_{1n}			y_1	x_1
	2	x_{21}	x_{22}	…	x_{2n}			y_2	x_2
	⋮	⋮	⋮		⋮			⋮	⋮
	n	x_{n1}	x_{n2}	…	x_{nn}			y_n	x_n
新创造价值(z)	工资	V_1	V_2	…	V_n				
	纯收入	M_1	M_2	…	M_n				
	合计	z_1	z_2	…	z_n				
总产品价值		x_1	x_2	…	x_n				

部门联系平衡表可以按实物表现编制，也可以按货币表现编制，我们仅以货币表现进行平衡计算.

表中用纵横两条粗线分割成四个部分，按左上、右上、左下、右下的顺序，分别称为第 I，第 II，第 III，第 IV 象限.

第 I 象限是表的基本部分，它反映中间产品在各部门间的流动. 在这里，每一个部门都以生产者和消费者的双重身份出现. 从行来看，它作为生产者以自己的产品供应其他部门；从列来看，它又作为消费者在生产中消耗其他部门的产品. 其中 x_{ij} ($i=1,2,\cdots,n$; $j=1,2,\cdots,n$) 表示各部门间的联系，即 x_{ij} 为第 j 个部门对第 i 个部门的产品的消耗量，如 x_{21} 表示第一个部门对第二个部门的产品的消耗量.

第 II 象限反映产品用于最终需求部分.

第 III 象限反映各物资生产部门创造的价值.

第 IV 象限反映国民收入再分配过程. 目前，一般都限于数据资料的困难而未使用.

2.7.2　平衡方程

把第 I、II 象限联系起来，以数学形式表示为

$$x_i=\sum_{j=1}^{n}x_{ij}+y_i(i=1,2,\cdots,n) \tag{2.7}$$

即，部门产品＝中间产品＋最终产品.

把第 I、III 象限联系起来，以数学形式表示为

$$x_j=\sum_{i=1}^{n}x_{ij}+z_j(j=1,2,\cdots,n) \tag{2.8}$$

即，部门总产值＝物资耗费＋新创造价值.

方程(2.7)称为**产品分配平衡方程**,方程(2.8)称为**生产消耗平衡方程**.

由于每个生产部门的总产品等于同名消耗部门的总产品价值,因此有

$$\begin{cases} x_{11}+x_{12}+\cdots+x_{1n}+y_1=x_{11}+x_{21}+\cdots+x_{n1}+z_1 \\ x_{21}+x_{22}+\cdots+x_{2n}+y_2=x_{12}+x_{22}+\cdots+x_{n2}+z_2 \\ \vdots \\ x_{n1}+x_{n2}+\cdots+x_{nn}+y_n=x_{1n}+x_{2n}+\cdots+x_{nn}+z_n \end{cases} \tag{2.9}$$

由式(2.9)可得

$$\sum_{i=1}^{n} y_i=\sum_{j=1}^{n} z_j \tag{2.10}$$

即,社会全部最终产品=社会全部新创造价值.

2.7.3 直接消耗系数

设 $a_{ij}=\dfrac{x_{ij}}{x_j}\ (i=1,2,\cdots,n;\ j=1,2,\cdots,n)$,则 a_{ij} 称为第 j 个部门的**直接消耗系数**.

直接消耗系数在投入产出分析中具有关键性的意义,它反映国民经济各生产部门之间的数量依存关系,即每生产一个单位产品的物质消耗量.在一定的技术水平和生产组织的条件下,物质生产部门间的直接消耗系数基本上是技术性的,因而相对稳定,通常也叫**技术系数**.由 $a_{ij}=\dfrac{x_{ij}}{x_j}$ 得 $x_{ij}=a_{ij}x_j\ (i=1,2,\cdots,n;\ j=1,2,\cdots,n)$,将其代入方程组(2.7)得

$$\begin{cases} (1-a_{11})x_1-a_{12}x_2-\cdots-a_{1n}x_n=y_1 \\ -a_{21}x_1+(1-a_{22})x_2-\cdots-a_{2n}x_n=y_2 \\ \vdots \\ -a_{n1}x_1-a_{n2}x_2-\cdots+(1-a_{nn})x_n=y_n \end{cases} \tag{2.11}$$

设

$$\boldsymbol{A}=\begin{pmatrix} a_{11} & a_{12} & \cdots & a_{1n} \\ a_{21} & a_{22} & \cdots & a_{2n} \\ \vdots & \vdots & & \vdots \\ a_{n1} & a_{n2} & \cdots & a_{nn} \end{pmatrix},\ \boldsymbol{X}=\begin{pmatrix} x_1 \\ x_2 \\ \vdots \\ x_n \end{pmatrix},\ \boldsymbol{Y}=\begin{pmatrix} y_1 \\ y_2 \\ \vdots \\ y_n \end{pmatrix}$$

则方程组(2.11)写成矩阵形式为

$$(\boldsymbol{E}-\boldsymbol{A})\boldsymbol{X}=\boldsymbol{Y} \tag{2.12}$$

矩阵 $\boldsymbol{A}$ 称为**直接消耗系数矩阵**,矩阵 $(\boldsymbol{E}-\boldsymbol{A})$ 则被称为**列昂惕夫(Leontief)矩阵**,$\boldsymbol{E}$ 为 n 阶单位矩阵.

由于 $\boldsymbol{A}$ 具有相对的稳定性,因此可以利用关系(2.12)对下期计划进行预测.

例 2.29 假设国民经济只由三个部门组成,其部门联系平衡表如表 2.2 所示.

表 2.2　部门联系平衡表　　单位:万元

产出＼投入		消耗部门 1	2	3	最终产品	总产品
生产部门	1	40	80	0	80	200
	2	40	40	20	300	400
	3	0	80	20	100	200
新创造价值		120	200	160		
总产品价值		200	400	200		

(1) 如果计划期各部门的总产品为

$$x_1 = 250,\ x_2 = 450,\ x_3 = 240$$

那么计划期各部门能提供多少最终产品?

(2) 如果计划期各部门的最终产品为

$$y_1 = 100,\ y_2 = 350,\ x_3 = 120$$

那么计划期各部门完成的总产品应为多少?

解　由各部门联系平衡表提供的数据,求得直接消耗系数矩阵为

$$\boldsymbol{A} = \begin{pmatrix} 0.2 & 0.2 & 0 \\ 0.2 & 0.1 & 0.1 \\ 0 & 0.2 & 0.1 \end{pmatrix}$$

(1) 已知

$$\boldsymbol{X} = \begin{pmatrix} 250 \\ 450 \\ 240 \end{pmatrix}$$

将 $\boldsymbol{A}, \boldsymbol{X}$ 代入 $(\boldsymbol{E}-\boldsymbol{A})\boldsymbol{X} = \boldsymbol{Y}$ 得

$$\boldsymbol{Y} = \begin{pmatrix} 0.8 & -0.2 & 0 \\ -0.2 & 0.9 & -0.1 \\ 0 & -0.2 & 0.9 \end{pmatrix} \begin{pmatrix} 250 \\ 450 \\ 240 \end{pmatrix} = \begin{pmatrix} 110 \\ 331 \\ 126 \end{pmatrix}$$

即计划期各部门能提供的最终产品为

$$y_1 = 110,\ y_2 = 331,\ x_3 = 126$$

(2) 已知

$$\boldsymbol{Y} = \begin{pmatrix} 100 \\ 350 \\ 120 \end{pmatrix}$$

由 $(\boldsymbol{E}-\boldsymbol{A})\boldsymbol{X} = \boldsymbol{Y}$ 可得

$$\boldsymbol{X} = (\boldsymbol{E}-\boldsymbol{A})^{-1}\boldsymbol{Y} \tag{2.13}$$

将 $(\boldsymbol{E}-\boldsymbol{A})^{-1}, \boldsymbol{Y}$ 代入式(2.13)得

$$\boldsymbol{X} = \begin{pmatrix} 1.3255 & 0.3020 & 0.0336 \\ 0.3020 & 1.2081 & 0.1342 \\ 0.0671 & 0.2685 & 1.1409 \end{pmatrix} \begin{pmatrix} 100 \\ 350 \\ 120 \end{pmatrix} = \begin{pmatrix} 242 \\ 469 \\ 238 \end{pmatrix}$$

即计划期各部门完成的总产品应为

$$x_1 = 242, x_2 = 469, x_3 = 238$$

习　题　2

1. 设 $\boldsymbol{A} = \begin{pmatrix} 1 & 2 & 1 & 2 \\ 2 & 1 & 2 & 1 \\ 1 & 2 & 3 & 4 \end{pmatrix}$，$\boldsymbol{B} = \begin{pmatrix} 4 & 3 & 2 & 1 \\ -2 & 1 & -2 & 1 \\ 0 & -1 & 0 & -1 \end{pmatrix}$，求

(1) $3\boldsymbol{A} - \boldsymbol{B}$；

(2) $2\boldsymbol{A} + 3\boldsymbol{B}$；

(3)若 $\boldsymbol{X}$ 满足 $\boldsymbol{A} + \boldsymbol{X} = \boldsymbol{B}$，求 $\boldsymbol{X}$.

2. 计算下列矩阵乘积

(1) $\begin{pmatrix} 4 & 3 & 1 \\ 1 & -2 & 3 \\ 5 & 7 & 0 \end{pmatrix} \begin{pmatrix} 7 \\ 2 \\ 1 \end{pmatrix}$；　　(2) $\begin{pmatrix} 1 & 0 & 3 \\ 2 & 1 & -1 \end{pmatrix} \begin{pmatrix} -1 & 1 & 4 \\ 3 & -2 & 1 \\ 0 & 0 & 2 \end{pmatrix}$；

(3) $(1, 2, 3) \begin{pmatrix} 1 \\ 2 \\ 3 \end{pmatrix}$；　　(4) $\begin{pmatrix} 3 \\ 1 \\ 2 \end{pmatrix} (1, -2)$；

(5) $(x_1, x_2, x_3) \begin{pmatrix} a_{11} & a_{12} & a_{13} \\ a_{12} & a_{22} & a_{23} \\ a_{13} & a_{23} & a_{33} \end{pmatrix} \begin{pmatrix} x_1 \\ x_2 \\ x_3 \end{pmatrix}$；

(6) $\begin{pmatrix} \frac{1}{3} & \frac{2}{3} & \frac{2}{3} \\ \frac{2}{3} & \frac{1}{3} & -\frac{2}{3} \\ \frac{2}{3} & -\frac{2}{3} & \frac{1}{3} \end{pmatrix} \begin{pmatrix} \frac{1}{2} & \frac{3}{4} \\ \frac{1}{4} & \frac{1}{4} \\ \frac{3}{2} & 1 \end{pmatrix}$；　　(7) $\begin{pmatrix} 0 & 0 & 1 \\ 0 & 1 & 0 \\ 1 & 0 & 0 \end{pmatrix} \begin{pmatrix} 6 & 2 & -1 \\ 1 & 4 & -6 \\ 3 & -5 & 4 \end{pmatrix} \begin{pmatrix} 1 & 0 & 0 \\ 0 & 2 & 0 \\ 0 & 0 & 1 \end{pmatrix}$.

3. 已知 $\boldsymbol{A} = \begin{pmatrix} 2 & 0 & -1 \\ 1 & 3 & 2 \end{pmatrix}$，$\boldsymbol{B} = \begin{pmatrix} 1 & 7 & -1 \\ 4 & 2 & 3 \\ 2 & 0 & 1 \end{pmatrix}$，求 $\boldsymbol{AB}$，$\boldsymbol{B}^{\mathrm{T}}\boldsymbol{A}^{\mathrm{T}}$ 及 $|\boldsymbol{B}|\boldsymbol{A}$.

4. 设 $\boldsymbol{A} = \begin{pmatrix} 1 & 2 \\ 1 & 3 \end{pmatrix}$，$\boldsymbol{B} = \begin{pmatrix} 1 & 0 \\ 1 & 2 \end{pmatrix}$，则下列等式是否成立?

(1) $\boldsymbol{AB} = \boldsymbol{BA}$；

(2) $(\boldsymbol{A} + \boldsymbol{B})^2 = \boldsymbol{A}^2 + 2\boldsymbol{AB} + \boldsymbol{B}^2$；

(3) $(\boldsymbol{A} + \boldsymbol{B})(\boldsymbol{A} - \boldsymbol{B}) = \boldsymbol{A}^2 - \boldsymbol{B}^2$.

5. 设 $\boldsymbol{A} = \begin{pmatrix} 1 & 0 & 0 \\ 2 & 2 & 0 \\ 3 & 4 & 5 \end{pmatrix}$，求 $\boldsymbol{A}^*$ 及 $\boldsymbol{A}^{-1}$.

6. 利用两种方法求 $\boldsymbol{A}=\begin{pmatrix}1&0&1\\2&1&0\\-3&2&-5\end{pmatrix}$ 的逆矩阵.

7. 设 $\boldsymbol{A}=\begin{pmatrix}1&2&3\\\lambda&0&1\\2&1&1\end{pmatrix}$，求 $R(\boldsymbol{A})$.

8. 设 $\boldsymbol{A}$，$\boldsymbol{B}$ 为 n 阶方阵，$|\boldsymbol{A}|=2$，$|\boldsymbol{B}|=-3$，求 $|2\boldsymbol{A}^*\boldsymbol{B}^{-1}|$.

9. 解下列矩阵方程

(1) $\begin{pmatrix}1&4\\-1&2\end{pmatrix}\boldsymbol{X}\begin{pmatrix}2&0\\-1&1\end{pmatrix}=\begin{pmatrix}3&1\\0&-1\end{pmatrix}$；

(2) $\boldsymbol{X}\begin{pmatrix}2&1&-1\\2&1&0\\1&-1&1\end{pmatrix}=\begin{pmatrix}1&-1&3\\4&3&2\end{pmatrix}$；

(3) $\begin{pmatrix}0&1&0\\1&0&0\\0&0&1\end{pmatrix}\boldsymbol{X}\begin{pmatrix}1&0&0\\0&0&1\\0&1&0\end{pmatrix}=\begin{pmatrix}1&-4&3\\2&0&-1\\1&-2&0\end{pmatrix}$.

10. 设 $\boldsymbol{AX}+\boldsymbol{E}=\boldsymbol{A}^2+\boldsymbol{X}$，且 $\boldsymbol{A}=\begin{pmatrix}1&0&1\\0&2&0\\1&0&1\end{pmatrix}$，求 $\boldsymbol{X}$.

11. 设方阵 $\boldsymbol{X}$ 满足 $\boldsymbol{X}^2-\boldsymbol{X}-2\boldsymbol{E}=\boldsymbol{O}$，证明：$\boldsymbol{X}$，$\boldsymbol{X}+2\boldsymbol{E}$ 都可逆，并求 $\boldsymbol{X}^{-1}$，$(\boldsymbol{X}+2\boldsymbol{E})^{-1}$.

12. 若 $\boldsymbol{A}^2=\boldsymbol{A}$，但 $\boldsymbol{A}$ 不是单位矩阵，证明：$\boldsymbol{A}$ 必为奇异矩阵.

13. 利用逆矩阵解方程组

$$\begin{cases}x_1+2x_2+3x_3=1\\2x_1+2x_2+x_3=0\\3x_1+4x_2+3x_3=0\end{cases}$$

14. 设 $\boldsymbol{P}^{-1}\boldsymbol{AP}=\boldsymbol{\Lambda}$，其中 $\boldsymbol{P}=\begin{pmatrix}-1&-4\\1&2\end{pmatrix}$，$\boldsymbol{\Lambda}=\begin{pmatrix}-1&0\\0&2\end{pmatrix}$，求 $\boldsymbol{A}^{11}$.

15. 求下列矩阵的秩

(1) $\begin{pmatrix}1&2&3&4&5\\0&0&-1&-2&-3\\0&0&0&0&4\\0&0&1&2&-1\end{pmatrix}$；(2) $\begin{pmatrix}1&-1&2&1&0\\2&-2&4&-2&0\\3&0&6&-1&1\\0&3&0&0&1\end{pmatrix}$.

16. 设

$$\boldsymbol{A}=\begin{pmatrix}1&3&0&0&0\\2&8&0&0&0\\0&0&1&0&1\\0&0&2&3&2\\0&0&3&1&1\end{pmatrix}，\boldsymbol{B}=\begin{pmatrix}1&3&0&0&0\\2&8&0&0&0\\1&0&1&0&1\\0&1&2&3&2\\2&3&3&1&1\end{pmatrix}$$

利用分块矩阵的乘法求 $\boldsymbol{AB}$，并求 $\boldsymbol{A}$ 的逆矩阵 $\boldsymbol{A}^{-1}$.

第 3 章　向量及向量组的线性相关性

向量组的线性相关性不仅有重要的理论价值，而且对于讨论线性方程组解的存在性及解的结构也有十分重要的作用. 为了进一步研究线性方程组解的问题，本章讨论 n 维向量组的线性相关性及向量组的秩等概念.

3.1　n 维向量的概念

在解析几何中，我们已经知道，在现实的二维或三维几何空间(即平面和空间)中的向量，可分别用有序的二元数组或三元数组来表示. 例如在空间解析几何中，任何一个向量 $\boldsymbol{\alpha}$ 可由它的坐标来表示，即 $\boldsymbol{\alpha}=(a_x,\ a_y,\ a_z)$，我们称 $\boldsymbol{\alpha}$ 为三维向量，它有三个坐标. 当我们研究线性方程组

$$\begin{cases} a_{11}x_1+a_{12}x_2+\cdots+a_{1n}x_n=b_1 \\ a_{21}x_1+a_{22}x_2+\cdots+a_{2n}x_n=b_2 \\ \qquad\vdots \\ a_{m1}x_1+a_{m2}x_2+\cdots+a_{mn}x_n=b_m \end{cases}$$

时，可发现线性方程组中的每一个方程 $a_{i1}x_1+a_{i2}x_2+\cdots+a_{in}x_n=b_i\ (i=1,\ 2,\ 3,\ \cdots,\ m)$，都可以用一个 $n+1$ 元行有序数组 $(a_{i1},\ a_{i2},\ \cdots,\ a_{in},\ b_i)$ 来表示，当对线性方程组施行加减消元运算时，就等价于对其相应的 $n+1$ 元有序数组施行相应的运算. 同样，方程组中的每个未知量 $x_j\ (j=1,\ 2,\ \cdots,\ n)$ 的系数可以用一个 m 元列有序数组 $\begin{pmatrix} a_{1j} \\ a_{2j} \\ \vdots \\ a_{mj} \end{pmatrix}$ 来表示，所有常数可用 m 元列有序数组 $\begin{pmatrix} b_1 \\ b_2 \\ \vdots \\ b_m \end{pmatrix}$ 来表示. 为此，我们引入 n 维向量的概念.

3.1.1　n 维向量的定义

定义 3.1　由 n 个有次序的数 $a_1, a_2, \cdots, a_n$ 所组成的数组称为 **n 维向量**，数 a_i 称为向量的第 i 个**分量**(或**坐标**). 分量全为实数的称为**实向量**(本章只讨论实向量).

通常用希腊字母 $\boldsymbol{\alpha},\ \boldsymbol{\beta},\ \boldsymbol{\gamma}$ 等表示向量，用 $a,\ b,\ c$ 等表示分量，若记

$$\boldsymbol{\alpha}=(a_1, a_2, \cdots, a_n)$$

称为 **n 维行向量**，若记

$$\boldsymbol{\alpha} = \begin{pmatrix} a_1 \\ a_2 \\ \vdots \\ a_n \end{pmatrix}$$

称为 **n 维列向量**.

n 维列向量也记为 $\boldsymbol{\alpha} = (a_1, a_2, \cdots, a_n)^{\mathrm{T}}$.

分量全为零的向量,称为零向量,记为 $\mathbf{0}$,即

$$\mathbf{0} = (0, 0, \cdots, 0)$$

向量 $(-a_1, -a_2, \cdots, -a_n)$ 称为向量 $\boldsymbol{\alpha} = (a_1, a_2, \cdots, a_n)$ 的负向量,记为 $-\boldsymbol{\alpha}$.

如果 $\boldsymbol{\alpha} = (a_1, a_2, \cdots, a_n)$,$\boldsymbol{\beta} = (b_1, b_2, \cdots, b_n)$,当且仅当 $a_i = b_i\ (i = 1, 2, \cdots, n)$ 时,称这两个向量相等,记作 $\boldsymbol{\alpha} = \boldsymbol{\beta}$.

3.1.2　n 维向量的加法和数乘运算

设 $\boldsymbol{\alpha} = (a_1, a_2, \cdots, a_n)$,$\boldsymbol{\beta} = (b_1, b_2, \cdots, b_n)$,$k$ 为任意实数,则向量 $(a_1 + b_1, a_2 + b_2, \cdots, a_n + b_n)$ 称为向量 $\boldsymbol{\alpha}$ 和 $\boldsymbol{\beta}$ 的和,记为 $\boldsymbol{\alpha} + \boldsymbol{\beta}$,即

$$\boldsymbol{\alpha} + \boldsymbol{\beta} = (a_1 + b_1, a_2 + b_2, \cdots, a_n + b_n)$$

向量 $(ka_1, ka_2, \cdots, ka_n)$ 称为向量 $\boldsymbol{\alpha}$ 与数 k 的乘积,记为 $k\boldsymbol{\alpha}$,即

$$k\boldsymbol{\alpha} = (ka_1, ka_2, \cdots, ka_n)$$

向量 $\boldsymbol{\alpha}$ 与 $-\boldsymbol{\beta}$ 的和称为向量 $\boldsymbol{\alpha}$ 与 $\boldsymbol{\beta}$ 的差,记为 $\boldsymbol{\alpha} - \boldsymbol{\beta}$,即

$$\boldsymbol{\alpha} - \boldsymbol{\beta} = \boldsymbol{\alpha} + (-\boldsymbol{\beta}) = (a_1 - b_1, a_2 - b_2, \cdots, a_n - b_n)$$

以上统称为向量的线性运算,并注意只有在维数相同的条件下向量才能进行加、减运算.

3.1.3　n 维向量线性运算的性质

由定义不难验证向量的线性运算满足下列八条基本性质:

(1) $\boldsymbol{\alpha} + \boldsymbol{\beta} = \boldsymbol{\beta} + \boldsymbol{\alpha}$(交换律);

(2) $(\boldsymbol{\alpha} + \boldsymbol{\beta}) + \boldsymbol{\gamma} = \boldsymbol{\alpha} + (\boldsymbol{\beta} + \boldsymbol{\gamma})$(结合律);

(3) $\boldsymbol{\alpha} + \mathbf{0} = \boldsymbol{\alpha}$;

(4) $\boldsymbol{\alpha} + (-\boldsymbol{\alpha}) = \mathbf{0}$;

(5) $k(\boldsymbol{\alpha} + \boldsymbol{\beta}) = k\boldsymbol{\alpha} + k\boldsymbol{\beta}$;

(6) $(k + l)\boldsymbol{\alpha} = k\boldsymbol{\alpha} + l\boldsymbol{\alpha}$;

(7) $(kl)\boldsymbol{\alpha} = k(l\boldsymbol{\alpha}) = l(k\boldsymbol{\alpha})$;

(8) $1 \cdot \boldsymbol{\alpha} = \boldsymbol{\alpha}$.

例 3.1　设 $\boldsymbol{\alpha} = (7, 2, 0, -8)$,$\boldsymbol{\beta} = (2, 1, -4, 3)$,求 $3\boldsymbol{\alpha} + 7\boldsymbol{\beta}$.

解

$$\begin{aligned} 3\boldsymbol{\alpha} + 7\boldsymbol{\beta} &= 3(7, 2, 0, -8) + 7(2, 1, -4, 3) \\ &= (21, 6, 0, -24) + (14, 7, -28, 21) \\ &= (35, 13, -28, -3) \end{aligned}$$

例 3.2　设 $\boldsymbol{\beta} = (x_1, x_2, x_3)$,且满足 $3\boldsymbol{\beta} + \boldsymbol{\alpha}_1 = \boldsymbol{\alpha}_2$,其中 $\boldsymbol{\alpha}_1 = (1, 0, 1)$,$\boldsymbol{\alpha}_2 = (1,1,$

$-1)$,求 $\boldsymbol{\beta}$.

解 由条件得 $3\boldsymbol{\beta}=\boldsymbol{\alpha}_2-\boldsymbol{\alpha}_1$,即

$$3(x_1,\ x_2,\ x_3)=(1,\ 1,\ -1)-(1,\ 0,\ 1)=(0,\ 1,\ -2)$$

从而得

$$\boldsymbol{\beta}=\left(0,\ \frac{1}{3},\ -\frac{2}{3}\right)$$

3.2 向量组的线性相关性

非齐次线性方程组

$$\begin{cases} a_{11}x_1+a_{12}x_2+\cdots+a_{1n}x_n=b_1 \\ a_{21}x_1+a_{22}x_2+\cdots+a_{2n}x_n=b_2 \\ \qquad\vdots \\ a_{m1}x_1+a_{m2}x_2+\cdots+a_{mn}x_n=b_m \end{cases} \tag{3.1}$$

若将未知量 x_j 的系数及常数项写成列向量形式

$$\boldsymbol{\alpha}_j=\begin{pmatrix} a_{1j} \\ a_{2j} \\ \vdots \\ a_{mj} \end{pmatrix}\quad (j=1,\ 2,\ \cdots,\ n),\qquad \boldsymbol{\beta}=\begin{pmatrix} b_1 \\ b_2 \\ \vdots \\ b_m \end{pmatrix}$$

则线性方程组的向量形式为

$$\begin{pmatrix} a_{11} \\ a_{21} \\ \vdots \\ a_{m1} \end{pmatrix}x_1+\begin{pmatrix} a_{12} \\ a_{22} \\ \vdots \\ a_{m2} \end{pmatrix}x_2+\cdots+\begin{pmatrix} a_{1n} \\ a_{2n} \\ \vdots \\ a_{mn} \end{pmatrix}x_n=\begin{pmatrix} b_1 \\ b_2 \\ \vdots \\ b_m \end{pmatrix}$$

即

$$x_1\boldsymbol{\alpha}_1+x_2\boldsymbol{\alpha}_2+\cdots+x_n\boldsymbol{\alpha}_n=\boldsymbol{\beta} \tag{3.2}$$

于是,方程组(3.1)是否有解,就相当于是否存在一组数 $x_1=k_1, x_2=k_2, \cdots, x_n=k_n$,使式(3.2)成立,即

$$k_1\boldsymbol{\alpha}_1+k_2\boldsymbol{\alpha}_2+\cdots+k_n\boldsymbol{\alpha}_n=\boldsymbol{\beta}$$

也就是说常数列向量 $\boldsymbol{\beta}$ 是否可以由系数列向量 $\boldsymbol{\alpha}_1,\ \boldsymbol{\alpha}_2,\ \cdots,\ \boldsymbol{\alpha}_n$ 线性表示,如果可以,则方程组有解,否则,方程组无解.

若将方程组(3.1)的第 i 个方程未知量系数及常数写成行向量形式

$$\boldsymbol{\alpha}_i=(a_{i1},\ a_{i2},\ \cdots,\ a_{in},\ b)\ (i=1,\ 2,\ \cdots,\ m) \tag{3.3}$$

方程组(3.1)中是否有多余的方程,反映到向量组(3.3)中就是是否存在向量可以由其余向量线性表示的问题.为此,我们引入下面的概念.

定义 3.2 设有 n 维向量 $\boldsymbol{\beta}$,$\boldsymbol{\alpha}_1,\ \boldsymbol{\alpha}_2,\ \cdots,\ \boldsymbol{\alpha}_m$,如果存在一组数 $k_1,\ k_2,\ \cdots,\ k_m$,使

$$\boldsymbol{\beta}=k_1\boldsymbol{\alpha}_1+k_2\boldsymbol{\alpha}_2+\cdots+k_m\boldsymbol{\alpha}_m$$

则称 $\boldsymbol{\beta}$ 是 $\boldsymbol{\alpha}_1,\ \boldsymbol{\alpha}_2,\ \cdots,\ \boldsymbol{\alpha}_m$ 的**线性组合**,或称 $\boldsymbol{\beta}$ 能由 $\boldsymbol{\alpha}_1,\ \boldsymbol{\alpha}_2,\ \cdots,\ \boldsymbol{\alpha}_m$ **线性表示**,$k_1,\ k_2,\ \cdots,\ k_m$ 称为向量组 $\boldsymbol{\alpha}_1,\ \boldsymbol{\alpha}_2,\ \cdots,\ \boldsymbol{\alpha}_m$ 的**组合系数**.

例 3.3　n 维零向量 $\mathbf{0}=(0, 0, \cdots, 0)$ 可以由任一个 n 维向量组 $\boldsymbol{\alpha}_1, \boldsymbol{\alpha}_2, \cdots, \boldsymbol{\alpha}_m$ 线性表示.

这是因为取 $k_1=k_2=\cdots=k_m=0$，则有

$$\mathbf{0}=k_1\boldsymbol{\alpha}_1+k_2\boldsymbol{\alpha}_2+\cdots+k_m\boldsymbol{\alpha}_m=0\boldsymbol{\alpha}_1+0\boldsymbol{\alpha}_2+\cdots+0\boldsymbol{\alpha}_m$$

例 3.4　任何一个 n 维向量

$$\boldsymbol{\alpha}=(a_1, a_2, \cdots, a_n)$$

都可由

$$\begin{aligned}\boldsymbol{\varepsilon}_1&=(1, 0, \cdots, 0)\\ \boldsymbol{\varepsilon}_2&=(0, 1, \cdots, 0)\\ &\vdots\\ \boldsymbol{\varepsilon}_n&=(0, 0, \cdots, 1)\end{aligned}$$

线性表示.

这是因为

$$\begin{aligned}\boldsymbol{\alpha}&=(a_1, a_2, \cdots, a_n)\\ &=(a_1, 0, \cdots, 0)+(0, a_2, \cdots, 0)+\cdots+(0, 0, \cdots, a_n)\\ &=a_1(1, 0, \cdots, 0)+a_2(0, 1, \cdots, 0)+\cdots+a_n(0, 0, \cdots, 1)\\ &=a_1\boldsymbol{\varepsilon}_1+a_2\boldsymbol{\varepsilon}_2+\cdots+a_n\boldsymbol{\varepsilon}_n\end{aligned}$$

向量组 $\boldsymbol{\varepsilon}_1, \boldsymbol{\varepsilon}_2, \cdots, \boldsymbol{\varepsilon}_n$ 称为 **n 维基本单位向量组**.

例 3.5　设 $\boldsymbol{\beta}=(0, 4, 2)^{\mathrm{T}}$，$\boldsymbol{\alpha}_1=(1, 2, 3)^{\mathrm{T}}$，$\boldsymbol{\alpha}_2=(2, 3, 1)^{\mathrm{T}}$，$\boldsymbol{\alpha}_3=(3, 1, 2)^{\mathrm{T}}$，试问 $\boldsymbol{\beta}$ 能否表示成 $\boldsymbol{\alpha}_1, \boldsymbol{\alpha}_2, \boldsymbol{\alpha}_3$ 的线性组合？若能，写出具体表示式.

解　令

$$\boldsymbol{\beta}=k_1\boldsymbol{\alpha}_1+k_2\boldsymbol{\alpha}_2+k_3\boldsymbol{\alpha}_3$$

即

$$k_1\begin{pmatrix}1\\2\\3\end{pmatrix}+k_2\begin{pmatrix}2\\3\\1\end{pmatrix}+k_3\begin{pmatrix}3\\1\\2\end{pmatrix}=\begin{pmatrix}0\\4\\2\end{pmatrix}$$

根据向量的线性运算和向量相等的定义有

$$\begin{cases}k_1+2k_2+3k_3=0\\ 2k_1+3k_2+k_3=4\\ 3k_1+k_2+2k_3=2\end{cases}$$

由于

$$D=\begin{vmatrix}1&2&3\\2&3&1\\3&1&2\end{vmatrix}=-18\neq 0$$

由克拉默法则，可求得

$$k_1=1, k_2=1, k_3=-1$$

所以

$$\boldsymbol{\beta}=\boldsymbol{\alpha}_1+\boldsymbol{\alpha}_2-\boldsymbol{\alpha}_3$$

即 $\boldsymbol{\beta}$ 是 $\boldsymbol{\alpha}_1, \boldsymbol{\alpha}_2, \boldsymbol{\alpha}_3$ 的线性组合.

我们知道,对于任一 n 维向量组 $\boldsymbol{\alpha}_1, \boldsymbol{\alpha}_2, \cdots, \boldsymbol{\alpha}_m$,当它的组合系数全取零时,其线性组合一定是一个零向量. 例如给定向量组

$$\boldsymbol{\alpha}_1 = (4, 1, -1), \boldsymbol{\alpha}_2 = (1, 2, -1), \boldsymbol{\alpha}_3 = (2, 4, -2),$$

取组合系数 $k_1 = k_2 = k_3 = 0$,显然有

$$k_1\boldsymbol{\alpha}_1 + k_2\boldsymbol{\alpha}_2 + k_3\boldsymbol{\alpha}_3 = 0\boldsymbol{\alpha}_1 + 0\boldsymbol{\alpha}_2 + 0\boldsymbol{\alpha}_3 = (0, 0, 0) = \mathbf{0}$$

我们关心的是除了组合系数为零之外,是否还存在不全为零的组合系数,使该组向量的线性组合也等于零向量? 对于上述的 $\boldsymbol{\alpha}_1 = (4, 1, -1), \boldsymbol{\alpha}_2 = (1, 2, -1), \boldsymbol{\alpha}_3 = (2, 4, -2)$,答案是肯定的. 如取 $k_1 = 0, k_2 = 2, k_3 = -1$,则有

$$k_1\boldsymbol{\alpha}_1 + k_2\boldsymbol{\alpha}_2 + k_3\boldsymbol{\alpha}_3 = 0\boldsymbol{\alpha}_1 + 2\boldsymbol{\alpha}_2 - \boldsymbol{\alpha}_3 = (0, 0, 0) = \mathbf{0}$$

成立;但对于向量组

$$\boldsymbol{\beta}_1 = (1, 0, 0), \boldsymbol{\beta}_2 = (1, 1, 0), \boldsymbol{\beta}_3 = (1, 1, 1)$$

不难验证只有组合系数全为零时,它的线性组合才为零向量.

这些就是我们要讨论的向量组的线性相关性问题.

定义 3.3 设有 n 维向量组 $\boldsymbol{\alpha}_1, \boldsymbol{\alpha}_2, \cdots, \boldsymbol{\alpha}_m$,如果存在不全为零的数 $k_1, k_2, \cdots, k_m$,使

$$k_1\boldsymbol{\alpha}_1 + k_2\boldsymbol{\alpha}_2 + \cdots + k_m\boldsymbol{\alpha}_m = \mathbf{0} \tag{3.4}$$

则称向量组 $\boldsymbol{\alpha}_1, \boldsymbol{\alpha}_2, \cdots, \boldsymbol{\alpha}_m$ 是线性相关的,否则就称 $\boldsymbol{\alpha}_1, \boldsymbol{\alpha}_2, \cdots, \boldsymbol{\alpha}_m$ 是线性无关的,即要使式(3.4)成立,只有 $k_1 = k_2 = \cdots = k_m = 0$.

由定义 3.3 不难得到下面的结论.

(1) 含有零向量的向量组是线性相关的.

证 设向量组为 $\boldsymbol{\alpha}_1, \boldsymbol{\alpha}_2, \cdots, \mathbf{0}, \cdots, \boldsymbol{\alpha}_m$,显然有

$$0\boldsymbol{\alpha}_1 + 0\boldsymbol{\alpha}_2 + \cdots + k\mathbf{0} + \cdots + 0\boldsymbol{\alpha}_m = \mathbf{0}$$

其中 $k \neq 0$,即该向量组线性相关.

(2) 一个向量线性相关的充分必要条件是该向量为零向量.

证 设 $\boldsymbol{\alpha} = \mathbf{0}$,对任意 $k \neq 0$,都有 $k\boldsymbol{\alpha} = k\mathbf{0} = \mathbf{0}$,从而 $\boldsymbol{\alpha}$ 线性相关. 反之,若 $\boldsymbol{\alpha}$ 线性相关,则一定存在非零数 l,使 $l\boldsymbol{\alpha} = \mathbf{0}$,从而 $\boldsymbol{\alpha} = \mathbf{0}$.

(3) 两个非零向量 $\boldsymbol{\alpha}, \boldsymbol{\beta}$ 线性相关的充分必要条件是对应的分量(或坐标)成比例,或 $\boldsymbol{\alpha} = k\boldsymbol{\beta}$,其中 k 为非零常数.

例如,$\boldsymbol{\alpha} = (1, -2, 3, 0), \boldsymbol{\beta} = (3, -6, 9, 0)$ 是线性相关的,因为 $\boldsymbol{\alpha} = \frac{1}{3}\boldsymbol{\beta}$.

例 3.6 讨论向量组

$$\boldsymbol{\alpha}_1 = (1, 1, 2), \boldsymbol{\alpha}_2 = (2, 0, 1), \boldsymbol{\alpha}_3 = (3, 1, 2)$$

的线性相关性.

解 设

$$k_1\boldsymbol{\alpha}_1 + k_2\boldsymbol{\alpha}_2 + k_3\boldsymbol{\alpha}_3 = \mathbf{0}$$

即

$$\begin{cases} k_1 + 2k_2 + 3k_3 = 0 \\ k_1 \qquad\quad + k_3 = 0 \\ 2k_1 + k_2 + 2k_3 = 0 \end{cases}$$

因为

$$D=\begin{vmatrix}1&2&3\\1&0&1\\2&1&2\end{vmatrix}=2\neq 0$$

则由定理 1.4 知方程组只有零解 $k_1=k_2=k_3=0$，所以向量组 $\boldsymbol{\alpha}_1$，$\boldsymbol{\alpha}_2$，$\boldsymbol{\alpha}_3$ 是线性无关的.

例 3.7　设向量组 $\boldsymbol{\alpha}_1$，$\boldsymbol{\alpha}_2$，$\boldsymbol{\alpha}_3$ 线性相关，证明向量组 $\boldsymbol{\alpha}_1+\boldsymbol{\alpha}_2$，$\boldsymbol{\alpha}_2+\boldsymbol{\alpha}_3$，$\boldsymbol{\alpha}_3+\boldsymbol{\alpha}_1$ 也线性相关.

证　设有一组数 k_1，k_2，k_3，使得

$$k_1(\boldsymbol{\alpha}_1+\boldsymbol{\alpha}_2)+k_2(\boldsymbol{\alpha}_2+\boldsymbol{\alpha}_3)+k_3(\boldsymbol{\alpha}_3+\boldsymbol{\alpha}_1)=\mathbf{0}$$

整理得

$$(k_1+k_3)\boldsymbol{\alpha}_1+(k_1+k_2)\boldsymbol{\alpha}_2+(k_2+k_3)\boldsymbol{\alpha}_3=\mathbf{0}$$

因为 $\boldsymbol{\alpha}_1$，$\boldsymbol{\alpha}_2$，$\boldsymbol{\alpha}_3$ 线性相关，则存在一组不全为零的数 k_1+k_3，k_1+k_2，k_2+k_3. 不妨设

$$\begin{cases}k_1+k_3=b_1\\k_1+k_2=b_2\\k_2+k_3=b_3\end{cases}$$

其中 b_1，b_2，b_3 不全为零. 由于

$$\begin{vmatrix}1&0&1\\1&1&0\\0&1&1\end{vmatrix}=2\neq 0$$

由克拉默法则知关于未知量 k_1，k_2，k_3 的线性方程组有非零解，即 k_1，k_2，k_3 不全为零，所以 $\boldsymbol{\alpha}_1+\boldsymbol{\alpha}_2$，$\boldsymbol{\alpha}_2+\boldsymbol{\alpha}_3$，$\boldsymbol{\alpha}_3+\boldsymbol{\alpha}_1$ 线性相关.

下面我们介绍几个判别向量组线性相关的定理.

定理 3.1　n 个 m 维列向量组

$$\boldsymbol{\alpha}_1=\begin{pmatrix}a_{11}\\a_{21}\\\vdots\\a_{m1}\end{pmatrix},\boldsymbol{\alpha}_2=\begin{pmatrix}a_{12}\\a_{22}\\\vdots\\a_{m2}\end{pmatrix},\cdots,\boldsymbol{\alpha}_n=\begin{pmatrix}a_{1n}\\a_{2n}\\\vdots\\a_{mn}\end{pmatrix}\tag{3.5}$$

线性相关的充分必要条件是齐次线性方程组

$$\begin{cases}a_{11}x_1+a_{12}x_2+\cdots+a_{1n}x_n=0\\a_{21}x_1+a_{22}x_2+\cdots+a_{2n}x_n=0\\\quad\vdots\\a_{m1}x_1+a_{m2}x_2+\cdots+a_{mn}x_n=0\end{cases}\tag{3.6}$$

有非零解.

证　充分性：

设方程组(3.6)有非零解 $x_1=k_1$，$x_2=k_2$，$\cdots$，$x_n=k_n$，其中 k_1，k_2，$\cdots$，k_n 不全为零，则有

$$k_1\boldsymbol{\alpha}_1+k_2\boldsymbol{\alpha}_2+\cdots+k_n\boldsymbol{\alpha}_n=\mathbf{0}$$

即说明 $\boldsymbol{\alpha}_1$，$\boldsymbol{\alpha}_2$，$\cdots$，$\boldsymbol{\alpha}_n$ 线性相关.

必要性：

设 $\boldsymbol{\alpha}_1$，$\boldsymbol{\alpha}_2$，$\cdots$，$\boldsymbol{\alpha}_n$ 线性相关，则存在一组不全为零的数 k_1，k_2，$\cdots$，k_n，使

$$k_1\boldsymbol{\alpha}_1 + k_2\boldsymbol{\alpha}_2 + \cdots + k_n\boldsymbol{\alpha}_n = \mathbf{0}$$

即有不全为零的数 $k_1, k_2, \cdots, k_n$ 使式(3.6)成立,也就是说齐次线性方程组(3.6)有非零解.

推论 1 向量组(3.5)线性无关的充要条件是方程组(3.6)只有零解.

特别当 $m = n$ 时,就得到下面的结果.

推论 2 n 个 n 维列向量组

$$\boldsymbol{\alpha}_j = \begin{pmatrix} a_{1j} \\ a_{2j} \\ \vdots \\ a_{nj} \end{pmatrix} \qquad (j = 1, 2, \cdots, n)$$

线性相关的充要条件是行列式

$$D = \begin{vmatrix} a_{11} & a_{12} & \cdots & a_{1n} \\ a_{21} & a_{22} & \cdots & a_{2n} \\ \vdots & \vdots & & \vdots \\ a_{n1} & a_{n2} & \cdots & a_{nn} \end{vmatrix} = 0$$

而线性无关的充要条件是 $D \neq 0$.

注:推论 2 对 n 个 n 维行向量组也成立.

例 3.8 已知向量组 $\boldsymbol{\alpha}_1 = (1, 2, 3)$,$\boldsymbol{\alpha}_2 = (3, -1, 2)$,$\boldsymbol{\alpha}_3 = (2, 3, c)$,试问①当 c 取何值时,$\boldsymbol{\alpha}_1, \boldsymbol{\alpha}_2, \boldsymbol{\alpha}_3$ 线性无关;②当 c 取何值时,$\boldsymbol{\alpha}_1, \boldsymbol{\alpha}_2, \boldsymbol{\alpha}_3$ 线性相关?

解 向量组为 3 个三维向量,对应的行列式

$$D = \begin{vmatrix} 1 & 2 & 3 \\ 3 & -1 & 2 \\ 2 & 3 & c \end{vmatrix} = -7(c-5)$$

所以,①当 $c \neq 5$ 时,$D \neq 0$,则 $\boldsymbol{\alpha}_1, \boldsymbol{\alpha}_2, \boldsymbol{\alpha}_3$ 线性无关;②当 $c = 5$ 时,$D = 0$,则 $\boldsymbol{\alpha}_1, \boldsymbol{\alpha}_2, \boldsymbol{\alpha}_3$ 线性相关.

定理 3.2 n 维向量组 $\boldsymbol{\alpha}_1, \boldsymbol{\alpha}_2, \cdots, \boldsymbol{\alpha}_m (m \geqslant 2)$ 线性相关的充要条件是向量组 $\boldsymbol{\alpha}_1, \boldsymbol{\alpha}_2, \cdots, \boldsymbol{\alpha}_m$ 中至少有一个向量可以由其余 $m-1$ 个向量线性表示.

证 充分性:

设 $\boldsymbol{\alpha}_1, \boldsymbol{\alpha}_2, \cdots, \boldsymbol{\alpha}_m$ 中有一个向量能由其余向量线性表示,不妨设为 $\boldsymbol{\alpha}_m$,既有

$$\boldsymbol{\alpha}_m = k_1\boldsymbol{\alpha}_1 + k_2\boldsymbol{\alpha}_2 + \cdots + k_{m-1}\boldsymbol{\alpha}_{m-1}$$

于是

$$k_1\boldsymbol{\alpha}_1 + k_2\boldsymbol{\alpha}_2 + \cdots + k_{m-1}\boldsymbol{\alpha}_{m-1} + (-1)\boldsymbol{\alpha}_m = \mathbf{0}$$

由于 $k_1, k_2, \cdots, k_{m-1}, -1$ 不全为零,所以 $\boldsymbol{\alpha}_1, \boldsymbol{\alpha}_2, \cdots, \boldsymbol{\alpha}_m$ 线性相关.

必要性:

设 $\boldsymbol{\alpha}_1, \boldsymbol{\alpha}_2, \cdots, \boldsymbol{\alpha}_m$ 线性相关,即存在一组不全为零的数 $k_1, k_2, \cdots, k_m$,使

$$k_1\boldsymbol{\alpha}_1 + k_2\boldsymbol{\alpha}_2 + \cdots + k_m\boldsymbol{\alpha}_m = \mathbf{0}$$

不妨设 $k_1 \neq 0$,则有

$$\boldsymbol{\alpha}_1 = -\frac{k_2}{k_1}\boldsymbol{\alpha}_2 - \frac{k_3}{k_1}\boldsymbol{\alpha}_3 - \cdots - \frac{k_m}{k_1}\boldsymbol{\alpha}_m$$

即 $\boldsymbol{\alpha}_1$ 可以由其余的向量线性表示.

推论　向量组 $\boldsymbol{\alpha}_1, \boldsymbol{\alpha}_2, \cdots, \boldsymbol{\alpha}_m$ 线性无关的充要条件是其中任何一个向量都不能由其余 $m-1$ 个向量线性表示.

定理 3.3　若 n 维向量组

$$\boldsymbol{\alpha}_i = (a_{i1}, a_{i2}, \cdots, a_{in}) \quad (i = 1, 2, \cdots, m)$$

线性无关,那么在每一个向量上添加一个分量所得到的 $n+1$ 维向量组

$$\boldsymbol{\beta}_i = (a_{i1}, a_{i2}, \cdots, a_{in}, a_{i(n+1)}) \quad (i = 1, 2, \cdots, m)$$

也线性无关.

证　我们就 $n = 3$, $m = 3$ 的特殊情况证明.

设 $k_1\boldsymbol{\alpha}_1 + k_2\boldsymbol{\alpha}_2 + k_3\boldsymbol{\alpha}_3 = \boldsymbol{0}$,即有线性方程组

$$\begin{cases} a_{11}k_1 + a_{21}k_2 + a_{31}k_3 = 0 \\ a_{12}k_1 + a_{22}k_2 + a_{32}k_3 = 0 \\ a_{13}k_1 + a_{23}k_2 + a_{33}k_3 = 0 \end{cases} \tag{3.7}$$

再设 $k_1\boldsymbol{\beta}_1 + k_2\boldsymbol{\beta}_2 + k_3\boldsymbol{\beta}_3 = \boldsymbol{0}$,即有线性方程组

$$\begin{cases} a_{11}k_1 + a_{21}k_2 + a_{31}k_3 = 0 \\ a_{12}k_1 + a_{22}k_2 + a_{32}k_3 = 0 \\ a_{13}k_1 + a_{23}k_2 + a_{33}k_3 = 0 \\ a_{14}k_1 + a_{24}k_2 + a_{34}k_3 = 0 \end{cases} \tag{3.8}$$

方程组(3.8)的前三个方程实际上就是方程组(3.7),由于 $\boldsymbol{\alpha}_1, \boldsymbol{\alpha}_2, \boldsymbol{\alpha}_3$ 线性无关,则方程组(3.7)只有零解,所以方程组(3.8)也只有零解,即 $\boldsymbol{\beta}_1, \boldsymbol{\beta}_2, \boldsymbol{\beta}_3$ 线性无关.

定理 3.3 的结论可以推广到添加有限多个分量的情况.

定理 3.4　如果一个向量组的一部分向量组线性相关,则这个向量组也线性相关.

定理 3.5　如果一个向量组线性无关,那么它的任何一部分向量组也线性无关.

定理 3.4 和定理 3.5 反映了部分向量与全部向量的相关性关系. 证明留给读者. 作为本节结束,我们再介绍一个应用十分广泛的定理.

定理 3.6　设向量组 $\boldsymbol{\alpha}_1, \boldsymbol{\alpha}_2, \cdots, \boldsymbol{\alpha}_m$ 线性无关,而向量组 $\boldsymbol{\alpha}_1, \boldsymbol{\alpha}_2, \cdots, \boldsymbol{\alpha}_m, \boldsymbol{\beta}$ 线性相关,则 $\boldsymbol{\beta}$ 可以由 $\boldsymbol{\alpha}_1, \boldsymbol{\alpha}_2, \cdots, \boldsymbol{\alpha}_m$ 线性表示,且表示法是唯一的.

证　由于 $\boldsymbol{\alpha}_1, \boldsymbol{\alpha}_2, \cdots, \boldsymbol{\alpha}_m, \boldsymbol{\beta}$ 线性相关,则存在一组不全为零的数 $k_1, k_2, \cdots, k_m, l$,使

$$k_1\boldsymbol{\alpha}_1 + k_2\boldsymbol{\alpha}_2 + \cdots + k_m\boldsymbol{\alpha}_m + l\boldsymbol{\beta} = \boldsymbol{0}$$

其中 $l \neq 0$,否则与 $\boldsymbol{\alpha}_1, \boldsymbol{\alpha}_2, \cdots, \boldsymbol{\alpha}_m$ 线性无关矛盾,于是

$$\boldsymbol{\beta} = -\frac{k_1}{l}\boldsymbol{\alpha}_1 - \frac{k_2}{l}\boldsymbol{\alpha}_2 - \cdots - \frac{k_m}{l}\boldsymbol{\alpha}_m$$

即 $\boldsymbol{\beta}$ 可以由 $\boldsymbol{\alpha}_1, \boldsymbol{\alpha}_2, \cdots, \boldsymbol{\alpha}_m$ 线性表示.

再证线性表示的唯一性. 设有两个线性表示式

$$\boldsymbol{\beta} = k_1\boldsymbol{\alpha}_1 + k_2\boldsymbol{\alpha}_2 + \cdots + k_m\boldsymbol{\alpha}_m$$

及

$$\boldsymbol{\beta} = \lambda_1\boldsymbol{\alpha}_1 + \lambda_2\boldsymbol{\alpha}_2 + \cdots + \lambda_m\boldsymbol{\alpha}_m$$

两式相减可得

$$(k_1 - \lambda_1)\boldsymbol{\alpha}_1 + (k_2 - \lambda_2)\boldsymbol{\alpha}_2 + \cdots + (k_m - \lambda_m)\boldsymbol{\alpha}_m = \boldsymbol{0}$$

由于 $\boldsymbol{\alpha}_1, \boldsymbol{\alpha}_2, \cdots, \boldsymbol{\alpha}_m$ 线性无关,从而必有 $k_1 - \lambda_1 = 0, k_2 - \lambda_2 = 0, \cdots, k_m - \lambda_m = 0$,即表示式唯一.

3.3 向量组的秩

一个向量组所含的向量个数可能很多,能不能通过它的一部分向量对向量组进行研究呢?

由3.2节容易看出,一个线性相关的向量组,只要所含的向量不全是零向量,就一定存在着线性无关的一部分向量.在这些线性无关的部分向量组中,最重要的就是所谓极大无关向量组.

定义 3.4 若 n 维向量组 $\boldsymbol{\alpha}_1, \boldsymbol{\alpha}_2, \cdots, \boldsymbol{\alpha}_m$ 的部分向量组 $\boldsymbol{\alpha}_{i_1}, \boldsymbol{\alpha}_{i_2}, \cdots, \boldsymbol{\alpha}_{i_r}(r \leqslant m)$ 满足:

(1) $\boldsymbol{\alpha}_{i_1}, \boldsymbol{\alpha}_{i_2}, \cdots, \boldsymbol{\alpha}_{i_r}$ 线性无关;

(2)向量组 $\boldsymbol{\alpha}_1, \boldsymbol{\alpha}_2, \cdots, \boldsymbol{\alpha}_m$ 中任意一个向量均可由 $\boldsymbol{\alpha}_{i_1}, \boldsymbol{\alpha}_{i_2}, \cdots, \boldsymbol{\alpha}_{i_r}$ 线性表示;

则称向量组 $\boldsymbol{\alpha}_{i_1}, \boldsymbol{\alpha}_{i_2}, \cdots, \boldsymbol{\alpha}_{i_r}$ 为 $\boldsymbol{\alpha}_1, \boldsymbol{\alpha}_2, \cdots, \boldsymbol{\alpha}_m$ 的一个**极大线性无关向量组**或**最大线性无关向量组**,简称**极大无关组**或**最大无关组**.

例 3.9 设向量组 $\boldsymbol{\alpha}_1=(1, 0, 0)$,$\boldsymbol{\alpha}_2=(0, 2, 0)$,$\boldsymbol{\alpha}_3=(0, 0, 3)$,$\boldsymbol{\alpha}_4=(1, 2, 0)$,$\boldsymbol{\alpha}_5=(2, -3, 1)$,求向量组的一个极大无关组.

解 因为

(1) $\boldsymbol{\alpha}_1, \boldsymbol{\alpha}_2, \boldsymbol{\alpha}_3$ 线性无关(所构成的三阶行列式 $D \neq 0$);

(2) $\boldsymbol{\alpha}_1=1\boldsymbol{\alpha}_1+0\boldsymbol{\alpha}_2+0\boldsymbol{\alpha}_3$, $\quad \boldsymbol{\alpha}_2=0\boldsymbol{\alpha}_1+2\boldsymbol{\alpha}_2+0\boldsymbol{\alpha}_3$, $\quad \boldsymbol{\alpha}_3=0\boldsymbol{\alpha}_1+0\boldsymbol{\alpha}_2+3\boldsymbol{\alpha}_3$,

$$\boldsymbol{\alpha}_4=1\boldsymbol{\alpha}_1+2\boldsymbol{\alpha}_2+0\boldsymbol{\alpha}_3, \qquad \boldsymbol{\alpha}_5=2\boldsymbol{\alpha}_1-\frac{3}{2}\boldsymbol{\alpha}_2+\frac{1}{3}\boldsymbol{\alpha}_3$$

即 $\boldsymbol{\alpha}_1, \boldsymbol{\alpha}_2, \boldsymbol{\alpha}_3, \boldsymbol{\alpha}_4, \boldsymbol{\alpha}_5$ 均可由 $\boldsymbol{\alpha}_1, \boldsymbol{\alpha}_2, \boldsymbol{\alpha}_3$ 线性表示,根据定义,$\boldsymbol{\alpha}_1, \boldsymbol{\alpha}_2, \boldsymbol{\alpha}_3$ 就是向量组的一个极大无关组.

实际上,$\boldsymbol{\alpha}_2, \boldsymbol{\alpha}_3, \boldsymbol{\alpha}_4$ 及 $\boldsymbol{\alpha}_1, \boldsymbol{\alpha}_2, \boldsymbol{\alpha}_5$ 也都是向量组的一个极大无关组,但 $\boldsymbol{\alpha}_1, \boldsymbol{\alpha}_2, \boldsymbol{\alpha}_4$ 则不是极大无关组.

例 3.10 所有的 n 维向量构成的向量组(也称 n 维向量空间)中,基本单位向量组 $\boldsymbol{\varepsilon}_1, \boldsymbol{\varepsilon}_2, \cdots, \boldsymbol{\varepsilon}_n$ 是一个极大无关组.

解 因为 $\boldsymbol{\varepsilon}_1, \boldsymbol{\varepsilon}_2, \cdots, \boldsymbol{\varepsilon}_n$ 线性无关,且对任一 n 维向量 $\boldsymbol{\alpha}=(a_1, a_2, \cdots, a_n)$,都有

$$\boldsymbol{\alpha}=a_1\boldsymbol{\varepsilon}_1+a_2\boldsymbol{\varepsilon}_2+\cdots+a_n\boldsymbol{\varepsilon}_n$$

所以向量组 $\boldsymbol{\varepsilon}_1, \boldsymbol{\varepsilon}_2, \cdots, \boldsymbol{\varepsilon}_n$ 是 n 维向量空间的一个极大无关组.

实际上,任何一个线性无关的 n 维向量组 $\boldsymbol{\alpha}_1, \boldsymbol{\alpha}_2, \cdots, \boldsymbol{\alpha}_n$ 都是 n 维向量空间的一个极大无关组.

上面的例子说明,一个向量组的极大无关组可能不只一个(除非本身就是线性无关的向量组),于是就产生一个问题,当一个向量组的极大无关组不唯一时,这些极大无关组含有向量的个数是不是相等?解决这个问题,要用到向量组等价的概念.

定义 3.5 设两个 n 维向量组(Ⅰ)$\boldsymbol{\alpha}_1, \boldsymbol{\alpha}_2, \cdots, \boldsymbol{\alpha}_m$;(Ⅱ)$\boldsymbol{\beta}_1, \boldsymbol{\beta}_2, \cdots, \boldsymbol{\beta}_s$. 若(Ⅰ)中的每个向量都能被(Ⅱ)线性表示,则称(Ⅰ)能被(Ⅱ)线性表示.

例 3.11 设向量组

(Ⅰ)$\boldsymbol{\alpha}_1=(1, 1, 1)$,$\boldsymbol{\alpha}_2=(1, 2, 3)$,$\boldsymbol{\alpha}_3=(1, 3, 6)$;

(Ⅱ)$\boldsymbol{\beta}_1=(2, 5, 9)$,$\boldsymbol{\beta}_2=(3, 6, 10)$.

试问向量组(Ⅱ)是否能被(Ⅰ)线性表示?

解　因为 $\boldsymbol{\beta}_1 = 0\boldsymbol{\alpha}_1 + \boldsymbol{\alpha}_2 + \boldsymbol{\alpha}_3$，$\boldsymbol{\beta}_2 = \boldsymbol{\alpha}_1 + \boldsymbol{\alpha}_2 + \boldsymbol{\alpha}_3$，所以向量组(Ⅱ)能被(Ⅰ)线性表示.

定义 3.6　设有两个向量组(Ⅰ)与(Ⅱ)，若(Ⅰ)能被(Ⅱ)线性表示，(Ⅱ)也能被(Ⅰ)线性表示，则称向量组(Ⅰ)与(Ⅱ)等价.

例 3.12　设向量组

(Ⅰ) $\boldsymbol{\alpha}_1 = (1, 1)$，$\boldsymbol{\alpha}_2 = (0, 1)$；

(Ⅱ) $\boldsymbol{\beta}_1 = (1, 2)$，$\boldsymbol{\beta}_2 = (1, 0)$，$\boldsymbol{\beta}_3 = (1, -1)$.

验证向量组(Ⅰ)与(Ⅱ)等价.

证　因为

$$\boldsymbol{\alpha}_1 = \boldsymbol{\beta}_1 - \boldsymbol{\beta}_2 + \boldsymbol{\beta}_3,\ \boldsymbol{\alpha}_2 = \boldsymbol{\beta}_2 - \boldsymbol{\beta}_3$$

又因为

$$\boldsymbol{\beta}_1 = \boldsymbol{\alpha}_1 + \boldsymbol{\alpha}_2,\ \boldsymbol{\beta}_2 = \boldsymbol{\alpha}_1 - \boldsymbol{\alpha}_2,\ \boldsymbol{\beta}_3 = \boldsymbol{\alpha}_1 - 2\boldsymbol{\alpha}_2$$

所以向量组(Ⅰ)与(Ⅱ)等价.

容易证明向量组之间等价关系具有下面三条基本性质.

设三向量组(Ⅰ) $\boldsymbol{\alpha}_1, \boldsymbol{\alpha}_2, \cdots, \boldsymbol{\alpha}_m$；(Ⅱ) $\boldsymbol{\beta}_1, \boldsymbol{\beta}_2, \cdots, \boldsymbol{\beta}_s$；(Ⅲ) $\boldsymbol{\gamma}_1, \boldsymbol{\gamma}_2, \cdots, \boldsymbol{\gamma}_t$.

(1) 反身性：(Ⅰ)与(Ⅰ)等价；

(2) 对称性：若(Ⅰ)与(Ⅱ)等价，则(Ⅱ)与(Ⅰ)等价；

(3) 传递性：若(Ⅰ)与(Ⅱ)等价，(Ⅱ)与(Ⅲ)等价，则(Ⅰ)与(Ⅲ)等价.

由定义 3.6 及上述基本性质不难得到下面的定理.

定理 3.7　一个向量组和它的极大无关组等价；一个向量组所有极大无关组都是等价的.

下面我们回答一个向量组中不同的极大无关组所含向量个数是否相等的问题. 为此给出下面的定理.

定理 3.8　设向量组 $\boldsymbol{\alpha}_1, \boldsymbol{\alpha}_2, \cdots, \boldsymbol{\alpha}_r$ 线性无关，且 $\boldsymbol{\alpha}_1, \boldsymbol{\alpha}_2, \cdots, \boldsymbol{\alpha}_r$ 可由向量组 $\boldsymbol{\beta}_1, \boldsymbol{\beta}_2, \cdots, \boldsymbol{\beta}_s$ 线性表示，则 $r \leqslant s$（证明略）.

推论 1　设向量组 $\boldsymbol{\alpha}_1, \boldsymbol{\alpha}_2, \cdots, \boldsymbol{\alpha}_r$ 可由向量组 $\boldsymbol{\beta}_1, \boldsymbol{\beta}_2, \cdots, \boldsymbol{\beta}_s$ 线性表示，且 $r > s$，则向量组 $\boldsymbol{\alpha}_1, \boldsymbol{\alpha}_2, \cdots, \boldsymbol{\alpha}_r$ 必线性相关.

证　假设向量组 $\boldsymbol{\alpha}_1, \boldsymbol{\alpha}_2, \cdots, \boldsymbol{\alpha}_r$ 线性无关，由于 $\boldsymbol{\alpha}_1, \boldsymbol{\alpha}_2, \cdots, \boldsymbol{\alpha}_r$ 可由向量组 $\boldsymbol{\beta}_1, \boldsymbol{\beta}_2, \cdots, \boldsymbol{\beta}_s$ 线性表示，由定理 3.8 知 $r \leqslant s$，与已知条件 $r > s$ 矛盾，所以 $\boldsymbol{\alpha}_1, \boldsymbol{\alpha}_2, \cdots, \boldsymbol{\alpha}_r$ 线性相关.

推论 2　等价的线性无关的向量组含有相同的向量个数.

证　设线性无关的向量组(Ⅰ) $\boldsymbol{\alpha}_1, \boldsymbol{\alpha}_2, \cdots, \boldsymbol{\alpha}_r$；(Ⅱ) $\boldsymbol{\beta}_1, \boldsymbol{\beta}_2, \cdots, \boldsymbol{\beta}_s$；由于 $\boldsymbol{\alpha}_1, \boldsymbol{\alpha}_2, \cdots, \boldsymbol{\alpha}_r$ 线性无关，且(Ⅰ)可由(Ⅱ)线性表示，则 $r \leqslant s$；又由于 $\boldsymbol{\beta}_1, \boldsymbol{\beta}_2, \cdots, \boldsymbol{\beta}_s$ 线性无关，且(Ⅱ)可由(Ⅰ)线性表示，则 $s \leqslant r$；于是 $r = s$.

推论 3　任意 $n+1$ 个 n 维向量一定线性相关.

证　因为任意 $n+1$ 个 n 维向量

$\boldsymbol{\alpha}_i = (a_{i1}, a_{i2}, \cdots, a_{in})\ (i = 1, 2, \cdots, n, n+1)$

都可由基本单位向量组 $\boldsymbol{\varepsilon}_1, \boldsymbol{\varepsilon}_2, \cdots, \boldsymbol{\varepsilon}_n$ 线性表示，由定理 3.8 的推论 1 知向量组 $\boldsymbol{\alpha}_1, \boldsymbol{\alpha}_2, \cdots, \boldsymbol{\alpha}_n, \boldsymbol{\alpha}_{n+1}$ 是线性相关的.

定理 3.9　一个向量组中的任意两个极大无关组(假如存在的话)所含向量个数相同.

证　设向量组(Ⅰ) $\boldsymbol{\alpha}_1, \boldsymbol{\alpha}_2, \cdots, \boldsymbol{\alpha}_m$ 中两个极大无关组分别是(Ⅱ) $\boldsymbol{\alpha}_{i_1}, \boldsymbol{\alpha}_{i_2}, \cdots, \boldsymbol{\alpha}_{i_r}$ 与(Ⅲ) $\boldsymbol{\alpha}_{j_1}, \boldsymbol{\alpha}_{j_2}, \cdots, \boldsymbol{\alpha}_{j_s}$，则(Ⅰ)与(Ⅱ)等价，(Ⅰ)与(Ⅲ)也等价，由等价的传递性知(Ⅱ)与(Ⅲ)

等价. 再由定理 3.8 的推论 2 知 $r = s$.

定理 3.9 表明:一个向量组的极大无关组选择可以不同,但所含向量的个数是确定的,它反映了该向量组本身的性质,因此,有下述定义.

定义 3.7 一个向量组 $\boldsymbol{\alpha}_1, \boldsymbol{\alpha}_2, \cdots, \boldsymbol{\alpha}_m$ 中极大无关组所含向量的个数称为该**向量组的秩**. 记为 $R(\boldsymbol{\alpha}_1, \boldsymbol{\alpha}_2, \cdots, \boldsymbol{\alpha}_m)$.

若一个向量组仅含零向量,我们规定其秩为零.

由上述概念不难得到下面的定理.

定理 3.10 一个向量组 $\boldsymbol{\alpha}_1, \boldsymbol{\alpha}_2, \cdots, \boldsymbol{\alpha}_r$ 线性无关的充要条件是 $R(\boldsymbol{\alpha}_1, \boldsymbol{\alpha}_2, \cdots, \boldsymbol{\alpha}_r) = r$; 线性相关的充要条件是 $R(\boldsymbol{\alpha}_1, \boldsymbol{\alpha}_2, \cdots, \boldsymbol{\alpha}_r) < r$.

定理 3.11 等价的向量组有相同的秩.

证 每一个向量组都与它的极大无关组等价,由等价的传递性知,两个向量组中极大无关组等价,由定理 3.8 的推论 2 知它们必有相同的秩.

3.4 向量组的秩及极大无关组的求法

上一节我们定义了向量组的极大无关组及向量组的秩的概念,显然从定义出发求向量组的秩和寻找极大无关组是比较困难的,我们在 2.5 节中给出了求矩阵的秩的方法,本节我们给出向量组的秩与相对应的矩阵的秩的关系,借助矩阵求向量组的秩及向量组的极大无关组.

定义 3.8 设 $m \times n$ 矩阵

$$\boldsymbol{A} = \begin{pmatrix} a_{11} & a_{12} & \cdots & a_{1n} \\ a_{21} & a_{22} & \cdots & a_{2n} \\ \vdots & \vdots & & \vdots \\ a_{m1} & a_{m2} & \cdots & a_{mn} \end{pmatrix}$$

记

$$\boldsymbol{\alpha}_i = (a_{i1}, a_{i2}, \cdots, a_{in}) \quad (i = 1, 2, \cdots, m) \tag{3.9}$$

称为 $\boldsymbol{A}$ 的 $\boldsymbol{n}$ **维行向量组**,其秩称为 $\boldsymbol{A}$ 的**行秩**.

记

$$\boldsymbol{\beta}_j = \begin{pmatrix} a_{1j} \\ a_{2j} \\ \vdots \\ a_{mj} \end{pmatrix} \quad (j = 1, 2, \cdots, n) \tag{3.10}$$

称为 $\boldsymbol{A}$ 的 m 维**列向量组**,其秩称为 $\boldsymbol{A}$ 的**列秩**.

例 3.13 已知 $\boldsymbol{A} = \begin{pmatrix} 1 & 2 & -1 & 2 \\ 2 & -3 & 1 & 4 \\ 4 & 1 & -1 & 8 \end{pmatrix}$, 求 $\boldsymbol{A}$ 的行秩和列秩.

解 $\boldsymbol{A}$ 的行向量组为

$$\boldsymbol{\alpha}_1 = (1, 2, -1, 2), \quad \boldsymbol{\alpha}_2 = (2, -3, 1, 4), \quad \boldsymbol{\alpha}_3 = (4, 1, -1, 8)$$

由于 $\boldsymbol{\alpha}_3 = 2\boldsymbol{\alpha}_1 + \boldsymbol{\alpha}_2$, 则 $\boldsymbol{\alpha}_1, \boldsymbol{\alpha}_2, \boldsymbol{\alpha}_3$ 线性相关,而 $\boldsymbol{\alpha}_1, \boldsymbol{\alpha}_2$ 线性无关(对应分向量不成比例),所以 $\boldsymbol{A}$ 的行秩为 2.

$\boldsymbol{A}$ 的列向量组为

$$\boldsymbol{\beta}_1=\begin{pmatrix}1\\2\\4\end{pmatrix},\boldsymbol{\beta}_2=\begin{pmatrix}2\\-3\\1\end{pmatrix},\boldsymbol{\beta}_3=\begin{pmatrix}-1\\1\\-1\end{pmatrix},\boldsymbol{\beta}_4=\begin{pmatrix}2\\4\\8\end{pmatrix}$$

由定理 3.8 的推理 3 知 $\boldsymbol{\beta}_1$，$\boldsymbol{\beta}_2$，$\boldsymbol{\beta}_3$，$\boldsymbol{\beta}_4$ 线性相关，容易验证任取三个列向量也线性相关(所构成的 3 阶行列式为 0)，而 $\boldsymbol{\beta}_1$，$\boldsymbol{\beta}_2$ 线性无关，所以 $\boldsymbol{A}$ 的列秩为 2.

由此例可以看出，一个 $m\times n$ 矩阵 $\boldsymbol{A}$，当 $m\neq n$ 时，它的行向量组的维数和个数与列向量组的维数和个数完全不同，但这两个向量组的秩是相等的，当 $m=n$ 时结论一样成立. 这不是偶然的，它是一个普遍的规律，这就是下面的定理.

定理 3.12　矩阵 $\boldsymbol{A}$ 的行秩等于矩阵 $\boldsymbol{A}$ 的列秩(证明略).

由定理 3.12，我们也可以把矩阵 $\boldsymbol{A}$ 的秩定义为：矩阵 $\boldsymbol{A}$ 的行秩(或列秩)称为矩阵 $\boldsymbol{A}$ 的秩.

我们还可以证明下面的定理(这里不证).

定理 3.13　设 $\boldsymbol{A}$ 是 $m\times n$ 矩阵，则 $R(\boldsymbol{A})=r$ 的充要条件是 $\boldsymbol{A}$ 的行秩(列秩)为 r.

综合定理 3.12、定理 3.13 我们有

定理 3.14　任一矩阵的秩既等于其行秩，也等于其列秩.

这就是著名的矩阵的三秩合一定理.

这个定理，深刻地揭示了矩阵的秩的实质，建立了矩阵的秩与向量组的秩的关系，以及矩阵行向量组与列向量组的内在联系. 这个定理不但是判定向量组线性相关性的重要理论依据，而且又提供了求向量组的秩的方法.

为求行向量组 $\boldsymbol{\alpha}_1$，$\boldsymbol{\alpha}_2$，…，$\boldsymbol{\alpha}_m$ 的秩，以 $\boldsymbol{\alpha}_1$，$\boldsymbol{\alpha}_2$，…，$\boldsymbol{\alpha}_m$ 为行向量构造矩阵

$$\boldsymbol{A}=\begin{pmatrix}\boldsymbol{\alpha}_1\\\boldsymbol{\alpha}_2\\\vdots\\\boldsymbol{\alpha}_m\end{pmatrix}$$

当求出 $\boldsymbol{A}$ 的秩时，也就求出向量组 $\boldsymbol{\alpha}_1$，$\boldsymbol{\alpha}_2$，…，$\boldsymbol{\alpha}_m$ 的秩.

对列向量组 $\boldsymbol{\beta}_1$，$\boldsymbol{\beta}_2$，…，$\boldsymbol{\beta}_n$，以 $\boldsymbol{\beta}_1$，$\boldsymbol{\beta}_2$，…，$\boldsymbol{\beta}_n$ 为列向量构造矩阵

$$\boldsymbol{B}=(\boldsymbol{\beta}_1,\ \boldsymbol{\beta}_2,\ \cdots,\ \boldsymbol{\beta}_n)$$

当求出 $\boldsymbol{B}$ 的秩，也就求出向量组 $\boldsymbol{\beta}_1$，$\boldsymbol{\beta}_2$，…，$\boldsymbol{\beta}_n$ 的秩.

注：由于 $R(\boldsymbol{A})=R(\boldsymbol{A}^{\mathrm{T}})$，行向量组 $\boldsymbol{\alpha}_1$，$\boldsymbol{\alpha}_2$，…，$\boldsymbol{\alpha}_m$ 也可以构造矩阵 $A=(\boldsymbol{\alpha}_1^{\mathrm{T}},\ \boldsymbol{\alpha}_2^{\mathrm{T}},\ \cdots,\ \boldsymbol{\alpha}_m^{\mathrm{T}})$，对列向量组类似.

例 3.14　求行向量组 $\boldsymbol{\alpha}_1=(1,\ 1,\ 0,\ 0)$，$\boldsymbol{\alpha}_2=(1,2,1,-1)$，$\boldsymbol{\alpha}_3=(0,\ 1,\ 1,\ -1)$，$\boldsymbol{\alpha}_4=(1,\ 3,\ 2,\ 1)$，$\boldsymbol{\alpha}_5=(2,\ 6,\ 4,\ -1)$ 的秩.

解　构造矩阵

$$\boldsymbol{A}=\begin{pmatrix}1&1&0&0\\1&2&1&-1\\0&1&1&-1\\1&3&2&1\\2&6&4&-1\end{pmatrix}\xrightarrow[\substack{r_4-r_1\\r_5-2r_1}]{r_2-r_1}\begin{pmatrix}1&1&0&0\\0&1&1&-1\\0&1&1&-1\\0&2&2&1\\0&4&4&-1\end{pmatrix}\xrightarrow[\substack{r_4-2r_2\\r_5-4r_2}]{r_3-r_2}\begin{pmatrix}1&1&0&0\\0&1&1&-1\\0&0&0&0\\0&0&0&3\\0&0&0&3\end{pmatrix}$$

$$\xrightarrow{r_5-r_4}\begin{pmatrix}1&1&0&0\\0&1&1&-1\\0&0&0&0\\0&0&0&3\\0&0&0&0\end{pmatrix}\xrightarrow{r_3\leftrightarrow r_4}\begin{pmatrix}1&1&0&0\\0&1&1&-1\\0&0&0&3\\0&0&0&0\\0&0&0&0\end{pmatrix}=\boldsymbol{B}$$

由于 $R(\boldsymbol{B})=3$，则 $R(\boldsymbol{A})=3$，所以 $R(\boldsymbol{\alpha}_1,\ \boldsymbol{\alpha}_2,\ \boldsymbol{\alpha}_3,\ \boldsymbol{\alpha}_4,\ \boldsymbol{\alpha}_5)=3$.

例 3.15　若列向量组 $\boldsymbol{\alpha}_1,\boldsymbol{\alpha}_2,\boldsymbol{\alpha}_3$ 线性无关，证明向量组 $\boldsymbol{\alpha}_1,2\boldsymbol{\alpha}_2+\boldsymbol{\alpha}_1,3\boldsymbol{\alpha}_3-\boldsymbol{\alpha}_1$ 也线性无关.

证　以向量 $\boldsymbol{\alpha}_1,2\boldsymbol{\alpha}_2+\boldsymbol{\alpha}_1,3\boldsymbol{\alpha}_3-\boldsymbol{\alpha}_1$ 为列构造矩阵 $\boldsymbol{A}=(\boldsymbol{\alpha}_1,2\boldsymbol{\alpha}_2+\boldsymbol{\alpha}_1,3\boldsymbol{\alpha}_3-\boldsymbol{\alpha}_1)$，对 $\boldsymbol{A}$ 施行初等列变换

$$\boldsymbol{A}\xrightarrow[c_3+c_1]{c_2-c_1}(\boldsymbol{\alpha}_1,\ 2\boldsymbol{\alpha}_2,\ 3\boldsymbol{\alpha}_3)\xrightarrow[\frac{1}{3}c_3]{\frac{1}{2}c_2}(\boldsymbol{\alpha}_1,\ \boldsymbol{\alpha}_2,\ \boldsymbol{\alpha}_3)=\boldsymbol{B}$$

由于 $\boldsymbol{\alpha}_1,\boldsymbol{\alpha}_2,\boldsymbol{\alpha}_3$ 线性无关，所以 $R(\boldsymbol{B})=3$，因此 $R(\boldsymbol{A})=3$，则有 $\boldsymbol{\alpha}_1,2\boldsymbol{\alpha}_2+\boldsymbol{\alpha}_1,3\boldsymbol{\alpha}_3-\boldsymbol{\alpha}_1$ 线性无关.

我们给出了求向量组的秩的方法，那么即使知道了向量组的秩，也仅是知道了向量组的极大无关组中向量的个数，而一个极大无关组如何寻找，其余向量如何由该向量组线性表示的问题还没有解决. 为此，我们给出下面的定理.

定理 3.15　若对 $m\times n$ 矩阵 $\boldsymbol{A}$ 施行初等行变换，将矩阵 $\boldsymbol{A}$ 变为 $m\times n$ 矩阵 $\boldsymbol{B}$，则矩阵 $\boldsymbol{A}$ 与矩阵 $\boldsymbol{B}$ 的列向量组及其任何对应的部分列向量之间，有着相同的线性相关性和相同的线性组合关系. 即

$$\boldsymbol{A}(\boldsymbol{\alpha}_1,\ \boldsymbol{\alpha}_2,\ \cdots,\ \boldsymbol{\alpha}_n)\xrightarrow{\text{初等行变换}}\boldsymbol{B}(\boldsymbol{\beta}_1,\ \boldsymbol{\beta}_2,\ \cdots,\ \boldsymbol{\beta}_n)$$

则向量组 $\boldsymbol{\alpha}_{i_1},\ \boldsymbol{\alpha}_{i_2},\ \cdots,\ \boldsymbol{\alpha}_{i_r}$ 与向量组 $\boldsymbol{\beta}_{i_1},\ \boldsymbol{\beta}_{i_2},\ \cdots,\ \boldsymbol{\beta}_{i_r}$ 具有相同的线性相关性和相同的线性组合关系. 其中 $\boldsymbol{\alpha}_1,\ \boldsymbol{\alpha}_2,\ \cdots,\ \boldsymbol{\alpha}_n$ 与 $\boldsymbol{\beta}_1,\ \boldsymbol{\beta}_2,\ \cdots,\ \boldsymbol{\beta}_n$ 分别为 $\boldsymbol{A}$ 、$\boldsymbol{B}$ 的列向量组，$\boldsymbol{\beta}_{i_1},\ \boldsymbol{\beta}_{i_2},\ \cdots,\ \boldsymbol{\beta}_{i_r}$ 是与 $\boldsymbol{\alpha}_{i_1},\ \boldsymbol{\alpha}_{i_2},\ \cdots,\ \boldsymbol{\alpha}_{i_r}$ 对应的向量组.

* **证**　$\boldsymbol{A}$ 经初等行变换化为 $\boldsymbol{B}$，故存在可逆矩阵 $\boldsymbol{P}$，使 $\boldsymbol{PA}=\boldsymbol{B}$，即

$$\boldsymbol{P}(\boldsymbol{\alpha}_1,\ \boldsymbol{\alpha}_2,\ \cdots,\ \boldsymbol{\alpha}_n)=(\boldsymbol{\beta}_1,\ \boldsymbol{\beta}_2,\cdots,\ \boldsymbol{\beta}_n)$$

或

$$(\boldsymbol{P}\boldsymbol{\alpha}_1,\ \boldsymbol{P}\boldsymbol{\alpha}_2,\ \cdots,\ \boldsymbol{P}\boldsymbol{\alpha}_n)=(\boldsymbol{\beta}_1,\ \boldsymbol{\beta}_2,\cdots,\ \boldsymbol{\beta}_n)$$

于是

$$\boldsymbol{\beta}_1=\boldsymbol{P}\boldsymbol{\alpha}_1,\ \boldsymbol{\beta}_2=\boldsymbol{P}\boldsymbol{\alpha}_2,\ \cdots,\ \boldsymbol{\beta}_n=\boldsymbol{P}\boldsymbol{\alpha}_n$$

或

$$\boldsymbol{\alpha}_1=\boldsymbol{P}^{-1}\boldsymbol{\beta}_1,\ \boldsymbol{\alpha}_2=\boldsymbol{P}^{-1}\boldsymbol{\beta}_2,\ \cdots,\ \boldsymbol{\alpha}_n=\boldsymbol{P}^{-1}\boldsymbol{\beta}_n$$

(1) 若 $\boldsymbol{\alpha}_{i_1},\boldsymbol{\alpha}_{i_2},\cdots,\boldsymbol{\alpha}_{i_r}$ 线性相关，则存在不全为零的数 $k_1,k_2,\cdots,k_r$，使

$$k_1\boldsymbol{\alpha}_{i_1}+k_2\boldsymbol{\alpha}_{i_2}+\cdots+k_r\boldsymbol{\alpha}_{i_r}=\boldsymbol{0}$$

两边左乘 $\boldsymbol{P}$，可得

$$k_1\boldsymbol{P}\boldsymbol{\alpha}_{i_1}+k_2\boldsymbol{P}\boldsymbol{\alpha}_{i_2}+\cdots+k_r\boldsymbol{P}\boldsymbol{\alpha}_{i_r}=\boldsymbol{0}$$

即

$$k_1\boldsymbol{\beta}_{i_1}+k_2\boldsymbol{\beta}_{i_2}+\cdots+k_r\boldsymbol{\beta}_{i_r}=\boldsymbol{0}$$

这说明 $\boldsymbol{\beta}_{i_1},\boldsymbol{\beta}_{i_2},\cdots,\boldsymbol{\beta}_{i_r}$ 也线性相关，并且 $\boldsymbol{\beta}_{i_1},\boldsymbol{\beta}_{i_2},\cdots,\boldsymbol{\beta}_{i_r}$ 之间与 $\boldsymbol{\alpha}_{i_1},\boldsymbol{\alpha}_{i_2},\cdots,\boldsymbol{\alpha}_{i_r}$ 之间的线性

关系相同.

(2) 若 $\boldsymbol{\alpha}_{i_1},\boldsymbol{\alpha}_{i_2},\cdots,\boldsymbol{\alpha}_{i_r}$ 线性无关. 设有数 $\lambda_1,\lambda_2,\cdots,\lambda_r$，使

$$\lambda_1\boldsymbol{\beta}_{i_1}+\lambda_2\boldsymbol{\beta}_{i_2}+\cdots+\lambda_r\boldsymbol{\beta}_{i_r}=\mathbf{0}$$

两边左乘 $\boldsymbol{P}^{-1}$，可得

$$\lambda_1\boldsymbol{P}^{-1}\boldsymbol{\beta}_{i_1}+\lambda_2\boldsymbol{P}^{-1}\boldsymbol{\beta}_{i_2}+\cdots+\lambda_r\boldsymbol{P}^{-1}\boldsymbol{\beta}_{i_r}=\mathbf{0}$$

即

$$\lambda_1\boldsymbol{\alpha}_{i_1}+\lambda_2\boldsymbol{\alpha}_{i_2}+\cdots+\lambda_r\boldsymbol{\alpha}_{i_r}=\mathbf{0}$$

因为 $\boldsymbol{\alpha}_{i_1},\boldsymbol{\alpha}_{i_2},\cdots,\boldsymbol{\alpha}_{i_r}$ 线性无关，所以必有

$$\lambda_1=\lambda_2=\cdots=\lambda_r=0$$

这说明 $\boldsymbol{\beta}_{i_1},\boldsymbol{\beta}_{i_2},\cdots,\boldsymbol{\beta}_{i_r}$ 也线性无关.

例 3.16　求向量组 $\boldsymbol{\alpha}_1=(-1,-1,0,0)^{\mathrm{T}}$，$\boldsymbol{\alpha}_2=(1,2,1,-1)^{\mathrm{T}}$，$\boldsymbol{\alpha}_3=(0,1,1,-1)^{\mathrm{T}}$，$\boldsymbol{\alpha}_4=(1,3,2,1)^{\mathrm{T}}$，$\boldsymbol{\alpha}_5=(2,6,4,-1)^{\mathrm{T}}$ 的秩及其一个最大无关组，并将其余向量用这个最大无关组线性表示.

解　构造矩阵 $\boldsymbol{A}=(\boldsymbol{\alpha}_1,\boldsymbol{\alpha}_2,\boldsymbol{\alpha}_3,\boldsymbol{\alpha}_4,\boldsymbol{\alpha}_5)$，对 $\boldsymbol{A}$ 施行初等行变换，将其化为简化行阶梯形

$$\boldsymbol{A}=\begin{pmatrix}-1&1&0&1&2\\-1&2&1&3&6\\0&1&1&2&4\\0&-1&-1&1&-1\end{pmatrix}\xrightarrow[(-1)r_1]{r_2-r_1}\begin{pmatrix}1&-1&0&-1&-2\\0&1&1&2&4\\0&1&1&2&4\\0&-1&-1&1&-1\end{pmatrix}$$

$$\xrightarrow[r_4+r_1]{r_3-r_2}\begin{pmatrix}1&-1&0&-1&-2\\0&1&1&2&4\\0&0&0&0&0\\0&0&0&3&3\end{pmatrix}\xrightarrow[r_3\leftrightarrow r_4]{r_4\times\frac{1}{3}}\begin{pmatrix}1&-1&0&-1&-2\\0&1&1&2&4\\0&0&0&1&1\\0&0&0&0&0\end{pmatrix}$$

$$\xrightarrow{r_1+r_2}\begin{pmatrix}1&0&1&1&2\\0&1&1&2&4\\0&0&0&1&1\\0&0&0&0&0\end{pmatrix}\xrightarrow[r_2-2r_3]{r_1-r_3}\begin{pmatrix}1&0&1&0&1\\0&1&1&0&2\\0&0&0&1&1\\0&0&0&0&0\end{pmatrix}$$

$$\xlongequal{(\text{简化行阶梯形})}(\boldsymbol{\beta}_1,\ \boldsymbol{\beta}_2,\ \boldsymbol{\beta}_3,\ \boldsymbol{\beta}_4,\ \boldsymbol{\beta}_5)=\boldsymbol{B}$$

由于 $R(\boldsymbol{B})=3$，且 $\boldsymbol{\beta}_1$，$\boldsymbol{\beta}_2$，$\boldsymbol{\beta}_4$ 线性无关，则 $R(\boldsymbol{A})=3$，且 $\boldsymbol{\alpha}_1,\boldsymbol{\alpha}_2,\boldsymbol{\alpha}_4$ 就是一个极大无关组；又

$$\boldsymbol{\beta}_3=\boldsymbol{\beta}_1+\boldsymbol{\beta}_2+0\boldsymbol{\beta}_4,\qquad \boldsymbol{\beta}_5=\boldsymbol{\beta}_1+2\boldsymbol{\beta}_2+\boldsymbol{\beta}_4$$

所以

$$\boldsymbol{\alpha}_3=\boldsymbol{\alpha}_1+\boldsymbol{\alpha}_2+0\boldsymbol{\alpha}_4,\qquad \boldsymbol{\alpha}_5=\boldsymbol{\alpha}_1+2\boldsymbol{\alpha}_2+\boldsymbol{\alpha}_4$$

习　题　3

1. 已知 $\boldsymbol{\alpha}_1=(1,\ 2,\ -1)$，$\boldsymbol{\alpha}_2=(2,\ 5,\ 3)$，$\boldsymbol{\alpha}_3=(1,\ 3,\ 4)$，求 $4\boldsymbol{\alpha}_3+(3\boldsymbol{\alpha}_1-2\boldsymbol{\alpha}_2)$.

2. 设 $3(\boldsymbol{\alpha}_1-\boldsymbol{\alpha})+2(\boldsymbol{\alpha}_2+\boldsymbol{\alpha})=5(\boldsymbol{\alpha}_3+\boldsymbol{\alpha})$，其中 $\boldsymbol{\alpha}_1=(2,\ 5,\ 1,\ 3)$，$\boldsymbol{\alpha}_2=(10,\ 1,\ 5,\ 10)$，$\boldsymbol{\alpha}_3=(4,\ 1,\ -1,\ 1)$，求 $\boldsymbol{\alpha}$.

3. 已知 $\boldsymbol{\alpha}_1=(1,\ 0,\ 1)$，$\boldsymbol{\alpha}_2=(1,\ 1,\ 1)$，$\boldsymbol{\alpha}_3=(0,\ -1,\ -1)$，$\boldsymbol{\beta}=(3,\ 5,\ -6)$，将 $\boldsymbol{\beta}$ 表示成 $\boldsymbol{\alpha}_1$，$\boldsymbol{\alpha}_2$，$\boldsymbol{\alpha}_3$ 的线性组合.

4. 已知 $\boldsymbol{\gamma}_1$，$\boldsymbol{\gamma}_2$ 由向量组 $\boldsymbol{\beta}_1$，$\boldsymbol{\beta}_2$，$\boldsymbol{\beta}_3$ 的线性表示为

$$\boldsymbol{\gamma}_1=3\boldsymbol{\beta}_1-\boldsymbol{\beta}_2+\boldsymbol{\beta}_3$$

$$\boldsymbol{\gamma}_2=\boldsymbol{\beta}_1+2\boldsymbol{\beta}_2+4\boldsymbol{\beta}_3$$

而向量组 $\boldsymbol{\beta}_1$，$\boldsymbol{\beta}_2$，$\boldsymbol{\beta}_3$ 由向量组 $\boldsymbol{\alpha}_1$，$\boldsymbol{\alpha}_2$，$\boldsymbol{\alpha}_3$ 线性表示为

$$\boldsymbol{\beta}_1=2\boldsymbol{\alpha}_1+\boldsymbol{\alpha}_2-5\boldsymbol{\alpha}_3$$

$$\boldsymbol{\beta}_2=\boldsymbol{\alpha}_1+3\boldsymbol{\alpha}_2+\boldsymbol{\alpha}_3$$

$$\boldsymbol{\beta}_3=\boldsymbol{\alpha}_1+4\boldsymbol{\alpha}_2-\boldsymbol{\alpha}_3$$

求向量组 $\boldsymbol{\gamma}_1$，$\boldsymbol{\gamma}_2$ 由向量组 $\boldsymbol{\alpha}_1$，$\boldsymbol{\alpha}_2$，$\boldsymbol{\alpha}_3$ 的线性表示式.

5. 已知向量组 $\boldsymbol{\alpha}_1=(k,\ 2,\ 1)$，$\boldsymbol{\alpha}_2=(2,\ k,\ 0)$，$\boldsymbol{\alpha}_3=(1,\ -1,\ 1)$，问 k 为何值时，$\boldsymbol{\alpha}_1$，$\boldsymbol{\alpha}_2$，$\boldsymbol{\alpha}_3$ 线性无关.

6. 证明:若 $\boldsymbol{\alpha}_1$，$\boldsymbol{\alpha}_2$，$\boldsymbol{\alpha}_3$ 线性无关,则向量组 $\boldsymbol{\alpha}_1+\boldsymbol{\alpha}_2$，$\boldsymbol{\alpha}_2+\boldsymbol{\alpha}_3$，$\boldsymbol{\alpha}_3+\boldsymbol{\alpha}_1$ 也线性无关.

7. 设向量组 $\boldsymbol{\alpha}_1$，$\boldsymbol{\alpha}_2$，$\boldsymbol{\alpha}_3$，$\boldsymbol{\alpha}_4$ 线性相关,但其中任意 3 个向量都线性无关,证明必存在一组全不为零的数 k_1，k_2，k_3，k_4，使得 $k_1\boldsymbol{\alpha}_1+k_2\boldsymbol{\alpha}_2+k_3\boldsymbol{\alpha}_3+k_4\boldsymbol{\alpha}_4=0$.

8. 判断下列各向量组是否线性相关:

(1) $\boldsymbol{\alpha}_1=(2,\ 1,\ 1)$，$\boldsymbol{\alpha}_2=(1,\ 2,\ -1)$，$\boldsymbol{\alpha}_3=(-2,\ 3,\ 0)$;

(2) $\boldsymbol{\alpha}_1=(2,\ -1,\ 7,\ 3)$，$\boldsymbol{\alpha}_2=(1,\ 4,\ 11,\ -2)$，$\boldsymbol{\alpha}_3=(3,\ -6,\ 3,\ 8)$.

9. 求下列向量组的秩:

(1) $\boldsymbol{\alpha}_1=(6,\ 4,\ 1,\ -1,\ 2)$，$\boldsymbol{\alpha}_2=(1,\ 0,\ 2,\ 3,\ -4)$，$\boldsymbol{\alpha}_3=(1,\ 4,\ -9,\ -16,\ 22)$，$\boldsymbol{\alpha}_4=(7,\ 1,\ 0,\ -1,\ 3)$;

(2) $\boldsymbol{\alpha}_1=(1,\ -1,\ 0,\ 4)$，$\boldsymbol{\alpha}_2=(0,\ 3,\ 1,\ 2)$，$\boldsymbol{\alpha}_3=(3,\ 0,\ 7,\ 14)$，$\boldsymbol{\alpha}_4=(1,\ -1,\ 2,\ 0)$，$\boldsymbol{\alpha}_5=(2,\ 1,\ 5,\ 6)$;

10. 已知向量组 $\boldsymbol{\alpha}_1=(1,\ 2,\ -1,\ 1)$，$\boldsymbol{\alpha}_2=(2,\ 0,\ k,\ 0)$，$\boldsymbol{\alpha}_3=(0,\ -4,\ 5,\ -2)$ 的秩为 2，求 k 的值.

11. 已知两向量组 $\boldsymbol{\alpha}_1=(1,\ 2,\ 3)$，$\boldsymbol{\alpha}_2=(1,\ 0,\ 1)$ 及 $\boldsymbol{\beta}_1=(-1,\ 2,\ t)$，$\boldsymbol{\beta}_2=(4,\ 1,\ 5)$，问 t 取何值时,两向量组等价？等价时,写出线性表示式.

12. 设向量组 $\boldsymbol{\alpha}_1=(1,\ 2,\ 3,\ 1)^{\mathrm{T}}$，$\boldsymbol{\alpha}_2=(3,\ -1,\ 2,\ -4)^{\mathrm{T}}$，$\boldsymbol{\alpha}_3=(-1,\ 2,\ 1,\ 3)^{\mathrm{T}}$，$\boldsymbol{\alpha}_4=(-2,\ 3,\ 1,\ 5)^{\mathrm{T}}$，求该向量组的一个极大无关组,并将其余向量用这个极大无关组线性表示.

13. 已知向量组(Ⅰ):$\boldsymbol{\alpha}_1$，$\boldsymbol{\alpha}_2$，$\boldsymbol{\alpha}_3$;(Ⅱ) $\boldsymbol{\alpha}_1$，$\boldsymbol{\alpha}_2$，$\boldsymbol{\alpha}_3$，$\boldsymbol{\alpha}_4$;(Ⅲ) $\boldsymbol{\alpha}_1$，$\boldsymbol{\alpha}_2$，$\boldsymbol{\alpha}_3$，$\boldsymbol{\alpha}_5$. 如果各向量组的秩分别为 $R(\boldsymbol{\alpha}_1,\ \boldsymbol{\alpha}_2,\ \boldsymbol{\alpha}_3)=R(\boldsymbol{\alpha}_1,\ \boldsymbol{\alpha}_2,\ \boldsymbol{\alpha}_3,\ \boldsymbol{\alpha}_4)=3$，$R(\boldsymbol{\alpha}_1,\ \boldsymbol{\alpha}_2,\ \boldsymbol{\alpha}_3,\ \boldsymbol{\alpha}_5)=4$，证明:向量组 $\boldsymbol{\alpha}_1$，$\boldsymbol{\alpha}_2$，$\boldsymbol{\alpha}_3$，$\boldsymbol{\alpha}_5-\boldsymbol{\alpha}_4$ 的秩为 4.

第 4 章　线性方程组

线性方程组是线性代数的基本内容之一，它在工程技术的许多领域以及数学的其他分支都有广泛的应用.本章利用矩阵与向量的有关知识，就一般线性方程组的三个基本问题,即线性方程组的可解性、线性方程组解的结构、线性方程组的求解进行讨论.

4.1　齐次线性方程组

齐次线性方程组

$$\begin{cases} a_{11}x_1 + a_{12}x_2 + \cdots + a_{1n}x_n = 0 \\ a_{21}x_1 + a_{22}x_2 + \cdots + a_{2n}x_n = 0 \\ \qquad \vdots \\ a_{m1}x_1 + a_{m2}x_2 + \cdots + a_{mn}x_n = 0 \end{cases} \tag{4.1}$$

若记

$$\boldsymbol{A} = \begin{pmatrix} a_{11} & a_{12} & \cdots & a_{1n} \\ a_{21} & a_{22} & \cdots & a_{2n} \\ \vdots & \vdots & & \vdots \\ a_{m1} & a_{m2} & \cdots & a_{mn} \end{pmatrix}, \boldsymbol{x} = \begin{pmatrix} x_1 \\ x_2 \\ \vdots \\ x_n \end{pmatrix}, \boldsymbol{0} = \begin{pmatrix} 0 \\ 0 \\ \vdots \\ 0 \end{pmatrix}$$

则式(4.1)可写成向量方程

$$\boldsymbol{Ax} = \boldsymbol{0} \tag{4.2}$$

式(4.1)也可写成向量形式

$$x_1\boldsymbol{\alpha}_1 + x_2\boldsymbol{\alpha}_2 + \cdots + x_n\boldsymbol{\alpha}_n = \boldsymbol{0} \tag{4.3}$$

其中 $\boldsymbol{\alpha}_1,\boldsymbol{\alpha}_2,\cdots,\boldsymbol{\alpha}_n$ 为 $\boldsymbol{A}$ 的列向量组.

4.1.1　齐次线性方程组有非零解的条件

齐次线性方程组(4.1)总是有解的,例如 $x_1 = x_2 = \cdots = x_n = 0$ 即是它的解,称为零解.我们关心的是它有没有非零解.因此需要寻求判别齐次线性方程组存在非零解的条件.

定理 4.1　齐次线性方程组(4.1)有非零解的充要条件是 $R(\boldsymbol{A}) < n$.

证　充分性：

因为 $R(\boldsymbol{A}) < n$，则 $\boldsymbol{A}$ 的列向量组 $\boldsymbol{\alpha}_1,\boldsymbol{\alpha}_2,\cdots,\boldsymbol{\alpha}_n$ 必线性相关,因此,存在着一组不全为零的数 $k_1, k_2, \cdots, k_n$，使式(4.3)成立,即齐次线性方程组(4.1)有非零解.

必要性：

因为式(4.1)有非零解,则存在一组不全为零的数 $k_1, k_2, \cdots, k_n$，使式(4.3)成立,于是 $\boldsymbol{\alpha}_1,\boldsymbol{\alpha}_2,\cdots,\boldsymbol{\alpha}_n$ 线性相关,从而 $R(\alpha_1,\alpha_2,\cdots,\alpha_n) < n$，又由于

$$R(\boldsymbol{A}) = R(\boldsymbol{\alpha}_1,\boldsymbol{\alpha}_2,\cdots,\boldsymbol{\alpha}_n)$$

即有 $R(\boldsymbol{A}) < n$.

推论　齐次线性方程组(4.1)只有零解的充要条件是 $R(\boldsymbol{A}) = n$.

4.1.2　齐次线性方程组解的结构

定义 4.1　若 $x_1 = \xi_{11}$，$x_2 = \xi_{21}$，…，$x_n = \xi_{n1}$ 为方程组(4.1)的解，则称

$$\boldsymbol{x} = \boldsymbol{\xi}_1 = \begin{pmatrix} \xi_{11} \\ \xi_{21} \\ \vdots \\ \xi_{n1} \end{pmatrix}$$

为方程组(4.1)的解向量，它就是向量方程(4.2)的解.

对非齐次线性方程组也有类似定义.

根据向量方程(4.2)，我们来讨论解向量的性质.

性质 1　若 $\boldsymbol{x} = \xi_1$，$\boldsymbol{x} = \xi_2$ 为方程(4.2)的解，则 $\boldsymbol{x} = \xi_1 + \xi_2$ 也是方程(4.2)的解.

证　因为 $\boldsymbol{x} = \xi_1$，$\boldsymbol{x} = \xi_2$ 为方程(4.2)的解，则 $\boldsymbol{A\xi}_1 = \boldsymbol{0}$，$\boldsymbol{A\xi}_2 = \boldsymbol{0}$，于是

$$\boldsymbol{A}(\boldsymbol{\xi}_1 + \boldsymbol{\xi}_2) = \boldsymbol{A\xi}_1 + \boldsymbol{A\xi}_2 = \boldsymbol{0} + \boldsymbol{0} = \boldsymbol{0}$$

即 $\boldsymbol{\xi}_1 + \boldsymbol{\xi}_2$ 是方程(4.2)的解.

性质 2　若 $\boldsymbol{x} = \boldsymbol{\xi}_1$ 为方程(4.2)的解，k 为实数，则 $\boldsymbol{x} = k\boldsymbol{\xi}$ 也是方程(4.2)的解.

证

$$\boldsymbol{A}(k\boldsymbol{\xi}_1) = k(\boldsymbol{A\xi}_1) = k \cdot \boldsymbol{0} = \boldsymbol{0}$$

上述性质表明：齐次线性方程组(4.1)的解向量的线性组合仍是解向量；若向量方程(4.2)有非零解，则它有无穷多解. 问题是，这无穷多个非零解之间是什么关系？能否用有限个非零解表示所有的解？为此引入下述定义.

定义 4.2　若齐次线性方程组(4.1)的一组解向量 $\boldsymbol{\xi}_1$，$\boldsymbol{\xi}_2$，…，$\boldsymbol{\xi}_t$ 满足条件：

(1) $\boldsymbol{\xi}_1$，$\boldsymbol{\xi}_2$，…，$\boldsymbol{\xi}_t$ 线性无关；

(2) 方程组(4.1)的任一解向量都可由 $\boldsymbol{\xi}_1$，$\boldsymbol{\xi}_2$，…，$\boldsymbol{\xi}_t$ 线性表示；

则称 $\boldsymbol{\xi}_1$，$\boldsymbol{\xi}_2$，…，$\boldsymbol{\xi}_t$ 是方程组(4.1)的一个**基础解系**.

根据定义 4.2，如果式(4.1)只有零解向量，则式(4.1)不存在基础解系；如果式(4.1)有非零解向量，那么式(4.1)就有无穷多解向量，把这无穷多个解向量看成一个向量组，那么基础解系就是一个极大无关向量组，于是，只要找出式(4.1)的基础解系，则式(4.1)的全部解向量就能由基础解系线性表示，即任一解 ξ 可表示为：

$$\boldsymbol{\xi} = k_1\boldsymbol{\xi}_1 + k_2\boldsymbol{\xi}_2 + \cdots + k_t\boldsymbol{\xi}_t \tag{4.4}$$

其中 k_1，k_2，…，k_t 为任意常数. 称式(4.4)为齐次线性方程组的**通解**.

下面讨论基础解系的求法.

设齐次线性方程组(4.1)的系数矩阵 $\boldsymbol{A}$ 的秩为 $r(< n)$，并不妨设 $\boldsymbol{A}$ 的前 r 个列向量线性无关，对 $\boldsymbol{A}$ 施行初等行变换，则 $\boldsymbol{A}$ 一定可以化为如下形式

$$\boldsymbol{A} \to \begin{pmatrix} 1 & \cdots & 0 & b_{1(r+1)} & \cdots & b_{1n} \\ \vdots & & \vdots & \vdots & & \vdots \\ 0 & \cdots & 1 & b_{r(r+1)} & \cdots & b_{rn} \\ 0 & \cdots & 0 & 0 & \cdots & 0 \\ \vdots & & \vdots & \vdots & & \vdots \\ 0 & \cdots & 0 & 0 & \cdots & 0 \end{pmatrix} = \boldsymbol{B}$$

与 $\boldsymbol{B}$ 对应的方程组是

$$\begin{cases} x_1 = -b_{1(r+1)}x_{r+1} - b_{1(r+2)}x_{r+2} - \cdots - b_{1n}x_n \\ x_2 = -b_{2(r+1)}x_{r+1} - b_{2(r+2)}x_{r+2} - \cdots - b_{2n}x_n \\ \qquad \vdots \\ x_r = -b_{r(r+1)}x_{r+1} - b_{r(r+2)}x_{r+2} - \cdots - b_{rn}x_n \end{cases} \tag{4.5}$$

由于 $\boldsymbol{B}$ 是由 $\boldsymbol{A}$ 施以初等行变换得到的矩阵，可以证明 $\boldsymbol{A}$ 与 $\boldsymbol{B}$ 的行向量组等价，不难理解方程组(4.1)与方程组(4.5)有相同的解向量(初等行变换的过程相当对方程组作消元法运算).

方程组(4.5)中的 x_{r+1}，x_{r+2}，…，x_n 称为自由未知量，任给 x_{r+1}，x_{r+2}，…，x_n 一组值代入方程组(4.5)中，就能唯一确定一组 x_1，x_2，…，x_r 的值. 现分别取

$$\begin{pmatrix} x_{r+1} \\ x_{r+2} \\ \vdots \\ x_n \end{pmatrix} = \begin{pmatrix} 1 \\ 0 \\ \vdots \\ 0 \end{pmatrix},\quad \begin{pmatrix} 0 \\ 1 \\ \vdots \\ 0 \end{pmatrix},\quad \cdots,\quad \begin{pmatrix} 0 \\ 0 \\ \vdots \\ 1 \end{pmatrix} \tag{4.6}$$

代入方程组(4.5)中得

$$\begin{pmatrix} x_1 \\ x_2 \\ \vdots \\ x_r \end{pmatrix} = \begin{pmatrix} -b_{1(r+1)} \\ -b_{2(r+1)} \\ \vdots \\ -b_{r(r+1)} \end{pmatrix},\quad \begin{pmatrix} -b_{1(r+2)} \\ -b_{2(r+2)} \\ \vdots \\ -b_{r(r+2)} \end{pmatrix},\quad \cdots,\quad \begin{pmatrix} -b_{1n} \\ -b_{2n} \\ \vdots \\ -b_{rn} \end{pmatrix}$$

从而求得方程组(4.5)，也就是方程组(4.1)的 $n-r$ 个解向量

$$\boldsymbol{\xi}_1 = \begin{pmatrix} -b_{1(r+1)} \\ -b_{2(r+1)} \\ \vdots \\ -b_{r(r+1)} \\ 1 \\ 0 \\ \vdots \\ 0 \end{pmatrix},\ \boldsymbol{\xi}_2 = \begin{pmatrix} -b_{1(r+2)} \\ -b_{2(r+2)} \\ \vdots \\ -b_{r(r+2)} \\ 0 \\ 1 \\ \vdots \\ 0 \end{pmatrix},\ \cdots,\ \boldsymbol{\xi}_{n-r} = \begin{pmatrix} -b_{1n} \\ -b_{2n} \\ \vdots \\ -b_{rn} \\ 0 \\ 0 \\ \vdots \\ 1 \end{pmatrix}$$

下面证明 $\boldsymbol{\xi}_1$，$\boldsymbol{\xi}_2$，…，$\boldsymbol{\xi}_{n-r}$ 是方程组(4.1)的解向量组的一个基础解系.

首先，由于向量组(4.6)线性无关，而向量组 $\boldsymbol{\xi}_1$，$\boldsymbol{\xi}_2$，…，$\boldsymbol{\xi}_{n-r}$ 是向量组(4.6)中每个向量都添加了 r 个分量而得到，由 3.2 节的定理 3.3 知，$\boldsymbol{\xi}_1$，$\boldsymbol{\xi}_2$，…，$\boldsymbol{\xi}_{n-r}$ 也线性无关.

其次，能够证明方程组(4.1)的任一解向量

$$\boldsymbol{\xi} = \begin{pmatrix} \lambda_1 \\ \lambda_2 \\ \vdots \\ \lambda_r \\ \lambda_{r+1} \\ \vdots \\ \lambda_n \end{pmatrix}$$

都可由 $\boldsymbol{\xi}_1$，$\boldsymbol{\xi}_2$，…，$\boldsymbol{\xi}_{n-r}$ 线性表示. 事实上，由性质知它们的线性组合

$$\boldsymbol{\eta}=\lambda_{r+1}\boldsymbol{\xi}_1+\lambda_{r+2}\boldsymbol{\xi}_2+\cdots+\lambda_n\boldsymbol{\xi}_{n-r}$$

也是方程组(4.1)的解向量. 比较 $\boldsymbol{\xi}$ 与 $\boldsymbol{\eta}$ 知，它们的后 $n-r$ 个分量对应相等，而它们又满足方程组(4.5)，因而前 r 个分量也对应相等，即 $\boldsymbol{\xi}=\boldsymbol{\eta}$. 这说明任一解向量都可以由 $\boldsymbol{\xi}_1$，$\boldsymbol{\xi}_2$，…，$\boldsymbol{\xi}_{n-r}$ 线性表示. 所以 $\boldsymbol{\xi}_1$，$\boldsymbol{\xi}_2$，…，$\boldsymbol{\xi}_{n-r}$ 就是方程组(4.1)的一个基础解系.

例 4.1　求齐次线性方程组

$$\begin{cases}x_1-x_2+5x_3-x_4=0\\x_1+x_2-2x_3+3x_4=0\\3x_1-x_2+8x_3+x_4=0\\x_1+3x_2-9x_3+7x_4=0\end{cases}$$

的通解.

解　对方程组的系数矩阵 $\boldsymbol{A}$ 施行初等行变换

$$\boldsymbol{A}=\begin{pmatrix}1&-1&5&-1\\1&1&-2&3\\3&-1&8&1\\1&3&-9&7\end{pmatrix}\xrightarrow[r_4-r_1]{\substack{r_2-r_1\\r_3-3r_1}}\begin{pmatrix}1&-1&5&-1\\0&2&-7&4\\0&2&-7&4\\0&4&-14&8\end{pmatrix}$$

$$\xrightarrow[r_4-2r_2]{r_3-r_2}\begin{pmatrix}1&-1&5&-1\\0&2&-7&4\\0&0&0&0\\0&0&0&0\end{pmatrix}\xrightarrow{r_2\times\frac{1}{2}}\begin{pmatrix}1&-1&5&-1\\0&1&-\frac{7}{2}&2\\0&0&0&0\\0&0&0&0\end{pmatrix}$$

$$\xrightarrow{r_1+r_2}\begin{pmatrix}1&0&\frac{3}{2}&1\\0&1&-\frac{7}{2}&2\\0&0&0&0\\0&0&0&0\end{pmatrix}=\boldsymbol{B}$$

则同解方程组为

$$\begin{cases}x_1=-\dfrac{3}{2}x_3-x_4\\x_2=\ \dfrac{7}{2}x_3-2x_4\end{cases}\tag{4.7}$$

其中 x_3，x_4 是自由未知量. 分别取

$$\begin{pmatrix}x_3\\x_4\end{pmatrix}=\begin{pmatrix}1\\0\end{pmatrix},\ \begin{pmatrix}0\\1\end{pmatrix}$$

可解得

$$\begin{pmatrix}x_1\\x_2\end{pmatrix}=\begin{pmatrix}-\frac{3}{2}\\\frac{7}{2}\end{pmatrix},\ \begin{pmatrix}-1\\-2\end{pmatrix}$$

因此方程组的基础解系为

$$\boldsymbol{\xi}_1=\begin{pmatrix}-\frac{3}{2}\\ \frac{7}{2}\\ 1\\ 0\end{pmatrix},\ \boldsymbol{\xi}_2=\begin{pmatrix}-1\\ -2\\ 0\\ 1\end{pmatrix}$$

所以方程组的通解为

$$\boldsymbol{\xi}=k_1\boldsymbol{\xi}_1+k_2\boldsymbol{\xi}_2\quad(k_1,\ k_2\ \text{为任意常数})$$

注:本题也可以用下面的方法求通解.

将同解方程组(4.7)改写为

$$\begin{cases}x_1=-\frac{3}{2}x_3-x_4\\ x_2=\frac{7}{2}x_3-2x_4\\ x_3=x_3\\ x_4=x_4\end{cases}$$

即

$$\begin{pmatrix}x_1\\ x_2\\ x_3\\ x_4\end{pmatrix}=x_3\begin{pmatrix}-\frac{3}{2}\\ \frac{7}{2}\\ 1\\ 0\end{pmatrix}+x_4\begin{pmatrix}-1\\ -2\\ 0\\ 1\end{pmatrix}$$

令 $x_3=k_1$, $x_4=k_2$, 则得到同样形式的通解 $\boldsymbol{\xi}=k_1\boldsymbol{\xi}_1+k_2\boldsymbol{\xi}_2$.

本例中,求基础解系及通解的这两种方法,大同小异,实质是一样的.

例 4.2　求齐次线性方程组

$$\begin{cases}x_1-2x_2+x_3+x_4=0\\ x_1-2x_2+x_3-x_4=0\\ x_1-2x_2+x_3+5x_4=0\end{cases}$$

的基础解系.

解　对系数矩阵 $\boldsymbol{A}$ 施行初等行变换

$$\boldsymbol{A}=\begin{pmatrix}1&-2&1&1\\ 1&-2&1&-1\\ 1&-2&1&5\end{pmatrix}\xrightarrow[r_3-r_1]{r_2-r_1}\begin{pmatrix}1&-2&1&1\\ 0&0&0&-2\\ 0&0&0&4\end{pmatrix}$$

$$\xrightarrow[r_2\times(-\frac{1}{2})]{r_3+2r_2}\begin{pmatrix}1&-2&1&1\\ 0&0&0&1\\ 0&0&0&0\end{pmatrix}\xrightarrow{r_1-r_2}\begin{pmatrix}1&-2&1&0\\ 0&0&0&1\\ 0&0&0&0\end{pmatrix}=\boldsymbol{B}$$

则同解方程组为

$$\begin{cases}x_1=2x_2-x_3\\ x_4=0\end{cases}$$

其中 x_2，x_3 为自由未知量. 分别取 $\begin{pmatrix}x_2\\x_3\end{pmatrix}=\begin{pmatrix}1\\0\end{pmatrix}$，$\begin{pmatrix}0\\1\end{pmatrix}$，得 $\begin{pmatrix}x_1\\x_4\end{pmatrix}=\begin{pmatrix}2\\0\end{pmatrix}$，$\begin{pmatrix}-1\\0\end{pmatrix}$，所以方程组的基础解系为

$$\boldsymbol{\xi}_1=\begin{pmatrix}2\\1\\0\\0\end{pmatrix},\qquad \boldsymbol{\xi}_2=\begin{pmatrix}-1\\0\\1\\0\end{pmatrix}$$

最后我们还需说明的是，求方程组(4.1)的基础解系时，关键步骤是找方程组(4.1)的不含多余方程的同解方程组，不一定必须将系数矩阵 $\boldsymbol{A}$ 化为简化行阶梯型矩阵，当 $R(\boldsymbol{A})=r$ 时，只要能找到一个 r 阶子式 $D_r\neq 0$，则 D_r 所在的行相对应的方程组就是同解方程组，下面通过例子说明.

例 4.3　求方程组

$$\begin{cases}x_1+\ x_2-\ x_3-\ x_4=0\\2x_1-5x_2+3x_3+2x_4=0\\7x_1-7x_2+3x_3+\ x_4=0\end{cases}$$

的基础解系.

解　对系数矩阵 $\boldsymbol{A}$ 施行初等行变换

$$\boldsymbol{A}=\begin{pmatrix}1&1&-1&-1\\2&-5&3&2\\7&-7&3&1\end{pmatrix}\xrightarrow[r_3-7r_1]{r_2-2r_1}\begin{pmatrix}1&1&-1&-1\\0&-7&5&4\\0&-14&10&8\end{pmatrix}\xrightarrow{r_3-2r_2}\begin{pmatrix}1&1&-1&-1\\0&-7&5&4\\0&0&0&0\end{pmatrix}$$

所以 $R(\boldsymbol{A})=2$. 由于在 $\boldsymbol{A}$ 中 $D_2=\begin{vmatrix}1&1\\2&-5\end{vmatrix}\neq 0$，所以同解方程组可取

$$\begin{cases}x_1+\ x_2=\quad x_3+\ x_4\\2x_1-5x_2=-3x_3-2x_4\end{cases}$$

其中 x_3，x_4 为自由未知量. 分别取 $\begin{pmatrix}x_3\\x_4\end{pmatrix}=\begin{pmatrix}1\\0\end{pmatrix}$，$\begin{pmatrix}0\\1\end{pmatrix}$，可解得 $\begin{pmatrix}x_1\\x_2\end{pmatrix}=\begin{pmatrix}\frac{2}{7}\\\frac{5}{7}\end{pmatrix}$，$\begin{pmatrix}\frac{3}{7}\\\frac{4}{7}\end{pmatrix}$，所以方程组的基础解系为

$$\boldsymbol{\xi}_1=\begin{pmatrix}\frac{2}{7}\\\frac{5}{7}\\1\\0\end{pmatrix},\qquad \boldsymbol{\xi}_2=\begin{pmatrix}\frac{3}{7}\\\frac{4}{7}\\0\\1\end{pmatrix}$$

* **例 4.4**　设 $\boldsymbol{A}$，$\boldsymbol{B}$ 分别为 $m\times n$，$n\times s$ 矩阵，试证：如果 $\boldsymbol{AB}=\boldsymbol{O}$，那么

$$R(\boldsymbol{A})+R(\boldsymbol{B})\leqslant n$$

证　设 $R(\boldsymbol{A})=r\ (r\leqslant\min(m,n))$，矩阵 $\boldsymbol{B}$ 的列向量依次为 $\boldsymbol{\beta}_1,\boldsymbol{\beta}_2,\cdots,\boldsymbol{\beta}_s$，则

$$\boldsymbol{AB}=\boldsymbol{A}(\boldsymbol{\beta}_1,\ \boldsymbol{\beta}_2,\ \cdots,\ \boldsymbol{\beta}_s)=(\boldsymbol{A\beta}_1,\ \boldsymbol{A\beta}_2,\ \cdots,\ \boldsymbol{A\beta}_s)=(\boldsymbol{0},\ \boldsymbol{0},\ \cdots,\ \boldsymbol{0})$$

即有

$$A\beta_1 = 0,\quad A\beta_2 = 0,\quad \cdots,\ A\beta_s = 0$$

这说明 $\beta_1,\beta_2,\cdots,\beta_s$ 都是齐次线性方程组 $Ax=0$ 的解，由于 $Ax=0$ 的基础解系的个数为 $n-r$，则 $R(\beta_1,\beta_2,\cdots,\beta_s)\leqslant n-r$，即 $R(B)\leqslant n-R(A)$，所以 $R(A)+R(B)\leqslant n$.

4.2 非齐次线性方程组

非齐次线性方程组

$$\begin{cases} a_{11}x_1+a_{12}x_2+\cdots+a_{1n}x_n=b_1 \\ a_{21}x_1+a_{22}x_2+\cdots+a_{2n}x_n=b_2 \\ \qquad\vdots \\ a_{m1}x_1+a_{m2}x_2+\cdots+a_{mn}x_n=b_m \end{cases} \tag{4.8}$$

若记

$$A=\begin{pmatrix} a_{11} & a_{12} & \cdots & a_{1n} \\ a_{21} & a_{22} & \cdots & a_{2n} \\ \vdots & \vdots & & \vdots \\ a_{m1} & a_{m2} & \cdots & a_{mn} \end{pmatrix},\ x=\begin{pmatrix} x_1 \\ x_2 \\ \vdots \\ x_n \end{pmatrix},\ \beta=\begin{pmatrix} b_1 \\ b_2 \\ \vdots \\ b_m \end{pmatrix}$$

则式(4.8)可写成向量方程

$$Ax=\beta \tag{4.9}$$

其中 $\alpha_1,\alpha_2,\cdots,\alpha_n$ 为 A 的列向量组.

矩阵

$$\overline{A}=\left(\begin{array}{cccc:c} a_{11} & a_{12} & \cdots & a_{1n} & b_1 \\ a_{21} & a_{22} & \cdots & a_{2n} & b_2 \\ \vdots & \vdots & & \vdots & \vdots \\ a_{m1} & a_{m2} & \cdots & a_{mn} & b_m \end{array}\right)$$

称为方程组(4.8)的增广矩阵.

将非齐次线性方程组(4.8)的常数项全换成 0，得到的齐次线性方程组

$$\begin{cases} a_{11}x_1+a_{12}x_2+\cdots+a_{1n}x_n=0 \\ a_{21}x_1+a_{22}x_2+\cdots+a_{2n}x_n=0 \\ \qquad\vdots \\ a_{m1}x_1+a_{m2}x_2+\cdots+a_{mn}x_n=0 \end{cases} \tag{4.10}$$

及向量方程

$$Ax=0 \tag{4.11}$$

称方程组(4.10)为方程组(4.8)的导出方程组，或称方程组(4.10)是方程组(4.8)对应的**齐次线性方程组**.

对于非齐次线性方程组，可能有解，也可能无解. 若方程组(4.8)有解，称方程组(4.8)是**相容的**，否则称是**不相容的**.

4.2.1 非齐次线性方程组有解的条件

定理 4.2 非齐次线性方程组(4.8)有解的充要条件是系数矩阵的秩与增广矩阵的秩相

等,即 $R(\mathbf{A}) = R(\overline{\mathbf{A}})$.

证 记 $\mathbf{A}$ 的列向量组为

$$\boldsymbol{\alpha}_1,\ \boldsymbol{\alpha}_2,\ \cdots,\ \boldsymbol{\alpha}_n \tag{4.12}$$

其中

$$\boldsymbol{\alpha}_i = \begin{pmatrix} a_{1j} \\ a_{2j} \\ \vdots \\ a_{mj} \end{pmatrix} \quad (j = 1,\ 2,\ \cdots, n)$$

则 $\overline{\mathbf{A}}$ 的列向量组为

$$\boldsymbol{\alpha}_1,\ \boldsymbol{\alpha}_2,\ \cdots,\ \boldsymbol{\alpha}_n,\ \boldsymbol{\beta} \tag{4.13}$$

式(4.8)也可写成向量形式

$$x_1\boldsymbol{\alpha}_1 + x_2\boldsymbol{\alpha}_2 + \cdots + x_n\boldsymbol{\alpha}_n = \boldsymbol{\beta} \tag{4.14}$$

若方程组(4.8)有解,则由式(4.14)知向量组(4.13)可由向量组(4.12)线性表示;显然向量组(4.12)可由向量组(4.13)线性表示.即向量组(4.12)与向量组(4.13)等价,于是向量组(4.12)与向量组(4.13)的秩相等,再由第3章知识知,$R(\mathbf{A}) = R(\overline{\mathbf{A}})$.

反之,若 $R(\mathbf{A}) = R(\overline{\mathbf{A}})$,不妨设 $R(\mathbf{A}) = R(\overline{\mathbf{A}}) = r\ (r \leqslant n)$,并设 $\boldsymbol{\alpha}_1,\ \boldsymbol{\alpha}_2,\ \cdots,\ \boldsymbol{\alpha}_r$ 是向量组(4.12)的极大无关组,则 $\boldsymbol{\alpha}_1,\ \boldsymbol{\alpha}_2,\ \cdots,\ \boldsymbol{\alpha}_r$ 也是向量组(4.13)的一个极大无关组,于是 $\boldsymbol{\beta}$ 可由 $\boldsymbol{\alpha}_1,\ \boldsymbol{\alpha}_2,\ \cdots,\ \boldsymbol{\alpha}_r$ 线性表示,当然 $\boldsymbol{\beta}$ 可由 $\boldsymbol{\alpha}_1,\ \boldsymbol{\alpha}_2,\ \cdots,\ \boldsymbol{\alpha}_n$ 线性表示,即式(4.14)成立,所以方程组(4.8)有解.

例 4.5 确定常数 a, b, 使方程组

$$\begin{cases} x_1 + 2x_2 + 3x_3 - x_4 = 1 \\ x_1 + x_2 + 2x_3 + 3x_4 = 1 \\ 3x_1 - x_2 - x_3 - 2x_4 = a \\ 2x_1 + 3x_2 - x_3 + b\,x_4 = -6 \end{cases}$$

有解.

解 对增广矩阵 $\overline{\mathbf{A}}$ 施行初等行变换

$$\overline{\mathbf{A}} = \left(\begin{array}{cccc:c} 1 & 2 & 3 & -1 & 1 \\ 1 & 1 & 2 & 3 & 1 \\ 3 & -1 & -1 & -2 & a \\ 2 & 3 & -1 & b & -6 \end{array}\right) \xrightarrow[r_4 - 2r_1]{\substack{r_2 - r_1 \\ r_3 - 3r_1}} \left(\begin{array}{cccc:c} 1 & 2 & 3 & -1 & 1 \\ 0 & -1 & -1 & 4 & 0 \\ 0 & -7 & -10 & 1 & a-3 \\ 0 & -1 & -7 & b+2 & -8 \end{array}\right)$$

$$\xrightarrow[r_4 - r_2]{r_3 - 7r_2} \left(\begin{array}{cccc:c} 1 & 2 & 3 & -1 & 1 \\ 0 & -1 & -1 & 4 & 0 \\ 0 & 0 & -3 & -27 & a-3 \\ 0 & 0 & -6 & b-2 & -8 \end{array}\right) \xrightarrow{r_4 - 2r_3} \left(\begin{array}{cccc:c} 1 & 2 & 3 & -1 & 1 \\ 0 & -1 & -1 & 4 & 0 \\ 0 & 0 & -3 & -27 & a-3 \\ 0 & 0 & 0 & b+52 & -2a-2 \end{array}\right)$$

因此(1)当 $b \neq -52$, a 取任何实数时,$R(\mathbf{A}) = R(\overline{\mathbf{A}}) = 4$,方程组有解;(2)当 $b = -52$,且 $a = -1$ 时,$R(\mathbf{A}) = R(\overline{\mathbf{A}}) = 3$,方程组有解;(3)当 $b = -52$,且 $a \neq -1$,$R(\mathbf{A}) = 3$,$R(\overline{\mathbf{A}}) = 4$,即有 $R(\mathbf{A}) \neq R(\overline{\mathbf{A}})$,方程组无解.

4.2.2　非齐次线性方程组解的结构

一个非齐次线性方程组的解与它对应的齐次线性方程组的解之间有密切联系. 若方程(4.9)有解,它具有以下性质.

性质 1　若 $\boldsymbol{x}=\boldsymbol{\eta}_1$，　$\boldsymbol{x}=\boldsymbol{\eta}_2$ 为方程(4.9)的两个解,则 $\boldsymbol{x}=\boldsymbol{\eta}_1-\boldsymbol{\eta}_2$ 为导出方程组的向量方程(4.11)的解.

证　因为 $\boldsymbol{x}=\boldsymbol{\eta}_1$，　$\boldsymbol{x}=\boldsymbol{\eta}_2$ 为方程(4.9)的解,则 $\boldsymbol{A\eta}_1=\boldsymbol{\beta}$，$\boldsymbol{A\eta}_2=\boldsymbol{\beta}$，于是

$$\boldsymbol{A}(\boldsymbol{\eta}_1-\boldsymbol{\eta}_2)=\boldsymbol{A\eta}_1-\boldsymbol{A\eta}_2=\boldsymbol{\beta}-\boldsymbol{\beta}=\boldsymbol{0}$$

即 $\boldsymbol{\eta}_1-\boldsymbol{\eta}_2$ 是方程(4.11)的解.

性质 2　若 $\boldsymbol{x}=\boldsymbol{\eta}$ 为方程(4.9)的解，$\boldsymbol{x}=\boldsymbol{\xi}$ 是方程(4.11)的解,则 $\boldsymbol{x}=\boldsymbol{\xi}+\boldsymbol{\eta}$ 是方程(4.9)的解.

证
$$\boldsymbol{A}(\boldsymbol{\xi}+\boldsymbol{\eta})=\boldsymbol{A\xi}+\boldsymbol{A\eta}=\boldsymbol{0}+\boldsymbol{\beta}=\boldsymbol{\beta}$$

根据以上性质,我们有以下定理.

定理 4.3　如果 $\boldsymbol{\eta}^*$ 是向量方程(4.9)的一个特解，$\boldsymbol{\xi}$ 是其导出方程组的向量方程(4.11)的通解,则 $\boldsymbol{x}=\boldsymbol{\xi}+\boldsymbol{\eta}^*$ 就是向量方程(4.9)的通解.

证　设向量方程(4.9)的通解为 $\boldsymbol{x}$，又因为 $\boldsymbol{\eta}^*$ 是向量方程(4.9)的解,由性质 1 知 $\boldsymbol{x}-\boldsymbol{\eta}^*$ 就是向量方程(4.11)通解,令 $\boldsymbol{\xi}=\boldsymbol{x}-\boldsymbol{\eta}^*$，即有 $\boldsymbol{x}=\boldsymbol{\xi}+\boldsymbol{\eta}^*$.

定理 4.3 说明求非齐次线性方程组解的问题,归结为求出它的一个特解与其对应的齐次线性方程组的通解之和的问题.

(1)当 $R(\boldsymbol{A})=R(\overline{\boldsymbol{A}})=r<n$ 时,设 $\boldsymbol{\eta}^*$ 是向量方程(4.9)的特解，$\boldsymbol{\xi}_1$，$\boldsymbol{\xi}_2$，…，$\boldsymbol{\xi}_{n-r}$ 是向量方程(4.11)的基础解系,则向量方程(4.9)的通解为

$$\boldsymbol{x}=k_1\boldsymbol{\xi}_1+k_2\boldsymbol{\xi}_2+\cdots+k_{n-r}\boldsymbol{\xi}_{n-r}+\boldsymbol{\eta}^*$$

其中 k_1，k_2，…，k_{n-r} 为任意常数. 由于对应的齐次线性方程组(4.10)有无穷多解,则原非齐次线性方程组(4.8)有无穷多解向量.

(2)当 $R(\boldsymbol{A})=R(\overline{\boldsymbol{A}})=n$ 时,由于向量方程(4.11)只有零解,则向量方程(4.9)只有唯一解：$\boldsymbol{x}=\boldsymbol{\eta}^*$.

例 4.6　求解方程组

$$\begin{cases} x_1+x_2-x_3+2x_4=3 \\ 2x_1+x_2-3x_4=1 \\ -2x_1-2x_3+10x_4=4 \end{cases}$$

解　对方程组的增广矩阵施行初等行变换

$$\overline{\boldsymbol{A}}=\left(\begin{array}{cccc:c} 1 & 1 & -1 & 2 & 3 \\ 2 & 1 & 0 & -3 & 1 \\ -2 & 0 & -2 & 10 & 4 \end{array}\right)\xrightarrow[r_3+2r_1]{r_2-2r_1}\left(\begin{array}{cccc:c} 1 & 1 & -1 & 2 & 3 \\ 0 & -1 & 2 & -7 & -5 \\ 0 & 2 & -4 & 14 & 10 \end{array}\right)$$

$$\xrightarrow{r_3+2r_2}\left(\begin{array}{cccc:c} 1 & 1 & -1 & 2 & 3 \\ 0 & -1 & 2 & -7 & -5 \\ 0 & 0 & 0 & 0 & 0 \end{array}\right)\xrightarrow[r_2\times(-1)]{r_1+r_2}\left(\begin{array}{cc:ccc} 1 & 0 & 1 & -5 & -2 \\ 0 & 1 & -2 & 7 & 5 \\ 0 & 0 & 0 & 0 & 0 \end{array}\right)$$

由于 $R(\boldsymbol{A})=R(\overline{\boldsymbol{A}})=2<4$（未知量个数 n），所以方程组有解,且有无穷多解. 取同解方程组

$$\begin{cases} x_1 = -x_3 + 5x_4 - 2 \\ x_2 = 2x_3 - 7x_4 + 5 \end{cases}$$

令 $x_3 = x_4 = 0$，可得方程组的一个特解为

$$\eta^* = (-2,\ 5,\ 0,\ 0)^{\mathrm{T}}$$

其导出方程组的同解方程组

$$\begin{cases} x_1 = -x_3 + 5x_4 \\ x_2 = 2x_3 - 7x_4 \end{cases}$$

的基础解系为

$$\boldsymbol{\xi}_1 = (-1,\ 2,\ 1,\ 0)^{\mathrm{T}},\ \boldsymbol{\xi}_2 = (5,\ -7,\ 0,\ 1)^{\mathrm{T}}$$

所以方程组的通解为

$$\boldsymbol{x} = \begin{pmatrix} x_1 \\ x_2 \\ x_3 \\ x_4 \end{pmatrix} = k_1 \begin{pmatrix} -1 \\ 2 \\ 1 \\ 0 \end{pmatrix} + k_2 \begin{pmatrix} 5 \\ -7 \\ 0 \\ 1 \end{pmatrix} + \begin{pmatrix} -2 \\ 5 \\ 0 \\ 0 \end{pmatrix}$$

其中 k_1，k_2 为任意常数.

例 4.7　讨论方程组

$$\begin{cases} 3x_1 + x_2 + 2x_3 = -3\lambda \\ \lambda x_1 + (\lambda - 1)\ x_2 + x_3 = \lambda \\ 3(\lambda + 1)x_1 + \lambda x_2 + x_3 = 0 \end{cases}$$

当 λ 取何值时，它有唯一解、无穷多解、无解？并在有无穷多解时，求出方程组的通解.

解　由于方程组是 3 个未知量 3 个方程情形，其系数行列式

$$|\boldsymbol{A}| = \begin{vmatrix} 3 & 1 & 2 \\ \lambda & \lambda - 1 & 1 \\ 3(\lambda + 1) & \lambda & 1 \end{vmatrix} = 2(3 - 2\lambda)(\lambda + 1)$$

(1) 当 $\lambda \neq -1$ 且 $\lambda \neq \dfrac{3}{2}$ 时，$|\boldsymbol{A}| \neq 0$，由克拉默法则知方程组有唯一解；

(2) 当 $\lambda = \dfrac{3}{2}$ 时，方程组的增广矩阵

$$\overline{\boldsymbol{A}} = \left(\begin{array}{ccc:c} 3 & 1 & 2 & -\frac{9}{2} \\ \frac{3}{2} & \frac{1}{2} & 1 & \frac{3}{2} \\ \frac{15}{2} & \frac{3}{2} & 1 & 0 \end{array}\right) \xrightarrow[r_3 \times 2]{\substack{r_1 \times 2 \\ r_2 \times 2}} \left(\begin{array}{ccc:c} 6 & 2 & 4 & -9 \\ 3 & 1 & 2 & 3 \\ 15 & 3 & 2 & 0 \end{array}\right)$$

$$\xrightarrow[r_3 - 5r_2]{r_1 - 2r_2} \left(\begin{array}{ccc:c} 0 & 0 & 0 & -15 \\ 3 & 1 & 2 & 3 \\ 0 & -2 & -8 & -15 \end{array}\right) \xrightarrow[r_2 \leftrightarrow r_3]{r_1 \leftrightarrow r_2} \left(\begin{array}{ccc:c} 3 & 1 & 2 & 3 \\ 0 & -2 & -8 & -15 \\ 0 & 0 & 0 & -15 \end{array}\right)$$

由于 $R(\boldsymbol{A}) = 2$，$R(\overline{\boldsymbol{A}}) = 3$，则 $R(\boldsymbol{A}) \neq R(\overline{\boldsymbol{A}})$，所以当 $\lambda = \dfrac{3}{2}$ 时方程组无解；

(3) 当 $\lambda=-1$ 时,方程组的增广矩阵

$$\overline{\mathbf{A}}=\left(\begin{array}{ccc:c}3&1&2&3\\-1&-2&1&-1\\0&-1&1&0\end{array}\right)\xrightarrow[r_1\leftrightarrow r_2]{\substack{r_2\times(-1)\\r_3\times(-1)}}\left(\begin{array}{ccc:c}1&2&-1&1\\3&1&2&3\\0&1&-1&0\end{array}\right)$$

$$\xrightarrow{r_2-3r_1}\left(\begin{array}{ccc:c}1&2&-1&1\\0&-5&5&0\\0&1&-1&0\end{array}\right)\xrightarrow[r_2\leftrightarrow r_3]{r_2+5r_3}\left(\begin{array}{ccc:c}1&2&-1&1\\0&1&-1&0\\0&0&0&0\end{array}\right)\xrightarrow{r_1-2r_2}\left(\begin{array}{ccc:c}1&0&1&1\\0&1&-1&0\\0&0&0&0\end{array}\right)$$

由于 $R(\mathbf{A})=R(\overline{\mathbf{A}})=2<3$,所以当 $\lambda=-1$ 时方程组有无穷多解,取同解方程组

$$\begin{cases}x_1=-x_3+1\\x_2=\quad x_3\end{cases}\quad(x_3\text{ 为自由未知量})$$

令 $x_3=0$,得方程组的一个特解为

$$\boldsymbol{\eta}^*=(1,\ 0,\ 0)^{\mathrm{T}}$$

导出方程组为

$$\begin{cases}x_1=-x_3\\x_2=\quad x_3\end{cases}$$

得基础解系为

$$\boldsymbol{\xi}=(-1,\ 1,\ 1)^{\mathrm{T}}$$

当 $\lambda=-1$ 时方程组的通解为

$$\boldsymbol{x}=k\boldsymbol{\xi}+\boldsymbol{\eta}^*=k\begin{pmatrix}-1\\1\\1\end{pmatrix}+\begin{pmatrix}1\\0\\0\end{pmatrix}\quad(k\text{ 为任意常数})$$

例 4.8　已知 $\boldsymbol{\alpha}_1=(1,4,0,2)^{\mathrm{T}}$, $\boldsymbol{\alpha}_2=(2,\ 7,\ 1,\ 3)^{\mathrm{T}}$, $\boldsymbol{\alpha}_3=(0,\ 1,\ -1,\ a)^{\mathrm{T}}$, $\boldsymbol{\beta}=(3,\ 10,\ b,\ 4)^{\mathrm{T}}$,问 a,b 为何值时,

(1) $\boldsymbol{\beta}$ 不能由 $\boldsymbol{\alpha}_1$, $\boldsymbol{\alpha}_2$, $\boldsymbol{\alpha}_3$ 线性表示;

(2) $\boldsymbol{\beta}$ 由 $\boldsymbol{\alpha}_1$, $\boldsymbol{\alpha}_2$, $\boldsymbol{\alpha}_3$ 唯一线性表示;

(3) $\boldsymbol{\beta}$ 能由 $\boldsymbol{\alpha}_1$, $\boldsymbol{\alpha}_2$, $\boldsymbol{\alpha}_3$ 线性表示,但表示不唯一.

解　设

$$\boldsymbol{\beta}=x_1\boldsymbol{\alpha}_1+x_2\boldsymbol{\alpha}_2+x_3\boldsymbol{\alpha}_3$$

即

$$\begin{cases}x_1+2x_2=3\\4x_1+7x_2+x_3=10\\x_2-x_3=b\\2x_1+3x_2+ax_3=4\end{cases}$$

对增广矩阵施行初等行变换

$$\overline{\mathbf{A}}=\left(\begin{array}{ccc:c}1&2&0&3\\4&7&1&10\\0&1&-1&b\\2&3&a&4\end{array}\right)\xrightarrow[r_4-2r_1]{r_2-4r_1}\left(\begin{array}{ccc:c}1&2&0&3\\0&-1&1&-2\\0&1&-1&b\\0&-1&a&-2\end{array}\right)\xrightarrow[r_3\leftrightarrow r_4]{\substack{r_3+r_1\\r_4-r_1}}\left(\begin{array}{ccc:c}1&2&0&3\\0&-1&1&-2\\0&0&a-1&0\\0&0&0&b-2\end{array}\right)$$

(1) 当 $b \neq 2$ 时,$R(\mathbf{A}) \neq R(\overline{\mathbf{A}})$,线性方程组无解,则 $\boldsymbol{\beta}$ 不能由 $\boldsymbol{\alpha}_1$, $\boldsymbol{\alpha}_2$, $\boldsymbol{\alpha}_3$ 线性表示;

(2) 当 $b = 2$, $a \neq 1$ 时,$R(\mathbf{A}) = R(\overline{\mathbf{A}}) = 3$ 且等于方程组的未知量的个数 $n = 3$,方程组有唯一解,所以 $\boldsymbol{\beta}$ 由 $\boldsymbol{\alpha}_1$, $\boldsymbol{\alpha}_2$, $\boldsymbol{\alpha}_3$ 唯一线性表示;

(3) 当 $b = 2$, $a = 1$ 时,$R(\mathbf{A}) = R(\overline{\mathbf{A}}) = 2 < 3$(未知量个数),方程组有无穷多解,所以 $\boldsymbol{\beta}$ 能由 $\boldsymbol{\alpha}_1$, $\boldsymbol{\alpha}_2$, $\boldsymbol{\alpha}_3$ 线性表示,但表示不唯一.

* **例 4.9** 设有三元非齐次线性方程组 $\mathbf{A}\boldsymbol{x} = \boldsymbol{\beta}$. 已知 $R(\mathbf{A}) = 2$,它的三个解 $\boldsymbol{\eta}_1, \boldsymbol{\eta}_2, \boldsymbol{\eta}_3$ 满足

$$\boldsymbol{\eta}_1 + \boldsymbol{\eta}_2 = (2,0,-2)^{\mathrm{T}}, \boldsymbol{\eta}_1 + \boldsymbol{\eta}_3 = (3,1,-1)^{\mathrm{T}}$$

求方程组 $\mathbf{A}\boldsymbol{x} = \boldsymbol{\beta}$ 的通解.

解 由 $R(\mathbf{A}) = 2$ 知,该方程组的导出组 $\mathbf{A}\boldsymbol{x} = \mathbf{0}$ 的基础解系只含 $3-2=1$ 个解向量. 而

$$\boldsymbol{\xi} = \boldsymbol{\eta}_3 - \boldsymbol{\eta}_2 = (\boldsymbol{\eta}_1 + \boldsymbol{\eta}_3) - (\boldsymbol{\eta}_1 + \boldsymbol{\eta}_2) = (1,1,1)^{\mathrm{T}}$$

是导出组 $\mathbf{A}\boldsymbol{x} = \mathbf{0}$ 的一个非零解向量,可构成基础解系. 又因为

$$\mathbf{A}\left(\frac{1}{2}(\boldsymbol{\eta}_1 + \boldsymbol{\eta}_2)\right) = \frac{1}{2}(\mathbf{A}\boldsymbol{\eta}_1 + \mathbf{A}\boldsymbol{\eta}_2) = \frac{1}{2}(\boldsymbol{\beta} + \boldsymbol{\beta}) = \boldsymbol{\beta}$$

则

$$\boldsymbol{\eta}^* = \frac{1}{2}(\boldsymbol{\eta}_1 + \boldsymbol{\eta}_2) = (1,\ 0,\ -1)^{\mathrm{T}}$$

是 $\mathbf{A}\boldsymbol{x} = \boldsymbol{\beta}$ 的一个特解. 所以该方程组的通解为

$$\boldsymbol{x} = k\boldsymbol{\xi} + \boldsymbol{\eta}^* = k\begin{pmatrix}1\\1\\1\end{pmatrix} + \begin{pmatrix}1\\0\\-1\end{pmatrix} \quad (k \text{ 为任意常数})$$

习 题 4

1. 求下列齐次线性方程组的一个基础解系及通解.

(1) $\begin{cases} x_1 + 2x_2 + 5x_3 = 0 \\ x_1 + 3x_2 - 2x_3 = 0 \\ 3x_1 + 7x_2 + 8x_3 = 0 \\ x_1 + 4x_2 - 9x_3 = 0 \end{cases}$; (2) $\begin{cases} x_1 + 5x_2 - x_3 - x_4 = 0 \\ x_1 - 2x_2 + x_3 + 3x_4 = 0 \\ 3x_1 + 8x_2 - x_3 + x_4 = 0 \\ x_1 - 9x_2 + 3x_3 + 7x_4 = 0 \end{cases}$;

(3) $\begin{cases} x_1 + 2x_2 + x_3 + x_4 + x_5 = 0 \\ 2x_1 + 4x_2 + 3x_3 + x_4 + x_5 = 0 \\ -x_1 - x_2 + x_3 + 3x_4 - 3x_5 = 0 \\ 2x_3 + 4x_4 - 2x_5 = 0 \end{cases}$; (4) $\begin{cases} 2x_1 + 3x_2 - x_3 + 5x_4 = 0 \\ 3x_1 + x_2 + 2x_3 - 7x_4 = 0 \\ 4x_1 + x_2 - 3x_3 + 6x_4 = 0 \\ x_1 - 2x_2 + 4x_3 - 7x_4 = 0 \end{cases}$.

2. 求下列非齐次线性方程组的通解.

(1) $\begin{cases} 2x_1 + x_2 - x_3 + x_4 = 1 \\ x_1 + 2x_2 + x_3 - x_4 = 2 \\ x_1 + x_2 + 2x_3 + x_4 = 3 \end{cases}$; (2) $\begin{cases} x_1 - 5x_2 + 2x_3 - 3x_4 = 11 \\ -3x_1 + x_2 - 4x_3 + 2x_4 = -5 \\ -x_1 - 9x_2 - 4x_4 = 17 \\ 5x_1 + 3x_2 + 6x_3 - x_4 = -1 \end{cases}$;

(3) $\begin{cases} x_1 + x_2 + x_3 = 0 \\ x_1 + x_2 - x_3 - x_4 - 2x_5 = 1 \\ 2x_1 + 2x_2 - x_4 - 2x_5 = 1 \\ 5x_1 + 5x_2 - 3x_3 - 4x_4 - 8x_5 = 4 \end{cases}$.

3. 当 a,b 为何值时，线性方程组

$$\begin{cases} x_1 + 3x_2 + x_3 = 0 \\ 3x_1 + 2x_2 + 3x_3 = -1 \\ -x_1 + 4x_2 + ax_3 = b \end{cases}$$

有唯一解、无穷多解或无解？

4. λ 为何值时，线性方程组

$$\begin{cases} x_1 + x_2 + \lambda x_3 = 4 \\ -x_1 + \lambda x_2 + x_3 = \lambda^2 \\ x_1 - x_2 + 2x_3 = -4 \end{cases}$$

有唯一解、无解、无穷多解？在有无穷多解的情况下，求出其通解.

5. 已知三元线性方程组 $\boldsymbol{Ax} = \boldsymbol{\beta}$ 的 3 个特解分别为

$$\boldsymbol{\eta}_1 = (2,\ 1,\ 0)^{\mathrm{T}},\quad \boldsymbol{\eta}_2 = (1,\ 1,\ 0)^{\mathrm{T}},\quad \boldsymbol{\eta}_3 = (1,\ 0,\ 1)^{\mathrm{T}},$$

且 $R(\boldsymbol{A}) = 1$，求方程组的通解.

6. 设 $\boldsymbol{A} = \begin{pmatrix} 2 & -2 & 1 & 3 \\ 9 & -5 & 2 & 8 \end{pmatrix}$，求一个 4×2 矩阵 $\boldsymbol{B}$，使 $\boldsymbol{AB} = \boldsymbol{O}$，且 $R(\boldsymbol{B}) = 2$.

7. 求一个齐次线性方程组，使它的基础解系为

$$\boldsymbol{\xi}_1 = (0,\ 1,\ 2,\ 3)^{\mathrm{T}},\quad \boldsymbol{\xi}_2 = (3,\ 2,\ 1,\ 0)^{\mathrm{T}}.$$

8. 设 $\boldsymbol{\eta}_1$，$\boldsymbol{\eta}_2$，$\boldsymbol{\eta}_3$ 为四元非齐次线性方程组 $\boldsymbol{Ax} = \boldsymbol{\beta}$ 的三个解，其中 $R(\boldsymbol{A}) = 3$，$\boldsymbol{\eta}_1 = (1,2,3,4)^{\mathrm{T}}$，$\boldsymbol{\eta}_2 + \boldsymbol{\eta}_3 = (0,1,2,3)^{\mathrm{T}}$. 求方程组的通解.

9. 设 n 阶方阵 $\boldsymbol{A}$ 的各行元素之和为零，且 $R(\boldsymbol{A}) = n-1$，求齐次线性方程组 $\boldsymbol{AX} = \boldsymbol{0}$ 的通解.

10. 设 $\boldsymbol{\alpha}_1,\boldsymbol{\alpha}_2,\boldsymbol{\alpha}_3,\boldsymbol{\alpha}_4$ 是四个 4 维列向量，其中 $\boldsymbol{\alpha}_2,\boldsymbol{\alpha}_3,\boldsymbol{\alpha}_4$ 线性无关，且 $\boldsymbol{\alpha}_1 = 2\boldsymbol{\alpha}_2 - \boldsymbol{\alpha}_3$. 若令矩阵 $\boldsymbol{A} = (\boldsymbol{\alpha}_1,\boldsymbol{\alpha}_2,\boldsymbol{\alpha}_3,\boldsymbol{\alpha}_4)$，向量 $\boldsymbol{\beta} = \boldsymbol{\alpha}_1 + \boldsymbol{\alpha}_2 + \boldsymbol{\alpha}_3 + \boldsymbol{\alpha}_4$. 试求：线性方程组 $\boldsymbol{Ax} = \boldsymbol{\beta}$ 的通解.

11. 设 $\boldsymbol{A}$ 是 $m \times n$ 矩阵，$\boldsymbol{\eta}_1$ 与 $\boldsymbol{\eta}_2$ 是方程组 $\boldsymbol{Ax} = \boldsymbol{\beta}$ 的两个不同的解向量，$\boldsymbol{\xi}$ 是其导出组 $\boldsymbol{Ax} = \boldsymbol{0}$ 的一个非零解向量，证明：若 $R(\boldsymbol{A}) = n-1$，则向量 $\boldsymbol{\xi}$，$\boldsymbol{\eta}_1,\boldsymbol{\eta}_2$ 线性相关.

12. 设 $\boldsymbol{\eta}_0$ 是非齐次线性方程组 $\boldsymbol{Ax} = \boldsymbol{\beta}$ 的一个解，$\boldsymbol{\alpha}_1,\boldsymbol{\alpha}_2,\cdots,\boldsymbol{\alpha}_{n-r}$ 是对应齐次线性方程组 $\boldsymbol{Ax} = \boldsymbol{0}$ 的一个基础解系. 证明：$\boldsymbol{\eta}_0$，$\boldsymbol{\alpha}_1,\boldsymbol{\alpha}_2,\cdots,\boldsymbol{\alpha}_{n-r}$ 线性无关.

第5章　矩阵的相似和对角化

矩阵作为本书主要讨论的内容之一，我们已经研究了它的主要性质及运算，其中我们讨论的矩阵在某些变换下的一些不变性质显得尤为重要. 例如，矩阵的初等变换不改变矩阵的秩，线性方程组的增广矩阵的初等行变换不改变方程组的解等. 本章主要讨论矩阵在相似变换下矩阵的某些不变性质. 因此我们将引入矩阵相似的概念，通过讨论矩阵的特征值、特征向量，研究矩阵的相似对角化问题. 这些问题不仅在矩阵理论及数值计算中占有重要地位，而且被广泛地应用于许多学科及工程技术领域.

5.1　矩阵的相似

5.1.1　矩阵相似的概念

为了引入概念，我们先看一个方阵幂的计算问题.

已知对角矩阵 $\boldsymbol{B}=\begin{pmatrix}1&0\\0&5\end{pmatrix}$，如果要求 $\boldsymbol{B}^{100}$，由数学归纳法很容易得到 $\boldsymbol{B}^{100}=\begin{pmatrix}1^{100}&0\\0&5^{100}\end{pmatrix}$. 又若已知 $\boldsymbol{A}=\begin{pmatrix}2&-3\\-1&4\end{pmatrix}$，求 $\boldsymbol{A}^{100}$，如何计算？

当然我们可以将100个方阵 $\boldsymbol{A}$ 作连续乘法，这样就求得 $\boldsymbol{A}^{100}$. 显然计算过程太繁琐，因为在计算过程中没有规律可遵循，只能一项一项的作乘法运算.

但是对于方阵 $\boldsymbol{A}$，我们可以通过某些方法找到一个可逆矩阵 $\boldsymbol{P}=\begin{pmatrix}3&-1\\1&1\end{pmatrix}$，容易求得其逆矩阵为 $\boldsymbol{P}^{-1}=\frac{1}{4}\begin{pmatrix}1&1\\-1&3\end{pmatrix}$，且有

$$\frac{1}{4}\begin{pmatrix}1&1\\-1&3\end{pmatrix}\begin{pmatrix}2&-3\\-1&4\end{pmatrix}\begin{pmatrix}3&-1\\1&1\end{pmatrix}=\begin{pmatrix}1&0\\0&5\end{pmatrix}$$

即

$$\boldsymbol{P}^{-1}\boldsymbol{A}\boldsymbol{P}=\boldsymbol{B}$$

于是有

$$\begin{aligned}\boldsymbol{A}&=\boldsymbol{P}\boldsymbol{B}\boldsymbol{P}^{-1}\\ \boldsymbol{A}^2&=(\boldsymbol{P}\boldsymbol{B}\boldsymbol{P}^{-1})(\boldsymbol{P}\boldsymbol{B}\boldsymbol{P}^{-1})=\boldsymbol{P}\boldsymbol{B}(\boldsymbol{P}^{-1}\boldsymbol{P})\boldsymbol{B}\boldsymbol{P}^{-1}=\boldsymbol{P}\boldsymbol{B}^2\boldsymbol{P}^{-1}\end{aligned}$$

依此类推可得

$$\boldsymbol{A}^{100}=\boldsymbol{P}\boldsymbol{B}^{100}\boldsymbol{P}^{-1}=\begin{pmatrix}3&-1\\1&1\end{pmatrix}\begin{pmatrix}1&0\\0&5\end{pmatrix}^{100}\frac{1}{4}\begin{pmatrix}1&1\\-1&3\end{pmatrix}$$

$$= \frac{1}{4}\begin{pmatrix} 3 & -1 \\ 1 & 1 \end{pmatrix}\begin{bmatrix} 1^{100} & 0 \\ 0 & 5^{100} \end{bmatrix}\begin{pmatrix} 1 & 1 \\ -1 & 3 \end{pmatrix}$$

$$= \frac{1}{4}\begin{bmatrix} 3+5^{100} & 3-3\times 5^{100} \\ 1-5^{100} & 1+3\times 5^{100} \end{bmatrix}$$

这样一来，把计算 $\boldsymbol{A}^{100}$ 归结为计算对角阵 $\boldsymbol{B}$ 的 100 次幂，这就容易多了.

在上述问题中，我们正是利用了方阵 $\boldsymbol{A}$ 与对角阵 $\boldsymbol{B}$ 之间的一种关系：$\boldsymbol{P}^{-1}\boldsymbol{AP}=\boldsymbol{B}$，才得以简化 $\boldsymbol{A}^{100}$ 的计算. $\boldsymbol{A}$ 与 $\boldsymbol{B}$ 之间的这种关系就是矩阵之间的相似关系，为此我们引入如下定义.

定义 5.1　设 $\boldsymbol{A},\boldsymbol{B}$ 都是 n 阶方阵，若存在可逆方阵 $\boldsymbol{P}$，使

$$\boldsymbol{P}^{-1}\boldsymbol{AP}=\boldsymbol{B}$$

则称 **$\boldsymbol{A}$ 相似于 $\boldsymbol{B}$** 或 **$\boldsymbol{B}$ 是 $\boldsymbol{A}$ 的相似矩阵**，记为 $\boldsymbol{A}\sim\boldsymbol{B}$. 对 $\boldsymbol{A}$ 进行运算 $\boldsymbol{P}^{-1}\boldsymbol{AP}$，称为对 $\boldsymbol{A}$ 进行相似变换. 可逆矩阵 $\boldsymbol{P}$ 称为把 $\boldsymbol{A}$ 变成 $\boldsymbol{B}$ 的相似变换矩阵.

由定义 5.1 知，我们在前面提出的问题中，$\boldsymbol{B}=\begin{pmatrix} 1 & 0 \\ 0 & 5 \end{pmatrix}$ 就是 $\boldsymbol{A}=\begin{pmatrix} 2 & -3 \\ -1 & 4 \end{pmatrix}$ 的相似矩阵.

相似是方阵之间的一种关系，这种关系具有以下基本性质：

(1)反身性：$\boldsymbol{A}\sim\boldsymbol{A}$（因为 $\boldsymbol{E}^{-1}\boldsymbol{AE}=\boldsymbol{A}$）；

(2)对称性：若 $\boldsymbol{A}\sim\boldsymbol{B}$，则 $\boldsymbol{B}\sim\boldsymbol{A}$；

这是因为若 $\boldsymbol{A}\sim\boldsymbol{B}$，则存在可逆矩阵 $\boldsymbol{P}$，使 $\boldsymbol{P}^{-1}\boldsymbol{AP}=\boldsymbol{B}$，从而 $\boldsymbol{PBP}^{-1}=\boldsymbol{A}$，令 $\boldsymbol{Q}=\boldsymbol{P}^{-1}$，就有 $\boldsymbol{Q}^{-1}\boldsymbol{BQ}=\boldsymbol{A}$，所以 $\boldsymbol{B}\sim\boldsymbol{A}$.

(3)传递性：若 $\boldsymbol{A}\sim\boldsymbol{B}$，$\boldsymbol{B}\sim\boldsymbol{C}$，则 $\boldsymbol{A}\sim\boldsymbol{C}$.

这是因为 $\boldsymbol{A}\sim\boldsymbol{B}$，$\boldsymbol{B}\sim\boldsymbol{C}$，　则有可逆方阵 $\boldsymbol{P},\boldsymbol{Q}$，使

$$\boldsymbol{P}^{-1}\boldsymbol{AP}=\boldsymbol{B},\ \boldsymbol{Q}^{-1}\boldsymbol{BQ}=\boldsymbol{C},$$

于是有

$$\boldsymbol{C}=\boldsymbol{Q}^{-1}(\boldsymbol{P}^{-1}\boldsymbol{AP})\boldsymbol{Q}=(\boldsymbol{Q}^{-1}\boldsymbol{P}^{-1})\boldsymbol{A}(\boldsymbol{PQ})=(\boldsymbol{PQ})^{-1}\boldsymbol{A}(\boldsymbol{PQ})$$

即

$$\boldsymbol{A}\sim\boldsymbol{C}$$

5.1.2　相似矩阵的性质

不难证明，相似矩阵有下列性质.

性质 1　若 $\boldsymbol{A}\sim\boldsymbol{B}$ 则 $\boldsymbol{A}\cong\boldsymbol{B}$，$R(\boldsymbol{A})=R(\boldsymbol{B})$；

注意：若 $\boldsymbol{A}\cong\boldsymbol{B}$，则 $\boldsymbol{A}$ 与 $\boldsymbol{B}$ 不一定相似，如：$\boldsymbol{A}=\begin{pmatrix} 1 & 0 \\ 0 & 1 \end{pmatrix}\cong\boldsymbol{B}=\begin{pmatrix} 1 & 0 \\ 0 & 2 \end{pmatrix}$，但 $\boldsymbol{A}$ 与 $\boldsymbol{B}$ 不相似，因 $\boldsymbol{A}$ 是单位阵，它只与自身相似.

性质 2　若 $\boldsymbol{A}\sim\boldsymbol{B}$，则 $|\boldsymbol{A}|=|\boldsymbol{B}|$；

性质 3　若 $\boldsymbol{A}\sim\boldsymbol{B}$，则 $\boldsymbol{A}^{\mathrm{T}}\sim\boldsymbol{B}^{\mathrm{T}}$；

性质 4　若 $\boldsymbol{A}\sim\boldsymbol{B}$，则 $\boldsymbol{A}^m\sim\boldsymbol{B}^m$（$m$ 为正整数）；

性质 5　若 $\boldsymbol{A}\sim\boldsymbol{B}$，则 $\boldsymbol{A}$ 与 $\boldsymbol{B}$ 可逆，或者都不可逆，并且在可逆时，$\boldsymbol{A}^{-1}\sim\boldsymbol{B}^{-1}$；

性质 6　设 $\boldsymbol{P}^{-1}\boldsymbol{A}_1\boldsymbol{P}=\boldsymbol{B}_1$，$\boldsymbol{P}^{-1}\boldsymbol{A}_2\boldsymbol{P}=\boldsymbol{B}_2$，则

$$P^{-1}(A_1+A_2)P=B_1+B_2,\ P^{-1}(A_1A_2)P=B_1B_2;$$

性质 7 设 $f(x)=a_0+a_1x+\cdots+a_mx^m$,$\boldsymbol{A}$ 是 n 阶方阵. 如果 $\boldsymbol{A}\sim\boldsymbol{B}$ 则

$$f(\boldsymbol{A})\sim f(\boldsymbol{B})$$

性质 1～性质 6 的证明留给读者自己完成,下面仅给出性质 7 的证明:如果 $\boldsymbol{A}\sim\boldsymbol{B}$, 则存在可逆矩阵 $\boldsymbol{P}$, 使 $\boldsymbol{P}^{-1}\boldsymbol{AP}=\boldsymbol{B}$, 从而

$$\begin{aligned}\boldsymbol{P}^{-1}f(\boldsymbol{A})\boldsymbol{P}&=\boldsymbol{P}^{-1}(a_0\boldsymbol{E}+a_1\boldsymbol{A}+\cdots+a_m\boldsymbol{A}^m)\boldsymbol{P}\\&=a_0\boldsymbol{P}^{-1}\boldsymbol{EP}+a_1\boldsymbol{P}^{-1}\boldsymbol{AP}+\cdots+a_m\boldsymbol{P}^{-1}\boldsymbol{A}^m\boldsymbol{P}\\&=a_0\boldsymbol{E}+a_1\boldsymbol{B}+\cdots a_m\boldsymbol{B}^m\\&=f(\boldsymbol{B})\end{aligned}$$

即

$$f(\boldsymbol{A})\sim f(\boldsymbol{B})$$

定义 5.2 设方阵 $\boldsymbol{A}=\begin{pmatrix}a_{11}&a_{12}&\cdots&a_{1n}\\a_{21}&a_{22}&\cdots&a_{2n}\\\vdots&\vdots&&\vdots\\a_{n1}&a_{n2}&\cdots&a_{nn}\end{pmatrix}$,$\boldsymbol{A}$ 的主对角线上元素之和

$$a_{11}+a_{22}+\cdots+a_{nn}=\sum_{i=1}^{n}a_{ii}$$

称为 $\boldsymbol{A}$ 的迹,记为 tr ($\boldsymbol{A}$) 或迹 ($\boldsymbol{A}$).

关于相似矩阵还有下面的性质.

性质 8 相似矩阵具有相同的迹. 即设

$$\boldsymbol{A}=\begin{pmatrix}a_{11}&a_{12}&\cdots&a_{1n}\\a_{21}&a_{22}&\cdots&a_{2n}\\\vdots&\vdots&&\vdots\\a_{n1}&a_{n2}&\cdots&a_{nn}\end{pmatrix},\qquad\boldsymbol{B}=\begin{pmatrix}b_{11}&b_{12}&\cdots&b_{1n}\\b_{21}&b_{22}&\cdots&b_{2n}\\\vdots&\vdots&&\vdots\\b_{n1}&b_{n2}&\cdots&b_{nn}\end{pmatrix}$$

且 $\boldsymbol{A}\sim\boldsymbol{B}$, 则 tr ($\boldsymbol{A}$) = tr ($\boldsymbol{B}$).

性质 8 证明略. 下面通过例子验证.

例如

$$\boldsymbol{A}=\begin{pmatrix}3&4\\-1&-1\end{pmatrix},\qquad\boldsymbol{B}=\begin{pmatrix}1&1\\0&1\end{pmatrix},\qquad\boldsymbol{P}=\begin{pmatrix}2&3\\-1&-1\end{pmatrix}$$

容易验证 $\boldsymbol{P}^{-1}\boldsymbol{AP}=\boldsymbol{B}$, 即 $\boldsymbol{A}\sim\boldsymbol{B}$. 又 tr ($\boldsymbol{A}$) $=3+(-1)=2$, tr ($\boldsymbol{B}$) $=1+1=2$ 即 tr ($\boldsymbol{A}$) = tr ($\boldsymbol{B}$).

例 5.1 若 $\boldsymbol{A}=\begin{pmatrix}22&31\\x&y\end{pmatrix}$ 与 $\boldsymbol{B}=\begin{pmatrix}1&2\\3&4\end{pmatrix}$ 相似,求 x,y.

解 由于 $\boldsymbol{A}\sim\boldsymbol{B}$, 则 $|\boldsymbol{A}|=|\boldsymbol{B}|$, tr ($\boldsymbol{A}$) = tr ($\boldsymbol{B}$), 即有

$$\begin{cases}22y-31x=-2\\22+y=5\end{cases}$$

解得 $x=-12,\quad y=-17$.

例 5.2 设 $\boldsymbol{A}$ 为 n 阶可逆方阵, 证明对任意 n 阶方阵 $\boldsymbol{B}$ 都有: $\boldsymbol{AB}\sim\boldsymbol{BA}$.

证 由于

$$\boldsymbol{BA}=\boldsymbol{EBA}=(\boldsymbol{A}^{-1}\boldsymbol{A})\boldsymbol{BA}=\boldsymbol{A}^{-1}(\boldsymbol{AB})\boldsymbol{A}$$

所以

$$\boldsymbol{AB}\sim\boldsymbol{BA}$$

对于一个给定的矩阵 $\boldsymbol{A}$，如何去找矩阵 $\boldsymbol{P}$，使 $\boldsymbol{P}^{-1}\boldsymbol{AP}$ 最简单？最简单的矩阵当然是数量矩阵 $k\boldsymbol{E}$. 但是对数量矩阵 $k\boldsymbol{E}$ 及同阶可逆矩阵 $\boldsymbol{P}$，总有

$$\boldsymbol{P}^{-1}(k\boldsymbol{E})\boldsymbol{P}=k(\boldsymbol{P}^{-1}\boldsymbol{P})=k\boldsymbol{E}$$

即 $k\boldsymbol{E}$ 只与其自身相似. 于是，只好退而求其次，研究一个矩阵能否与对角阵相似. 这就是所谓的矩阵的相似对角化问题.

5.2　矩阵的特征值及特征向量

为了解决矩阵的相似对角化问题，本节介绍与之密切相关的特征值和特征向量的概念. 工程技术和经济管理中的一些问题，也常常与特征值、特征向量有关.

5.2.1　特征值与特征向量的概念

定义 5.3　设 $\boldsymbol{A}$ 为 n 阶方阵，如果存在常数 λ 及非零的 n 维列向量 $\boldsymbol{x}$，使

$$\boldsymbol{Ax}=\lambda\boldsymbol{x} \tag{5.1}$$

成立，则称 λ 是方阵 $\boldsymbol{A}$ 的**特征值**. 非零向量 $\boldsymbol{x}$ 称为方阵 $\boldsymbol{A}$ 的属于(或对应于)特征值 λ 的**特征向量**.

例如 $\boldsymbol{A}=\begin{pmatrix}3&0\\-2&1\end{pmatrix}$，$\boldsymbol{x}_1=\begin{pmatrix}2\\-1\end{pmatrix}$，则有 $\boldsymbol{Ax}_1=\begin{pmatrix}3&0\\-2&1\end{pmatrix}\begin{pmatrix}2\\-1\end{pmatrix}=3\begin{pmatrix}2\\-1\end{pmatrix}$，所以 $\lambda=3$ 是 $\boldsymbol{A}$ 的一个特征值，$\boldsymbol{x}_1=\begin{pmatrix}2\\-1\end{pmatrix}$ 是 $\boldsymbol{A}$ 的属于特征值 $\lambda=3$ 的特征向量.

若将关系式 $\boldsymbol{Ax}=\lambda\boldsymbol{x}$ 的左边看成是一个线性变换 $\boldsymbol{y}=\boldsymbol{Ax}$，则(5.1)式的几何意义是向量 $\boldsymbol{x}$ 经线性变换 $\boldsymbol{y}=\boldsymbol{Ax}$ 的作用后，所得到的向量 $\boldsymbol{y}=\boldsymbol{Ax}$ 与向量 $\boldsymbol{x}$ 共线(当 $\lambda\geqslant 0$ 时，$\boldsymbol{Ax}$ 与 $\boldsymbol{x}$ 同向，当 $\lambda<0$ 时，$\boldsymbol{Ax}$ 与 $\boldsymbol{x}$ 反向). 特征向量 $\boldsymbol{x}$ 就是具有这样特征的非零向量.

例 5.3　设 3 阶方阵 $\boldsymbol{A}=\begin{bmatrix}1&2&3\\2&3&1\\3&1&2\end{bmatrix}$，易见该矩阵的每行元素之和均为 6. 利用这一特点，取 $\boldsymbol{x}=\begin{bmatrix}1\\1\\1\end{bmatrix}$，则有 $\boldsymbol{Ax}=\begin{bmatrix}1&2&3\\2&3&1\\3&1&2\end{bmatrix}\begin{bmatrix}1\\1\\1\end{bmatrix}=\begin{bmatrix}6\\6\\6\end{bmatrix}=6\begin{bmatrix}1\\1\\1\end{bmatrix}$，所以 $\boldsymbol{x}=\begin{bmatrix}1\\1\\1\end{bmatrix}$ 就是 $\boldsymbol{A}$ 的属于特征值 6 的特征向量.

我们提出的问题是：(1) n 阶方阵 $\boldsymbol{A}$ 是否一定有特征值？(2)若 $\boldsymbol{A}$ 的特征值 λ 存在，如何求 $\boldsymbol{A}$ 的属于 λ 的全部特征向量？下面就讨论我们提出的问题.

设 n 阶方阵

$$A=\begin{pmatrix} a_{11} & a_{12} & \cdots & a_{1n} \\ a_{21} & a_{22} & \cdots & a_{2n} \\ \vdots & \vdots & & \vdots \\ a_{n1} & a_{n2} & \cdots & a_{nn} \end{pmatrix}$$

及 n 阶列向量

$$\boldsymbol{x}=(x_1, x_2, \cdots, x_n)^{\mathrm{T}}$$

则式(5.1)就是

$$\begin{pmatrix} a_{11} & a_{12} & \cdots & a_{1n} \\ a_{21} & a_{22} & \cdots & a_{2n} \\ \vdots & \vdots & & \vdots \\ a_{n1} & a_{n2} & \cdots & a_{nn} \end{pmatrix}\begin{pmatrix} x_1 \\ x_2 \\ \vdots \\ x_n \end{pmatrix}=\lambda\begin{pmatrix} x_1 \\ x_2 \\ \vdots \\ x_n \end{pmatrix}$$

即

$$\begin{cases} a_{11}x_1+a_{12}x_2+\cdots+a_{1n}x_n=\lambda x_1 \\ a_{21}x_1+a_{22}x_2+\cdots+a_{2n}x_n=\lambda x_2 \\ \qquad\vdots \\ a_{n1}x_1+a_{n2}x_2+\cdots+a_{nn}x_n=\lambda x_n \end{cases}$$

整理得

$$\begin{cases} (a_{11}-\lambda)x_1+a_{12}x_2+\cdots+a_{1n}x_n=0 \\ a_{21}x_1+(a_{22}-\lambda)x_2+\cdots+a_{2n}x_n=0 \\ \qquad\vdots \\ a_{n1}x_1+a_{n2}x_2+\cdots+(a_{nn}-\lambda)x_n=0 \end{cases}$$

用向量方程可表示为

$$(\boldsymbol{A}-\lambda\boldsymbol{E})\ \boldsymbol{x}=\boldsymbol{0}\qquad(\boldsymbol{x}\neq\boldsymbol{0})\tag{5.2}$$

其中

$$\boldsymbol{A}-\lambda\boldsymbol{E}=\begin{pmatrix} a_{11}-\lambda & a_{12} & \cdots & a_{1n} \\ a_{21} & a_{22}-\lambda & \cdots & a_{2n} \\ \vdots & \vdots & & \vdots \\ a_{n1} & a_{n2} & \cdots & a_{nn}-\lambda \end{pmatrix}$$

这是一个有 n 个未知量、n 个方程的齐次线性方程组.它有非零解的充要条件是系数行列式等于零，即

$$|\boldsymbol{A}-\lambda\boldsymbol{E}|=0\tag{5.3}$$

或

$$\begin{vmatrix} a_{11}-\lambda & a_{12} & \cdots & a_{1n} \\ a_{21} & a_{22}-\lambda & \cdots & a_{2n} \\ \vdots & \vdots & & \vdots \\ a_{n1} & a_{n2} & \cdots & a_{nn}-\lambda \end{vmatrix}=0$$

不难看出，这是一个以 λ 为未知量的一元 n 次方程,称之为方阵 $\boldsymbol{A}$ 的**特征方程**.方程的左端是一个关于 λ 的 n 次多项式，可记为

$$f(\lambda)=|\boldsymbol{A}-\lambda\boldsymbol{E}|$$

称之为方阵 $\boldsymbol{A}$ 的**特征多项式**. 显然，$\boldsymbol{A}$ 的特征值就是特征方程的解或根，所以特征值也称**特征根**.

特征方程在复数范围内恒有解，其个数为方程的次数(重根按重数计算)，因此，n 阶方阵 $\boldsymbol{A}$ 有 n 个特征值.

值得注意的是，在实数域内 n 阶方阵 $\boldsymbol{A}$ 不一定有 n 个特征值，甚至没有特征值.

5.2.2　特征值与特征向量的求法

设 $\lambda=\lambda_i$ 为方阵 $\boldsymbol{A}$ 的一个特征值，则对应一个向量方程

$$(\boldsymbol{A}-\lambda_i\boldsymbol{E})\boldsymbol{x}=\boldsymbol{0} \tag{5.4}$$

只要求出它的一个基础解系，就可以得到方阵 $\boldsymbol{A}$ 的属于特征值 λ_i 的全部特征向量.

例 5.4　求方阵 $\boldsymbol{A}=\begin{pmatrix}3&1\\5&-1\end{pmatrix}$ 的特征值和特征向量.

解　$\boldsymbol{A}$ 的特征多项式为

$$|\boldsymbol{A}-\lambda\boldsymbol{E}|=\begin{vmatrix}3-\lambda&1\\5&-1-\lambda\end{vmatrix}=\lambda^2-2\lambda-8=(\lambda+2)(\lambda-4)$$

所以 $\boldsymbol{A}$ 的特征值为 $\lambda_1=-2,\lambda_2=4$.

当 $\lambda_1=-2$ 时，解齐次线性方程组　$(\boldsymbol{A}+2\boldsymbol{E})\boldsymbol{x}=\boldsymbol{0}$，由

$$\boldsymbol{A}+2\boldsymbol{E}=\begin{pmatrix}5&1\\5&1\end{pmatrix}\to\begin{pmatrix}5&1\\0&0\end{pmatrix}$$

得基础解系

$$\boldsymbol{p}_1=\begin{pmatrix}1\\-5\end{pmatrix}$$

所以属于 $\lambda_1=-2$ 的全部特征向量为 $k_1\boldsymbol{p}_1(k_1\neq 0)$.

当 $\lambda_2=4$ 时，解齐次线性方程组　$(\boldsymbol{A}-4\boldsymbol{E})\boldsymbol{x}=\boldsymbol{0}$，由

$$\boldsymbol{A}-4\boldsymbol{E}=\begin{pmatrix}-1&1\\5&-5\end{pmatrix}\to\begin{pmatrix}1&-1\\0&0\end{pmatrix}$$

得基础解系

$$\boldsymbol{p}_2=\begin{pmatrix}1\\1\end{pmatrix}$$

所以属于 $\lambda_2=4$ 的全部特征向量为 $k_2\boldsymbol{p}_2(k_2\neq 0)$.

例 5.5　求矩阵

$$\boldsymbol{A}=\begin{pmatrix}-1&-1&0\\4&3&0\\3&0&2\end{pmatrix}$$

的特征值和特征向量.

解　$\boldsymbol{A}$ 的特征多项式

$$|\boldsymbol{A}-\lambda\boldsymbol{E}|=\begin{vmatrix}-1-\lambda & -1 & 0\\ 4 & 3-\lambda & 0\\ 3 & 0 & 2-\lambda\end{vmatrix}=(2-\lambda)(\lambda^2-2\lambda+1)=(2-\lambda)(\lambda-1)^2$$

所以，$\boldsymbol{A}$ 的特征值为 $\lambda_1=2$，$\lambda_2=\lambda_3=1$.

当 $\lambda_1=2$ 时，解齐次线性方程组 $(\boldsymbol{A}-2\boldsymbol{E})\boldsymbol{x}=\boldsymbol{0}$，由

$$\boldsymbol{A}-2\boldsymbol{E}=\begin{pmatrix}-3 & -1 & 0\\ 4 & 1 & 0\\ 3 & 0 & 0\end{pmatrix}\to\begin{pmatrix}1 & 0 & 0\\ 0 & 1 & 0\\ 0 & 0 & 0\end{pmatrix}$$

得基础解系

$$\boldsymbol{p}_1=\begin{pmatrix}0\\0\\1\end{pmatrix}$$

所以属于 $\lambda_1=2$ 的全部特征向量为 $k_1\boldsymbol{p}_1(k_1\neq 0)$.

当 $\lambda_2=\lambda_3=1$ 时，解齐次线性方程组 $(\boldsymbol{A}-\boldsymbol{E})\boldsymbol{x}=\boldsymbol{0}$，由

$$\boldsymbol{A}-\boldsymbol{E}=\begin{pmatrix}-2 & -1 & 0\\ 4 & 2 & 0\\ 3 & 0 & 1\end{pmatrix}\to\begin{pmatrix}3 & 0 & 1\\ 2 & 1 & 0\\ 0 & 0 & 0\end{pmatrix}\to\begin{pmatrix}1 & -1 & 1\\ 0 & 3 & -2\\ 0 & 0 & 0\end{pmatrix}$$

得基础解系

$$\boldsymbol{p}_2=\begin{pmatrix}-1\\2\\3\end{pmatrix}$$

所以属于 $\lambda_2=\lambda_3=1$ 的全部特征向量为 $k_2\boldsymbol{p}_2(k_2\neq 0)$.

例 5.6 求矩阵

$$\boldsymbol{A}=\begin{pmatrix}1 & -1 & 1\\ 2 & -2 & 2\\ -1 & 1 & -1\end{pmatrix}$$

的特征值和特征向量.

解 $\boldsymbol{A}$ 的特征多项式

$$|\boldsymbol{A}-\lambda\boldsymbol{E}|=\begin{vmatrix}1-\lambda & -1 & 1\\ 2 & -2-\lambda & 2\\ -1 & 1 & -1-\lambda\end{vmatrix}\overset{\substack{c_1+c_2\\ c_3+c_2}}{=}\begin{vmatrix}-\lambda & -1 & 0\\ -\lambda & -2-\lambda & -\lambda\\ 0 & 1 & -\lambda\end{vmatrix}$$

$$\overset{r_2-r_1}{=}\begin{vmatrix}-\lambda & -1 & 0\\ 0 & -1-\lambda & -\lambda\\ 0 & 1 & -\lambda\end{vmatrix}=(-\lambda)\begin{vmatrix}-1-\lambda & -\lambda\\ 1 & -\lambda\end{vmatrix}$$

$$=-\lambda^2(\lambda+2)$$

所以 $\boldsymbol{A}$ 的特征值为 $\lambda_1=-2$，$\lambda_2=\lambda_3=0$.

当 $\lambda_1=-2$ 时，解齐次线性方程组 $(\boldsymbol{A}+2\boldsymbol{E})\boldsymbol{x}=\boldsymbol{0}$，由

$$\boldsymbol{A}+2\boldsymbol{E}=\begin{pmatrix}3 & -1 & 1\\ 2 & 0 & 2\\ -1 & 1 & 1\end{pmatrix}\xrightarrow[r_2\times\frac{1}{2}]{r_1-r_2}\begin{pmatrix}1 & -1 & -1\\ 1 & 0 & 1\\ -1 & 1 & 1\end{pmatrix}\xrightarrow[r_3+r_1]{r_2-r_1}\begin{pmatrix}1 & -1 & -1\\ 0 & 1 & 2\\ 0 & 0 & 0\end{pmatrix}$$

$$\rightarrow\begin{pmatrix}1&0&1\\0&1&2\\0&0&0\end{pmatrix}$$

得基础解系

$$\boldsymbol{p}_1=\begin{pmatrix}1\\2\\-1\end{pmatrix}$$

所以属于 $\lambda_1=-2$ 的全部特征向量为 $k_1\boldsymbol{p}_1(k_1\neq 0)$

当 $\lambda_2=\lambda_3=0$ 时，解齐次线性方程组　$\boldsymbol{Ax}=\boldsymbol{0}$，由

$$\boldsymbol{A}=\begin{pmatrix}1&-1&1\\2&-2&2\\-1&1&-1\end{pmatrix}\rightarrow\begin{pmatrix}1&-1&1\\0&0&0\\0&0&0\end{pmatrix}$$

得基础解系

$$\boldsymbol{p}_2=\begin{pmatrix}1\\1\\0\end{pmatrix},\qquad \boldsymbol{p}_3=\begin{pmatrix}0\\1\\1\end{pmatrix}$$

所以属于 $\lambda_2=\lambda_3=0$ 的全部特征向量为 $k_2\boldsymbol{p}_2+k_3\boldsymbol{p}_3(k_2,k_3$ 不全为零).

需要强调的是：一个实方阵的特征值不一定是实数. 如二阶方阵 $\begin{pmatrix}0&1\\-1&0\end{pmatrix}$ 的特征方程为 $\begin{vmatrix}-\lambda&1\\-1&-\lambda\end{vmatrix}=\lambda^2+1=0$，其特征值为复数，对应的特征向量为复向量. 但是，如果实方阵 $\boldsymbol{A}$ 的特征值都是实数，那么，它的特征向量可以取实向量.

根据以上例子，我们可总结出求 n 阶实方阵 $\boldsymbol{A}$ 的特征值与特征向量的一般步骤为：

(1) 计算 $\boldsymbol{A}$ 的特征多项式 $f(\lambda)=|\boldsymbol{A}-\lambda\boldsymbol{E}|$；

(2) 求特征方程 $f(\lambda)=|\boldsymbol{A}-\lambda\boldsymbol{E}|=0$ 的全部根，即 $\boldsymbol{A}$ 的全部特征值；

(3) 对于每一个特征值 $\lambda_i\,(i=1,2,\cdots,l;\quad l\leqslant n)$，解其相应的齐次线性方程组 $(\boldsymbol{A}-\lambda_i\boldsymbol{E})\boldsymbol{x}=\boldsymbol{0}$，求出基础解系 $\boldsymbol{\xi}_1,\boldsymbol{\xi}_2,\cdots,\boldsymbol{\xi}_{n-r}$（其中 r 为矩阵 $\boldsymbol{A}-\lambda_i\boldsymbol{E}$ 的秩），则 $\boldsymbol{A}$ 的对应于 λ_i 的全部特征向量为

$$k_1\boldsymbol{\xi}_1+k_2\boldsymbol{\xi}_2+\cdots+k_{n-r}\boldsymbol{\xi}_{n-r}$$

其中 $k_1,k_2,\cdots,k_{n-r}$ 是不全为零的任意常数.

5.2.3　特征值与特征向量的性质

性质 1　方阵 $\boldsymbol{A}$ 与其转置矩阵 $\boldsymbol{A}^{\mathrm{T}}$ 具有相同的特征多项式，从而有相同的特征值.

证　因为

$$|\boldsymbol{A}^{\mathrm{T}}-\lambda\boldsymbol{E}|=|(\boldsymbol{A}-\lambda\boldsymbol{E})^{\mathrm{T}}|=|\boldsymbol{A}-\lambda\boldsymbol{E}|$$

即方阵 $\boldsymbol{A}$ 与其转置矩阵 $\boldsymbol{A}^{\mathrm{T}}$ 具有相同的特征多项式，从而有相同的特征值.

注意：$\boldsymbol{A}$ 与 $\boldsymbol{A}^{\mathrm{T}}$ 相同的特征值所对应的特征向量不一定相同.

性质 2　方阵 $\boldsymbol{A}$ 的行列式 $|\boldsymbol{A}|=0$ 的充要条件是 $\boldsymbol{A}$ 有等于 0 的特征值.

证 充分性

若 $\lambda=0$ 是 $\boldsymbol{A}$ 的一个特征值,则有 $|\boldsymbol{A}-0\cdot\boldsymbol{E}|=0$, 即有 $|\boldsymbol{A}|=0$.

必要性

若 $|\boldsymbol{A}|=0$, 有 $|\boldsymbol{A}-0\cdot\boldsymbol{E}|=0$, 即 $\lambda=0$ 满足 $\boldsymbol{A}$ 特征方程 $|\boldsymbol{A}-\lambda\boldsymbol{E}|=0$, 所以 $\lambda=0$ 是 $\boldsymbol{A}$ 的一个特征值.

推论 方阵 $\boldsymbol{A}$ 可逆的充要条件是其特征值全不为零.

性质 3 设 λ 是可逆方阵 $\boldsymbol{A}$ 的特征值, $\boldsymbol{p}$ 是 $\boldsymbol{A}$ 的属于 λ 的特征向量,则

(1) $\dfrac{1}{\lambda}$ 是 $\boldsymbol{A}^{-1}$ 的特征值, $\boldsymbol{p}$ 是 $\boldsymbol{A}^{-1}$ 的属于 $\dfrac{1}{\lambda}$ 的特征向量;

(2) $\dfrac{|\boldsymbol{A}|}{\lambda}$ 是 $\boldsymbol{A}^*$ 的特征值, $\boldsymbol{p}$ 是 $\boldsymbol{A}^*$ 的属于 $\dfrac{|\boldsymbol{A}|}{\lambda}$ 的特征向量.

证 (1) 由性质 2 的推论知 $\boldsymbol{A}$ 可逆时 $\lambda\neq 0$. 又 $\boldsymbol{p}$ 是 $\boldsymbol{A}$ 的属于 λ 的特征向量,即

$$\boldsymbol{A}\boldsymbol{p}=\lambda\boldsymbol{p}$$

两端左乘 $\boldsymbol{A}^{-1}$ 有

$$\boldsymbol{p}=\lambda(\boldsymbol{A}^{-1}\boldsymbol{p})$$

整理得

$$\boldsymbol{A}^{-1}\boldsymbol{p}=\frac{1}{\lambda}\boldsymbol{p}$$

即 $\dfrac{1}{\lambda}$ 是 $\boldsymbol{A}^{-1}$ 的特征值, $\boldsymbol{p}$ 是 $\boldsymbol{A}^{-1}$ 的属于 $\dfrac{1}{\lambda}$ 的特征向量.

类似方法可证(2).

性质 4 设 λ 是方阵 $\boldsymbol{A}$ 的特征值, $\boldsymbol{p}$ 是方阵 $\boldsymbol{A}$ 的属于特征值 λ 的特征向量,则

(1) $k\lambda$ 是 $k\boldsymbol{A}$ (k 为常数)的特征值, $\boldsymbol{p}$ 是 $k\boldsymbol{A}$ 的属于 $k\lambda$ 的特征向量;

(2) λ^m 是 $\boldsymbol{A}^m$ (m 为正整数) 的特征值, $\boldsymbol{p}$ 是 $\boldsymbol{A}^m$ 的属于 λ^m 的特征向量;

(3) $a\lambda+b$ 是 $a\boldsymbol{A}+b\boldsymbol{E}$ 的特征值, $\boldsymbol{p}$ 是 $a\boldsymbol{A}+b\boldsymbol{E}$ 的属于 $a\lambda+b$ 的特征向量.

由性质 4 可得如下更一般的结论:

设 $f(x)=a_0+a_1x+\cdots+a_mx^m$ 是关于 x 的多项式, $\boldsymbol{A}$ 是 n 阶方阵, 若 λ 是方阵 $\boldsymbol{A}$ 的特征值, 则 $f(\lambda)$ 是 $f(\boldsymbol{A})$ 的特征值.

性质 4 及一般结论证明读者完成.

性质 5 设 $\boldsymbol{p}$ 是方阵 $\boldsymbol{A}$ 的属于特征值 λ 的特征向量, 则对任一常数 $k\neq 0$, $k\boldsymbol{p}$ 也是 $\boldsymbol{A}$ 的属于特征值 λ 的特征向量.

证 由于

$$\boldsymbol{A}(k\boldsymbol{p})=k(\boldsymbol{A}\boldsymbol{p})=k(\lambda\boldsymbol{p})=\lambda(k\boldsymbol{p})$$

可见 $k\boldsymbol{p}$ 也是方阵 $\boldsymbol{A}$ 的属于特征值 λ 的特征向量.

性质 6 设 $\lambda_1,\lambda_2,\cdots,\lambda_n$ 是 n 阶方阵 $\boldsymbol{A}=\begin{pmatrix}a_{11} & a_{12} & \cdots & a_{1n}\\ a_{21} & a_{22} & \cdots & a_{2n}\\ \vdots & \vdots & & \vdots\\ a_{n1} & a_{n2} & \cdots & a_{nn}\end{pmatrix}$ 的 n 个特征值, 则

(1) $\lambda_1+\lambda_2+\cdots+\lambda_n=a_{11}+a_{22}+\cdots+a_{nn}$, 即 $\lambda_1+\lambda_2+\cdots+\lambda_n=\mathrm{tr}(\boldsymbol{A})$;

(2) $\lambda_1\lambda_2\cdots\lambda_n=|\boldsymbol{A}|$

该性质证明略. 但不难从例 5.4～例 5.6 验证其正确性.

性质 7　若 $\boldsymbol{p}_1$，$\boldsymbol{p}_2$ 是方阵 A 的属于同一特征值 λ 的特征向量，且 $\boldsymbol{p}_1$，$\boldsymbol{p}_2$ 线性无关，则 $k_1\boldsymbol{p}_1+k_2\boldsymbol{p}_2$（其中 k_1,k_2 是不全为零的任意常数）也是方阵 $\boldsymbol{A}$ 的属于特征值 λ 的特征向量.

证　由于

$$\boldsymbol{A}(k_1\boldsymbol{p}_1+k_2\boldsymbol{p}_2)=k_1\boldsymbol{A}\boldsymbol{p}_1+k_2\boldsymbol{A}\boldsymbol{p}_2=k_1\lambda\boldsymbol{p}_1+k_2\lambda\boldsymbol{p}_2=\lambda(k_1\boldsymbol{p}_1+k_2\boldsymbol{p}_2)$$

又因 $\boldsymbol{p}_1$，$\boldsymbol{p}_2$ 线性无关，k_1,k_2 不全为零，则 $k_1\boldsymbol{p}_1+k_2\boldsymbol{p}_2\neq 0$，可见 $k_1\boldsymbol{p}_1+k_2\boldsymbol{p}_2$ 也是 $\boldsymbol{A}$ 的属于特征值 λ 的特征向量.

性质 8　设 λ_1,λ_2 是方阵 $\boldsymbol{A}$ 的互不相等的特征值，而 $\boldsymbol{p}_1$，$\boldsymbol{p}_2$ 分别是属于特征值 λ_1,λ_2 的特征向量，则 $\boldsymbol{p}_1$ 与 $\boldsymbol{p}_2$ 一定线性无关.

证　设

$$k_1\boldsymbol{p}_1+k_2\boldsymbol{p}_2=\boldsymbol{0} \tag{5.5}$$

则

$$\boldsymbol{A}(k_1\boldsymbol{p}_1+k_2\boldsymbol{p}_2)=\boldsymbol{A0}=\boldsymbol{0}$$

即

$$k_1\boldsymbol{A}\boldsymbol{p}_1+k_2\boldsymbol{A}\boldsymbol{p}_2=\boldsymbol{0}$$

从而

$$k_1\lambda_1\boldsymbol{p}_1+k_2\lambda_2\boldsymbol{p}_2=\boldsymbol{0} \tag{5.6}$$

式(5.5)$\times\lambda_2-$式(5.6)可得

$$k_1(\lambda_2-\lambda_1)\boldsymbol{p}_1=\boldsymbol{0}$$

因为 $\lambda_1\neq\lambda_2$，且特征向量 $\boldsymbol{p}_1\neq 0$，所以 $k_1=0$，代入(5.5)式可得 $k_2=0$. 这说明 $\boldsymbol{p}_1$ 与 $\boldsymbol{p}_2$ 线性无关.

对于相似矩阵有下面的定理.

定理 5.1　相似矩阵具有相同的特征多项式，从而有相同的特征值.

证　设 $\boldsymbol{A}$ 与 $\boldsymbol{B}$ 相似，于是有可逆矩阵 $\boldsymbol{P}$，使 $\boldsymbol{P}^{-1}\boldsymbol{AP}=\boldsymbol{B}$，从而

$$\begin{aligned}|\boldsymbol{B}-\lambda\boldsymbol{E}|&=|\boldsymbol{P}^{-1}\boldsymbol{AP}-\boldsymbol{P}^{-1}(\lambda\boldsymbol{E})\boldsymbol{P}|=|\boldsymbol{P}^{-1}(\boldsymbol{A}-\lambda\boldsymbol{E})\boldsymbol{P}|\\&=|\boldsymbol{P}^{-1}||\boldsymbol{A}-\lambda\boldsymbol{E}||\boldsymbol{P}|=|\boldsymbol{A}-\lambda\boldsymbol{E}|\end{aligned}$$

即 $\boldsymbol{A}$ 与 $\boldsymbol{B}$ 具有相同的特征多项式.

注意：特征多项式相同的矩阵却并不一定相似. 例如矩阵 $\boldsymbol{A}=\begin{pmatrix}1&0\\0&1\end{pmatrix}$ 与矩阵 $\boldsymbol{B}=\begin{pmatrix}1&1\\0&1\end{pmatrix}$ 的特征多项式同为 $(\lambda-1)^2$，但 $\boldsymbol{A}$ 与 $\boldsymbol{B}$ 不相似.

作为性质 7 的推广，有更一般的结论.

定理 5.2　若 $\boldsymbol{p}_1$，$\boldsymbol{p}_2$，…，$\boldsymbol{p}_s$ 是方阵 $\boldsymbol{A}$ 的属于同一特征值 λ 的特征向量，且 $\boldsymbol{p}_1$，$\boldsymbol{p}_2$，…，$\boldsymbol{p}_s$ 线性无关，则

$$k_1\boldsymbol{p}_1+k_2\boldsymbol{p}_2+\cdots+k_s\boldsymbol{p}_s$$

也是 $\boldsymbol{A}$ 的属于特征值 λ 的特征向量，其中 $k_1,k_2,\cdots,k_s$ 是不全为零的任意常数.

作为性质 8 的推广，有更一般的结论.

定理 5.3　方阵 $\boldsymbol{A}$ 的属于不同特征值的特征向量一定线性无关.

例 5.7　设 4 阶方阵 $\boldsymbol{A}$ 的全部特征值为 -1，0，1，2，试求方阵 $\boldsymbol{A}^2-2\boldsymbol{A}+3\boldsymbol{E}$ 的全部特征值，并证明方阵 $\boldsymbol{A}^2-2\boldsymbol{A}+3\boldsymbol{E}$ 可逆.

解 方阵 $\boldsymbol{A}^2-2\boldsymbol{A}+3\boldsymbol{E}$ 的全部特征值为

$$\lambda_1=(-1)^2-2\times(-1)+3=6,\ \lambda_2=0^2-2\times 0+3=3,$$
$$\lambda_3=1^2-2\times 1+3=2,\qquad \lambda_4=2^2-2\times 2+3=3$$

由于

$$|\boldsymbol{A}^2-2\boldsymbol{A}+3\boldsymbol{E}|=\lambda_1\lambda_2\lambda_3\lambda_4=108\neq 0$$

所以，方阵 $\boldsymbol{A}^2-2\boldsymbol{A}+3\boldsymbol{E}$ 可逆.

例 5.8 已知

$$\boldsymbol{A}=\begin{pmatrix}-2&0&0\\2&x&2\\3&1&1\end{pmatrix},\qquad \boldsymbol{\Lambda}=\begin{pmatrix}-1&0&0\\0&2&0\\0&0&y\end{pmatrix}$$

且 $\boldsymbol{A}\sim\boldsymbol{\Lambda}$，求 x,y.

解 对角矩阵 $\boldsymbol{\Lambda}$ 的特征值分别为 $\lambda_1=-1$，$\lambda_2=2$，$\lambda_3=y$. 由于 $\boldsymbol{A}\sim\boldsymbol{\Lambda}$，则 $\boldsymbol{A}$ 的特征值也为 -1，2，y，即分别满足方程 $|\boldsymbol{A}-\lambda\boldsymbol{E}|=0$. 将 $\lambda=-1$ 代入有

$$\begin{vmatrix}-2+1&0&0\\2&x+1&2\\3&1&1+1\end{vmatrix}=0$$

解之得 $x=0$. 又 $|\boldsymbol{A}|=|\boldsymbol{\Lambda}|$，即 $-2(x-2)=-2y$，解得 $y=-2$. 所以 $x=0$、$y=-2$ 为所求.

5.3 方阵的相似对角化

由本章开头的引例可知，如果一个方阵 $\boldsymbol{A}$ 相似于一个对角阵 $\boldsymbol{\Lambda}$，则 $\boldsymbol{A}$ 的高次幂就比较容易计算. 由矩阵相似的定义不难得到结论：一个方阵 $\boldsymbol{A}$ 与其相似的矩阵有无穷多个. 问题是，任一个方阵是不是都能够相似于对角阵 $\boldsymbol{\Lambda}$，也就是说，这些无穷多的矩阵中，有无对角阵 $\boldsymbol{\Lambda}$？若有，那么方阵 $\boldsymbol{A}$ 应具备怎样的条件，才能够相似于对角阵 $\boldsymbol{\Lambda}$？当方阵能够相似于对角阵时，又如何寻找相似变换矩阵 $\boldsymbol{P}$，将方阵对角化，对角阵 $\boldsymbol{\Lambda}$ 的元素又取何值？本节我们就来讨论这些问题.

5.3.1 方阵相似对角化的条件

定义 5.4 对于 n 阶方阵 $\boldsymbol{A}$，若能找到一个可逆矩阵 $\boldsymbol{P}$，使得 $\boldsymbol{P}^{-1}\boldsymbol{A}\boldsymbol{P}$ 是一个对角阵 $\boldsymbol{\Lambda}$，即 $\boldsymbol{P}^{-1}\boldsymbol{A}\boldsymbol{P}=\boldsymbol{\Lambda}$，则称 $\boldsymbol{A}$ **可相似对角化**，简称为 $\boldsymbol{A}$ **可对角化**，且称 $\boldsymbol{\Lambda}$ 是 $\boldsymbol{A}$ 的**相似对角阵**.

下面就讨论矩阵可对角化的条件.

定理 5.4 n 阶方阵 $\boldsymbol{A}$ 可对角化的充分必要条件是 $\boldsymbol{A}$ 有 n 个线性无关的特征向量.

证 必要性

设 n 阶方阵 $\boldsymbol{A}$ 相似于对角阵

$$\boldsymbol{\Lambda}=\begin{pmatrix}\lambda_1&&&\\&\lambda_2&&\\&&\ddots&\\&&&\lambda_n\end{pmatrix}$$

即存在可逆矩阵 $\boldsymbol{P}$，使 $\boldsymbol{P}^{-1}\boldsymbol{AP}=\boldsymbol{\Lambda}$，于是 $\boldsymbol{AP}=\boldsymbol{P\Lambda}$. 将矩阵 $\boldsymbol{P}$ 写成列向量的形式

$$\boldsymbol{P}=(\boldsymbol{p}_1,\ \boldsymbol{p}_2,\ \cdots,\ \boldsymbol{p}_n)$$

则有

$$\boldsymbol{A}(\boldsymbol{p}_1,\ \boldsymbol{p}_2,\ \cdots,\ \boldsymbol{p}_n)=(\boldsymbol{p}_1,\ \boldsymbol{p}_2,\ \cdots,\ \boldsymbol{p}_n)\begin{pmatrix}\lambda_1 & & & \\ & \lambda_2 & & \\ & & \ddots & \\ & & & \lambda_n\end{pmatrix}$$

即

$$(\boldsymbol{Ap}_1,\ \boldsymbol{Ap}_2,\ \cdots,\ \boldsymbol{Ap}_n)=(\lambda_1\boldsymbol{p}_1,\ \lambda_2\boldsymbol{p}_2,\ \cdots,\ \lambda_n\boldsymbol{p}_n)$$

得

$$\boldsymbol{Ap}_i=\lambda_i\boldsymbol{p}_i \qquad (i=1,2,\cdots,n)$$

所以 λ_i 是 $\boldsymbol{A}$ 的特征值，$\boldsymbol{p}_i$ 是 $\boldsymbol{A}$ 的属于特征值 λ_i 的特征向量. 又由于 $|\boldsymbol{P}|\neq 0$，所以 $\boldsymbol{p}_1,\boldsymbol{p}_2,\cdots,\boldsymbol{p}_n$ 是 $\boldsymbol{A}$ 的 n 个线性无关的特征向量.

充分性

设 $\boldsymbol{A}$ 有 n 个线性无关的特征向量 $\boldsymbol{p}_1,\ \boldsymbol{p}_2,\ \cdots,\ \boldsymbol{p}_n$，它们依次分别属于 $\boldsymbol{A}$ 的特征值 $\lambda_1,\lambda_2,\cdots,\lambda_n$， 即

$$\boldsymbol{Ap}_i=\lambda_i\boldsymbol{p}_i(i=1,2,\cdots,n)$$

于是

$$(\boldsymbol{Ap}_1,\ \boldsymbol{Ap}_2,\ \cdots,\ \boldsymbol{Ap}_n)=(\lambda_1\boldsymbol{p}_1,\ \lambda_2\boldsymbol{p}_2,\ \cdots,\ \lambda_n\boldsymbol{p}_n)$$

则有

$$\boldsymbol{A}(\boldsymbol{p}_1,\ \boldsymbol{p}_2,\ \cdots,\ \boldsymbol{p}_n)=(\boldsymbol{p}_1,\ \boldsymbol{p}_2,\ \cdots,\ \boldsymbol{p}_n)\begin{pmatrix}\lambda_1 & & & \\ & \lambda_2 & & \\ & & \ddots & \\ & & & \lambda_n\end{pmatrix}$$

以 $\boldsymbol{p}_1,\ \boldsymbol{p}_2,\ \cdots,\ \boldsymbol{p}_n$ 为列向量作矩阵

$$\boldsymbol{P}=(\boldsymbol{p}_1,\ \boldsymbol{p}_2,\ \cdots,\ \boldsymbol{p}_n)$$

则上式可表示为

$$\boldsymbol{AP}=\boldsymbol{P\Lambda}$$

其中

$$\boldsymbol{\Lambda}=\begin{pmatrix}\lambda_1 & & & \\ & \lambda_2 & & \\ & & \ddots & \\ & & & \lambda_n\end{pmatrix}$$

由于 $\boldsymbol{p}_1,\ \boldsymbol{p}_2,\ \cdots,\ \boldsymbol{p}_n$ 线性无关，故 $\boldsymbol{P}$ 可逆，于是有

$$\boldsymbol{P}^{-1}\boldsymbol{AP}=\boldsymbol{\Lambda}$$

即 $\boldsymbol{A}$ 可对角化.

注意：$\boldsymbol{\Lambda}$ 的主对角线上的 n 个数，恰好是 $\boldsymbol{A}$ 的 n 个特征值.

由定理 5.3 知，矩阵 $\boldsymbol{A}$ 属于不同特征值的特征向量一定线性无关. 从而当 n 阶矩阵有 n 个不同的特征值时，一定有 n 个线性无关的特征向量. 于是有如下推论.

推论　如果 n 阶方阵 $\boldsymbol{A}$ 有 n 个不同的特征值，则 $\boldsymbol{A}$ 一定可对角化.

例 5.9　设矩阵

$$\boldsymbol{A}=\begin{pmatrix}2&0&0\\0&0&1\\0&1&0\end{pmatrix},\boldsymbol{B}=\begin{pmatrix}1&0&0\\0&-1&0\\0&-6&2\end{pmatrix}$$

试判断 $\boldsymbol{A}$ 与 $\boldsymbol{B}$ 是否相似?

解　计算矩阵 $\boldsymbol{A}$ 及 $\boldsymbol{B}$ 的特征值，易得

$$|\boldsymbol{A}-\lambda\boldsymbol{E}|=-(\lambda-2)(\lambda-1)(\lambda+1)$$

$$|\boldsymbol{B}-\lambda\boldsymbol{E}|=-(\lambda-2)(\lambda-1)(\lambda+1)$$

故三阶矩阵 $\boldsymbol{A}$，$\boldsymbol{B}$ 都有 3 个不同的特征值，从而 $\boldsymbol{A}$，$\boldsymbol{B}$ 都可对角化，且

$$\boldsymbol{A}\sim\begin{pmatrix}2&&\\&1&\\&&-1\end{pmatrix},\qquad \boldsymbol{B}\sim\begin{pmatrix}2&&\\&1&\\&&-1\end{pmatrix}$$

由相似关系的传递性可知 $\boldsymbol{A}\sim\boldsymbol{B}$.

当方阵 $\boldsymbol{A}$ 的特征方程无重根时，$\boldsymbol{A}$ 一定可对角化，那么，当方阵 $\boldsymbol{A}$ 的特征方程有重根时，什么情况下 $\boldsymbol{A}$ 可对角化？什么情况下 $\boldsymbol{A}$ 不可对角化？下面我们讨论该问题. 为此，作为定理 5.3 的推广，我们不加证明的给出以下结论.

定理 5.5　设 λ_1，λ_2 是 n 阶方阵 $\boldsymbol{A}$ 的两个不相等的特征值，$\boldsymbol{\alpha}_1$，$\boldsymbol{\alpha}_2$，…，$\boldsymbol{\alpha}_s$ 与 $\boldsymbol{\beta}_1$，$\boldsymbol{\beta}_2$，…，$\boldsymbol{\beta}_t$ 分别是 $\boldsymbol{A}$ 的属于 λ_1 与 λ_2 的特征向量，则 $\boldsymbol{\alpha}_1$，$\boldsymbol{\alpha}_2$，…，$\boldsymbol{\alpha}_s$，$\boldsymbol{\beta}_1$，$\boldsymbol{\beta}_2$，…，$\boldsymbol{\beta}_t$ 线性无关.

定理 5.5 还可以推广到 $m\ (m\leqslant n)$ 个互异特征值情形.

由以上定理可以得出以下结论.

设 n 阶方阵 $\boldsymbol{A}$ 的全部互不相同的特征值为 $\lambda_1,\lambda_2,\cdots,\lambda_s$，其相应的重数分别为 $m_1,m_2,\cdots,m_s(m_1+m_2+\cdots+m_s=n)$.

(1) 如果对于每一个 m_i 重特征根 $\lambda_i(i=1,2,\cdots,s)$，所对应的齐次线性方程组 $(\boldsymbol{A}-\lambda_i\boldsymbol{E})\boldsymbol{x}=\boldsymbol{0}$ 的基础解系所含向量的个数恰好就是 m_i 个，这样 $\boldsymbol{A}$ 就有 $m_1+m_2+\cdots+m_s=n$ 个线性无关的特征向量，从而 $\boldsymbol{A}$ 一定可对角化. 比如，例 5.6 中的方阵 $\boldsymbol{A}$ 就一定可对角化.

(2) 如果对于某一个 $m_j\ (m_j\geqslant 2)$ 重根 λ_j，所对应的齐次线性方程组 $(\boldsymbol{A}-\lambda_j\boldsymbol{E})\boldsymbol{x}=\boldsymbol{0}$ 的基础解系所含向量的个数小于 m_j，则 $\boldsymbol{A}$ 一定不可对角化. 比如，例 5.5 中的方阵 $\boldsymbol{A}$ 就不可对角化.

注意：如果我们仅需判断一个 n 阶方阵 $\boldsymbol{A}$ 可否对角化. 那么，也就大可不必对于每个 λ_j 去解相应的齐次线性方程组 $(\boldsymbol{A}-\lambda_j\boldsymbol{E})\boldsymbol{x}=\boldsymbol{0}$，而仅仅只需要对于每个重数大于等于 2 的特征根 λ_j(其重数为 m_j)，计算一下齐次线性方程组 $(\boldsymbol{A}-\lambda_j\boldsymbol{E})\boldsymbol{x}=\boldsymbol{0}$ 的基础解系所含向量的个数 n_j 即可. 如记 $r_j=R(\boldsymbol{A}-\lambda_j\boldsymbol{E})$，易见，$n_j=n-r_j$. 假如有某个 $n_j<m_j$，则 $\boldsymbol{A}$ 不可对角化，否则 $\boldsymbol{A}$ 就可对角化.

例 5.10　已知 $\boldsymbol{A}=\begin{pmatrix}1&0&0\\-2&5&-2\\-2&4&-1\end{pmatrix}$，问 $\boldsymbol{A}$ 是否可对角化.

解　由于

$$|\boldsymbol{A}-\lambda\boldsymbol{E}| = \begin{vmatrix} 1-\lambda & 0 & 0 \\ -2 & 5-\lambda & -2 \\ -2 & 4 & -1-\lambda \end{vmatrix} = (\lambda-1)^2(3-\lambda)$$

则 $\boldsymbol{A}$ 特征值为 $\lambda_1=1$，$\lambda_2=3$，其中 $\lambda_1=1$ 为二重特征值. 对于二重特征值 $\lambda_1=1$，

$$\boldsymbol{A}-\lambda_1\boldsymbol{E} = \begin{pmatrix} 0 & 0 & 0 \\ -2 & 4 & -2 \\ -2 & 4 & -2 \end{pmatrix} \rightarrow \begin{pmatrix} 1 & -2 & 1 \\ 0 & 0 & 0 \\ 0 & 0 & 0 \end{pmatrix}$$

显然 $R(\boldsymbol{A}-\lambda_1\boldsymbol{E})=1$，从而 $(\boldsymbol{A}-\lambda_1\boldsymbol{E})\boldsymbol{x}=\boldsymbol{0}$ 的基础解系应含 $3-1=2$ 个解向量，故方阵 $\boldsymbol{A}$ 可对角化.

例 5.11　若方阵 $\boldsymbol{A}=\begin{pmatrix} 2 & 0 & 1 \\ x & 1 & y \\ 1 & 0 & 2 \end{pmatrix}$ 可对角化，求 x,y 应满足的条件.

解　由于

$$|\boldsymbol{A}-\lambda\boldsymbol{E}| = \begin{vmatrix} 2-\lambda & 0 & 2 \\ x & 1-\lambda & y \\ 1 & 0 & 2-\lambda \end{vmatrix} = (1-\lambda)\begin{vmatrix} 2-\lambda & 2 \\ 1 & 2-\lambda \end{vmatrix} = -(\lambda-1)^2(\lambda-3)$$

则 $\boldsymbol{A}$ 的特征值为 $\lambda_1=1$，$\lambda_2=3$. 对于二重特征值 $\lambda_1=1$，由于

$$\boldsymbol{A}-\lambda_1\boldsymbol{E} = \begin{pmatrix} 1 & 0 & 1 \\ x & 0 & y \\ 1 & 0 & 1 \end{pmatrix}$$

要使 $\boldsymbol{A}$ 可对角化，必须 $R(\boldsymbol{A}-\lambda_1\boldsymbol{E})=1$，这时应有 $x=y$.

5.3.2　方阵相似对角化的方法

由上论述，我们得到将一个 n 阶方阵 $\boldsymbol{A}$ 相似对角化的方法：

(1) 先求出 $\boldsymbol{A}$ 的 n 个特征值. 设互不相同的特征值为 $\lambda_1,\lambda_2,\cdots,\lambda_s$，其相应的重数分别为 $m_1,m_2,\cdots,m_s(m_1+m_2+\cdots+m_s=n)$；

(2) 对于每一个 $\lambda_i(i=1,2,\cdots,s)$，求齐次线性方程组 $(\boldsymbol{A}-\lambda_i\boldsymbol{E})\boldsymbol{x}=\boldsymbol{0}$ 的基础解系 $\boldsymbol{p}_{i1}$，$\boldsymbol{p}_{i2}$，$\cdots$，$\boldsymbol{p}_{it}$，它们即是对应 λ_i 的线性无关的特征向量；

(3) 若 $t=m_i$ $(i=1,2,\cdots,s)$，则 $\boldsymbol{A}$ 可对角化，否则不能对角化；

(4) 令

$$\boldsymbol{P}=(\boldsymbol{p}_{11},\ \boldsymbol{p}_{12},\ \cdots,\ \boldsymbol{p}_{1m_1},\ \cdots,\ \boldsymbol{p}_{s1},\ \boldsymbol{p}_{s2},\ \cdots,\ \boldsymbol{p}_{sm_s})$$

则

$$\boldsymbol{P}^{-1}\boldsymbol{A}\boldsymbol{P}=\boldsymbol{\Lambda}=\begin{pmatrix} \lambda_1 & & \\ & \ddots & \\ & & \lambda_s \end{pmatrix}$$

这个对角阵 $\boldsymbol{\Lambda}$ 的对角线元素恰是 $\boldsymbol{A}$ 的 n 个特征值，并且 $\boldsymbol{P}$ 的列向量的顺序与 $\boldsymbol{\Lambda}$ 的对角线元素的顺序相对应.

例 5.12　设方阵 $A=\begin{pmatrix}2&0&0\\1&2&-1\\1&0&1\end{pmatrix}$，试求一个可逆矩阵 P，使 $P^{-1}AP$ 为对角阵.

解　(1)　先求 A 的特征值. 由于 A 特征方程为

$$|A-\lambda E|=\begin{vmatrix}2-\lambda&0&0\\1&2-\lambda&-1\\1&0&1-\lambda\end{vmatrix}=(2-\lambda)\begin{vmatrix}2-\lambda&0\\1&1-\lambda\end{vmatrix}=-(\lambda-1)(\lambda-2)^2=0$$

可得 A 特征值

$$\lambda_1=1,\ \lambda_2=\lambda_3=2$$

(2) 再求特征向量

对于 $\lambda_1=1$，解齐次线性方程组 $(A-\lambda_1E)x=0$，即

$$\begin{pmatrix}1&0&0\\1&1&-1\\1&0&0\end{pmatrix}\begin{pmatrix}x_1\\x_2\\x_3\end{pmatrix}=\begin{pmatrix}0\\0\\0\end{pmatrix}$$

可得该方程组的基础解系为 $p_1=(0,1,1)^T$，它是对应于 $\lambda_1=1$ 的特征向量.

对于 $\lambda_2=\lambda_3=2$，解齐次线性方程组 $(A-\lambda_2E)x=0$，即

$$\begin{pmatrix}0&0&0\\1&0&-1\\1&0&-1\end{pmatrix}\begin{pmatrix}x_1\\x_2\\x_3\end{pmatrix}=\begin{pmatrix}0\\0\\0\end{pmatrix}$$

可得该方程组的基础解系为 $p_2=(0,1,0)^T$，$p_3=(1,0,1)^T$. 它是对应于 $\lambda_2=\lambda_3=2$ 的两个线性无关的特征向量.

(3) 令

$$P=(p_1,\ p_2,\ p_3)=\begin{pmatrix}0&0&1\\1&1&0\\1&0&1\end{pmatrix}$$

则

$$P^{-1}AP=\begin{pmatrix}1&&\\&2&\\&&2\end{pmatrix}$$

例 5.13　设三阶方阵 A 的特征值为 $\lambda_1=2,\lambda_2=2,\lambda_3=6$，对应的特征向量依次为

$$\alpha_1=(1,-1,0)^T,\alpha_2=(1,0,1)^T,\alpha_3=(1,-2,3)^T,$$

试求矩阵 A.

解　这是一个求特征值与特征向量的逆问题，即已知 A 的特征值与特征向量，反求矩阵 A. 记

$$P=(\alpha_1,\ \alpha_2,\ \alpha_3)=\begin{pmatrix}1&1&1\\-1&0&-2\\0&1&3\end{pmatrix}$$

则

$$P^{-1}AP = \Lambda = \begin{pmatrix} \lambda_1 & & \\ & \lambda_2 & \\ & & \lambda_3 \end{pmatrix} = \begin{pmatrix} 2 & & \\ & 2 & \\ & & 6 \end{pmatrix}$$

于是

$$A = P\Lambda P^{-1} = \begin{pmatrix} 1 & 1 & 1 \\ -1 & 0 & -2 \\ 0 & 1 & 3 \end{pmatrix} \begin{pmatrix} 2 & & \\ & 2 & \\ & & 6 \end{pmatrix} \begin{pmatrix} 1 & 1 & 1 \\ -1 & 0 & -2 \\ 0 & 1 & 3 \end{pmatrix}^{-1} = \begin{pmatrix} 1 & -1 & 1 \\ 2 & 4 & -2 \\ -3 & -3 & 5 \end{pmatrix}$$

***例 5.14** 设矩阵 $A = \begin{pmatrix} 1 & 2 & -3 \\ -1 & 4 & -3 \\ 1 & a & 5 \end{pmatrix}$ 的特征方程有一个二重根，求 a 的值，并讨论 A 是否可相似对角化.

解 A 的特征多项式 $|A - \lambda E| = \begin{vmatrix} 1-\lambda & 2 & -3 \\ -1 & 4-\lambda & -3 \\ 1 & a & 5-\lambda \end{vmatrix} = (\lambda - 2)(\lambda^2 - 8\lambda + 18 + 3a)$

(1) 当 $\lambda = 2$ 是特征方程的二重根时，则有 $2^2 - 16 + 18 + 3a = 0$，解得 $a = -2$.

当 $a = -2$ 时，A 的特征值为 2,2,6，矩阵 $A - 2E = \begin{pmatrix} -1 & 2 & -3 \\ -1 & 2 & -3 \\ 1 & -2 & 3 \end{pmatrix}$ 的秩为 1，故 $\lambda = 2$ 对应的特征向量有两个，从而 A 可相似对角化.

(2) 当 $\lambda = 2$ 不是特征方程的二重根时，则 $\lambda^2 - 8\lambda + 18 + 3a$ 为完全平方，从而 $18 + 3a = 16$，解得 $a = -\frac{2}{3}$.

当 $a = -\frac{2}{3}$ 时，A 的特征值为 2,4,4，矩阵 $A - 4E = \begin{pmatrix} -3 & 2 & -3 \\ -1 & 0 & -3 \\ 1 & -\frac{2}{3} & 1 \end{pmatrix}$ 的秩为 2，故 $\lambda = 4$ 对应的特征向量有 1 个，从而 A 不能相似对角化.

5.4 正交矩阵

为了进一步研究实对称矩阵的对角化问题，本节将介绍向量的内积、正交向量组，正交化方法及正交矩阵等概念.

5.4.1 向量的内积

定义 5.5 设有 n 维列向量

$$\boldsymbol{\alpha} = \begin{pmatrix} a_1 \\ a_2 \\ \vdots \\ a_n \end{pmatrix}, \qquad \boldsymbol{\beta} = \begin{pmatrix} b_1 \\ b_2 \\ \vdots \\ b_n \end{pmatrix}$$

记

$$<\boldsymbol{\alpha},\ \boldsymbol{\beta}> = a_1b_1 + a_2b_2 + \cdots + a_nb_n$$

称为向量 $\boldsymbol{\alpha}$ 与 $\boldsymbol{\beta}$ 的**内积**.

内积是向量的一种运算,如果用矩阵记号,当 $\boldsymbol{\alpha}$, $\boldsymbol{\beta}$ 都是列向量(列矩阵)时,有

$$<\boldsymbol{\alpha},\ \boldsymbol{\beta}> = \boldsymbol{\alpha}^{\mathrm{T}}\boldsymbol{\beta}$$

设 $\boldsymbol{\alpha},\boldsymbol{\beta},\boldsymbol{\gamma}$ 是 n 维列向量, k 是一个常数, 易见:

(1) $<\boldsymbol{\alpha},\ \boldsymbol{\beta}>=<\boldsymbol{\beta},\ \boldsymbol{\alpha}>$;

(2) $<\boldsymbol{\alpha}+\boldsymbol{\beta},\ \boldsymbol{\gamma}>=<\boldsymbol{\alpha},\ \boldsymbol{\gamma}>+<\boldsymbol{\beta},\ \boldsymbol{\gamma}>$;

(3) $<k\boldsymbol{\alpha},\ \boldsymbol{\beta}>= k<\boldsymbol{\alpha},\ \boldsymbol{\beta}>$.

不难看出, 向量内积的概念就是解析几何中两向量数量积的推广.

定义 5.6 设 $\boldsymbol{\alpha},\boldsymbol{\beta}$ 是两个 n 维向量, 若 $<\boldsymbol{\alpha},\ \boldsymbol{\beta}>= 0$, 则称向量 $\boldsymbol{\alpha}$ 与 $\boldsymbol{\beta}$ **正交**.

显然, 正交这一概念是解析几何中两个向量垂直的推广.

定义 5.7 设 $\boldsymbol{\alpha} = (a_1,a_2,\cdots,a_n)^{\mathrm{T}}$, 令

$$\|\boldsymbol{\alpha}\| = \sqrt{<\boldsymbol{\alpha},\ \boldsymbol{\alpha}>} = \sqrt{a_1^2 + a_2^2 + \cdots + a_n^2}$$

则称 $\|\boldsymbol{\alpha}\|$ 为向量 $\boldsymbol{\alpha}$ 的**长度**(或**范数**).

向量长度具有下述性质:

(1) 非负性:当 $\boldsymbol{\alpha} \neq \mathbf{0}$ 时, $\|\boldsymbol{\alpha}\| > 0$, 仅当 $\boldsymbol{\alpha} = \mathbf{0}$ 时, $\|\boldsymbol{\alpha}\| = 0$;

(2) 齐次性: $\|\lambda\boldsymbol{\alpha}\| = |\lambda|\ \|\boldsymbol{\alpha}\|$;

(3) 三角不等式: $\|\boldsymbol{\alpha}+\boldsymbol{\beta}\| \leqslant \|\boldsymbol{\alpha}\| + \|\boldsymbol{\beta}\|$.

当 $\|\boldsymbol{\alpha}\| = 1$ 时, 称 $\boldsymbol{\alpha}$ 为**单位向量**. 对于任一非零向量 $\boldsymbol{\alpha}$, 用数 $\dfrac{1}{\|\boldsymbol{\alpha}\|}$ 去乘向量 $\boldsymbol{\alpha}$, 即 $\dfrac{1}{\|\boldsymbol{\alpha}\|}\boldsymbol{\alpha}$, 就是一单位向量,记为 $\dfrac{\boldsymbol{\alpha}}{\|\boldsymbol{\alpha}\|}$. 事实上,由上述性质有

$$\left\|\frac{1}{\|\boldsymbol{\alpha}\|}\boldsymbol{\alpha}\right\| = \frac{1}{\|\boldsymbol{\alpha}\|}\cdot\|\boldsymbol{\alpha}\| = 1$$

用非零向量 $\boldsymbol{\alpha}$ 的长度 $\|\boldsymbol{\alpha}\|$ 去除 $\boldsymbol{\alpha}$, 就得到一个单位向量, 通常称其为**向量 $\boldsymbol{\alpha}$ 的单位化**.

例 5.15 已知向量 $\boldsymbol{\alpha} = (1,\ -2,\ 0,\ 2)^{\mathrm{T}}$, 试将 $\boldsymbol{\alpha}$ 单位化.

解 由于 $\|\boldsymbol{\alpha}\| = \sqrt{1^2 + (-2)^2 + 0^2 + 2^2} = 3$, 则

$$\frac{\boldsymbol{\alpha}}{\|\boldsymbol{\alpha}\|} = \frac{1}{3}(1,\ -2,\ 0,\ 2)^{\mathrm{T}} = \left(\frac{1}{3},\ -\frac{2}{3},\ 0,\ \frac{2}{3}\right)^{\mathrm{T}}$$

5.4.2 正交向量组

定义 5.8 若向量组 $\boldsymbol{\alpha}_1,\boldsymbol{\alpha}_2,\cdots,\boldsymbol{\alpha}_r$ 中的向量都是非零向量,并且任意两个向量都正交,则称这个向量组为**正交向量组**. 又若正交向量组中每一个向量都是单位向量,则称这个向量组是**正交单位向量组**.

例如,向量组 $\boldsymbol{\alpha}_1 = \begin{pmatrix}1\\2\\-1\end{pmatrix}$, $\boldsymbol{\alpha}_2 = \begin{pmatrix}2\\-1\\0\end{pmatrix}$, $\boldsymbol{\alpha}_3 = \begin{pmatrix}1\\2\\5\end{pmatrix}$, 由于 $<\boldsymbol{\alpha}_1,\ \boldsymbol{\alpha}_2>= 0$, $<\boldsymbol{\alpha}_1,\ \boldsymbol{\alpha}_3>= 0$, $<\boldsymbol{\alpha}_2,\ \boldsymbol{\alpha}_3>= 0$, 则 $\boldsymbol{\alpha}_1$, $\boldsymbol{\alpha}_2$, $\boldsymbol{\alpha}_3$ 为正交向量组. 又 $\|\boldsymbol{\alpha}_1\| = \sqrt{6}$, $\|\boldsymbol{\alpha}_2\| = \sqrt{5}$, $\|\boldsymbol{\alpha}_3\| = \sqrt{30}$, 则

$$e_1 = \begin{pmatrix} \frac{1}{\sqrt{6}} \\ \frac{2}{\sqrt{6}} \\ -\frac{1}{\sqrt{6}} \end{pmatrix}, e_2 = \begin{pmatrix} \frac{2}{\sqrt{5}} \\ -\frac{1}{\sqrt{5}} \\ 0 \end{pmatrix}, e_3 = \begin{pmatrix} \frac{1}{\sqrt{30}} \\ \frac{2}{\sqrt{30}} \\ \frac{5}{\sqrt{30}} \end{pmatrix}$$

为正交单位向量组.

定理 5.6　正交向量组一定是线性无关向量组.

证　设 $\boldsymbol{\alpha}_1,\boldsymbol{\alpha}_2,\cdots,\boldsymbol{\alpha}_r$ 是正交向量组，若有 $\lambda_1,\lambda_2,\cdots,\lambda_r$，使

$$\lambda_1\boldsymbol{\alpha}_1 + \lambda_2\boldsymbol{\alpha}_2 + \cdots + \lambda_r\boldsymbol{\alpha}_r = \mathbf{0}$$

以 $\boldsymbol{\alpha}_1^{\mathrm{T}}$ 左乘上式两端，得

$$\lambda_1\boldsymbol{\alpha}_1^{\mathrm{T}}\boldsymbol{\alpha}_1 = 0$$

由于 $\boldsymbol{\alpha}_1 \neq \mathbf{0}$，从而必有 $\lambda_1 = 0$. 类似可证 $\lambda_2 = 0,\cdots,\lambda_r = 0$. 于是，向量组 $\boldsymbol{\alpha}_1,\boldsymbol{\alpha}_2,\cdots,\boldsymbol{\alpha}_r$ 线性无关.

还可以证明:如果一个正交向量组中所含向量的个数 r，小于其向量的维数 n，总可以补充 $n-r$ 个向量 $\boldsymbol{\alpha}_{r+1},\cdots,\boldsymbol{\alpha}_n$，使 $\boldsymbol{\alpha}_1,\boldsymbol{\alpha}_2,\cdots,\boldsymbol{\alpha}_r,\boldsymbol{\alpha}_{r+1},\cdots,\boldsymbol{\alpha}_n$ 仍是正交向量组.

例 5.16　已知 $\boldsymbol{\alpha}_1 = (1,0,1)^{\mathrm{T}},\boldsymbol{\alpha}_2 = (1,2,-1)^{\mathrm{T}}$，试求一个非零向量 $\boldsymbol{\alpha}_3$，使 $\boldsymbol{\alpha}_1,\boldsymbol{\alpha}_2,\boldsymbol{\alpha}_3$ 为正交向量组.

解　易见，$\boldsymbol{\alpha}_1$ 与 $\boldsymbol{\alpha}_2$ 正交. 设 $\boldsymbol{\alpha}_3 = (x_1,x_2,x_3)^{\mathrm{T}}$，则应有 $<\boldsymbol{\alpha}_1,\boldsymbol{\alpha}_3>=0$，$<\boldsymbol{\alpha}_2,\boldsymbol{\alpha}_3>=0$，由此可得线性方程组

$$\begin{pmatrix} 1 & 0 & 1 \\ 1 & 2 & -1 \end{pmatrix}\begin{pmatrix} x_1 \\ x_2 \\ x_3 \end{pmatrix} = \begin{pmatrix} 0 \\ 0 \end{pmatrix}$$

由于

$$\boldsymbol{A} = \begin{pmatrix} 1 & 0 & 1 \\ 1 & 2 & -1 \end{pmatrix} \to \begin{pmatrix} 1 & 0 & 1 \\ 0 & 2 & -2 \end{pmatrix} \to \begin{pmatrix} 1 & 0 & 1 \\ 0 & 1 & -1 \end{pmatrix}$$

则该线性方程组的基础解系为 $(1,-1,-1)^{\mathrm{T}}$，取 $\boldsymbol{\alpha}_3 = (1,-1,-1)^{\mathrm{T}}$ 即为所求.

5.4.3　线性无关向量组的正交化

我们已经知道正交向量组一定是线性无关向量组，但线性无关向量组不一定是正交向量组，下面我们来讨论如何由一个线性无关向量组构造出一个与之等价的两两正交的单位向量组.

平面上两个不共线的向量 $\boldsymbol{\alpha}_1,\boldsymbol{\alpha}_2$ 是线性无关的，如图 5－1 所示. 为找到两个正交向量 $\boldsymbol{\beta}_1,\boldsymbol{\beta}_2$ 与 $\boldsymbol{\alpha}_1,\boldsymbol{\alpha}_2$ 等价. 只要取

$$\boldsymbol{\beta}_1 = \boldsymbol{\alpha}_1$$

$$\boldsymbol{\beta}_2 = \boldsymbol{\alpha}_2 + k\boldsymbol{\alpha}_1 = \boldsymbol{\alpha}_2 + k\boldsymbol{\beta}_1$$

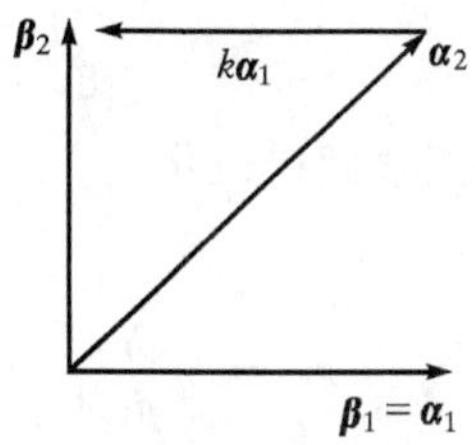

图 5－1

为了求出待定系数 k，在上式两边用 $\boldsymbol{\alpha}_1$ 去作内积，得

$$<\boldsymbol{\beta}_1,\boldsymbol{\beta}_2>=<\boldsymbol{\beta}_1,\boldsymbol{\alpha}_2+k\boldsymbol{\beta}_1>=<\boldsymbol{\beta}_1,\boldsymbol{\alpha}_2>+k<\boldsymbol{\beta}_1,\boldsymbol{\beta}_1>=0$$

由于 $<\boldsymbol{\beta}_1,\boldsymbol{\beta}_1>\neq 0$ 则 $k=-\dfrac{<\boldsymbol{\beta}_1,\ \boldsymbol{\alpha}_2>}{<\boldsymbol{\beta}_1,\ \boldsymbol{\beta}_1>}$，于是

$$\boldsymbol{\beta}_2=\boldsymbol{\alpha}_2-\frac{<\boldsymbol{\beta}_1,\ \boldsymbol{\alpha}_2>}{<\boldsymbol{\beta}_1,\ \boldsymbol{\beta}_1>}\cdot\boldsymbol{\beta}_1$$

从几何上受到启发，我们用完全类似的方法，从一个线性无关的向量组 $\boldsymbol{\alpha}_1,\boldsymbol{\alpha}_2,\cdots,\boldsymbol{\alpha}_r$ 出发，可以构造如下一个与 $\boldsymbol{\alpha}_1,\boldsymbol{\alpha}_2,\cdots,\boldsymbol{\alpha}_r$ 等价的向量组

$$\begin{aligned}
\boldsymbol{\beta}_1&=\boldsymbol{\alpha}_1,\\
\boldsymbol{\beta}_2&=\boldsymbol{\alpha}_2-\frac{<\boldsymbol{\alpha}_2,\ \boldsymbol{\beta}_1>}{<\boldsymbol{\beta}_1,\ \boldsymbol{\beta}_1>}\boldsymbol{\beta}_1,\\
\boldsymbol{\beta}_3&=\boldsymbol{\alpha}_3-\frac{<\boldsymbol{\alpha}_3,\ \boldsymbol{\beta}_1>}{<\boldsymbol{\beta}_1,\ \boldsymbol{\beta}_1>}\boldsymbol{\beta}_1-\frac{<\boldsymbol{\alpha}_3,\ \boldsymbol{\beta}_2>}{<\boldsymbol{\beta}_2,\ \boldsymbol{\beta}_2>}\boldsymbol{\beta}_2,\\
&\vdots\\
\boldsymbol{\beta}_r&=\boldsymbol{\alpha}_r-\frac{<\boldsymbol{\alpha}_r,\ \boldsymbol{\beta}_1>}{<\boldsymbol{\beta}_1,\ \boldsymbol{\beta}_1>}\boldsymbol{\beta}_1-\frac{<\boldsymbol{\alpha}_r,\ \boldsymbol{\beta}_2>}{<\boldsymbol{\beta}_2,\ \boldsymbol{\beta}_2>}\boldsymbol{\beta}_2-\cdots-\frac{<\boldsymbol{\alpha}_r,\ \boldsymbol{\beta}_{r-1}>}{<\boldsymbol{\beta}_{r-1},\boldsymbol{\beta}_{r-1}>}\boldsymbol{\beta}_{r-1}
\end{aligned}$$

容易验证 $\boldsymbol{\beta}_1,\boldsymbol{\beta}_2,\cdots,\boldsymbol{\beta}_r$ 两两正交,可以证明 $\boldsymbol{\beta}_1,\ \boldsymbol{\beta}_2,\cdots,\ \boldsymbol{\beta}_r$ 与 $\boldsymbol{\alpha}_1,\boldsymbol{\alpha}_2,\cdots,\boldsymbol{\alpha}_r$ 等价.

上述这种从一个线性无关向量组出发,构造与之等价的正交向量组的方法，称为**施密特(Schmidt)正交化方法**.

若再单位化，可令 $\boldsymbol{e}_i=\dfrac{\boldsymbol{\beta}_i}{\|\boldsymbol{\beta}_i\|}(i=1,2,\cdots,r)$，则 $\boldsymbol{e}_1,\boldsymbol{e}_2,\cdots,\boldsymbol{e}_r$ 为一个正交单位向量组.

例 5.17 已知向量组 $\boldsymbol{\alpha}_1=(1,1,1,1)^{\mathrm{T}},\boldsymbol{\alpha}_2=(3,3,-1,-1)^{\mathrm{T}},\boldsymbol{\alpha}_3=(-2,0,6,8)^{\mathrm{T}}$，试用施密特正交化方法把这组向量正交化、单位化.

解 先把这组向量正交化

$$\boldsymbol{\beta}_1=\boldsymbol{\alpha}_1=\begin{pmatrix}1\\1\\1\\1\end{pmatrix}$$

$$\boldsymbol{\beta}_2=\boldsymbol{\alpha}_2-\frac{<\boldsymbol{\alpha}_2,\boldsymbol{\beta}_1>}{<\boldsymbol{\beta}_1,\boldsymbol{\beta}_1>}\boldsymbol{\beta}_1=\begin{pmatrix}3\\3\\-1\\-1\end{pmatrix}-\frac{4}{4}\begin{pmatrix}1\\1\\1\\1\end{pmatrix}=\begin{pmatrix}2\\2\\-2\\-2\end{pmatrix}$$

$$\begin{aligned}
\boldsymbol{\beta}_3&=\boldsymbol{\alpha}_3-\frac{<\boldsymbol{\alpha}_3,\ \boldsymbol{\beta}_1>}{<\boldsymbol{\beta}_1,\ \boldsymbol{\beta}_1>}\boldsymbol{\beta}_1-\frac{<\boldsymbol{\alpha}_3,\ \boldsymbol{\beta}_2>}{<\boldsymbol{\beta}_2,\ \boldsymbol{\beta}_2>}\boldsymbol{\beta}_2\\
&=\begin{pmatrix}-2\\0\\6\\8\end{pmatrix}-\frac{12}{4}\begin{pmatrix}1\\1\\1\\1\end{pmatrix}-\frac{(-32)}{16}\begin{pmatrix}2\\2\\-2\\-2\end{pmatrix}=\begin{pmatrix}-1\\1\\-1\\1\end{pmatrix}
\end{aligned}$$

再把它们单位化

$$\boldsymbol{e}_1=\frac{\boldsymbol{\beta}_1}{\|\boldsymbol{\beta}_1\|}=\frac{1}{2}\begin{pmatrix}1\\1\\1\\1\end{pmatrix},\ \boldsymbol{e}_2=\frac{\boldsymbol{\beta}_2}{\|\boldsymbol{\beta}_2\|}=\frac{1}{2}\begin{pmatrix}1\\1\\-1\\-1\end{pmatrix},\ \boldsymbol{e}_3=\frac{\boldsymbol{\beta}_3}{\|\boldsymbol{\beta}_3\|}\boldsymbol{\beta}_3=\frac{1}{2}\begin{pmatrix}-1\\1\\-1\\1\end{pmatrix}$$

则 $\boldsymbol{e}_1,\boldsymbol{e}_2,\boldsymbol{e}_3$ 就是所求的正交单位向量组.

5.4.4 正交矩阵的定义及性质

定义 5.9 如果 n 阶实方阵 $\boldsymbol{A}$ 满足

$$\boldsymbol{A}^{\mathrm{T}}\boldsymbol{A}=\boldsymbol{A}\boldsymbol{A}^{\mathrm{T}}=\boldsymbol{E}$$

则称 $\boldsymbol{A}$ 为正交矩阵.

或者可等价的定义:如果 n 阶实方阵 $\boldsymbol{A}$ 可逆,且 $\boldsymbol{A}^{-1}=\boldsymbol{A}^{\mathrm{T}}$,则称 $\boldsymbol{A}$ 为正交矩阵.

下面研究正交矩阵的结构特点.设

$$\boldsymbol{A}=\begin{pmatrix} a_{11} & a_{12} & \cdots & a_{1n} \\ a_{21} & a_{22} & \cdots & a_{2n} \\ \vdots & \vdots & & \vdots \\ a_{n1} & a_{n2} & \cdots & a_{nn} \end{pmatrix}=(\boldsymbol{\alpha}_1,\ \boldsymbol{\alpha}_2,\ \cdots,\ \boldsymbol{\alpha}_n)$$

其中 $\boldsymbol{\alpha}_i$ 是 $\boldsymbol{A}$ 的第 i 个列向量($i=1,2,\cdots,n$) .

若 $\boldsymbol{A}$ 是一个正交矩阵，则

$$\boldsymbol{A}^{\mathrm{T}}\boldsymbol{A}=\begin{pmatrix} \boldsymbol{\alpha}_1^{\mathrm{T}} \\ \boldsymbol{\alpha}_2^{\mathrm{T}} \\ \vdots \\ \boldsymbol{\alpha}_n^{\mathrm{T}} \end{pmatrix}(\boldsymbol{\alpha}_1,\ \boldsymbol{\alpha}_2,\ \cdots,\ \boldsymbol{\alpha}_n)=\begin{pmatrix} \boldsymbol{\alpha}_1^{\mathrm{T}}\boldsymbol{\alpha}_1 & \boldsymbol{\alpha}_1^{\mathrm{T}}\boldsymbol{\alpha}_2 & \cdots & \boldsymbol{\alpha}_n^{\mathrm{T}}\boldsymbol{\alpha}_n \\ \boldsymbol{\alpha}_2^{\mathrm{T}}\boldsymbol{\alpha}_1 & \boldsymbol{\alpha}_2^{\mathrm{T}}\boldsymbol{\alpha}_2 & \cdots & \boldsymbol{\alpha}_2^{\mathrm{T}}\boldsymbol{\alpha}_n \\ \vdots & \vdots & & \vdots \\ \boldsymbol{\alpha}_n^{\mathrm{T}}\boldsymbol{\alpha}_1 & \boldsymbol{\alpha}_n^{\mathrm{T}}\boldsymbol{\alpha}_2 & \cdots & \boldsymbol{\alpha}_n^{\mathrm{T}}\boldsymbol{\alpha}_n \end{pmatrix}=\boldsymbol{E}$$

即有

$$<\boldsymbol{\alpha}_i,\ \boldsymbol{\alpha}_j>=\boldsymbol{\alpha}_i^{\mathrm{T}}\boldsymbol{\alpha}_j=\begin{cases}1, & i=j \\ 0, & i\neq j\end{cases}\quad (i,\ j=1,\ 2,\ \cdots,\ n)$$

这说明正交矩阵 $\boldsymbol{A}$ 的每一个列向量都是一个单位向量，且列向量两两正交;反之，具有这种构造的矩阵也一定是正交矩阵.同理,正交矩阵的每一个行向量都是一个单位向量，且行向量两两正交;反之,具有这种构造的矩阵也一定是正交矩阵.

不难验证,正交矩阵具有下述性质:

(1)若 $\boldsymbol{A}$ 为正交矩阵，则其行列式等于 1 或 -1;

(2)若 $\boldsymbol{A}$ 为正交矩阵，则 $\boldsymbol{A}$ 可逆，且 $\boldsymbol{A}^{-1}$ 及 $\boldsymbol{A}^{*}$ 都是正交矩阵;

(3)若 $\boldsymbol{A}$ 、$\boldsymbol{B}$ 均为同阶正交矩阵，则 $\boldsymbol{AB}$, $\boldsymbol{BA}$ 都是正交矩阵.

5.5 实对称矩阵的正交相似对角化

由于一些实际应用问题及数学理论研究的需要(例如运动稳定性,图与网络，多元函数的极值,二次曲面化简等),往往需要讨论特殊的方阵——实对称矩阵的对角化问题,并且要求寻找特殊的相似变换矩阵——正交矩阵，将实对称矩阵相似对角化.

定义 5.10 设 $\boldsymbol{A},\boldsymbol{B}$ 为 n 阶实矩阵，若存在 n 阶正交矩阵 $\boldsymbol{T}$, 使得

$$\boldsymbol{T}^{-1}\boldsymbol{A}\ \boldsymbol{T}=\boldsymbol{B}\quad 即\ \boldsymbol{T}^{\mathrm{T}}\boldsymbol{A}\ \boldsymbol{T}=\boldsymbol{B}$$

则称 $\boldsymbol{A}$ **正交相似于** $\boldsymbol{B}$, 并称 $\boldsymbol{T}$ 是把 $\boldsymbol{A}$ 变成 $\boldsymbol{B}$ 的**正交相似变换矩阵**.

下面，我们专门研究对于一个实对称矩阵 $\boldsymbol{A}$, 是否可以找到一个正交矩阵 $\boldsymbol{T}$, 使 $\boldsymbol{T}^{-1}\boldsymbol{AT}$ 成

为对角阵,即 $\boldsymbol{T}^{\mathrm{T}}\boldsymbol{A}\,\boldsymbol{T}=\boldsymbol{\Lambda}$.

可以证明(有兴趣读者可参阅有关教材),实对称矩阵有以下重要性质.

(1) 实对称矩阵的特征值都是实数.

注意:一般来说,实矩阵的特征值不一定是实数.如矩阵 $\begin{pmatrix}0 & 1\\ -1 & 0\end{pmatrix}$ 的特征方程为 $\lambda^2+1=0$,其特征值为 $\pm i$.

(2) 实对称矩阵 $\boldsymbol{A}$ 的每一个特征值 λ,所对应齐次线性方程组 $(\boldsymbol{A}-\lambda\boldsymbol{E})\boldsymbol{x}=\boldsymbol{0}$ 的基础解系,所含解向量个数都等于该特征值的重数.

(3) n 阶实对称矩阵一定有 n 个线性无关的实特征向量.

(4) 对于任一实对称矩阵 $\boldsymbol{A}$,必存在实可逆矩阵 $\boldsymbol{P}$,使得 $\boldsymbol{P}^{-1}\boldsymbol{A}\boldsymbol{P}$ 为对角阵.

(5) 实对称矩阵属于不同特征值的特征向量不仅是线性无关的,而且相互正交.

下面,我们仅给出(5)的证明.

* **证** 设 λ_1,λ_2 是实对称矩阵 $\boldsymbol{A}$ 的不同的特征值,$\boldsymbol{\alpha}_1,\boldsymbol{\alpha}_2$ 分别是属于 λ_1,λ_2 的特征向量,于是有

$$\boldsymbol{A}\boldsymbol{\alpha}_1=\lambda_1\boldsymbol{\alpha}_1,\ \boldsymbol{A}\boldsymbol{\alpha}_2=\lambda_2\boldsymbol{\alpha}_2$$

则

$$\lambda_1<\boldsymbol{\alpha}_1,\boldsymbol{\alpha}_2>=<\lambda_1\boldsymbol{\alpha}_1,\boldsymbol{\alpha}_2>=<A\boldsymbol{\alpha}_1,\boldsymbol{\alpha}_2>=(\boldsymbol{A}\boldsymbol{\alpha}_1)^{\mathrm{T}}\boldsymbol{\alpha}_2=\boldsymbol{\alpha}_1^{\mathrm{T}}\boldsymbol{A}^{\mathrm{T}}\boldsymbol{\alpha}_2$$

因为 $\boldsymbol{A}^{\mathrm{T}}=\boldsymbol{A}$,所以

$$\lambda_1<\boldsymbol{\alpha}_1,\boldsymbol{\alpha}_2>=\boldsymbol{\alpha}_1^{\mathrm{T}}\boldsymbol{A}\boldsymbol{\alpha}_2$$

又

$$\boldsymbol{\lambda}_2<\boldsymbol{\alpha}_1,\ \boldsymbol{\alpha}_2>=<\boldsymbol{\alpha}_1,\ \lambda_2\boldsymbol{\alpha}_2>=<\boldsymbol{\alpha}_1,\ A\boldsymbol{\alpha}_2>=\boldsymbol{\alpha}_1^{\mathrm{T}}\boldsymbol{A}\boldsymbol{\alpha}_2$$

于是

$$\lambda_1<\boldsymbol{\alpha}_1,\boldsymbol{\alpha}_2>=\lambda_2<\boldsymbol{\alpha}_1,\ \boldsymbol{\alpha}_2>$$

即

$$(\lambda_1-\lambda_2)<\boldsymbol{\alpha}_1,\ \boldsymbol{\alpha}_2>=0$$

由于 $\lambda_1\neq\lambda_2$,则有 $<\boldsymbol{\alpha}_1,\ \boldsymbol{\alpha}_2>=0$,即 $\boldsymbol{\alpha}_1$ 与 $\boldsymbol{\alpha}_2$ 正交.

由实对称矩阵的性质可以看出:

(1) 对于 n 阶实对称矩阵 $\boldsymbol{A}$,特征方程 $|\boldsymbol{A}-\lambda\boldsymbol{E}|=0$ 一定有 n 个实根(重根按重数计算).也就是说,如果 $\lambda_1,\ \lambda_2,\ \cdots,\ \lambda_m(m\leq n)$ 是 $\boldsymbol{A}$ 的全部互异的特征值,且 λ_i 是 k_i 重根 $(i=1,\ 2,\ \cdots,m)$,则 $k_1+k_2+\cdots+k_m=n$;

(2) 作为性质(5)的推广有:对于 λ_i 是 k_i 重根,存在着 $\boldsymbol{A}$ 的属于 λ_i 的 k_i 个线性无关的特征向量

$$\boldsymbol{p}_{i1},\ \boldsymbol{p}_{i2},\ \cdots,\ \boldsymbol{p}_{ik_i}$$

对于 λ_j 是 k_j 重根,存在着 $\boldsymbol{A}$ 的属于 λ_j 的 k_j 个线性无关的特征向量

$$\boldsymbol{p}_{j1},\ \boldsymbol{p}_{j2},\ \cdots,\ \boldsymbol{p}_{jk_j}$$

且两组向量正交,即

$$<\boldsymbol{p}_{is},\ \boldsymbol{p}_{jt}>=0\quad(s=1,\ 2,\ \cdots,k_i;\quad t=1,\ 2,\ \cdots,k_j)$$

(3) 利用施密特正交化法将 $\boldsymbol{p}_{i1},\ \boldsymbol{p}_{i2},\ \cdots,\ \boldsymbol{p}_{ik_i}$ 正交化得

$$\boldsymbol{e}_{i1},\ \boldsymbol{e}_{i2},\ \cdots,\ \boldsymbol{e}_{ik_i}$$

将 $\boldsymbol{p}_{j1},\ \boldsymbol{p}_{j2},\ \cdots,\ \boldsymbol{p}_{jk_j}$ 正交化得

$$\boldsymbol{e}_{j1},\ \boldsymbol{e}_{j2},\ \cdots,\ \boldsymbol{e}_{jk_j}$$

则向量组

$$e_{i1},\ e_{i2},\ \cdots,\ e_{ik_i},\ e_{j1},\ e_{j2},\ \cdots,\ e_{jk_j}$$

仍是正交向量组.

因此我们有,实对称矩阵一定可相似对角化,而且一定可以正交相似对角化. 于是有以下定理.

定理 5.7　对于一个 n 阶实对称矩阵 $\boldsymbol{A}$, 必存在一个正交矩阵 $\boldsymbol{T}$, 使得

$$\boldsymbol{T}^{-1}\boldsymbol{A}\ T = \boldsymbol{T}^{\mathrm{T}}\boldsymbol{A}\ \boldsymbol{T} = \begin{pmatrix} \lambda_1 & & & \\ & \lambda_2 & & \\ & & \ddots & \\ & & & \lambda_n \end{pmatrix}$$

其中 $\lambda_1,\ \lambda_2,\ \cdots,\ \lambda_n$ 恰是 $\boldsymbol{A}$ 的全部特征值.

下面，我们将通过例子，说明将实对称矩阵正交相似对角化的方法.

例 5.18　设实对称矩阵

$$\boldsymbol{A} = \begin{pmatrix} 1 & -2 & 2 \\ -2 & -2 & 4 \\ 2 & 4 & -2 \end{pmatrix}$$

试求一个正交矩阵 $\boldsymbol{T}$, 使 $\boldsymbol{T}^{-1}\boldsymbol{A}\boldsymbol{T}$ 为对角阵.

解　$\boldsymbol{A}$ 的特征多项式为

$$|\boldsymbol{A}-\lambda\boldsymbol{E}| = \begin{vmatrix} 1-\lambda & -2 & 2 \\ -2 & -2-\lambda & 4 \\ 2 & 4 & -2-\lambda \end{vmatrix} \xlongequal{c_3+c_2} \begin{vmatrix} 1-\lambda & -2 & 0 \\ -2 & -2-\lambda & 2-\lambda \\ 2 & 4 & 2-\lambda \end{vmatrix}$$

$$= (2-\lambda)\begin{vmatrix} 1-\lambda & -2 & 0 \\ -2 & -2-\lambda & 1 \\ 2 & 4 & 1 \end{vmatrix} \xlongequal{r_3-r_2} (2-\lambda)\begin{vmatrix} 1-\lambda & -2 & 0 \\ -2 & -2-\lambda & 1 \\ 4 & 6+\lambda & 0 \end{vmatrix}$$

$$= (2-\lambda)(-1)\begin{vmatrix} 1-\lambda & -2 \\ 4 & 6+\lambda \end{vmatrix} = -(\lambda-2)^2(\lambda+7)$$

所以 $\boldsymbol{A}$ 的特征值为 $\lambda_1 = -7, \lambda_2 = \lambda_3 = 2$.

当 $\lambda_1 = -7$ 时,解齐次线性方程组 $(\boldsymbol{A}+7\boldsymbol{E})\boldsymbol{x} = \boldsymbol{0}$, 由于

$$\boldsymbol{A}+7\boldsymbol{E} = \begin{pmatrix} 8 & -2 & 2 \\ -2 & 5 & 4 \\ 2 & 4 & 5 \end{pmatrix} \to \begin{pmatrix} 2 & 0 & 1 \\ 0 & 1 & 1 \\ 0 & 0 & 0 \end{pmatrix}$$

得基础解系 $\boldsymbol{p}_1 = \begin{pmatrix} 1 \\ 2 \\ -2 \end{pmatrix}$, 单位化可得 $\boldsymbol{e}_1 = \dfrac{1}{3}\begin{pmatrix} 1 \\ 2 \\ -2 \end{pmatrix}$.

当 $\lambda_2 = \lambda_3 = 2$ 时，解齐次线性方程组 $(\boldsymbol{A}-2\boldsymbol{E})\boldsymbol{x} = \boldsymbol{0}$, 由于

$$\boldsymbol{A}-2\boldsymbol{E} = \begin{pmatrix} -1 & -2 & 2 \\ -2 & -4 & 4 \\ 2 & 4 & -4 \end{pmatrix} \to \begin{pmatrix} 1 & 2 & -2 \\ 0 & 0 & 0 \\ 0 & 0 & 0 \end{pmatrix}$$

得基础解系 $\boldsymbol{p}_2 = \begin{pmatrix} 2 \\ -1 \\ 0 \end{pmatrix}$, $\boldsymbol{p}_3 = \begin{pmatrix} 2 \\ 0 \\ 1 \end{pmatrix}$.

先将 $\boldsymbol{p}_2, \boldsymbol{p}_3$ 正交化,取

$$\boldsymbol{\beta}_2 = \boldsymbol{p}_2 = \begin{pmatrix} 2 \\ -1 \\ 0 \end{pmatrix}$$

$$\boldsymbol{\beta}_3 = \boldsymbol{p}_3 - \frac{<\boldsymbol{p}_3, \boldsymbol{\beta}_2>}{<\boldsymbol{\beta}_2, \boldsymbol{\beta}_2>}\boldsymbol{\beta}_2 = \begin{pmatrix} 2 \\ 0 \\ 1 \end{pmatrix} - \frac{4}{5}\begin{pmatrix} 2 \\ -1 \\ 0 \end{pmatrix} = \frac{1}{5}\begin{pmatrix} 2 \\ 4 \\ 5 \end{pmatrix}$$

再单位化

$$\boldsymbol{e}_2 = \frac{\boldsymbol{\beta}_2}{\|\boldsymbol{\beta}_2\|} = \frac{1}{\sqrt{5}}\begin{pmatrix} 2 \\ -1 \\ 0 \end{pmatrix}, \boldsymbol{e}_3 = \frac{\boldsymbol{\beta}_3}{\|\boldsymbol{\beta}_3\|} = \frac{\sqrt{5}}{15}\begin{pmatrix} 2 \\ 4 \\ 5 \end{pmatrix}$$

构造正交矩阵

$$\boldsymbol{T} = (\boldsymbol{e}_1, \boldsymbol{e}_2, \boldsymbol{e}_3) = \begin{pmatrix} \frac{1}{3} & \frac{2}{\sqrt{5}} & \frac{2\sqrt{5}}{15} \\ \frac{2}{3} & -\frac{1}{\sqrt{5}} & \frac{4\sqrt{5}}{15} \\ -\frac{2}{3} & 0 & \frac{\sqrt{5}}{3} \end{pmatrix}$$

则有

$$\boldsymbol{T}^{\mathrm{T}}\boldsymbol{A}\boldsymbol{T} = \begin{pmatrix} -7 & & \\ & 2 & \\ & & 2 \end{pmatrix}$$

注意:对于特征值 $\lambda_2 = \lambda_3 = 2$,也可如下简化运算步骤:由于方程组 $(\boldsymbol{A} - 2\boldsymbol{E})\boldsymbol{x} = \boldsymbol{0}$ 的同解方程组为

$$x_1 + 2x_2 - 2x_3 = 0$$

若取基础解系 $\boldsymbol{p}_2 = \begin{pmatrix} 0 \\ 1 \\ 1 \end{pmatrix}$, $\boldsymbol{p}_3 = \begin{pmatrix} -4 \\ 1 \\ -1 \end{pmatrix}$,则 $\boldsymbol{p}_1$, $\boldsymbol{p}_2$ 已正交,只需将其单位化即可.

取

$$\boldsymbol{e}_2' = \frac{1}{\sqrt{2}}\begin{pmatrix} 0 \\ 1 \\ 1 \end{pmatrix}, \boldsymbol{e}_3' = \frac{1}{\sqrt{18}}\begin{pmatrix} -4 \\ 1 \\ -1 \end{pmatrix}$$

则 $\boldsymbol{e}_2'$, $\boldsymbol{e}_3'$ 也是 $\lambda_2 = \lambda_3 = 2$ 对应的正交单位特征向量,此时又可取正交矩阵为

$$\boldsymbol{T}_1 = \begin{pmatrix} \frac{1}{3} & 0 & -\frac{4}{\sqrt{18}} \\ \frac{2}{2} & \frac{1}{\sqrt{2}} & \frac{1}{\sqrt{18}} \\ -\frac{2}{3} & \frac{1}{\sqrt{2}} & -\frac{1}{\sqrt{18}} \end{pmatrix}$$

同样有

$$\boldsymbol{T}_1{}^{\mathrm{T}}\boldsymbol{A}\,\boldsymbol{T}_1 = \begin{pmatrix} -7 & & \\ & 2 & \\ & & 2 \end{pmatrix}$$

此例说明将 $\boldsymbol{A}$ 化为对角阵的正交相似变换矩阵不唯一.

例 5.19　设三阶实对称矩阵 $\boldsymbol{A}$ 的特征值为 $\lambda_1=-1,\lambda_2=\lambda_3=1$，对应于 λ_1 的特征向量为 $\boldsymbol{\alpha}_1=(0,1,1)^{\mathrm{T}}$，试求矩阵 $\boldsymbol{A}$.

解　由于实对称矩阵 $\boldsymbol{A}$ 对应于不同特征值的特征向量相互正交. 设 $\boldsymbol{\alpha}=(x_1,x_2,x_3)^{\mathrm{T}}$ 是 $\boldsymbol{A}$ 的对应于 $\lambda_2=\lambda_3=1$ 的特征向量，则 $<\boldsymbol{\alpha}_1,\ \boldsymbol{\alpha}>=0$，即

$$x_2+x_3=0$$

该方程组的一个基础解系为

$$\boldsymbol{\alpha}_2=(1,1,-1)^{\mathrm{T}},\boldsymbol{\alpha}_3=(0,1,-1)^{\mathrm{T}}$$

构造可逆矩阵

$$\boldsymbol{P}=(\boldsymbol{\alpha}_1,\ \boldsymbol{\alpha}_2,\ \boldsymbol{\alpha}_3)=\begin{pmatrix}0&1&0\\1&1&1\\1&-1&-1\end{pmatrix}$$

则有

$$\boldsymbol{P}^{-1}\boldsymbol{A}\boldsymbol{P}=\begin{pmatrix}\lambda_1&&\\&\lambda_2&\\&&\lambda_3\end{pmatrix}$$

从而

$$\begin{aligned}\boldsymbol{A}&=\boldsymbol{P}\begin{pmatrix}\lambda_1&&\\&\lambda_2&\\&&\lambda_3\end{pmatrix}\boldsymbol{P}^{-1}\\&=\begin{pmatrix}0&1&0\\1&1&1\\1&-1&-1\end{pmatrix}\begin{pmatrix}-1&&\\&1&\\&&1\end{pmatrix}\begin{pmatrix}0&1&0\\1&1&1\\1&-1&-1\end{pmatrix}^{-1}\\&=\begin{pmatrix}1&0&0\\0&0&-1\\0&-1&0\end{pmatrix}\end{aligned}$$

注意：本题中没有要求构造正交矩阵 $\boldsymbol{T}$，使 $\boldsymbol{T}^{-1}\boldsymbol{A}\boldsymbol{T}$ 为对角阵. 因此，就不必将 $\boldsymbol{\alpha}_2,\boldsymbol{\alpha}_3$ 正交化、单位化.

习　题　5

1. 证明若 $\boldsymbol{A}\sim\boldsymbol{B}$，则

(1) $\boldsymbol{A}^{\mathrm{T}}\sim\boldsymbol{B}^{\mathrm{T}}$；

(2) $k\boldsymbol{A}\sim k\boldsymbol{B}$，其中 k 为任意常数；

(3) $\boldsymbol{A}^m\sim\boldsymbol{B}^m$，其中 m 为任意非负整数.

2. 求下列矩阵的特征值和特征向量：

(1) $\begin{pmatrix}1&4\\2&3\end{pmatrix}$；　(2) $\begin{pmatrix}4&6&0\\-3&-5&0\\-3&-6&1\end{pmatrix}$；　(3) $\begin{pmatrix}a&a&a&a\\a&a&a&a\\a&a&a&a\\a&a&a&a\end{pmatrix}$ $(a\neq0)$.

3. 已知 $\boldsymbol{A}=\begin{pmatrix}1 & -1 & 1\\ 2 & 4 & -2\\ -3 & -3 & 5\end{pmatrix}$ 与 $\boldsymbol{B}=\begin{pmatrix}\lambda & & \\ & 2 & \\ & & 2\end{pmatrix}$ 相似,求 λ.

4. 若 $\boldsymbol{A}=\begin{pmatrix}7 & 4 & -1\\ 4 & 7 & -1\\ -4 & -4 & x\end{pmatrix}$ 有特征值 3, 3, 12, 求 x.

5. 已知 $\boldsymbol{A}=\begin{pmatrix}4 & 6 & 0\\ -3 & -5 & 0\\ -3 & -6 & 1\end{pmatrix}$, 求 $\boldsymbol{A}^{100}$.

6. 设三阶方阵 $\boldsymbol{A}$ 的特征值 $\lambda_1=1$, $\lambda_2=0$, $\lambda_3=-1$, 对应的特征向量依次为

$$\boldsymbol{p}_1=\begin{pmatrix}1\\2\\1\end{pmatrix},\quad \boldsymbol{p}_2=\begin{pmatrix}2\\-2\\1\end{pmatrix},\quad \boldsymbol{p}_3=\begin{pmatrix}-2\\-1\\2\end{pmatrix}$$

求 $\boldsymbol{A}$.

7. 下列矩阵是否可对角化,如果可对角化,求出可逆矩阵 $\boldsymbol{P}$, 使 $\boldsymbol{P}^{-1}\boldsymbol{AP}$ 为对角阵.

(1) $\begin{pmatrix}2 & 0 & 0\\ 1 & 2 & -1\\ 1 & 0 & 1\end{pmatrix}$; (2) $\begin{pmatrix}1 & 1 & 0\\ 0 & 1 & 1\\ 0 & 0 & 1\end{pmatrix}$.

8. 设 $\boldsymbol{\alpha}_1$, $\boldsymbol{\alpha}_2$, $\boldsymbol{\alpha}_3$ 是一个正交单位向量组,证明

$$\boldsymbol{\beta}_1=\frac{1}{3}(2\boldsymbol{\alpha}_1+2\boldsymbol{\alpha}_2-\boldsymbol{\alpha}_3)$$

$$\boldsymbol{\beta}_2=\frac{1}{3}(2\boldsymbol{\alpha}_1-\boldsymbol{\alpha}_2+2\boldsymbol{\alpha}_3)$$

$$\boldsymbol{\beta}_3=\frac{1}{3}(\boldsymbol{\alpha}_1-2\boldsymbol{\alpha}_2-2\boldsymbol{\alpha}_3)$$

也是一个正交单位向量组.

9. 试用施密特正交化法把下列向量组化为正交单位向量组.

(1) $\boldsymbol{\alpha}_1=(3,\ 4)^{\mathrm{T}}$, $\boldsymbol{\alpha}_2=(2,\ 3)^{\mathrm{T}}$;

(2) $\boldsymbol{\alpha}_1=(2,\ 0,\ 0)^{\mathrm{T}}$, $\boldsymbol{\alpha}_2=(0,\ 1,\ -1)^{\mathrm{T}}$, $\boldsymbol{\alpha}_3=(3,\ 4,\ 0)^{\mathrm{T}}$;

(3) $\boldsymbol{\alpha}_1=(1,\ 1,\ 1,\ 1)^{\mathrm{T}}$, $\boldsymbol{\alpha}_2=(1,\ 1,\ -1,\ -1)^{\mathrm{T}}$, $\boldsymbol{\alpha}_3=(-1,\ 1,\ -1,\ 1)^{\mathrm{T}}$, $\boldsymbol{\alpha}_4=(1,\ -1,\ -1,\ 1)^{\mathrm{T}}$.

10. 设三阶对称矩阵 $\boldsymbol{A}$ 的特征值为 6, 3, 3, 与特征值 6 对应的特征向量为 $\boldsymbol{p}_1=(1,\ 1,\ 1)^{\mathrm{T}}$, 求 $\boldsymbol{A}$.

11. 试求一个正交相似变换矩阵,将下列对称矩阵化为对角阵.

(1) $\begin{pmatrix}2 & -2 & 0\\ -2 & 1 & -2\\ 0 & -2 & 0\end{pmatrix}$; (2) $\begin{pmatrix}1 & 2 & 4\\ 2 & -2 & 2\\ 4 & 2 & 0\end{pmatrix}$.

12. 设方阵 $\boldsymbol{A}$ 满足 $\boldsymbol{A}^2-3\boldsymbol{A}+2\boldsymbol{E}=\boldsymbol{O}$, 试证其特征值为 1 和 2.

13. 设 $\boldsymbol{A}$ 是三阶方阵,且 $|\boldsymbol{A}-\boldsymbol{E}|=|\boldsymbol{A}+2\boldsymbol{E}|=|2\boldsymbol{A}+3\boldsymbol{E}|=0$, 求 $|2\boldsymbol{A}^*-3\boldsymbol{E}|$.

第6章　实二次型

二次型的理论起源于解析几何中化二次曲线和二次曲面的方程为标准形的问题. 例如在平面解析几何中，为了便于研究二次曲线

$$ax^2+bxy+cy^2=1$$

的几何性质，我们选取适当的坐标旋转变换

$$\begin{cases}x=x'\cos\theta-y'\sin\theta\\ y=x'\sin\theta+y'\cos\theta\end{cases}$$

把方程化为标准形

$$mx'^2+ny'^2=1$$

从代数学的观点看,上述化曲线方程为标准形的过程就是通过变量的线性变换,化简一个二次齐次函数，使它仅含平方项. 这样一个问题，在数学的其他分支及物理学、力学中也常常碰到，因而二次型的理论有着广泛的应用.

本章我们将以矩阵为工具,讨论关于化 n 个变量的二次齐次函数(二次型)为标准形的问题.

6.1　二次型及其矩阵表示

定义 6.1　含有 n 个变量 $x_1, x_2, \cdots, x_n$ 的二次齐次多项式

$$\begin{aligned}f(x_1, x_2, \cdots, x_n)=a_{11}x_1^2&+2a_{12}x_1x_2+2a_{13}x_1x_3+\cdots+2a_{1n}x_1x_n\\ &+a_{22}x_2^2+2a_{23}x_2x_3+\cdots+2a_{2n}x_2x_n\\ &\cdots\\ &+a_{nn}x_n^2\end{aligned}\tag{6.1}$$

称为一个 **n 元二次型**,简称**二次型**.

取 $a_{ji}=a_{ij}$，则 $2a_{ij}x_ix_j=a_{ij}x_ix_j+a_{ji}x_jx_i\ (i, j=1, 2, \cdots, n)$，于是式(6.1)也可以写成

$$\begin{aligned}f(x_1,x_2,\cdots,x_n)&=a_{11}x_1x_1+a_{12}x_1x_2+a_{13}x_1x_3+\cdots+a_{1n}x_1x_n\\ &\quad+a_{21}x_2x_1+a_{22}x_2x_2+a_{23}x_2x_3+\cdots+a_{2n}x_2x_n\\ &\quad\cdots\\ &\quad+a_{n1}x_nx_1+a_{n2}x_nx_2+a_{n3}x_nx_3+\cdots+a_{nn}x_nx_n\\ &=\sum_{i=1}^{n}\sum_{j=1}^{n}a_{ij}x_ix_j\end{aligned}\tag{6.2}$$

由式(6.2),利用矩阵,二次型可表示为

$$\begin{aligned}f(x_1, x_2, \cdots, x_n)=&x_1(a_{11}x_1+a_{12}x_2+a_{13}x_3+\cdots+a_{1n}x_n)+\\ &x_2(a_{21}x_1+a_{22}x_2+a_{23}x_3+\cdots+a_{2n}x_n)+\end{aligned}$$

$$\cdots$$

$$x_n(a_{n1}x_1 + a_{n2}x_2 + a_{n3}x_3 + \cdots + a_{nn}x_n)$$

$$= (x_1, x_2, \cdots, x_n)\begin{pmatrix} a_{11}x_1 + a_{12}x_2 + \cdots + a_{1n}x_n \\ a_{21}x_1 + a_{22}x_2 + \cdots + a_{2n}x \\ \vdots \\ a_{n1}x + a_{n2}x_2 + \cdots + a_{nn}x_n \end{pmatrix}$$

$$= (x_1, x_2, \cdots, x_n)\begin{pmatrix} a_{11} & a_{12} & \cdots & a_{1n} \\ a_{21} & a_{22} & \cdots & a_{2n} \\ \vdots & \vdots & & \vdots \\ a_{n1} & a_{n2} & \cdots & a_{nn} \end{pmatrix}\begin{pmatrix} x_1 \\ x_2 \\ \vdots \\ x_n \end{pmatrix}$$

记

$$\boldsymbol{A} = \begin{pmatrix} a_{11} & a_{12} & \cdots & a_{1n} \\ a_{21} & a_{22} & \cdots & a_{2n} \\ \vdots & \vdots & & \vdots \\ a_{n1} & a_{n2} & \cdots & a_{nn} \end{pmatrix}, \qquad \boldsymbol{x} = \begin{pmatrix} x_1 \\ x_2 \\ \vdots \\ x_n \end{pmatrix}$$

将 $f(x_1, x_2, \cdots, x_n)$ 简记为 f,则二次型式(6.1)可以写成矩阵形式

$$f = \boldsymbol{x}^{\mathrm{T}}\boldsymbol{A}\ \boldsymbol{x} \tag{6.3}$$

其中 $\boldsymbol{A}$ 是一个对称矩阵,即 $\boldsymbol{A} = \boldsymbol{A}^{\mathrm{T}}$.

我们把 $\boldsymbol{A}$ 称为**二次型 f 的矩阵**. 显然,一个给定的二次型 $f(x_1, x_2, \cdots, x_n)$ 的矩阵是唯一确定的:它的主对角线上的元素依次是 $x_1^2, x_2^2, \cdots, x_n^2$ 的系数;而它的第 i 行,第 j 列的元素是交叉项 $x_ix_j(i \neq j)$ 的系数的一半. 反之,任一对称矩阵 $\boldsymbol{A}$,可唯一确定一个二次型 $f = \boldsymbol{x}^{\mathrm{T}}\boldsymbol{A}\boldsymbol{x}$,此二次型称为**对称矩阵 $\boldsymbol{A}$ 的二次型**,$\boldsymbol{A}$ 的秩称为**二次型 $f = \boldsymbol{x}^{\mathrm{T}}\boldsymbol{A}\ \boldsymbol{x}$ 的秩**.

例如 $f = x_1^2 + 2x_2^2 + 5x_3^2 + 2x_1x_2 + 2x_1x_3 + 6x_2x_3$ 的矩阵表达式是

$$f = (x_1, x_2, x_3)\begin{pmatrix} 1 & 1 & 1 \\ 1 & 2 & 3 \\ 1 & 3 & 5 \end{pmatrix}\begin{pmatrix} x_1 \\ x_2 \\ x_3 \end{pmatrix}$$

由于

$$\begin{vmatrix} 1 & 1 \\ 1 & 2 \end{vmatrix} = 1 \neq 0, \qquad \begin{vmatrix} 1 & 1 & 1 \\ 1 & 2 & 3 \\ 1 & 3 & 5 \end{vmatrix} = 0$$

所以 $R(\boldsymbol{A}) = 2$,因此二次型 f 的秩为 2.

当 a_{ij} 为复数时,f 称为**复二次型**;当 a_{ij} 为实数时,f 称为**实二次型**. 本章我们所讨论的二次型仅限于实二次型.

6.2 化二次型为标准形

6.2.1 化二次型为标准形的概念

对于二次型 $f = \boldsymbol{x}^{\mathrm{T}}\boldsymbol{A}\boldsymbol{x}$ 而言,一个重要的问题是如何将该二次型化简,也就是要寻找一个

可逆线性变换

$$\begin{cases} x_1 = c_{11}y_1 + c_{12}y_2 + \cdots + c_{1n}y_n \\ x_2 = c_{21}y_1 + c_{22}y_2 + \cdots + c_{2n}y_n \\ \quad\vdots \\ x_n = c_{n1}y_1 + c_{n2}y_2 + \cdots + c_{nn}y_n \end{cases} \tag{6.4}$$

将二次型 $f = \boldsymbol{x}^{\mathrm{T}}\boldsymbol{A}\boldsymbol{x}$ 化简为只含平方项、没有交叉项的形式. 也就是将式(6.4)代入 $f = \sum_{i=1}^{n}\sum_{j=1}^{n}a_{ij}x_ix_j$ 中,能使 f 变为

$$f = k_1y_1^2 + k_2y_2^2 + \cdots + k_ny_n^2$$

这种只含平方项的二次型称为二次型的**标准形(或法式)**,二次型的标准形所对应的二次型矩阵为对角矩阵

$$\boldsymbol{\Lambda} = \begin{pmatrix} k_1 & & & \\ & k_2 & & \\ & & \ddots & \\ & & & k_n \end{pmatrix}$$

下面,我们将以矩阵为工具,讨论二次型化为标准形的方法.

若记

$$\boldsymbol{x} = \begin{pmatrix} x_1 \\ x_2 \\ \vdots \\ x_n \end{pmatrix},\ \boldsymbol{y} = \begin{pmatrix} y_1 \\ y_2 \\ \vdots \\ y_n \end{pmatrix},\ \boldsymbol{C} = \begin{pmatrix} c_{11} & c_{12} & \cdots & c_{1n} \\ c_{21} & c_{22} & \cdots & c_{2n} \\ \vdots & \vdots & & \vdots \\ c_{n1} & c_{n2} & \cdots & c_{nn} \end{pmatrix}$$

则线性变换式(6.4)可写成如下形式

$$\boldsymbol{x} = \boldsymbol{C}\boldsymbol{y} \tag{6.5}$$

我们说式(6.4)是由变量 $y_1, y_2, \cdots, y_n$ 到变量 $x_1, x_2, \cdots, x_n$ 的一个可逆线性变换, 也就意味着式(6.5)中, 矩阵 $\boldsymbol{C}$ 是可逆的,同时线性变换 $\boldsymbol{x} = \boldsymbol{C}\boldsymbol{y}$ 的逆变换 $\boldsymbol{y} = \boldsymbol{C}^{-1}\boldsymbol{x}$ 是存在的.

将式(6.5)代入 n 元二次型 $f = \boldsymbol{x}^{\mathrm{T}}\boldsymbol{A}\boldsymbol{x}$ 中有

$$f = (\boldsymbol{C}\boldsymbol{y})^{\mathrm{T}}\boldsymbol{A}(\boldsymbol{C}\boldsymbol{y}) = \boldsymbol{y}^{\mathrm{T}}(\boldsymbol{C}^{\mathrm{T}}\boldsymbol{A}\boldsymbol{C})\boldsymbol{y} \tag{6.6}$$

记 $\boldsymbol{B} = \boldsymbol{C}^{\mathrm{T}}\boldsymbol{A}\boldsymbol{C}$, 则式(6.6)可写成 $f = \boldsymbol{y}^{\mathrm{T}}\boldsymbol{B}\boldsymbol{y}$. 这是关于变量 $y_1, y_2, \cdots, y_n$ 的一个二次型. 由于

$$\boldsymbol{B}^{\mathrm{T}} = (\boldsymbol{C}^{\mathrm{T}}\boldsymbol{A}\boldsymbol{C})^{\mathrm{T}} = \boldsymbol{C}^{\mathrm{T}}\boldsymbol{A}^{\mathrm{T}}(\boldsymbol{C}^{\mathrm{T}})^{\mathrm{T}} = \boldsymbol{C}^{\mathrm{T}}\boldsymbol{A}\boldsymbol{C} = \boldsymbol{B}$$

可见 $\boldsymbol{B}$ 也是对称矩阵,于是式(6.6) $f = \boldsymbol{y}^{\mathrm{T}}\boldsymbol{B}\boldsymbol{y}$ 仍是一个二次型,这说明一个二次型在线性变换下仍是二次型.

由于 $\boldsymbol{C}$ 可逆,则 $\boldsymbol{C}^{\mathrm{T}}$ 也可逆,不难证明在可逆线性变换下,二次型的秩保持不变. 因此,化二次型为标准形,就是寻求一个可逆方阵 $\boldsymbol{C}$, 使 $\boldsymbol{C}^{\mathrm{T}}\boldsymbol{A}\boldsymbol{C} = \boldsymbol{\Lambda}$, 其中 $\boldsymbol{\Lambda}$ 为对角阵.

6.2.2　正交变换法

如果在线性变换 $\boldsymbol{x} = \boldsymbol{P}\boldsymbol{y}$ 中, 矩阵 $\boldsymbol{P}$ 是一个正交矩阵, 我们称 $\boldsymbol{x} = \boldsymbol{P}\boldsymbol{y}$ 是一个**正交变换**. 因为正交矩阵一定是可逆的,所以正交变换是一种特殊的可逆线性变换,它具有下述特性.

定理 6.1　正交变换 $\boldsymbol{x} = \boldsymbol{P}\boldsymbol{y}$ 保持向量的内积、长度及向量之间的夹角均不变.

*证　若 $\boldsymbol{x}=\boldsymbol{P}\boldsymbol{y}$ 是正交变换，则 $\boldsymbol{P}$ 为正交矩阵，从而 $\boldsymbol{P}^{\mathrm{T}}\boldsymbol{P}=\boldsymbol{E}$.

设 $\boldsymbol{x}_1=\boldsymbol{P}\boldsymbol{y}_1$，$\boldsymbol{x}_2=\boldsymbol{P}\boldsymbol{y}_2$，并设向量 $\boldsymbol{x}_1$ 与向量 $\boldsymbol{x}_2$ 的夹角为 φ. 因为

$$<\boldsymbol{x}_1,\ \boldsymbol{x}_2>=\boldsymbol{x}_1^{\mathrm{T}}\boldsymbol{x}_2=(\boldsymbol{P}\boldsymbol{y}_1)^{\mathrm{T}}(\boldsymbol{P}\boldsymbol{y}_2)=\boldsymbol{y}_1^{\mathrm{T}}(\boldsymbol{P}^{\mathrm{T}}\boldsymbol{P})\boldsymbol{y}_2=\boldsymbol{y}_1^{\mathrm{T}}\boldsymbol{y}_2=<\boldsymbol{y}_1,\boldsymbol{y}_2>$$

即正交变换保持向量的内积不变,于是有

$$\|\boldsymbol{x}\|=\sqrt{<\boldsymbol{x},\ \boldsymbol{x}>}=\sqrt{<\boldsymbol{y},\boldsymbol{y}>}=\|\boldsymbol{y}\|$$

$$\cos\varphi=\frac{<x_1,\ x_2>}{\|\boldsymbol{x}_1\|\cdot\|\boldsymbol{x}_2\|}=\frac{<\boldsymbol{y}_1,\ \boldsymbol{y}_2>}{\|\boldsymbol{y}_1\|\cdot\|\boldsymbol{y}_2\|}$$

由此易见,正交变换保持向量的长度及向量之间的夹角均不变.

因为正交变换具有上述良好性质,所以正交变换保持图形的几何性质不变.在许多实际问题中,就常常需要选取正交变换化实二次型为标准形.

用正交变换 $\boldsymbol{x}=\boldsymbol{P}\boldsymbol{y}$，化 n 元实二次型 $f=\boldsymbol{x}^{\mathrm{T}}\boldsymbol{A}\boldsymbol{x}$ 为标准形 $\lambda_1y_1^2+\lambda_2y_2^2+\cdots+\lambda_ny_n^2$，就相当于对于 n 阶实对称矩阵 $\boldsymbol{A}$，寻找一个正交矩阵 $\boldsymbol{P}$，使得

$$\boldsymbol{P}^{-1}\boldsymbol{A}\boldsymbol{P}=\boldsymbol{P}^{\mathrm{T}}\boldsymbol{A}\boldsymbol{P}=\begin{pmatrix}\lambda_1 & & & \\ & \lambda_2 & & \\ & & \ddots & \\ & & & \lambda_n\end{pmatrix}$$

由第 5 章的定理 5.7 知,对于一个实对称矩阵 $\boldsymbol{A}$，存在着正交矩阵 $\boldsymbol{P}$，使 $\boldsymbol{P}^{\mathrm{T}}\boldsymbol{A}\boldsymbol{P}=\boldsymbol{\Lambda}$. 这一事实反映到二次型上,就是下面的定理.

定理 6.2　给定实二次型 $f=\boldsymbol{x}^{\mathrm{T}}\boldsymbol{A}\boldsymbol{x}$，总存在正交变换 $\boldsymbol{x}=\boldsymbol{P}\boldsymbol{y}$，使 f 化为标准形

$$f=\lambda_1y_1^2+\lambda_2y_2^2+\cdots+\lambda_ny_n^2$$

其中 λ_1，λ_2，$\cdots$，λ_n 为 $\boldsymbol{A}$ 的特征值.

例 6.1　求一个正交变换,将二次型

$$f=x_1^2-2x_2^2-2x_3^2-4x_1x_2+4x_1x_3+8x_2x_3$$

化为标准形.

解　二次型的矩阵为

$$\boldsymbol{A}=\begin{pmatrix}1 & -2 & 2\\ -2 & -2 & 4\\ 2 & 4 & -2\end{pmatrix}$$

由第 5 章例 5.18 知,存在正交矩阵

$$\boldsymbol{P}=\begin{pmatrix}\frac{1}{3} & \frac{2}{\sqrt{5}} & \frac{2\sqrt{5}}{15}\\ \frac{2}{3} & -\frac{1}{\sqrt{5}} & \frac{4\sqrt{5}}{15}\\ -\frac{2}{3} & 0 & \frac{\sqrt{5}}{3}\end{pmatrix}$$

使

$$\boldsymbol{P}^{\mathrm{T}}\boldsymbol{A}\ \boldsymbol{P}=\begin{pmatrix}-7 & & \\ & 2 & \\ & & 2\end{pmatrix}$$

故所求的正交变换是

$$\begin{pmatrix} y_1 \\ y_2 \\ y_3 \end{pmatrix} = \begin{pmatrix} \frac{1}{3} & \frac{2}{\sqrt{5}} & \frac{2\sqrt{5}}{15} \\ \frac{2}{3} & -\frac{1}{\sqrt{5}} & \frac{4\sqrt{5}}{15} \\ -\frac{2}{3} & 0 & \frac{\sqrt{5}}{3} \end{pmatrix} \begin{pmatrix} x_1 \\ x_2 \\ x_3 \end{pmatrix}$$

在此变换下,二次型的标准形是

$$f = -7y_1^2 + 2y_2^2 + 2y_3^2$$

* **例 6.2**　设在空间直角坐标系下，曲面方程为

$$2x_1x_2 + 2x_1x_3 - 2x_2x_3 = 1$$

试确定曲面的类型.

解　设

$$f = 2x_1x_2 + 2x_1x_3 - 2x_2x_3$$

则 f 的二次型矩阵为

$$\boldsymbol{A} = \begin{pmatrix} 0 & 1 & 1 \\ 1 & 0 & -1 \\ 1 & -1 & 0 \end{pmatrix}$$

它的特征多项式为

$$|\boldsymbol{A} - \lambda\boldsymbol{E}| = \begin{vmatrix} -\lambda & 1 & 1 \\ 1 & -\lambda & -1 \\ 1 & -1 & -\lambda \end{vmatrix} \overset{c_1+c_2}{=} \begin{vmatrix} 1-\lambda & 1 & 1 \\ 1-\lambda & -\lambda & -1 \\ 0 & -1 & -\lambda \end{vmatrix}$$

$$= (1-\lambda)\begin{vmatrix} 1 & 1 & 1 \\ 1 & -\lambda & -1 \\ 0 & -1 & -\lambda \end{vmatrix} \overset{r_2-r_1}{=} (1-\lambda)\begin{vmatrix} 1 & 1 & 1 \\ 0 & -\lambda-1 & -2 \\ 0 & -1 & -\lambda \end{vmatrix}$$

$$= -(\lambda-1)^2(\lambda+2)$$

则 $\boldsymbol{A}$ 的特征值为 $\lambda_1 = \lambda_2 = 1$, $\lambda_3 = -2$.

对 $\lambda_1 = \lambda_2 = 1$，解线性方程组 $(\boldsymbol{A} - \boldsymbol{E})\boldsymbol{x} = \boldsymbol{0}$，得基础解系

$$\boldsymbol{\xi}_1 = (2,\ 1,\ 1)^{\mathrm{T}}, \qquad \boldsymbol{\xi}_2 = (0,\ -1,\ 1)^{\mathrm{T}}$$

由于它们已正交,只需单位化,得

$$\boldsymbol{e}_1 = \left(\frac{2}{\sqrt{6}},\ \frac{1}{\sqrt{6}},\ \frac{1}{\sqrt{6}}\right)^{\mathrm{T}}, \quad \boldsymbol{e}_2 = \left(0,\ -\frac{1}{\sqrt{2}},\ \frac{1}{\sqrt{2}}\right)^{\mathrm{T}}$$

对 $\lambda_3 = -2$，解线性方程组 $(\boldsymbol{A} + 2\boldsymbol{E})\boldsymbol{x} = \boldsymbol{0}$，得基础解系

$$\boldsymbol{\xi}_3 = (-1,\ 1,\ 1)^{\mathrm{T}}$$

单位化得

$$\boldsymbol{e}_3 = \left(-\frac{1}{\sqrt{3}},\ \frac{1}{\sqrt{3}},\ \frac{1}{\sqrt{3}}\right)^{\mathrm{T}}$$

从而,得正交变换矩阵

$$\boldsymbol{P}=(\boldsymbol{e}_1,\ \boldsymbol{e}_2,\ \boldsymbol{e}_3)=\begin{pmatrix}\dfrac{2}{\sqrt{6}} & 0 & -\dfrac{1}{\sqrt{3}}\\ \dfrac{1}{\sqrt{6}} & -\dfrac{1}{\sqrt{2}} & \dfrac{1}{\sqrt{3}}\\ \dfrac{6}{\sqrt{6}} & \dfrac{1}{\sqrt{2}} & \dfrac{1}{\sqrt{3}}\end{pmatrix}$$

于是,在正交变换 $\boldsymbol{x}=\boldsymbol{P}\boldsymbol{y}$ 下,就将 f 化为标准形 $f=y_1^2+y_2^2-2y_3^2$. 亦即在正交变换 $\boldsymbol{x}=\boldsymbol{P}\boldsymbol{y}$ 下,二次曲面为

$$y_1^2+y_2^2-2y_3^2=1$$

因此,该曲面是一单叶双曲面.

注意:该题可以不求正交矩阵 $\boldsymbol{P}$ 直接给出结论.

6.3 用配方法化二次型为标准形

化二次型为标准形还可以用配方的方法,下面举例说明.

例 6.3 用配方法化二次型

$$f=x_1^2+x_2^2+3x_3^2+4x_1x_2+2x_1x_3+2x_2x_3$$

为标准形,并求出所用的变换矩阵.

解 由于 f 中含变量 x_1 的平方项,故把含 x_1 的项归并起来,配成完全平方项,可得

$$\begin{aligned}f&=x_1^2+x_2^2+3x_3^2+4x_1x_2+2x_1x_3+2x_2x_3\\&=(x_1^2+4x_1x_2+2x_1x_3)+x_2^2+3x_3^2+2x_2x_3\\&=((x_1+2x_2+x_3)^2-4x_2^2-x_3^2-4x_2x_3)+x_2^2+3x_3^2+2x_2x_3\\&=(x_1+2x_2+x_3)^2-3x_2^2+2x_3^2-2x_2x_3\end{aligned}$$

再将余下的含有 x_2 的项合在一起配成完全平方项,得

$$f=(x_1+2x_2+x_3)^2-3\left(x_2+\frac{1}{3}x_3\right)^2+\frac{7}{3}x_3^2$$

令

$$\begin{cases}y_1=x_1+2x_2+x_3\\ y_2=x_2+\dfrac{1}{3}x_3\\ y_3=x_3\end{cases}$$

即有可逆线性变换

$$\begin{cases}x_1=y_1-2y_2-\dfrac{1}{3}y_3\\ x_2=y_2-\dfrac{1}{3}y_3\\ x_3=y_3\end{cases}$$

就将 f 化为标准形

$$f=y_1^2-3y_2^2+\frac{7}{3}y_3^2$$

其变换矩阵为

$$C=\begin{pmatrix}1 & -2 & -\frac{1}{3}\\ 0 & 1 & -\frac{1}{3}\\ 0 & 0 & 1\end{pmatrix}\qquad (|C|\neq 0)$$

例 6.4　化二次型

$$f=2x_1x_2+2x_1x_3-2x_2x_3$$

成标准形，并求所用的可逆线性变换.

解　由于 f 中不含平方项，故先用下列变换使 f 含有平方项，再配方. 令

$$\begin{cases}x_1=y_1+y_2\\ x_2=y_1-y_2\\ x_3=y_3\end{cases}$$

即

$$\begin{pmatrix}x_1\\ x_2\\ x_3\end{pmatrix}=\begin{pmatrix}1 & 1 & 0\\ 1 & -1 & 0\\ 0 & 0 & 1\end{pmatrix}\begin{pmatrix}y_1\\ y_2\\ y_3\end{pmatrix}$$

代入 f 可得

$$f=2y_1^2-2y_2^2+4y_2y_3$$

配方得

$$f=2y_1^2-2(y_2-y_3)^2+2y_3^2$$

再令

$$\begin{cases}z_1=y_1\\ z_2=y_2-y_3\\ z_3=y_3\end{cases}$$

即

$$\begin{cases}y_1=z_1\\ y_2=z_2+z_3\\ y_3=z_3\end{cases}$$

亦即

$$\begin{pmatrix}y_1\\ y_2\\ y_3\end{pmatrix}=\begin{pmatrix}1 & 0 & 0\\ 0 & 1 & 1\\ 0 & 0 & 1\end{pmatrix}\begin{pmatrix}z_1\\ z_2\\ z_3\end{pmatrix}$$

于是

$$f=2z_1^2-2z_2^2+2z_3^2$$

所用线性变换为

$$\begin{pmatrix}x_1\\ x_2\\ x_3\end{pmatrix}=\begin{pmatrix}1 & 1 & 0\\ 1 & -1 & 0\\ 0 & 0 & 1\end{pmatrix}\begin{pmatrix}1 & 0 & 0\\ 0 & 1 & 1\\ 0 & 0 & 1\end{pmatrix}\begin{pmatrix}z_1\\ z_2\\ z_3\end{pmatrix}=\begin{pmatrix}1 & 1 & 1\\ 1 & -1 & -1\\ 0 & 0 & 1\end{pmatrix}\begin{pmatrix}z_1\\ z_2\\ z_3\end{pmatrix}$$

容易验证,其变换矩阵是可逆的.

一般,任何二次型都可用上面两例的方法找到可逆线性变换,把二次型化为标准形.

注意:如果配方的次序不同或归并的完全平方式不同,则所化得的标准形可能也就不同.

6.4 正定二次型

在用可逆线性变换将二次型化为标准形时,由于可逆线性变换不唯一,因此二次型的标准形也不唯一,但是,标准形中所含的项数(即二次型的秩)是唯一的,例如例 6.2 和例 6.4.不仅如此,在限定二次型为实二次型、线性变换为实变换时,标准形中正系数的个数是唯一的,从而负系数的个数也是唯一的,这就是下面的定理.

定理 6.3(惯性定理)设实二次型 $f = \boldsymbol{x}^{\mathrm{T}}\boldsymbol{A}\,\boldsymbol{x}$ 的秩为 r,在两个实的线性变换

$$\boldsymbol{x} = \boldsymbol{C}\boldsymbol{y} \quad 及 \quad \boldsymbol{x} = \boldsymbol{P}\boldsymbol{z}$$

下有标准形

$$f = k_1 y_1^2 + k_2 y_2^2 + \cdots + k_r y_r^2 \ (k_i \neq 0,\ i = 1,\ 2,\ \cdots,\ r)$$

$$f = \lambda_1 z_1^2 + \lambda_2 z_2^2 + \cdots + \lambda_r z_r^2 \ (\lambda_i \neq 0,\ i = 1,\ 2,\ \cdots,\ r)$$

则 $k_i(i = 1,\ 2,\ \cdots,\ r)$ 中正数的个数与 $\lambda_i(i = 1,\ 2,\ \cdots,\ r)$ 中正数的个数相等.(证明略)

标准形中正系数的项数称为二次型的**正惯性指数**,负系数的项数称为二次型的**负惯性指数**.

特别,若实二次型 $f = \boldsymbol{x}^{\mathrm{T}}\boldsymbol{A}\,\boldsymbol{x}$ 在可逆线性变换 $\boldsymbol{x} = \boldsymbol{C}\boldsymbol{y}$ 下的标准形中的系数均为正数,即

$$f = \lambda_1 y_1^2 + \lambda_2 y_2^2 + \cdots + \lambda_n y_n^2 \ (\lambda_i > 0;\ i = 1,\ 2,\ \cdots,\ n)$$

则对任何 $\boldsymbol{x} \neq \boldsymbol{0}$,有 $\boldsymbol{y} = \boldsymbol{C}^{-1}\boldsymbol{x} \neq \boldsymbol{0}$,故有

$$f(\boldsymbol{x}) = \lambda_1 y_1^2 + \lambda_2 y_2^2 + \cdots + \lambda_n y_n^2 > 0$$

这样的二次型称为正定二次型.

定义 6.2 设 $f = \boldsymbol{x}^{\mathrm{T}}\boldsymbol{A}\,\boldsymbol{x}$ 是一个实二次型,如果对任何 $\boldsymbol{x} \neq 0$,有 $f(\boldsymbol{x}) > 0$(注意 $f(\boldsymbol{0}) = 0$),则称 f 为**正定二次型**,并称对称矩阵 $\boldsymbol{A}$ 为**正定矩阵**,记成 $\boldsymbol{A} > \boldsymbol{0}$;如果对任何 $\boldsymbol{x} \neq \boldsymbol{0}$,有 $f(\boldsymbol{x}) < 0$,则称 f 为**负定二次型**,并称对称矩阵 $\boldsymbol{A}$ 为**负定矩阵**,记成 $\boldsymbol{A} < \boldsymbol{0}$. 如果 f 既不正定,也不负定,则称 f 为**不定的**.

我们可以从定义来判别一个实二次型是否正定,但一般来说比较麻烦,下面我们不加证明地给出几个判断二次型正定的充要条件.

定理 6.4 实二次型 $f = \boldsymbol{x}^{\mathrm{T}}\boldsymbol{A}\,\boldsymbol{x}$ 为正定的充要条件是它的正惯性指数等于变量的个数 n.

定理 6.5 实二次型 $f = \boldsymbol{x}^{\mathrm{T}}\boldsymbol{A}\,\boldsymbol{x}$ 为正定的充要条件是 $\boldsymbol{A}$ 的所有特征值全为正数.

定义 6.3 设

$$\boldsymbol{A} = \begin{pmatrix} a_{11} & a_{12} & \cdots & a_{1n} \\ a_{21} & a_{22} & \cdots & a_{2n} \\ \vdots & \vdots & & \vdots \\ a_{n1} & a_{n2} & \cdots & a_{nn} \end{pmatrix}$$

称

$$\Delta_k = \begin{vmatrix} a_{11} & a_{12} & \cdots & a_{1k} \\ a_{21} & a_{22} & \cdots & a_{2k} \\ \vdots & \vdots & & \vdots \\ a_{k1} & a_{k2} & \cdots & a_{kk} \end{vmatrix} \quad (k = 1, 2, \cdots, n)$$

为矩阵 $\mathbf{A}$ 的 k 阶**顺序主子式**.

定理 6.6　实二次型 $f = \mathbf{x}^{\mathrm{T}}\mathbf{A}\,\mathbf{x}$ 为正定的充要条件是 $\mathbf{A}$ 的各阶顺序主子式都大于零,即

$$\Delta_1 = a_{11} > 0,\ \Delta_2 = \begin{vmatrix} a_{11} & a_{12} \\ a_{21} & a_{22} \end{vmatrix} > 0,\ \cdots,\ \Delta_n = \begin{vmatrix} a_{11} & a_{12} & \cdots & a_{1n} \\ a_{21} & a_{22} & \cdots & a_{2n} \\ \vdots & \vdots & & \vdots \\ a_{n1} & a_{n2} & \cdots & a_{nn} \end{vmatrix} > 0$$

实二次型为负定的充要条件是它的奇数阶顺序主子式都小于零,偶数阶顺序主子式都大于零,即

$$\Delta_1 = a_{11} < 0,\ \Delta_2 = \begin{vmatrix} a_{11} & a_{12} \\ a_{21} & a_{22} \end{vmatrix} > 0,\ \Delta_3 = \begin{vmatrix} a_{11} & a_{12} & a_{13} \\ a_{21} & a_{22} & a_{23} \\ a_{31} & a_{32} & a_{33} \end{vmatrix} < 0,\ \cdots,$$

$$\Delta_n = (-1)^n \begin{vmatrix} a_{11} & a_{12} & \cdots & a_{1n} \\ a_{21} & a_{22} & \cdots & a_{2n} \\ \vdots & \vdots & & \vdots \\ a_{n1} & a_{n2} & \cdots & a_{nn} \end{vmatrix} > 0$$

例 6.5　判断二次型

$$f = 2x_1^2 + 3x_2^2 + 3x_3^2 + 4x_2x_3$$

的正定性.

解法一　用配方法

$$f = 2x_1^2 + 3x_2^2 + 3x_3^2 + 4x_2x_3 = 2x_1^2 + 3\left(x_2 + \frac{2}{3}x_3\right)^2 + \frac{23}{9}x_3^2$$

令

$$\begin{cases} y_1 = x_1 \\ y_2 = x_2 + \dfrac{2}{3}x_3 \\ y_3 = x_3 \end{cases}$$

即有可逆变换

$$\begin{cases} x_1 = y_1 \\ x_2 = y_2 - \dfrac{2}{3}y_3 \\ x_3 = y_3 \end{cases}$$

将 f 化为标准形为

$$f = 2y_1^2 + 3y_2^2 + \frac{23}{9}y_3^2$$

由定理 6.4 知 f 是正定的.

解法二 用特征值法

二次型 f 的矩阵为

$$A=\begin{pmatrix}2&0&0\\0&3&2\\0&2&3\end{pmatrix}$$

特征多项式

$$f(\lambda)=|A-\lambda E|=\begin{vmatrix}2-\lambda&0&0\\0&3-\lambda&2\\0&2&3-\lambda\end{vmatrix}=(2-\lambda)(\lambda-5)(\lambda-1)$$

可得 A 的全部特征值为 $\lambda_1=1>0$，$\lambda_2=2>0$，$\lambda_3=5>0$，由定理 6.5 知 f 为正定二次型.

解法三 用顺序主子式法

二次型 f 的矩阵为

$$A=\begin{pmatrix}2&0&0\\0&3&2\\0&2&3\end{pmatrix}$$

由于

$$\Delta_1=2>0,\ \Delta_2=\begin{vmatrix}2&0\\0&3\end{vmatrix}=6>0,\ \Delta_3=|A|=\begin{vmatrix}2&0&0\\0&3&2\\0&2&3\end{vmatrix}=10>0$$

由定理 6.6 知 f 为正定二次型.

例 6.6 试求 t 为何值时，二次型

$$f=6x_1^2+4x_2^2+2x_3^2+8t\ x_1x_2+4x_1x_3$$

为正定二次型.

解 f 的矩阵

$$A=\begin{pmatrix}6&4t&2\\4t&4&0\\2&0&2\end{pmatrix}$$

欲使 f 为正定二次型，只需 A 的各阶顺序主子式均大于零，即

$$\Delta_1=6>0,\ \Delta_2=\begin{vmatrix}6&4t\\4t&4\end{vmatrix}=8(3-2t^2)>0,\ \Delta_3=|A|=32(1-t^2)>0$$

亦即 $\begin{cases}3-2t^2>0\\1-t^2>0\end{cases}$，解得 $-1<t<1$. 所以当 $-1<t<1$ 时，f 为正定二次型.

习 题 6

1. 判别下列各式是否为二次型：

(1) $f_1=x_1^2+2x_2^2+x_3^2+4x_1x_2+x_1$；

(2) $f_2=x_1^2+4x_2^2-x_3^2+x_1x_3-x_2x_3+1$；

(3) $f_3=x_1^2+4x_1^2x_2+3x_2^2$；

(4) $f_4 = x_1^2 + 4x_1x_2 + 2x_2^2 + 4x_2x_3 + 3x_3^2$.

2. 写出下列二次型的矩阵表示形式：

(1) $f_1 = 3x_1^2 - x_2^2 - 2x_1x_2 + x_1x_3 + 8x_2x_3$；

(2) $f_2 = x_2^2 + 2x_3^2 - x_4^2 + x_1x_2 + 2x_1x_3 - 2x_2x_3 - 6x_2x_4$.

3. 用可逆线性变换将下列二次型化为标准形，并求出所用的线性变换：

(1) $f = 2x_1^2 + x_2^2 - 4x_1x_2 - 4x_2x_3$；

(2) $f = x_1^2 + 2x_2^2 + x_4^2 + 4x_1x_2 + 4x_1x_3 + 2x_1x_4 + 2x_2x_3$；

(3) $f = x_1^2 + 2x_2^2 + 2x_1x_2 - 2x_1x_3$.

4. 用正交变换将下列二次型化为标准形，并求出所用的正交变换：

(1) $f = 2x_1^2 + 5x_2^2 + 5x_3^2 + 4x_1x_2 - 4x_1x_3 - 8x_2x_3$；

(2) $f = 2x_1x_2 - 2x_3x_4$.

5. 判定下列二次型是否为正定二次型：

(1) $f = 5x_1^2 + 6x_2^2 + 4x_3^2 - 4x_1x_2 - 4x_2x_3$；

(2) $f = 10x_1^2 + 8x_1x_2 + 24x_1x_3 + 2x_2^2 - 28x_2x_3 + x_3^2$.

6. 证明：实对称矩阵 $\boldsymbol{A}$ 为正定矩阵的充分必要条件是存在可逆矩阵 $\boldsymbol{P}$，使 $\boldsymbol{P}^{\mathrm{T}}\boldsymbol{A}\boldsymbol{P} = \boldsymbol{E}$.

7. 证明：若 $\boldsymbol{A}$ 为正定矩阵，则 $\boldsymbol{A}^{\mathrm{T}}$，$\boldsymbol{A}^{-1}$，$\boldsymbol{A}^*$ 也是正定矩阵.

8. 设 $\boldsymbol{A}$，$\boldsymbol{B}$ 都是正定矩阵，证明 $\boldsymbol{A} + \boldsymbol{B}$ 也是正定矩阵.

9. 设 $\boldsymbol{U}$ 为可逆矩阵，$\boldsymbol{A} = \boldsymbol{U}^{\mathrm{T}}\boldsymbol{U}$，证明 $f = \boldsymbol{x}^{\mathrm{T}}\boldsymbol{A}\boldsymbol{x}$ 为正定二次型.

10. 设 $\boldsymbol{A}$ 为正定矩阵，证明存在可逆矩阵 $\boldsymbol{U}$，使 $\boldsymbol{A} = \boldsymbol{U}^{\mathrm{T}}\boldsymbol{U}$.

第 7 章　线性规划及其对偶理论

线性规划是运筹学的一个重要分支. 自 1947 年美国数学家丹齐格(G. B. Dantzig)提出一般线性规划问题求解的方法——单纯形法之后,线性规划无论在理论上、计算方法和开拓新的应用领域中,都取得了长足的进步,线性规划从解决技术问题的最优化设计到工业、农业、商业、交通运输业、军事、经济计划和管理决策等领域都有广泛的发展和应用. 本章主要介绍线性规划的数学模型、基本概念和理论、单纯形法和对偶理论.

7.1　线性规划的数学模型

7.1.1　线性规划问题举例

在实际生产管理和经营活动中,经常提出如何合理利用有限的人力、物力、财力等资源,使得达到最好的经济效果等问题.

例 7.1　某工厂在计划期内要安排生产 I、II 两种产品,已知生产单位产品所需的设备及 A、B 两种原材料的消耗,如表 7.1 所示.

表 7.1

	I	II	资源总量
设备(台时)	1	2	8
原材料 A(kg)	4	0	16
原材料 B(kg)	0	4	12

设该工厂每生产一件产品 I、II 分别获利 2 元和 3 元,问应如何安排生产计划使得该工厂获利最多?

解　这个问题可以用数学语言来描述.

设 x_1, x_2 分别表示在计划内产品 I 和 II 的产量. 此时,工厂的获利为

$$f(x) = 2x_1 + 3x_2$$

因为设备的有效台时为 8,所以安排生产时不能超过设备的有效台时,因此有

$$x_1 + 2x_2 \leqslant 8$$

同理,安排生产时,因为原材料 A、B 有限,所以有

$$4x_1 \leqslant 16,\ 4x_2 \leqslant 12$$

该厂的目标是在不超过所有资源限量的条件下,如何确定 x_1, x_2 以便得到最大利润. 因此问题可以归纳为:满足约束条件

$$\begin{aligned} x_1 + 2x_2 &\leqslant 8 \\ 4x_1 \qquad &\leqslant 16 \end{aligned}$$

$$4x_2 \leqslant 12$$
$$x_1, x_2 \geqslant 0$$

使得工厂利润 $f(x) = 2x_1 + 3x_2$ 最大.

例 7.2　某车间有长度为 180 cm 的钢管(数量足够多),现要将其截为三种不同长度的管料,以备使用,截取长度分别为 70 cm、52 cm、35 cm. 已知生产需要 70 cm 的管料 100 根,而 52 cm、35 cm 的管料分别不少于 150 根和 120 根. 问应该采取怎样的截法,才能完成任务,同时使得剩下的余料最少?

解　所有可能的截法如表 7.2 所示,共 8 种.

表 7.2

管料＼截法	一	二	三	四	五	六	七	八	需求量
70(cm)	2	1	1	1	0	0	0	0	100
52(cm)	0	2	1	0	3	2	1	0	150
35(cm)	1	0	1	3	0	2	3	5	120
余料长度(cm)	5	6	23	5	24	6	23	5	

由已知要完成任务,又要使得余料最少,则应该采用多种截法. 设第 i 种截法截原钢管 x_i 根,其中 $i = 1,2,\cdots,8$. 则由表 7.2 知,截出 70 cm 的管料根数为 $2x_1 + x_2 + x_3 + x_4$,而需求数为 100 根. 因此有

$$2x_1 + x_2 + x_3 + x_4 = 100$$

同理可得

$$2x_2 + x_3 + 3x_5 + 2x_6 + x_7 \geqslant 150,\ x_1 + x_3 + 3x_4 + 2x_6 + 3x_7 + 5x_8 \geqslant 120$$

余料长度为

$$f(x) = 5x_1 + 6x_2 + 23x_3 + 5x_4 + 24x_5 + 6x_6 + 23x_7 + 5x_8$$

于是问题转化为:满足约束条件

$$2x_1 + x_2 + x_3 + x_4 = 100$$
$$2x_2 + x_3 + 3x_5 + 2x_6 + x_7 \geqslant 150$$
$$x_1 + x_3 + 3x_4 + 2x_6 + 3x_7 + 5x_8 \geqslant 120$$
$$x_i \geqslant 0, i = 1,2,\cdots,8$$

使得余料长度 $f(x) = 5x_1 + 6x_2 + 23x_3 + 5x_4 + 24x_5 + 6x_6 + 23x_7 + 5x_8$ 最少.

7.1.2　线性规划的数学模型

从以上两个例子可以看出,它们属于同一类优化问题,且具有如下共同性质.

(1) 每一个问题都用一组决策变量 $(x_1, x_2, \cdots, x_n)^{\mathrm{T}}$ 表示某一方案;每一组值就代表一个具体方案,且这些变量非负.

(2) 有一个目标要求,可用决策变量的线性函数(称为目标函数)来表示,按问题的不同,要求目标函数实现最大化或最小化.

(3) 有一定的限制条件(称为约束条件),可用一组线性等式或不等式来表示.

用数学语言描述上述三个条件,便得到线性规划的数学模型:

目标函数 $\max(\min) f(x) = c_1x_1 + c_2x_2 + \cdots + c_nx_n$ (7.1)

约束条件
$$\text{s.t.}\ \begin{cases} a_{11}x_1 + a_{12}x_2 + \cdots + a_{1n}x_n \leqslant (=, \geqslant) b_1 \\ a_{21}x_1 + a_{22}x_2 + \cdots + a_{2n}x_n \leqslant (=, \geqslant) b_2 \\ \vdots \\ a_{m1}x_1 + a_{m2}x_2 + \cdots + a_{mn}x_n \leqslant (=, \geqslant) b_m \end{cases} \tag{7.2}$$

$$x_1, x_2, \cdots, x_n \geqslant 0 \tag{7.3}$$

其中,目标函数系数 c_i 称为价值系数,约束条件系数 a_{ij} 称为技术系数,约束条件的常数 b_i 称为资源系数或限额系数.

7.1.3 线性规划的标准形

在实际问题中,线性规划问题有各种不同的形式.目标函数可能要求取最大值,也可能要求取最小值,而约束条件中,可能有等式约束,也可能有不等式约束,这对进一步研究和求解带来不便.因此有必要将不同形式的线性规划化为标准形式,称下列形式的线性规划问题为线性规划的标准形式

$$\begin{aligned} &\min f(x) = c_1x_1 + c_2x_2 + \cdots + c_nx_n \\ &\text{s.t.}\ a_{11}x_1 + a_{12}x_2 + \cdots + a_{1n}x_n = b_1 \\ &\qquad a_{21}x_1 + a_{22}x_2 + \cdots + a_{2n}x_n = b_2 \\ &\qquad\qquad \vdots \\ &\qquad a_{m1}x_1 + a_{m2}x_2 + \cdots + a_{mn}x_n = b_m \\ &\qquad\quad x_1, x_2, \cdots, x_n \geqslant 0 \end{aligned}$$

或简记为

$$\begin{aligned} &\min f(x) = \sum_{i=1}^{n} c_ix_i \\ &\text{s.t.}\ \sum_{j=1}^{n} a_{ij}x_j = b_i, i = 1,2,\cdots,m \\ &\qquad x_j \geqslant 0, j = 1,2,\cdots,n \end{aligned}$$

其中约束条件的常数项 $b_i \geqslant 0$,否则等式两边乘以“-1”.若令

$$\boldsymbol{c} = (c_1, c_2, \cdots, c_n)^{\mathrm{T}}, \boldsymbol{b} = (b_1, b_2, \cdots, b_n)^{\mathrm{T}}, \boldsymbol{A} = \begin{pmatrix} a_{11} & a_{12} & \cdots & a_{1n} \\ a_{21} & a_{22} & \cdots & a_{2n} \\ \vdots & \vdots & & \vdots \\ a_{m1} & a_{m2} & \cdots & a_{mn} \end{pmatrix}, \boldsymbol{x} = \begin{pmatrix} x_1 \\ x_2 \\ \vdots \\ x_n \end{pmatrix}$$

则可以得到线性规划标准形式的矩阵表示

$$\begin{aligned} &\min f(\boldsymbol{x}) = \boldsymbol{c}^{\mathrm{T}}\boldsymbol{x} \\ &\text{s.t.}\ \boldsymbol{Ax} = \boldsymbol{b} \\ &\qquad \boldsymbol{x} \geqslant \boldsymbol{0} \end{aligned}$$

实际中任意的线性规划都可以转化为标准形式.下面讨论化为标准形的问题.

1. 最大值问题最小化

若目标函数是求最大值的问题，只需给目标函数乘以"-1"，则有

$$\max f(x) = \min[-f(x)]$$

求最大值问题化为求最小值的问题.

2. 松弛变量

若约束条件为"≤"，如 $\sum_{j=1}^{n} a_{ij}x_j \leqslant b_i$，可引入新变量 $x_{n+i} \geqslant 0$（称为松弛变量），使得

$$\sum_{j=1}^{n} a_{ij}x_j + x_{n+i} = b_i$$

而目标函数不变，即 x_{n+i} 的价值系数 $c_{n+i} = 0$.

3. 剩余变量

若约束条件为"≥"，如 $\sum_{j=1}^{n} a_{ij}x_j \geqslant b_i$，可引入新变量 $x_{n+i} \geqslant 0$（称为剩余变量），使得

$$\sum_{j=1}^{n} a_{ij}x_j - x_{n+i} = b_i$$

而目标函数不变，即 x_{n+i} 的价值系数 $c_{n+i} = 0$.

4. 自由变量

若决策变量 x_i 无限制，即可以任意取值，则称 x_i 为自由变量. 此时引入两个非负变量 $x_i' \geqslant 0$，$x_i'' \geqslant 0$，令 $x_i = x_i' - x_i''$，将它代入目标函数和约束条件中.

例 7.3　将下列线性规划问题化为标准形式

$$\begin{aligned}
&\max f(x) = x_1 - 2x_2 + 3x_3 \\
&\text{s.t.}\ \ 2x_1 - 7x_3 \leqslant 0 \\
&\qquad 3x_1 + 2x_2 \geqslant 0 \\
&\qquad x_1 + x_2 + x_3 = 5 \\
&\qquad x_1, x_2 \geqslant 0, x_3 \text{ 是自由变量}
\end{aligned}$$

解　将目标函数变为 $\min[-f(x)]$，在第一个约束不等式中加入松弛变量 x_4，在第二个约束不等式中减去剩余变量 x_5，令 $x_3 = x_6 - x_7$，其中 $x_6, x_7 \geqslant 0$，则可得标准形式

$$\begin{aligned}
&\min[-f(x)] = -x_1 + 2x_2 + 0x_4 + 0x_5 + 3(x_6 - x_7) \\
&\text{s.t.}\ \ 2x_1 + x_4 - 7(x_6 - x_7) = 0 \\
&\qquad 3x_1 + 2x_2 - x_5 = 0 \\
&\qquad x_1 + x_2 + (x_6 - x_7) = 5 \\
&\qquad x_1, x_2, x_4, x_5, x_6, x_7 \geqslant 0
\end{aligned}$$

7.2　线性规划的基本性质

在研究线性规划的求解之前，我们先给出线性规划解的有关概念和一些基本性质.

7.2.1　线性规划的基本概念

对于线性规划

$$\begin{aligned} &\min f(\boldsymbol{x}) = \boldsymbol{c}^{\mathrm{T}}\boldsymbol{x} \\ &\text{s. t. } \boldsymbol{Ax} = \boldsymbol{b} \\ &\boldsymbol{x} \geqslant \boldsymbol{0} \end{aligned} \tag{7.4}$$

其中，$\boldsymbol{A} = (a_{ij})_{m\times n}$，设 $R(\boldsymbol{A}) = m$，即约束方程组中没有多余的方程，则有 $n \geqslant m$.

1. 可行解

满足约束条件 $\boldsymbol{Ax} = \boldsymbol{b}, \boldsymbol{x} \geqslant 0$ 的向量 $\boldsymbol{x} = (x_1, x_2, \cdots, x_n)^{\mathrm{T}}$，称为线性规划(7.4)的可行解. 所有可行解的集合称为可行集.

2. 基

设 $\boldsymbol{B}$ 是矩阵 $\boldsymbol{A}$ 中 $m \times m$ 阶非奇异子矩阵($|\boldsymbol{B}| \neq 0$) ，则称 $\boldsymbol{B}$ 是线性规划(7.4)的一个基. 不妨设

$$\boldsymbol{B} = \begin{pmatrix} a_{11} & a_{12} & \cdots & a_{1m} \\ a_{21} & a_{22} & \cdots & a_{2m} \\ \vdots & \vdots & \vdots & \vdots \\ a_{m1} & a_{m2} & \cdots & a_{mm} \end{pmatrix} = (\boldsymbol{p}_1, \boldsymbol{p}_2, \cdots, \boldsymbol{p}_m)$$

称 $\boldsymbol{p}_j\ (j = 1,2,\cdots,m)$ 为基向量. 与 $\boldsymbol{p}_j$ 相对应的变量 $\boldsymbol{x}_j\ (j = 1,2,\cdots,m)$ 为基变量，否则称为非基变量.

3. 基本解

设 $\boldsymbol{B} = (\boldsymbol{p}_1, \boldsymbol{p}_2, \cdots, \boldsymbol{p}_m)$ 是线性规划(7.4)的一个基，相应的基变量为 $\boldsymbol{x}_B = (x_1, x_2, \cdots, x_m)^{\mathrm{T}}$，则方程组 $\boldsymbol{Bx}_B = \boldsymbol{b}$ 有唯一解

$$\boldsymbol{x}_B = \boldsymbol{B}^{-1}\boldsymbol{b} = (x_1{}^*, x_2{}^*, \cdots, x_m{}^*)^{\mathrm{T}}$$

令非基变量为 $\boldsymbol{0}$，可得到 $\boldsymbol{Ax} = \boldsymbol{b}$ 的一个解

$$\boldsymbol{x} = (x_1{}^*, x_2{}^*, \cdots, x_m{}^*, 0, \cdots, 0)^{\mathrm{T}}$$

称为线性规划(7.4)的基本解.

4. 基可行解

所有分量非负的基本解称为基可行解. 与基可行解对应的基称为可行基. 由于线性规划(7.4)不同的基最多有 C_n^m 个，所以线性规划(7.4)最多有 C_n^m 个基可行解.

5. 最优解

设 $\boldsymbol{x}^*$ 是(7.4)的一个可行解，且对于任意的可行解 $\boldsymbol{x}$，都有 $f(\boldsymbol{x}) \geqslant f(\boldsymbol{x}^*)$，则称 $\boldsymbol{x}^*$ 是线性规划(7.4)的最优解. 若 $\boldsymbol{x}^*$ 既是最优解又是基可行解，则称 $\boldsymbol{x}^*$ 最优基可行解.

7.2.2　凸集与顶点

1. 凸集

设 $D \subset \mathbf{R}^n$，若对于任意 $x, y \in D$ 和 $\alpha \in [0,1]$，都有

$$\alpha x + (1-\alpha)y \in D$$

则称 D 为凸集.

实心圆,实心球体,实心长方体等都是凸集,但圆环不是凸集.直观地说,凸集没有凹下部分,内部没有空洞.

2. 凸组合

设 $x_i \in \mathbf{R}^n$,实数 $\alpha_i \geqslant 0,(i=1,2,\cdots,k)$,且 $\sum_{i=1}^{k}\alpha_i = 1$,则

$$\sum_{i=1}^{k}\alpha_i x_i = \alpha_1 x_1 + \alpha_2 x_2 + \cdots + \alpha_k x_k$$

称为 $x_1,x_2,\cdots,x_k$ 的凸组合.

由凸集的定义可知,凸集 D 中任意两点 x,y 的凸组合属于 D.

3. 顶点

设 D 是凸集,$\boldsymbol{x}^* \in D$. 若 $\boldsymbol{x}^*$ 不能表示为 D 中其他任意两个不同点的凸组合,则称 x^* 为 D 的顶点.

7.2.3　线性规划解的基本性质

下面我们不加证明地给出关于线性规划解的一些性质.

(1) 线性规划的可行集 $D=\{\boldsymbol{x}\,|\,\boldsymbol{Ax}=\boldsymbol{b},\boldsymbol{x}\geqslant\boldsymbol{0}\}$ 是凸集.

(2) 线性规划可行集 D 的点 $\boldsymbol{x}$ 是 D 的顶点的充分必要条件是 $\boldsymbol{x}$ 是此线性规划的基可行解.

(3) 若线性规划有最优解,则必在其可行集的顶点处取得.

由上可知,求一个线性规划的最优解,只要求出它的所有基可行解,然后比较这些基可行解对应的目标函数值,使得目标函数取最小值的基可行解就是最优解.但是线性规划约束条件的系数矩阵阶数比较大时,此种方法计算最优解比较困难.所以还需寻找新的计算方法.

7.3　单纯形法

求解线性规划的单纯形法是由丹齐格在 1947 年首次提出来的,该方法不仅理论完善,算法简单,而且适用于各种类型的线性规划问题,是求线性规划问题最常用的一种方法.

7.3.1　单纯形法的基本思想

由线性规划的基本性质可知,线性规划的最优解一定在可行集的某个顶点处达到,因此,只需考虑目标函数在可行集顶点处的函数值情况.

单纯形方法的基本思想是:从线性规划可行集的某个顶点(基可行解)出发,沿着使目标函数值下降的方向寻求下一个顶点(基可行解),直到目标函数达到最优时,顶点对应的基可行解即为最优解.线性规划可行集的顶点个数是有限的,因此,只要线性规划有最优解,那么通过有限步迭代之后,必可求出最优解.

7.3.2 单纯形法的基本步骤

1. 单纯形表

为计算方便,通常借助于单纯形表来计算,从初始单纯形表表 7.3 开始,每迭代一步构造一个新单纯形表.

设线性规划问题用化标准形式的方法可化为

$$\min f(x) = \sum_{j=1}^{n} c_j x_j$$

$$\text{s. t.}\ \begin{aligned} x_1 + a_{1,m+1}x_{m+1} + \cdots + a_{1n}x_n &= b_1 \\ x_2 + a_{2,m+1}x_{m+1} + \cdots + a_{2n}x_n &= b_2 \\ &\vdots \\ x_m + a_{m,m+1}x_{m+1} + \cdots + a_{mn}x_n &= b_m \\ x_j \geqslant 0(j = 1,2,\cdots,m) \end{aligned}$$

则可以构造如下初始单纯形表

表 7.3

c_j			c_1	$\cdots$	c_m	c_{m+1}	$\cdots$	c_n	θ_i
$\boldsymbol{C}_B$	$\boldsymbol{X}_B$	$\boldsymbol{b}$	x_1	$\cdots$	x_m	x_{m+1}	$\cdots$	x_n	
c_1	x_1	b_1	1	$\cdots$	0	$a_{1,m+1}$	$\cdots$	a_{1n}	θ_1
c_2	x_2	b_2	0	$\cdots$	0	$a_{2,m+1}$	$\cdots$	a_{2n}	θ_2
$\vdots$	$\vdots$	$\vdots$	$\vdots$	$\cdots$	$\vdots$	$\vdots$	$\cdots$	$\vdots$	$\vdots$
c_m	x_m	b_m	0	$\cdots$	0	$a_{m,m+1}$	$\cdots$	a_{mn}	θ_m
σ_j			0	$\cdots$	0	$c_{m+1} - \sum_{i=1}^{m} c_i a_{i,m+1}$	$\cdots$	$c_n - \sum_{i=1}^{m} c_i a_{in}$	

单纯型表 $\boldsymbol{X}_B$ 列中填入基变量 $x_1,x_2,\cdots,x_m$;$\boldsymbol{C}_B$ 列中填入基变量的价值系数 $c_1,c_2,\cdots,c_m$;$\boldsymbol{b}$ 列中填入约束方程组右端的常数;θ_i 列的数字是在确定换入变量后,按 θ 规则计算填入;最后一行称为检验数行,对应各非基变量 x_j 的检验数是

$$\sigma_j = c_j - \sum_{i=1}^{m} c_i a_{ij} = c_j - z_j\ (j = 1,2,\cdots,n)$$

2. 单纯形法的计算步骤

(1) 找出初始可行基,确定初始基可行解,建立初始单纯形表;

(2) 检验各非基变量 x_j 的检验数 $\sigma_j = c_j - \sum_{i=1}^{m} c_i a_{ij} = c_j - z_j\ (j = m+1,m+2,\cdots,n)$. 若所有 $\sigma_j \geqslant 0$, 则已得到最优解,停止计算;否则转入下一步;

(3) 在 $\sigma_j < 0(j = m+1,\cdots,n)$ 中,若所有 $a_{jk} \leqslant 0$, 则此问题无最优解,停止计算;否则转入下一步;

(4) 根据 $\sigma_l = \min\{\sigma_j \mid \sigma_j < 0\}$, 确定 x_l 为换入变量. 按 θ 规则计算

$$\theta = \min\{\frac{b_i}{a_{il}} \mid a_{il} > 0\} = \frac{b_k}{a_{kl}}$$

可确定 x_k 为换出变量，转入下一步；

(5)以 a_{kl} 为主元素进行迭代(用矩阵初等行变换法)，把 x_l 所对应的列向量化为单位向量，其中 $a_{kl}=1$，其余分量为 0 .

将 $\boldsymbol{X}_B$ 列中的 x_k 换为 x_l，得到新的单纯形表，重复步骤(2)～步骤(5)，直到终止.

例 7.4　求解线性规划问题

$$\begin{aligned}\max f(x) &= 2x_1+3x_2\\ \text{s.t. } x_1+2x_2 &\leqslant 8\\ 4x_1 &\leqslant 16\\ 4x_2 &\leqslant 12\\ x_1,\ x_2 &\geqslant 0\end{aligned}$$

解　将线性规划问题化为标准形式

$$\begin{aligned}\min[-f(x)] &= -2x_1-3x_2+0x_3+0x_4+0x_5\\ \text{s.t. } x_1+2x_2+x_3 &\leqslant 8\\ 4x_1+x_4 &\leqslant 16\\ 4x_2+x_5 &\leqslant 12\\ x_1,x_2,x_3,x_4,x_5 &\geqslant 0\end{aligned}$$

作初始单纯形表，按单纯形法计算步骤进行迭代，结果如下.

表 7.4

c_j			-2	-3	0	0	0	θ_i
$\boldsymbol{C}_B$	$\boldsymbol{X}_B$	$\boldsymbol{b}$	x_1	x_2	x_3	x_4	x_5	
0	x_3	8	1	2	1	0	0	4
0	x_4	16	4	0	0	1	0	—
0	x_5	12	0	[4]	0	0	1	3
σ_j			-2	-3	0	0	0	
0	x_3	2	[1]	0	1	0	$-1/2$	2
0	x_4	16	4	0	0	1	0	4
-3	x_2	3	0	1	0	0	1/4	—
σ_j			-2	0	0	0	3/4	
-2	x_1	2	1	0	1	0	$-1/2$	—
0	x_4	8	0	0	-4	1	[2]	4
-3	x_2	3	0	1	0	0	1/4	12
σ_j			0	0	2	0	$-1/4$	
-2	x_1	4	1	0	1	1/4	0	
0	x_5	4	0	0	-2	1/2	1	
-3	x_2	2	0	1	1/2	$-1/8$	0	
σ_j			0	0	3/2	1/8	0	

表 7.4 最后一行的检验数均为正,这表示目标函数值已不可能再减小,于是得到最优解 $\boldsymbol{x}^* = (4,2,0,0,4)^{\mathrm{T}}$,目标函数值为 $f(\boldsymbol{x}^*) = 14$.

上面所讨论的单纯形法,总是假定线性规划问题经过标准化后,约束条件系数矩阵中有一个单位矩阵,于是可以得到一个初始基可行解. 但对一般的线性规划问题,可能没有明显的初始基可行解,此时常采用引入非负人工变量的方法来求初始基可行解. 主要采用"大 M"和"两阶段法",对此我们不再详细讨论,有兴趣的读者可参看数学规划相关书籍.

7.4　线性规划的对偶理论

7.4.1　对偶问题及其一般形式

1. 对偶问题的提出

例 7.5　某工厂计划在下一生产周期生产 3 种产品 A_1, A_2, A_3,这些产品都要在甲、乙、丙、丁 4 种设备上加工,根据设备性能和以往的生产情况知道单位产品的加工工时,各种设备的最大加工工时限制,以及每种产品的单位利润(单位:千元),如表 7.5 所示,问如何安排生产计划,才能使工厂得到最大利润?

表 7.5

设备＼产品	A_1	A_2	A_3	总工时限制(小时)
甲/h	2	1	3	70
乙/h	4	2	2	80
丙/h	3	0	1	15
丁/h	2	2	0	50
单位利润(千元)	8	10	2	

解　设 x_1, x_2, x_3 分别为产品 A_1, A_2, A_3 的产量,则此问题的线性规划模型为

$$
\begin{aligned}
\max\ f(x) &= 8x_1 + 10x_2 + 2x_3 \\
\text{s.t.}\ & 2x_1 + x_2 + 3x_3 \leqslant 70 \\
& 4x_1 + 2x_2 + 2x_3 \leqslant 80 \\
& 3x_1 \qquad\quad + x_3 \leqslant 15 \\
& 2x_1 + 2x_2 \qquad\ \leqslant 50 \\
& x_1, x_2, x_3 \geqslant 0
\end{aligned}
$$

现在从另一个角度来讨论该问题.

假设工厂考虑不安排生产,而准备将所有设备出租,收取租费. 于是,需要为每种设备的台时进行估价.

设 y_1, y_2, y_3, y_4 分别表示甲、乙、丙、丁 4 种设备的台时估价. 由表 7.5 可知,生产一件产

品 A_1 需用各设备台时分别为 2,4,3,2 小时，如果不用于生产产品 A_1，而是用于出租，那么将得到租费

$$2y_1 + 4y_2 + 3y_3 + 2y_4$$

当然，工厂为了不至于赔本，在为设备定价时，保证用于生产产品 A_1 的各设备台时得到的租费，不能低于产品 A_1 的单位利润 8 千元，即

$$2y_1 + 4y_2 + 3y_3 + 2y_4 \geqslant 8$$

同理有 $y_1 + 2y_2 + 2y_4 \geqslant 10$，$3y_1 + 2y_2 + y_3 \geqslant 2$.

另外，价格显然不能为负值，所以 $y_1, y_2, y_3, y_4 \geqslant 0$.

企业现在设备的总台时数为 70,80,15,50 小时，如果将这些台时都用于出租，企业的总收入为

$$g(y) = 70y_1 + 80y_2 + 15y_3 + 50y_4$$

企业为了能够得到租用设备的用户，使出租设备的计划成交，在价格满足上述约束的条件下，应将设备价值定得尽可能低，因此取 $g(y)$ 的最小值，综合上述分析，可得到一个与例 7.5. 相对应的线性规划，即

$$\begin{aligned} \min\ & g(y) = 70y_1 + 80y_2 + 15y_3 + 50y_4 \\ \text{s.t.}\ & 2y_1 + 4y_2 + 3y_3 + 2y_4 \geqslant 8 \\ & y_1 + 2y_2 \qquad\quad + 2y_4 \geqslant 10 \\ & 3y_1 + 2y_2 + y_3 \qquad\quad \geqslant 2 \\ & y_1, y_2, y_3, y_4 \geqslant 0 \end{aligned}$$

我们称后一个规划问题为前一个规划问题的对偶问题，反之，也称前一个规划问题是后一个规划问题的对偶问题.

2. 对偶问题的一般形式

对于线性规划

$$\begin{aligned} \min\ & f(\boldsymbol{x}) = \boldsymbol{c}^{\mathrm{T}}\boldsymbol{x} \\ \text{s.t.}\ & \boldsymbol{A}\boldsymbol{x} \geqslant \boldsymbol{b} \\ & \boldsymbol{x} \geqslant \boldsymbol{0} \end{aligned} \tag{7.5}$$

线性规划

$$\begin{aligned} \max\ & g(\boldsymbol{y}) = \boldsymbol{b}^{\mathrm{T}}\boldsymbol{y} \\ \text{s.t.}\ & \boldsymbol{A}^{\mathrm{T}}\boldsymbol{y} \leqslant \boldsymbol{c} \\ & \boldsymbol{y} \geqslant \boldsymbol{0} \end{aligned} \tag{7.6}$$

称为(7.5)的对偶线性规划，(7.5)称为原规划.

定义中两个线性规划都是不等式约束，一个是“$\geqslant$”，另一个是“$\leqslant$”，且变量要求都是非负，这样的对偶问题称为对称形式的对偶规划. 对于一般的线性规划，我们可以先将其标准化，得到下面形式的线性规划

$$\begin{aligned} \min\ & f(\boldsymbol{x}) = \boldsymbol{c}^{\mathrm{T}}\boldsymbol{x} \\ \text{s.t.}\ & \boldsymbol{A}\boldsymbol{x} = \boldsymbol{b} \\ & \boldsymbol{x} \geqslant \boldsymbol{0} \end{aligned} \tag{7.7}$$

因为 $\boldsymbol{A}\boldsymbol{x} = \boldsymbol{b}$ 等价于 $\boldsymbol{A}\boldsymbol{x} \geqslant b$, $\boldsymbol{A}\boldsymbol{x} \leqslant \boldsymbol{b}$，所以(7.7)可化为

$$\min f(\boldsymbol{x}) = \boldsymbol{c}^{\mathrm{T}}\boldsymbol{x}$$
$$\text{s.t.} \begin{pmatrix} \boldsymbol{A} \\ -\boldsymbol{A} \end{pmatrix}\boldsymbol{x} \geqslant \begin{pmatrix} \boldsymbol{b} \\ -\boldsymbol{b} \end{pmatrix} \tag{7.8}$$
$$\boldsymbol{x} \geqslant 0$$

由对偶线性规划的定义可知(7.8)的对偶规划为

$$\max g(\boldsymbol{y}) = \begin{pmatrix} \boldsymbol{b} \\ -\boldsymbol{b} \end{pmatrix}^{\mathrm{T}} \begin{pmatrix} \boldsymbol{y}_1 \\ \boldsymbol{y}_2 \end{pmatrix}$$
$$\text{s.t.} \begin{pmatrix} \boldsymbol{A} \\ -\boldsymbol{A} \end{pmatrix}^{\mathrm{T}} \begin{pmatrix} \boldsymbol{y}_1 \\ \boldsymbol{y}_2 \end{pmatrix} \leqslant \boldsymbol{c} \tag{7.9}$$
$$\begin{pmatrix} \boldsymbol{y}_1 \\ \boldsymbol{y}_2 \end{pmatrix} \geqslant 0$$

令 $\boldsymbol{y} = \boldsymbol{y}_1 - \boldsymbol{y}_2$，则(7.9)化为

$$\max g(\boldsymbol{y}) = \boldsymbol{b}^{\mathrm{T}}\boldsymbol{y}$$
$$\text{s.t. } \boldsymbol{A}^{\mathrm{T}}\boldsymbol{y} \leqslant \boldsymbol{c} \tag{7.10}$$

其中 $\boldsymbol{y}$ 是自由变量. 即(7.10)是(7.7)的对偶规划.

7.4.2 对偶问题的基本性质

下面不加证明的给出对称形式的对偶问题的基本性质，来阐明原规划和对偶规划最优解之间的关系，而非对称形式的对偶问题也有相应结论.

(1) (对称性)对偶问题的对偶是原问题.

(2) (弱对偶性)设 $\boldsymbol{x}$ 是线性规划(7.5)的可行解，$\boldsymbol{y}$ 是线性规划(7.6)的可行解，则 $\boldsymbol{c}^{\mathrm{T}}\boldsymbol{x} \geqslant \boldsymbol{b}^{\mathrm{T}}\boldsymbol{y}$.

(3) 若 $\boldsymbol{x}$、$\boldsymbol{y}$ 分别是线性规划(7.5)和线性规划(7.6)的可行解，且 $\boldsymbol{c}^{\mathrm{T}}\boldsymbol{x} = \boldsymbol{b}^{\mathrm{T}}\boldsymbol{y}$，则 $\boldsymbol{x}$、$\boldsymbol{y}$ 分别是线性规划(7.5)和线性规划(7.6)的最优解.

(4) (对偶定理)若线性规划(7.5)有最优解，则线性规划(7.6)也有最优解，且它们的目标函数最优值相同.

(5) (互补松弛性)设 $\boldsymbol{x}$、$\boldsymbol{y}$ 分别是线性规划(7.5)和线性规划(7.6)的可行解，则 $\boldsymbol{x}$、$\boldsymbol{y}$ 分别是线性规划(7.5)和(7.6)的最优解的充分必要条件是

$$(\boldsymbol{A}^{\mathrm{T}}\boldsymbol{y} - \boldsymbol{c})^{\mathrm{T}}\boldsymbol{x} = \boldsymbol{0},\ \boldsymbol{y}^{\mathrm{T}}(\boldsymbol{A}\boldsymbol{x} - \boldsymbol{b}) = \boldsymbol{0}$$

7.4.3 对偶单纯形法

1. 算法思想

用单纯形法解线性规划，是从一个基可行解开始，检验它的判别数是否全部非负. 如果所有判别数非负，此时基可行解是最优解. 如果判别数存在负数，则迭代到另一个基可行解. 当线性规划取得最优解时，判别数向量 $\boldsymbol{C}^{\mathrm{T}} - \boldsymbol{C}_B^{\mathrm{T}}\boldsymbol{B}^{-1}\boldsymbol{A} \geqslant \boldsymbol{0}$，其中 $\boldsymbol{B}$ 为最优基. 则可知 $\boldsymbol{y}^{\mathrm{T}} = \boldsymbol{C}_B^{\mathrm{T}}\boldsymbol{B}^{-1}$ 是其对偶线性规划的可行解. 从上文可知，单纯形法可以理解为，从一个基解迭代到另一个基解，迭代过程中始终保持基解是可行解，逐步使得 $\boldsymbol{C}_B^{\mathrm{T}}\boldsymbol{B}^{-1}$ 成为对偶线性规划的可行解.

基于对称的想法，求解线性规划时，从一个基解迭代到另一个基解，迭代过程中始终保持

$C_B^T B^{-1}$（B 为线性规划的基）为对偶线性规划的可行解，而不要求基解是可行解，即允许基解中存在负分量. 通过迭代，逐步使得基解成为可行解. 当基解中没有负分量时，就得到问题的最优解. 这种迭代方法就是对偶单纯形法.

2. 对偶单纯形法的基本步骤

(1) 找出初始基，确定初始基解，使所有检验数非负，建立初始单纯形表；

(2) 若所有 $b_i \geqslant 0$，则当前的解是最优解，停止计算，否则令 $b_k = \min\{b_i \mid b_i < 0\}$，则 k 行为主行，该行对应的基变量为换出变量；

(3) 若所有 $a_{kj} \geqslant 0$，则原问题无解，停止计算，否则计算

$$\theta = \max\{\frac{\sigma_j}{a_{kj}} \mid a_{kj} < 0\} = \frac{\sigma_l}{a_{kl}}$$

则 l 列为主列，该列对应的基变量为换入变量；

(4) 以 a_{kl} 为主元素进行迭代，然后转回步骤(2).

例 7.6　用对偶单纯形法求解线性规划

$$\begin{aligned} \min\ & f(x) = 12x_1 + 8x_2 + 16x_3 + 12x_4 \\ \text{s.t.}\ & 2x_1 + x_2 + 4x_3 \geqslant 2 \\ & 2x_1 + 2x_2 + 4x_4 \geqslant 3 \\ & x_1, x_2, x_3, x_4 \geqslant 0 \end{aligned}$$

解　引入松弛变量将原问题标准化

$$\begin{aligned} \min\ & f(x) = 12x_1 + 8x_2 + 16x_3 + 12x_4 + 0x_5 + 0x_6 \\ \text{s.t.}\ & -2x_1 - x_2 - 4x_3 + x_5 = -2 \\ & -2x_1 - 2x_2 - 4x_4 + x_6 = -3 \\ & x_1, x_2, x_3, x_4, x_5, x_6 \geqslant 0 \end{aligned}$$

作初始单纯形表，按对偶单纯形法计算步骤进行迭代，结果如下.

表 7.6

c_j			12	8	16	12	0	0
$\boldsymbol{C}_B$	$\boldsymbol{X}_B$	$\boldsymbol{b}$	x_1	x_2	x_3	x_4	x_5	x_6
0	x_5	−2	−2	−1	−4	0	1	0
0	x_6	−3	−2	−2	0	[−4]	0	1
σ_j			12	8	16	12	0	0
$\sigma_j/a_{ij}\ (a_{ij}<0)$			−6	−4		−3		
0	x_5	−2	−2	[−1]	−4	0	1	0
12	x_4	3/4	1/2	1/2	0	1	0	−1/4
σ_j			6	2	16	0	0	3
$\sigma_j/a_{ij}\ (a_{ij}<0)$			−3	−2	−4			
8	x_2	2	2	1	4	0	−1	0
12	x_4	−1/4	−1/2	0	[−2]	1	1/2	−1/4

续表 7.6

σ_j			2	0	8	0	2	3
$\sigma_j/a_{ij}\ (a_{ij}<0)$			-4		-4			
8	x_2	3/2	1	1	0	2	0	$-1/2$
16	x_3	1/8	1/4	0	1	$-1/2$	$-1/4$	1/8
σ_j			0	0	0	4	4	2

所以最优解为 $\boldsymbol{x}^* = (0,\frac{3}{2},\frac{1}{8},0)^{\mathrm{T}}$，最优值为 14 .

习　题　7

1. 将下列线性规划问题化为标准形

$$\begin{aligned}
&\max f(x) = -2x_1 - 3x_2 - 5x_3\\
&\text{s.t. } x_1 + x_2 - x_3 \geqslant -5\\
&\qquad -6x_1 + 7x_2 - 9x_3 \leqslant 15\\
&\qquad 19x_1 - 7x_2 + 5x_3 = 13\\
&\qquad x_1, x_2 \geqslant 0, x_3 \text{ 是自由变量}
\end{aligned}$$

2. 用单纯形法求解线性规划问题

$$\begin{aligned}
&\max f(x) = 2x_1 + 3x_2\\
&\text{s.t. } x_1 + x_2 \leqslant 6\\
&\qquad x_1 + 2x_2 \leqslant 8\\
&\qquad x_1 \leqslant 4\\
&\qquad x_2 \leqslant 3\\
&\qquad x_1, x_2 \geqslant 0
\end{aligned}$$

3. 用对偶单纯形法求解线性规划问题

$$\begin{aligned}
&\min f(x) = 2x_1 + 3x_2 + 4x_3\\
&\text{s.t. } x_1 + 2x_2 + x_3 \geqslant 3\\
&\qquad 2x_1 - x_2 + 3x_3 \geqslant 4\\
&\qquad x_1, x_2, x_3 \geqslant 0
\end{aligned}$$

下　篇

概率论与数理统计

自然界和人类社会中的现象是多种多样的. 有一类现象，在一定的条件下一定出现或一定不出现，这类现象称为确定性现象. 也有另外一类现象，在相同的条件下，可能出现，也可能不出现，但在大量的重复观察中却有规律性的出现，这类现象称为随机现象. 概率论从数量侧面研究随机现象的规律性，数理统计则以概率论的理论为基础，研究如何对随机现象进行观察，并利用观察的结果对随机现象的情况进行推断或预报.

概率论与数理统计的理论和方法在实际中有着广泛的应用. 特别是近几十年来，随着科学技术的发展，应用的范围不断扩大，已遍及工业、农业、军事以及国民经济的各部门. 概率统计还不断与其他学科相互渗透，形成一些新的边缘学科. 概率论与数理统计是数学的一个重要分支.

第 8 章　随机事件的基本概念

8.1　随机事件

8.1.1　随机试验

为了研究随机现象,需要对客观事物进行观察,观察的过程称为试验.下面举一些例子.

例 8.1　抛一枚硬币,观察正面 H 、反面 T 出现的情况.

例 8.2　掷一颗骰子,观察出现的点数.

例 8.3　一袋中装有编号为 $1,2,\cdots,n$ 的 n 个球,从袋中任意摸出一个来,观察其号码.

例 8.4　记录电话交换台一分钟内接到的呼唤次数.

例 8.5　从一批灯泡中任取一只,测试它的寿命.

上面这些试验有着共同的特点. 例如,在例 8.2 中,所有可能的结果有 6 种,即出现 1,2,3,4,5,6 点,在每次试验之前不能确定会出现哪种结果,这个试验可以在相同条件下重复进行. 又如,在例 8.4 中,所有可能的结果我们是知道的,在一分钟内接到 0,1,2,…次呼唤,在观察之前我们不知道到底会接到几次呼唤,这一试验可以在相同的条件下重复进行. 概括起来,这些试验具有以下几个特点:

(1) 可以在相同的条件下重复地进行;

(2) 每次试验的可能结果不止一个,并且事先知道试验的所有可能结果;

(3) 每次试验之前不能确定该次试验会出现哪种结果.

我们把具有上述三个特点的试验称为**随机试验**,简称为**试验**.

8.1.2　样本空间与事件

在研究随机试验时,我们关心的是试验的结果. 尽管在每次试验之前不能预知事件的结果,但所有可能的结果是已知的. 我们将随机试验的每一个结果称为**样本点**,所有可能的结果组成的集合称为**样本空间**,记为 S.

例如,在例 8.1 中, $S=\{H,T\}$;

在例 8.2 中, $S=\{1,2,3,4,5,6\}$;

在例 8.3 中, $S=\{1,2,\cdots,n\}$;

在例 8.4 中, $S=\{0,1,2,3,\cdots\}$;

在例 8.5 中, $S=\{t\mid t\geqslant 0\}$.

我们把随机试验的任何一个可能发生的结果称为**随机事件**,简称**事件**. 换句话说,在随机试验中,可能出现、也可能不出现的结果(事件)称为随机事件. 随机事件常用 A,B,C 等表示.

例如,在例 8.2 中, $A=\{$出现的点数为偶数$\}$、$B=\{$出现的点数大于 4$\}$、$C=\{$出现的点数为 3}等都是随机事件；又如在例 8.4 中，$A=\{$接到的呼唤次数不少于 15 次$\}$、$B=\{$接到的呼唤次数在 10 次到 30 次之间$\}$、$C=\{$接到的呼唤次数大于 50 次$\}$等也都是随机事件.

不难看出，随机试验中的任何随机事件都是样本空间 S 的子集，随机事件在一次试验中可能发生，也可能不发生，它包含若干个样本点. 在试验中，事件发生当且仅当它包含的样本点中有一个出现. 单个样本点所组成的事件称为**基本事件**.

例如，在例 8.2 中，$A=\{2,4,6\}$ 表示"出现的点数为偶数"，$B=\{5,6\}$ 表示"出现的点数大于 4"，$C=\{3\}$ 则表示"出现的点数为 3"，它们是随机事件，其中 C 是基本事件.

样本空间也是一个事件，它在每次试验中都发生，称为**必然事件**. 在每次试验中都不发生的事件，称为**不可能事件**，记作 $\varnothing$.

一事件在一次试验中可能出现，也可能不出现，具有不确定性，但在大量重复试验中却具有某种规律性. 例如，抛硬币试验，正面 H 可能出现，也可能不出现，如果将这个试验进行很多次，我们会发现，出现正面和出现反面的次数差不多，也就是说在大量重复试验中该事件的发生具有某种规律性，揭示和研究这种规律性是概率论的一个主要内容.

8.1.3 事件的关系及运算

在实际问题中，我们常常要讨论一个样本空间中几个事件的关系以及事件的运算. 由于事件是样本空间的子集，因此，可以用集合的关系和运算来解释事件的关系和运算.

(1) 若事件 A 发生必然导致事件 B 发生，则称事件 A 是 B 的**子事件**，也称事件 B 包含了事件 A，记为 $A\subset B$ 或 $B\supset A$.

显然，对任何事件 A，有 $\varnothing\subset A$，　$A\subset S$.

若 $A\subset B$ 与 $B\subset A$ 同时成立，即 A,B 互为子事件，则称事件 A 与事件 B **相等**，记为 $A=B$.

(2) 事件 A 与事件 B 至少有一个发生，这一事件称为事件 A 与事件 B 的**和事件**，记为 $A\cup B$.

显然有 $A\cup A=A$，　$A\cup\varnothing=A$，　$A\cup S=S$.

类似地可定义事件 $A_k(k=1,2,\cdots,n)$ 的和事件

$$A_1\cup A_2\cup\cdots\cup A_n=\bigcup_{k=1}^{n}A_k$$

以及事件 $A_k(k=1,\ 2,\ \cdots)$ 的和事件

$$A_1\cup A_2\cup\cdots=\bigcup_{k=1}^{\infty}A_k$$

(3) 事件 A 与事件 B 同时发生，这一事件称为事件 A 与事件 B 的**积事件**，记为 $A\cap B$ 或 AB.

显然有 $A\cap A=A$，　$A\cap\varnothing=\varnothing$，　$A\cap S=A$.

类似地可定义事件 $A_k(k=1,2,\cdots,n)$ 的积事件

$$A_1\cap A_2\cap\cdots\cap A_n=\bigcap_{k=1}^{n}A_k$$

以及事件 $A_k(k=1,\ 2,\ \cdots)$ 的积事件

$$A_1\cap A_2\cap\cdots=\bigcap_{k=1}^{\infty}A_k$$

(4) 若 $AB=\varnothing$，即事件 A 与事件 B 不可能同时发生，则称事件 A 与事件 B 是**互斥**的或**互不相容**的. 若一组事件 $A_1,A_2,\cdots$ 中任意两个都互斥，则称这组事件**两两互斥**.

(5) 若两个事件 A, B 满足 $A \cup B = S$, $AB = \varnothing$，则称事件 A 与事件 B **互逆**或**互余**，并称事件 A 是事件 B 的**逆事件**(或事件 B 是事件 A 的**逆事件**)，记为 $A = \overline{B}$ ($B = \overline{A}$).

显然有 $A \cup \overline{A} = S$, $A \cap \overline{A} = \varnothing$.

(6) 事件 A 发生而事件 B 不发生，这一事件称为事件 A 与事件 B 的**差事件**，记为 $A - B$.

显然，$A - A = \varnothing$，$A - \varnothing = A$，$A - S = \varnothing$，$A - B = A\overline{B} = A - AB$，$\overline{A} = S - A$.

为了直观，上面的关系常常用图 8-1 来表示.

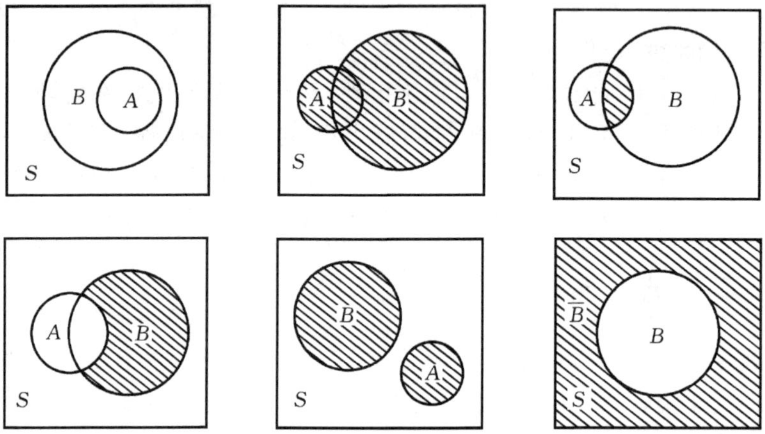

图 8-1

事件的运算满足如下运算规律：

(1) $A \cup B = B \cup A$, $A \cap B = B \cap A$;

(2) $(A \cup B) \cup C = A \cup (B \cup C)$, $(A \cap B) \cap C = A \cap (B \cap C)$;

(3) $(A \cup B) \cap C = (A \cap C) \cup (B \cap C)$; $(A \cap B) \cup C = (A \cup C) \cap (B \cup C)$;

(4) $\overline{A_1 \cup A_2} = \overline{A}_1 \cap \overline{A}_2$, $\overline{A_1 \cap A_2} = \overline{A}_1 \cup \overline{A}_2$.

上述运算规律与集合的运算规律是一致的，但应注意用概率的语言来表达这些规律. 我们把它们的证明留给读者.

例 8.6 某人向一目标射击三次，用 A_1, A_2, A_3 分别表示“第一、第二、第三次击中目标”，则

(1) “只第一次击中”可表示为 $A_1\,\overline{A}_2\,\overline{A}_3$ 或 $A_1 - A_2 - A_3$ 或 $A_1 - (A_2 \cup A_3)$;

(2) “第一、二次至少有一次击中，第三次未击中”可以表示为 $(A_1 \cup A_2)\,\overline{A}_3$;

(3) “三次中至少有两次击中”可以表示为

$$A_1A_2\overline{A}_3 \cup A_1\overline{A}_2A_3 \cup \overline{A}_1A_2A_3 \cup A_1A_2A_3;$$

(4) $A_1 \cup A_2 \cup A_3$ 表示“至少击中一次”;

(5) $A_1A_2A_3$ 表示“三次都击中目标”;

(6) $A_3\overline{A}_2$ 表示“第三次击中目标而第二次未中目标”.

8.2　古典概率

8.1 节例 8.1、例 8.2 中“掷硬币”和“掷骰子”的试验，具有如下的两个特征：

(1) 基本事件的个数有限(即样本空间的元素只有有限个)，而且这些基本事件是两两互斥的；

(2) 每个基本事件发生的可能性相同.

我们把具有上述两个特征的随机事件模型称为**等可能概型**. 这类模型在概率论发展初期曾是主要的研究对象，所以也称为**古典概型**. 古典概型在质量检验等方面有着广泛的应用.

对于古典概型，设 $S=\{e_1,e_2,\cdots,e_n\}$，事件 $A=\{e_{k_1},e_{k_2},\cdots,e_{k_r}\}$. 由于 A 发生当且仅当 A 所包含的一个样本点出现，因此，A 所包含的样本点数越多，则 A 发生的可能性也就越大. 我们把 $\frac{r}{n}$ 定义为事件 A 的概率，记为 $P(A)$，即

$$P(A)=\frac{r}{n}=\frac{A\text{ 包含的样本点数}}{S\text{ 中样本点总数}}$$

概率的这种定义称为**概率的古典定义**，它客观地反映了 A 发生的可能性大小. 由定义显然有

$$(1)\ 0\leqslant P(A)\leqslant 1;\qquad (2)\quad P(S)=1;\quad P(\varnothing)=0.$$

例 8.7　将一枚硬币抛掷三次，求(1)恰有一次出现正面的概率；(2)至少有一次出现正面的概率.

解　抛一枚硬币，用 H 表示“出现正面”、T 表示“出现反面”，则

$$S=\{HHH,HHT,HTH,THH,HTT,THT,TTH,TTT\}$$

(1) 设 A_1 为“恰有一次出现正面”，则 $A_1=\{HTT,TTH,THT\}$，于是

$$P(A_1)=\frac{3}{8}$$

(2) 设 A_2 为“至少有一次出现正面”，则

$$A_2=\{HHH,HHT,HTH,THH,HTT,THT,TTH\}$$

于是

$$P(A_2)=\frac{7}{8}$$

例 8.8　一袋中有 5 只红球，3 只白球，从中任取两只，求这两只球都是白球的概率.

解　我们认为这些球除了颜色之外没有其他区别，从袋中取两只球共有 C_8^2 种取法，即样本点总数为 C_8^2. 所取两球全是白球，共有 C_3^2 种取法，即所求事件 A 包含 C_3^2 个样本点. 故所求概率为

$$P(A)=\frac{C_3^2}{C_8^2}=\frac{3}{28}$$

例 8.9　一袋中共有 n 个球，其中只有一只是红球，其余全是白球，把球一只一只摸出来，求第 k 次摸出的是红球的概率 $(1\leqslant k\leqslant n)$.

解　这个问题相当于把 n 个球放在排成一条线的 n 个位置上，求第 k 个位置放红球而其余位置放白球的概率.

把 n 个球看作是不同的(例如可设想将它们编号),n 个球放在 n 个位置上共有 $n!$ 种放法,第 k 个位置放红球而其余位置放白球共有 $(n-1)!$ 种放法,故所求概率为

$$P_k = \frac{(n-1)!}{n!} = \frac{1}{n}$$

这个结果与 k 无关,这也与我们平常的生活经验是一致的. 例如在体育比赛中进行抽签,抽签的结果与抽签的次序无关.

例 8.10 一批产品中有 a 件次品、b 件正品,从中任取 n 件产品进行检验,求这 n 件产品中恰好有 k 件次品的概率.

解 从 $a+b$ 件产品中任取 n 件,共有 C_{a+b}^n 种取法;n 件产品中有 k 件次品,这 k 件次品应从 a 件次品中取得,而其余 $n-k$ 件正品应从 b 件正品中取得,因此共有 $C_a^k \cdot C_b^{n-k}$ 种方法. 故所求概率为

$$P = \frac{C_a^k \cdot C_b^{n-k}}{C_{a+b}^n}$$

在古典概型的情况下,容易证明下面的结论.

定理 8.1 两个互斥事件的和事件的概率等于这两个事件概率的和. 即 A,B 是互斥事件,则

$$P(A \cup B) = P(A) + P(B)$$

证 设 $S = \{e_1, e_2, \cdots, e_n\}$, $A = \{e_{i_1}, e_{i_2}, \cdots, e_{i_k}\}$, $B = \{e_{j_1}, e_{j_2}, \cdots, e_{j_l}\}$

于是

$$P(A) = \frac{k}{n}, \quad P(B) = \frac{l}{n}$$

由于 A,B 是互斥事件,因此 $A \cup B$ 中含有 $k+l$ 个样本点,故

$$P(A \cup B) = \frac{k+l}{n} = \frac{k}{n} + \frac{l}{n} = P(A) + P(B)$$

这个定理表达了概率的一个重要性质——可加性,它是研究概率的基础. 这个定理称为**加法定理**. 用归纳法不难将此定理推广到有限个事件的情形. 设事件组 $A_1, A_2, \cdots, A_m$ 两两互斥,则

$$P(A_1 \cup A_2 \cup \cdots \cup A_m) = P(A_1) + P(A_2) + \cdots + P(A_m)$$

例 8.11 一批产品共有 200 个,其中有废品 6 个,求任取 3 个产品,废品个数不超过 1 的概率.

解 设 A 表示"3 个产品中废品数不超过 1",A_0 表示"3 个产品中废品个数为 0",A_1 表示"3 个产品中废品个数为 1",则 $A_0 \cap A_1 = \varnothing$, $A = A_0 \cup A_1$,即 A_0, A_1 互斥. 容易计算

$$P(A_0) = \frac{C_{194}^3}{C_{200}^3} \approx 0.9122, \quad P(A_1) = \frac{C_{194}^2 C_6^1}{C_{200}^3} \approx 0.0855$$

因此由加法定理

$$P(A) = P(A_0 \cup A_1) = P(A_0) + P(A_1) \approx 0.9122 + 0.0855 = 0.9977$$

8.3 概率的统计定义

古典概率是以等可能性为基础的,但在很多情况下并没有这种等可能性,那么如何定义事件的概率呢?

前面我们曾谈到，随机事件在一次试验中是否发生是不确定的，在大量重复试验中，它的发生却具有某种规律性，这种规律性称为统计规律性.

设在 n 次重复试验中事件 A 发生了 r 次，则称 $\frac{r}{n}$ 为事件 A 发生的**频率**，记为 $F_n(A)$. 显然频率 $F_n(A)$ 满足：

(1) $0 \leqslant F_n(A) \leqslant 1$;

(2) $F_n(S) = 1,\ F_n(\varnothing) = 0$;

(3) 设 $A_1, \cdots, A_k$ 两两互斥，则

$$F_n(A_1 \cup \cdots \cup A_k) = F_n(A_1) + \cdots + F_n(A_k)$$

有人做过掷硬币的试验，我们来分析这个试验的结果(见表 8.1)，表中 n 表示掷硬币的次数，r 表示正面向上的次数，$F_n(A) = \frac{r}{n}$ 表示正面向上的频率.

表 8.1

试验序号	$n=5$		$n=50$		$n=500$	
	r	$F_n(A)$	r	$F_n(A)$	r	$F_n(A)$
1	2	0.4	22	0.44	251	0.502
2	3	0.6	25	0.50	249	0.498
3	1	0.2	21	0.42	256	0.512
4	5	1.0	25	0.50	253	0.506
5	1	0.2	24	0.48	251	0.502
6	2	0.4	21	0.42	246	0.492
7	4	0.8	18	0.36	244	0.488
8	2	0.4	24	0.48	258	0.516
9	3	0.6	27	0.54	262	0.524
10	3	0.6	31	0.62	247	0.494

从上表可以看出正面向上的频率接近 0.5，而且抛掷次数越多，频率越接近 0.5 .

大量的试验表明，多次重复同一试验时，随机事件 A 发生的频率逐渐稳定于某个常数 p，这个常数是客观存在的，因此我们给出以下定义.

定义 8.1　在相同条件下重复进行 n 次试验，当 n 很大时，事件 A 发生的频率在一个常数 p 附近摆动，并且随着 n 的增大，这种摆动"大致上"越来越小，我们称这个常数 p 为事件 A 的概率，即 $P(A) = p$.

概率的这种定义称为概率的统计定义.

在后面，我们将看到，当 $n \to \infty$ 时，频率 $F_n(A)$ 在一定意义下接近于 p.

根据概率的统计定义可以得到以下性质：

(1) $0 \leqslant P(A) \leqslant 1$;

(2) $P(S) = 1,\ P(\varnothing) = 0$;

(3) 设 $A_1, A_2, \cdots, A_n$ 两两互斥，则

$$P\left(\bigcup_{k=1}^{n} A_k\right) = \sum_{k=1}^{n} P(A_k)$$

8.4　概率的公理化体系

前面已谈到概率的古典定义是以等可能为基础的,因而有着很大的局限性.统计定义虽然是在一般情形下给出的,但它的依据是在试验次数很大时频率是稳定的,然而它没有指出试验次数大到怎样的程度,“稳定”应如何理解,更何况不能对每一事件都做大量的试验从中得到稳定的值.我们注意到,在这些定义下,概率都具有共同或相近的性质,下面以这些性质为背景,给出概率的公理化定义.

定义 8.2　设 E 是随机试验, S 是它的样本空间,对于 E 的每一事件 A 对应一个实数,记为 $P(A)$,称为事件 A 的概率,如果 $P(A)$ 满足下列条件:

(1)对于每一事件 A,有 $0 \leqslant P(A) \leqslant 1$;

(2) $P(S) = 1, P(\varnothing) = 0$;

(3)设 $A_1, A_2, \cdots$, 两两互斥,则

$$P(\bigcup_{n=1}^{\infty} A_n) = \sum_{n=1}^{\infty} P(A_n)$$

利用定义可以得到概率的另外一些重要性质.

性质 1　设 $A_1, A_2, \cdots, A_n$ 两两互斥,则

$$P(A_1 \cup \cdots \cup A_n) = P(A_1) + \cdots + P(A_n)$$

证　取 $A_{n+1} = A_{n+2} = \cdots = \varnothing$,则由定义 8.2(2)及(3)得

$$\begin{aligned} P(A_1 \cup \cdots \cup A_n) &= P(\bigcup_{k=1}^{\infty} A_k) = \sum_{k=1}^{\infty} P(A_k) = \sum_{k=1}^{n} P(A_k) + 0 \\ &= P(A_1) + \cdots + P(A_n) \end{aligned}$$

性质 2　对任何事件 A,有

$$P(\overline{A}) = 1 - P(A)$$

证　因 $A \cup \overline{A} = S$, $A \cap \overline{A} = \varnothing$,由性质 1,有 $P(A) + P(\overline{A}) = P(S) = 1$,故

$$P(\overline{A}) = 1 - P(A)$$

性质 3　若 $A \subset B$,则 $P(B - A) = P(B) - P(A)$.

证　因 $A \subset B$,故 $B = (B - A) \cup A$,因 $(B - A) \cap A = \varnothing$,由性质 1 有

$$P(B) = P(B - A) + P(A)$$

即

$$P(B - A) = P(B) - P(A)$$

因 $P(B - A) \geqslant 0$,特别地,当 $A \subset B$ 时,有 $P(A) \leqslant P(B)$.

性质 4　$P(A \cup B) = P(A) + P(B) - P(AB)$.

证　由于 $A \cup B = A \cup (B - AB)$, A 与 $(B - AB)$ 互斥,由性质 1 及性质 3,有

$$\begin{aligned} P(A \cup B) &= P(A) + P(B - AB) \\ &= P(A) + P(B) - P(AB) \end{aligned}$$

性质 4 也称为**广义加法定理**.由性质 4 容易知道 $P(A \cup B) \leqslant P(A) + P(B)$.

例 8.12　一批产品共有 50 件,其中 4 件次品,从中任取 3 件,求其中有次品的概率.

解　设 A 表示事件“任取 3 件产品中有次品”,由于 3 件产品中有次品,可能有 1 件次品,

可能有 2 件次品，也可能有 3 件次品，直接求概率要复杂一些. 由于 A 的逆事件 $\overline{A}$ 是"3 件都是正品"，而且 $\overline{A}$ 的概率

$$P(\overline{A}) = \frac{C_{46}^3}{C_{50}^3} = \frac{759}{980}$$

由性质 2 知，所求事件的概率

$$P(A) = 1 - P(\overline{A}) = 1 - \frac{759}{980} = \frac{221}{980}$$

例 8.13　在 1～100 中任取一个整数，求这个数既不能被 2 整除又不能被 3 整除的概率.

解　设事件 A 表示"取出的数能被 2 整除"，B 表示"取出的数能被 3 整除"，AB 表示"取出的数能被 2 和 3 整除，即能被 6 整除". 所有 100 个数中，能被 2 整除的有 50 个，能被 3 整除的有 33 个，能被 6 整除的有 16 个，故

$$P(A) = \frac{50}{100},\quad P(B) = \frac{33}{100},\quad P(AB) = \frac{16}{100}$$

于是，能被 2 或能被 3 整除的概率

$$\begin{aligned} P(A \cup B) &= P(A) + P(B) - P(AB) \\ &= \frac{50}{100} + \frac{33}{100} - \frac{16}{100} = \frac{67}{100} = 0.67 \end{aligned}$$

设 C 表示"既不能被 2 整除又不能被 3 整除"，$C = \overline{A \cup B}$，故

$$P(C) = 1 - P(A \cup B) = 1 - 0.67 = 0.33$$

习　题　8

1. 设 A,B,C 是 3 个事件，试以 A,B,C 的运算来表示下列事件：

(1) A,B,C 中至少有 2 个发生；

(2) A,B,C 中不多于 2 个发生；

(3) A,B,C 中只有 1 个发生；

(4) A,B,C 都不发生.

2. 在区间 $[0,2]$ 上任取一数，记

$$A = \left\{x \,\middle|\, \frac{1}{2} < x \leqslant 1\right\}, B = \left\{x \,\middle|\, \frac{1}{4} \leqslant x < \frac{3}{2}\right\}$$

求下列事件的表示式：

(1) $A \cup B$；(2) $\overline{A}B$；(3) $A\overline{B}$；(4) $A \cup \overline{B}$.

3. 袋中有 10 个球，分别编有号码 1～10. 从中任取一球，设 A=｛取得球的号码是偶数｝，B=｛取得球的号码是奇数｝，C=｛取得球的号码小于 5｝，问下述运算表示什么事件：

(1) $A \cup B$；(2) AB；(3) AC；(4) $\overline{AC}$；(5) $\overline{B \cup C}$.

4. 已知 $A \subset B$，$P(A) = 0.2$，$P(B) = 0.3$，求

(1) $P(\overline{A})P(\overline{B})$；(2) $P(A \cup B)$；(3) $P(AB)$；(4) $P(A - B)$.

5. 在 1500 个产品中有 400 个次品，从总产品中任取 200 个产品，求

(1) 恰有 90 个次品的概率；

(2) 至少有 2 个次品的概率.

6. 电话号码由 8 个数字组成，每个数字可以是 0,1,2,3,4,5,6,7,8,9 中的任一个数(但第一个数字不能为 0)，求电话号码由完全不同的数字组成的概率.

7. 袋中有 5 个白球和 3 个黑球，从中任取 2 个球，求

(1) 取得 2 个球同色的概率；

(2) 取得 2 个球至少有 1 个白球的概率.

8. 采用不放回的抽样方式从数 1,2,…,n 中抽取 k 个数，求抽取的 k 个数恰好按上升次序排列的概率.

9. 房间里有 10 个人，分别佩戴从 1 号到 10 号的纪念章，任选 3 人记录其纪念章的号码，求

(1) 最小号码为 5 的概率；

(2) 最大号码为 5 的概率.

10. 某产品共有 40 件，其中有次品 3 件，从中任取 3 件，求下列事件的概率：

(1) 3 件全是次品；

(2) 3 件全是正品；

(3) 3 件中至少有 1 件次品；

(4) 3 件中恰有 1 件次品.

11. 把 20 个球队分成 2 组(每组 10 队)进行比赛，求最强的 2 个队分在不同组的概率.

12. 某城市中发行 2 种报纸 A、B. 经调查，在这 2 种报纸的订户中，订阅 A 报的有 45%，订阅 B 报的有 35%，同时订阅 A,B 报的有 10%. 求

(1) 只订 A 报的概率；

(2) 只订 1 种报纸的概率；

(3) 至少订 1 种报纸的概率；

(4) 这两种报都没订的概率.

第 9 章　条件概率与独立性

前面讨论概率问题时，除了固定的条件外无其他信息，因此所讨论的概率也称为无条件概率. 所谓条件概率是指已知一事件已经发生的情况下另一事件的概率. 在本章里，我们将讨论条件概率的计算方法，介绍利用简单事件的概率去计算复杂事件的概率的全概率公式，并介绍事件的独立性.

9.1　条件概率与乘法公式

9.1.1　条件概率

在许多实际问题中，除了要求事件 B 发生的概率外，还要求在已知事件 A 已经发生的条件下，事件 B 发生的概率，我们称这种概率为事件 A 发生的条件下 B 发生的**条件概率**，记为 $P(B \mid A)$.

我们再来讨论上一章已经讨论过的一个例子.

一袋中共有 n 个球，其中只有一个是红球，其余全是白球，把球一个一个摸出来. 若用 A_k 表示"第 k 次摸出的是红球"，我们已知道 $P(A_k)=\frac{1}{n}$. 这一概率是在没有其他信息可供利用的情况下求出的，倘若已经知道前面摸球的结果，这一概率就会改变. 例如，若 A_1 已发生，则 A_2 的概率为 0，若 A_1 未发生，则 A_2 的概率为 $\frac{1}{n-1}$.

又如，在掷骰子试验中，$S=\{1,\ 2,\ 3,\ 4,\ 5,\ 6\}$，设事件 A 为"点数为偶数"，事件 B 为"点数不超过 5"，则 $A=\{2,\ 4,\ 6\}$，$B=\{1,\ 2,\ 3,\ 4,\ 5\}$，$AB=\{2,\ 4\}$，于是

$$P(A)=\frac{3}{6}=\frac{1}{2},\qquad P(B)=\frac{5}{6},\qquad P(AB)=\frac{2}{6}=\frac{1}{3}$$

若已知事件 A 发生了，则基本事件数缩减为 3，样本空间 S 缩减为 $S_A=\{2,4,6\}$，求 $P(B \mid A)$ 即在缩减了的样本空间 S_A 中求事件 B 发生的概率，此时，只有出现点数为 2 或 4 时，B 才会发生，所以 $P(B \mid A)=\frac{2}{3}$，显然 $P(B)\neq P(B \mid A)$. 不难看出

$$P(B \mid A)=\frac{2}{3}=\frac{\frac{2}{6}}{\frac{3}{6}}=\frac{P(AB)}{P(A)}$$

即

$$P(B \mid A)=\frac{P(AB)}{P(A)}$$

这个结论虽然是从掷骰子的试验中得出来的，但它适用于一般情形. 例如，对于一般的古

典概型问题,设试验的基本事件数为 n, A 所包含的基本事件数为 m, AB 所包含的基本事件数为 k, 即有

$$P(B \mid A) = \frac{k}{m} = \frac{\frac{k}{n}}{\frac{m}{n}} = \frac{P(AB)}{P(A)}$$

定义 9.1 设 A,B 为两个随机事件,且 $P(A) > 0$, 则

$$P(B \mid A) = \frac{P(AB)}{P(A)}$$

称为事件 A 发生的条件下事件 B 发生的**条件概率**.

不难验证条件概率也是概率,它符合概率定义中的三个条件.

例 9.1 将一枚硬币抛掷两次,观察其出现正反面的情况. 设 A 表示"至少有一次为正面 H", B 表示"两次掷出同一面",求 $P(B \mid A)$, $P(A \mid B)$.

解 将一枚硬币抛掷两次,则样本空间为

$$S = \{HH, HT, TH, TT\}$$

且

$$A = \{HH, HT, TH\},\ B = \{HH, TT\},\ AB = \{HH\}$$

于是

$$P(B \mid A) = \frac{P(AB)}{P(A)} = \frac{\frac{1}{4}}{\frac{3}{4}} = \frac{1}{3},$$

$$P(A \mid B) = \frac{P(AB)}{P(B)} = \frac{\frac{1}{4}}{\frac{2}{4}} = \frac{1}{2}$$

例 9.2 甲、乙两城市都位于长江下游,根据以往记录知道甲市一年中雨天的比例为 20%,乙市为 18%,两市同时下雨的比例为 12%. 求:

(1) 已知某天甲市下雨的条件下,乙市这天也下雨的概率;

(2) 已知某天乙市下雨的条件下,甲市这天也下雨的概率;

(3) 甲、乙两市至少有一市下雨的概率.

解 设 A 表示"某天甲市下雨", B 表示"某天乙市下雨",则

$$P(A) = 0.2, \quad P(B) = 0.18, \quad P(AB) = 0.12$$

于是

(1) $P(B \mid A) = \dfrac{P(AB)}{P(A)} = \dfrac{0.12}{0.2} = 0.6$

(2) $P(A \mid B) = \dfrac{P(AB)}{P(B)} = \dfrac{0.12}{0.18} \approx 0.667$

(3) $P(A \cup B) = P(A) + P(B) - P(AB) = 0.2 + 0.18 - 0.12 = 0.26$

9.1.2 乘法公式

由条件概率的定义可得

$$P(AB) = P(A) \cdot P(B \mid A) \quad (P(A) > 0)$$

或

$$P(AB) = P(B) \cdot P(A \mid B) \quad (P(B) > 0)$$

以上两公式统称为**乘法公式**. 即两事件的积事件的概率等于其中一事件的概率与另一事件在这一事件发生的条件下的条件概率的乘积.

乘法公式可以推广到有限个事件的情形. 例如, 若 $P(AB) > 0$, 则有

$$\begin{aligned} P(ABC) &= P((AB)C) = P(AB) \cdot P(C \mid AB) \\ &= P(A) \cdot P(B \mid A) \cdot P(C \mid AB) \end{aligned}$$

一般地, 设 $P(A_1A_2\cdots A_{n-1}) > 0$, 则有

$$P(A_1A_2\cdots A_n) = P(A_1)P(A_2 \mid A_1)P(A_3 \mid A_1A_2)\cdots P(A_n \mid A_1\cdots A_{n-1})$$

例 9.3　一批产品合格品率为 95%, 在合格品中一等品率为 70%. 求在该批产品中任取一件为一等品的税率?

解　设 A 表示"任取一件为合格品", B 表示"任取一件为一等品", 则

$$P(A) = 95\%, \quad P(B \mid A) = 70\%$$

由于 $B \subset A$, 于是

$$P(B) = P(AB) = P(A)P(B \mid A) = 95\% \times 70\% = 66.5\%$$

例 9.4　有 5 把钥匙, 其中只有一把能打开房门. 今逐把试开房门, 求恰好第三次试开成功的概率.

解　A_i 表示"第 i 次试开成功", $i = 1,2,3$, 即要求

$$P(\overline{A}_1\overline{A}_2A_3)$$

易知

$$P(\overline{A}_1) = \frac{4}{5}, \quad P(\overline{A}_2 \mid \overline{A}_1) = \frac{3}{4}, \quad P(A_3 \mid \overline{A}_1\overline{A}_2) = \frac{1}{3}$$

故所求概率为

$$\begin{aligned} P(\overline{A}_1\overline{A}_2A_3) &= P(\overline{A}_1) \cdot P(\overline{A}_2 \mid \overline{A}_1) \cdot P(A_3 \mid \overline{A}_1\overline{A}_2) \\ &= \frac{4}{5} \times \frac{3}{4} \times \frac{1}{3} = \frac{1}{5} \end{aligned}$$

9.2　全概率公式与贝叶斯(Bayes)公式

9.2.1　全概率公式

为了计算一个复杂事件的概率, 常常要把这个事件分解为若干个两两互斥的简单事件之和, 再分别计算这些简单事件的概率, 最后利用概率的可加性得到结果.

定义 9.2　设 S 为样本空间, $A_1, A_2, \cdots, A_n$ 是一组事件, 如果满足

(1) $A_1, A_2, \cdots, A_n$ 两两互斥;

(2) $A_1 \cup A_2 \cup \cdots \cup A_n = S$, 则称 $A_1, A_2, \cdots, A_n$ 是 S 的一个**分割**.

于是, 对任一事件 B, 有

$$B = BS = B(A_1 \cup A_2 \cup \cdots \cup A_n) = BA_1 \cup BA_2 \cup \cdots \cup BA_n$$

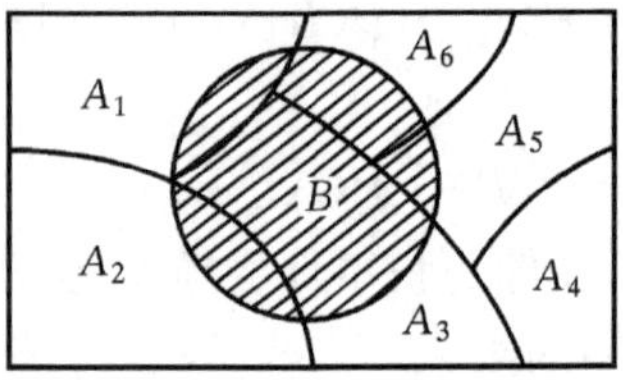

图 9 - 1

由于 $A_1, A_2, \cdots, A_n$ 两两互斥，故 $BA_1, BA_2, \cdots, BA_n$ 也两两互斥(如图 9 - 1)，因此由概率的可加性知

$$P(B) = P(BA_1) + P(BA_2) + \cdots + P(BA_n)$$

再由乘法定理知

$$P(B) = P(A_1)P(B \mid A_1) + P(A_2)P(B \mid A_2) + \cdots + P(A_n)P(B \mid A_n)$$

定理 9.1　设样本空间为 S，B 为一事件，$A_1, A_2, \cdots, A_n$ 是 S 的一个分割，且 $P(A_i) > 0$ $(i = 1, 2, \cdots, n)$，则

$$P(B) = P(A_1)P(B \mid A_1) + P(A_2)P(B \mid A_2) + \cdots + P(A_n)P(B \mid A_n)$$

这个公式称为**全概率公式**.

由全概率公式知，直接计算 $P(B)$ 比较困难时，若能找到 S 的一个分割 $A_1, A_2, \cdots, A_n$，而且 $P(A_i)$ $(i = 1, 2, \cdots, n)$ 及 $P(B \mid A_i)$ $(i = 1, 2, \cdots, n)$ 容易计算，运用此公式即能求出 $P(B)$.

例 9.5　设有一批灯泡是由甲、乙、丙三厂生产的.已知甲、乙、丙三厂生产的灯泡分别占总数的 50%，25%，25%，三厂的次品率分别为 2%，2%，4%，现从这批灯泡中任取一个，求此灯泡是次品的概率.

解　设 B 表示“所取灯泡是次品”，A_1, A_2, A_3 分别表示所取灯泡是甲、乙、丙厂生产的灯泡.则

$$P(A_1) = 0.5, \quad P(A_2) = 0.25, \quad P(A_3) = 0.25$$

$$P(B \mid A_1) = 0.02, P(B \mid A_2) = 0.02, P(B \mid A_3) = 0.04$$

于是由全概率公式

$$\begin{aligned} P(B) &= P(A_1)P(B \mid A_1) + P(A_2)P(B \mid A_2) + P(A_3)P(B \mid A_3) \\ &= 0.5 \times 0.02 + 0.25 \times 0.02 + 0.25 \times 0.04 = 0.025 \end{aligned}$$

例 9.6　有 10 个袋子，各袋中装球情况如下：

(1) 2 个袋子中各装有 2 个白球与 4 个黑球；

(2) 3 个袋子中各装有 3 个白球与 3 个黑球；

(3) 5 个袋子中各装有 4 个白球与 2 个黑球.

任选一个袋子，并从其中任取两个球，求取出的两个球都是白球的概率.

解　设 B 为“取出的两个球都是白球”，A_i 为“所选袋子中装球情况属于第 i 种” $(i = 1, 2, 3)$，则

$$P(A_1) = \frac{2}{10}, \qquad P(A_2) = \frac{3}{10}, \qquad P(A_1) = \frac{2}{10}$$

$$P(B \mid A_1) = \frac{C_2^2}{C_6^2} = \frac{1}{15}, P(B \mid A_2) = \frac{C_3^2}{C_6^2} = \frac{3}{15}, P(B \mid A_3) = \frac{C_4^2}{C_6^2} = \frac{6}{15},$$

于是

$$P(B)=P(A_1)P(B\mid A_1)+P(A_2)P(B\mid A_2)+P(A_3)P(B\mid A_3)$$
$$=\frac{2}{10}\times\frac{1}{15}+\frac{3}{10}\times\frac{3}{15}+\frac{5}{10}\times\frac{6}{15}=\frac{41}{150}=0.273$$

9.2.2 贝叶斯公式

由乘法定理和全概率公式,还可以得到另一个重要的公式.

定理 9.2 设样本空间为 S, A_1, A_2, …, A_n 是 S 的一个分割,且 $P(A_i)>0$ ($i=1, 2, \cdots, n$),对于任一事件 B, $P(B)>0$,有

$$P(A_i\mid B)=\frac{P(A_i)P(B\mid A_i)}{\sum_{k=1}^{n}P(A_k)P(B\mid A_k)}$$

这个公式称为**贝叶斯公式**.

由条件概率的定义,有 $P(A_i\mid B)=\dfrac{P(A_iB)}{P(B)}$. 再由乘法定理和全概率公式,即可得出.

例 9.7 在例 9.5 中,若已知所取的灯泡是次品,求该灯泡是由甲、乙、丙三厂生产的概率.

解

$$P(A_1\mid B)=\frac{P(A_1)P(B\mid A_1)}{P(B)}=\frac{0.5\times0.02}{0.025}=0.4$$
$$P(A_2\mid B)=\frac{P(A_2)P(B\mid A_2)}{P(B)}=\frac{0.25\times0.02}{0.025}=0.2$$
$$P(A_3\mid B)=\frac{P(A_3)P(B\mid A_3)}{P(B)}=\frac{0.25\times0.04}{0.025}=0.4$$

即该灯泡是由甲、乙、丙三厂生产的概率分别是 0.4, 0.2, 0.4.

习惯上称 $P(A_1)$, $P(A_2)$, …, $P(A_n)$ 为**验前概率**,它是试验前已经知道的;而条件概率 $P(A_1\mid B)$, $P(A_2\mid B)$, …, $P(A_n\mid B)$ 称为**验后概率**,它们反映了事件 B 发生后对事件 A_1, A_2, …, A_n 的再认识.

例 9.8 统计资料表明,人群中患某种病的比例为 0.0004,而根据某种手段诊断该病时有如下的效果:若被检验者患该病,则"试验反应阳性"的概率为 0.95, 若被检验者未患该病,则"试验反应阴性"的概率为 0.90. 现有一人检验反应为阳性,求这个人确实患该病的概率.

解 设 C 表示"此人患该病", A 表示"此人试验反应阳性",即要求 $P(C\mid A)$. 已知 $P(A\mid C)=0.95$, $P(\overline{A}\mid\overline{C})=0.90$, $P(C)=0.0004$, 由贝叶斯公式

$$P(C\mid A)=\frac{P(C)P(A\mid C)}{P(C)P(A\mid C)+P(\overline{C})P(A\mid\overline{C})}$$
$$=\frac{0.0004\times0.95}{0.0004\times0.95+0.9996\times0.1}=0.0038$$

这个数值很小,说明此人患该病的概率不大.

9.3 随机事件的独立性

一般情况下,条件概率 $P(B\mid A)$ 与无条件概率 $P(B)$ 并不相等,也就是说 A 的发生对 B

的发生具有一定影响. 如果 $P(B \mid A)=P(B)$，说明 A 的发生不影响 B 发生的概率. 我们先看例 9.9.

例 9.9 连续掷硬币两次. 设 A 表示"第一次掷硬币出现正面"，B 表示"第二次掷硬币出现正面". 试验所有可能的结果共有 (H,H)，(H,T)，(T,H)，(T,T) 4 种. 于是

$$P(A)=\frac{2}{4}=\frac{1}{2},\ P(B)=\frac{2}{4}=\frac{1}{2},\quad P(AB)=\frac{1}{4},$$

因此

$$P(B \mid A)=\frac{P(AB)}{P(A)}=\frac{\frac{1}{4}}{\frac{1}{2}}=\frac{1}{2}=P(B)$$

这一结果与我们的经验是一致的，即第二次出现正面不受第一次出现正面与否的影响.

一般来说，如果

$$P(B \mid A)=P(B)$$

由乘法公式有

$$P(AB)=P(A)P(B \mid A)=P(A)P(B)$$

即

$$P(AB)=P(A)P(B)$$

由此我们给出以下定义.

定义 9.3 设随机事件 A，B 满足

$$P(AB)=P(A)P(B)$$

则称事件 A，B 是**相互独立**的.

定理 9.3 若事件 A，B 相互独立，且 $P(A)>0$，则 $P(B \mid A)=P(B)$.

证 设事件 A，B 相互独立，则由定义知

$$P(AB)=P(A)P(B)$$

又由条件概率定义知

$$P(B \mid A)=\frac{P(AB)}{P(A)}=\frac{P(A)P(B)}{P(A)}=P(B)$$

即

$$P(B \mid A)=P(B)$$

同样可以证明，$P(A \mid B)=P(A)$. 说明 A，B 相互独立，也就是 A，B 的发生互不影响.

定理 9.4 若事件 A，B 相互独立，则下列各对事件也相互独立：

$$A \text{ 与 } \overline{B},\ \overline{A} \text{ 与 } B,\ \overline{A} \text{ 与 } \overline{B}.$$

证 设 $P(AB)=P(A)P(B)$，则

$$\begin{aligned}P(A\overline{B})&=P(A-AB)=P(A)-P(AB)\\&=P(A)-P(A)P(B)=P(A)(1-P(B))\\&=P(A)P(\overline{B})\end{aligned}$$

即 A 与 $\overline{B}$ 相互独立. 同样可以证明 $\overline{A}$ 与 B，$\overline{A}$ 与 $\overline{B}$ 相互独立.

定义 9.4 设 $A_1,A_2,\cdots,A_n$ 为 n 个事件，若这组事件中任意两个事件都相互独立，则称 $A_1,A_2,\cdots,A_n$ 是**两两相互独立**的. 若这组事件中任意个事件 $A_{k_1},A_{k_2},\cdots,A_{k_s}$（$2\leqslant s\leqslant n$，$k_1$，

$k_2,\cdots,k_s$ 是 $1,2,\cdots,n$ 中的 s 个不同的数)都相互独立,则称 $A_1,A_2,\cdots,A_n$ 是**相互独立**的.

由定义 9.4 知,若 $A_1,A_2,\cdots,A_n$ 是相互独立的,则 $A_1,A_2,\cdots,A_n$ 两两相互独立;例 9.10 说明反过来不成立.

例 9.10　一袋中装有 4 张卡片,其中 3 张卡片上分别写有数字 1,2,3,第 4 张卡片上则同时写有数字 1,2,3.从袋中任取一张卡片,设 A_i 表示"所取卡片有数字 i",$i=1,2,3$.容易计算

$$P(A_1)=P(A_2)=P(A_3)=\frac{1}{2}$$

$$P(A_1A_2)=P(A_2A_3)=P(A_1A_3)=\frac{1}{4}$$

$$P(A_1A_2A_3)=\frac{1}{4}$$

因此,

$$P(A_1A_2)=P(A_1)P(A_2),\ P(A_2A_3)=P(A_2)P(A_3),$$
$$P(A_1A_3)=P(A_1)P(A_3),\ P(A_1A_2A_3)\neq P(A_1)P(A_2)P(A_3)$$

即 A_1,A_2,A_3 两两相互独立,但 A_1,A_2,A_3 不相互独立.

若 $A_1,A_2,\cdots,A_n$ 相互独立,则也有类似定理 9.3 及定理 9.4 的结论,即 $A_1,A_2,\cdots,A_n$ 中任一事件的概率都不受其他一个或几个事件发生与否的影响.反之亦然.

例 9.11　一个元件能正常工作的概率 p 称为这个元件的可靠性,由元件组成的系统能正常工作的概率称为这个系统的可靠性.设构成系统的每个元件的可靠性均为 $r(0<r<1)$,且各元件能否正常工作是相互独立的.求下面两个系统(见图 9-2)的可靠性,并比较它们的大小.

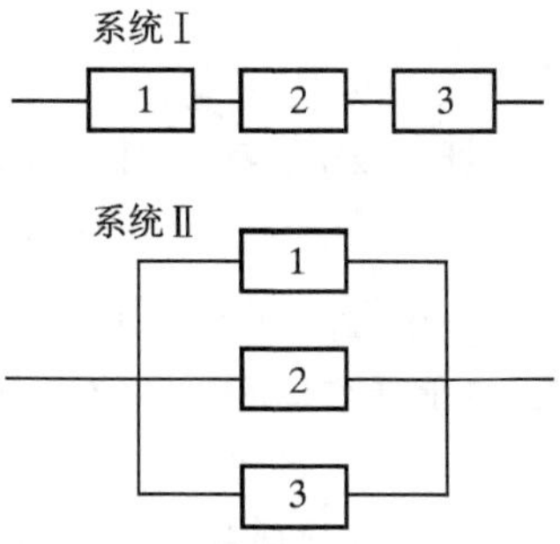

图 9-2

解　先讨论系统Ⅰ.设 A_i 表示"第 i 个元件正常工作",$i=1,2,3$,则"系统正常工作"可表示为 $A_1A_2A_3$,故系统的可靠性为

$$P(A_1A_2A_3)=P(A_1)P(A_2)P(A_3)=r^3$$

对系统Ⅱ,"系统正常工作"可表示为 $A_1\cup A_2\cup A_3$,故系统的可靠性为

$$\begin{aligned}P(A_1\cup A_2\cup A_3)&=1-P(\overline{A_1\cup A_2\cup A_3})\\&=1-P(\overline{A}_1\overline{A}_2\overline{A}_3)\\&=1-P(\overline{A}_1)P(\overline{A}_2)P(\overline{A}_3)\\&=1-(1-P(A_1))(1-P(A_2))(1-P(A_3))\\&=1-(1-r)^3\end{aligned}$$

由于 $1-(1-r)^3>r^3$,故系统Ⅱ的可靠性比系统Ⅰ的可靠性高.

例 9.12　设有电路如图 9-3.其中 1,2,3,4 为继电器接点,设各继电器接点闭合与否相互独立,且每一继电器接点闭合的概率均为 p,求 L 至 R 为通路的概率.

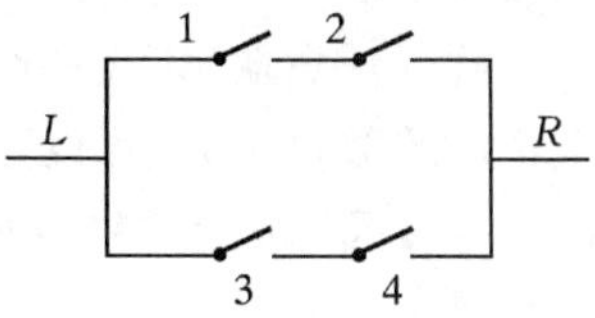

图 9-3

解　设 A_i 为"第 i 个继电器接点闭合",A 为"L 至 R 为通路",$A=A_1A_2\cup A_3A_4$,A_1,A_2,A_3,A_4 相互独立.

$$\begin{aligned} P(A) &= P(A_1A_2 \cup A_3A_4) = P(A_1A_2) + P(A_3A_4) - P(A_1A_2A_3A_4) \\ &= P(A_1)P(A_2) + P(A_3)(A_4) - P(A_1)P(A_2)P(A_3)P(A_4) \\ &= p^2 + p^2 - p^4 = 2p^2 - p^4 \end{aligned}$$

9.4 重复独立试验

我们常常会遇到这样一类试验,它们是将同一试验重复进行 n 次,各次试验的结果互不影响,即进行 n 次试验,每次试验结果都不依赖于其他各次试验的结果,事件 A 的概率 $P(A)$ 在每次试验中保持不变.这类试验称为重复独立试验,这类试验是伯努利(Bernoulli)首先研究的,也称为 n 重伯努利试验.

例如,从次品率已知的一批产品中任取一件产品进行检验,检验后放回这批产品中,然后再任取一件(这种情况叫放回抽样).由于每次抽取的产品是合格品或次品的概率不变,每次试验的结果与其他各次试验的结果无关,因此是重复独立试验.

关于独立重复试验,我们有下面的定理.

定理 9.5 如果在独立重复试验中事件 A 的概率为 $p \quad (0 < p < 1)$,则在 n 次试验中事件 A 发生 k 次的概率为

$$P_n(k) = C_n^k p^k q^{n-k}$$

其中,$p + q = 1$.

证 设 A_i 表示"第 i 次试验中事件 A 发生",则事件"A 发生 k 次"可表示为

$$A_1 \cdots A_k \overline{A}_{k+1} \cdots \overline{A}_n \cup \cdots \cup \overline{A}_1 \cdots \overline{A}_{n-k} A_{n-k+1} \cdots A_n$$

其中每一项表示某 k 次试验中事件 A 发生,在另外 $n-k$ 次试验中事件 A 不发生,共有 C_n^k 项.由于每次试验是独立的,故有

$$P(A_1 \cdots A_k \overline{A}_{k+1} \cdots \overline{A}_n) = P(A_1) \cdots P(A_k) P(\overline{A}_{k+1}) \cdots P(\overline{A}_n) = p^k q^{n-k}$$

同理可求得其他各项所对应的事件的概率均为 $p^k q^{n-k}$,因此

$$P_n(k) = C_n^k p^k q^{n-k}$$

例 9.13 连续独立的掷一颗骰子 6 次,求 6 次均出现 6 点的概率.

解 这是重复独立试验问题,设 A 为"掷一颗骰子出现 6 点",则 $P(A) = \frac{1}{6}$,故所求概率为

$$P_6(6) = C_6^6 \left(\frac{1}{6}\right)^6 = \frac{1}{46656} \approx 0.00002$$

这一概率很小,可以认为"6 次均出现 6 点"这一事件几乎不可能发生.

例 9.14 一条生产线上产品的一级品率为 0.6,任意取出 10 件产品,求至少有两件一级品的概率.

解 任意取出 10 件产品,相当于依次任意取出一件产品重复进行 10 次.这里认为生产线上产品的数量很大,可以当做放回抽样处理,因此是重复独立试验.设 A 表示"取到的一件产品是一级品",则 $P(A) = 0.6$,故所求事件的概率为

$$\begin{aligned} P &= \sum_{k=2}^{10} P_{10}(k) = 1 - P_{10}(0) - P_{10}(1) \\ &= 1 - 0.4^{10} - 10 \times 0.6 \times 0.4^9 = 0.998 \end{aligned}$$

例 9.15　一个骰子至少掷几次，才能使至少出现一次 6 点的概率大于 0.7?

解　设至少要掷 n 次，则 n 次中都不出现 6 点的概率为 $P_n(0)=\left(\frac{5}{6}\right)^n$，因此至少出现一次 6 点的概率为 $1-\left(\frac{5}{6}\right)^n$，由题意知 $1-\left(\frac{5}{6}\right)^n>0.7$，可解得，$n>6.62$，即至少掷 7 次，才能使至少出现一次 6 点的概率大于 0.7.

习　题　9

1. 10 个零件中有 3 个次品，7 个合格品，每次从中任取 1 个零件，共取 3 次，取后不放回，求

(1) 这 3 次都取不到合格品的概率；

(2) 这 3 次中至少有 1 次取到合格品的概率.

2. 某厂有甲、乙两个车间，甲车间生产 600 件产品，次品率为 0.015；乙车间生产 400 件产品，次品率为 0.01. 今在全厂 1000 件产品中任取 1 件，求取得甲车间次品的概率.

3. 设有 6 张字母卡片，其中 2 张 e，2 张 s，1 张 i，1 张 r，混合后重新排列，求正好得到 series 的概率.

4. 一盒子中有 4 只坏晶体管和 6 只好晶体管. 在其中取 2 次，每次取 1 只，取后不放回. 在发现第 1 只是好管子的条件下，求第 2 只也是好管子的概率.

5. 某种动物由出生算起活 15 年以上的概率为 0.8，活 25 年以上的概率为 0.5，问现年 15 岁的这种动物活到 25 岁的概率是多少?

6. 某自动车床工作中发生故障的概率是 0.05，出故障立即发现和修复的概率是 0.85，求此车床发生故障而未及时发现和修复的概率.

7. 设 10 件产品中有 4 件不合格品，现从中连续抽取 2 次，每次 1 件，取出后不放回，求第 2 次取到合格品的概率.

8. 设甲箱中有 a 个白球、b 个红球、乙箱中有 c 个白球，d 个红球. 从甲箱中任取 1 球放到乙箱中，然后再从乙箱中任取 1 球，求从乙箱中取到的球为白球的概率.

9. 某仓库有同样规格的产品 12 箱，其中有 6 箱、4 箱、2 箱分别是由甲、乙、丙三个厂生产的，三个厂的次品率分别为 $\frac{1}{10}$，$\frac{1}{14}$，$\frac{1}{18}$. 现从 12 箱中任取 1 箱，再从取得的 1 箱中任取 1 件产品. 求取得的 1 件产品是次品的概率. 若已知取得的 1 件产品是次品，求此次品是乙厂生产的概率.

10. 假定患肺结核的人通过透视能被确诊的概率为 0.95，而未患肺结核的人通过透视能被误诊的概率为 0.002. 若某学校职工患肺结核病的概率为 0.1%，现从职工中任抽 1 个人透视，结果被诊断为有肺结核，求这个人确实有结核病的概率.

11. 有朋友从远方来，他坐火车、坐轮船、坐汽车、坐飞机来的概率分别为 0.3，0.2，0.1，0.4. 若坐火车来，迟到的概率是 0.25；坐轮船来，迟到的概率是 0.3；坐汽车来，迟到的概率是 0.1；坐飞机来，则不会迟到. 实际上他迟到了，试推测他坐哪种交通工具来的可能性最大.

12. 加工某一零件共需经过 3 道工序. 设第 1、第 2、第 3 道工序的次品率分别为 2%，3%，5%. 假定各道工序是互不影响的，求加工出来的零件的次品率.

13. 某车间一位工人操作甲、乙 2 台没有联系的自动车床，由积累的数据知道，这 2 台车床在某段时间里停车的概率分别为 0.15 及 0.20，求这段时间里至少有 1 台车床不停车的概率.

14. 甲、乙、丙 3 人独立地向同一架飞机射击，命中率分别为 0.4，0.5，0.7. 若只 1 人击中，飞机被击落的概率为 0.2；若 2 人击中，飞机被击落的概率为 0.6；若 3 人都击中，则飞机一定被击落. 求飞机被击落的概率.

15. 设事件 A,B 相互独立，证明 $\overline{A},\overline{B}$ 也相互独立.

16. 乒乓球单打比赛规定，在 5 局比赛中先胜 3 局者为胜. 甲、乙 2 人在比赛中，甲胜的概率为 0.6，乙胜的概率为 0.4，前 2 局比赛甲以 2 : 0 暂时领先，求在以后比赛中甲最终获胜的概率.

17. 如图 9-4 所示，1，2，3 表示继电器接点. 假定每一继电器闭合的概率为 p，且各继电器闭合与否相互独立. 求 L 至 R 是通路的概率.

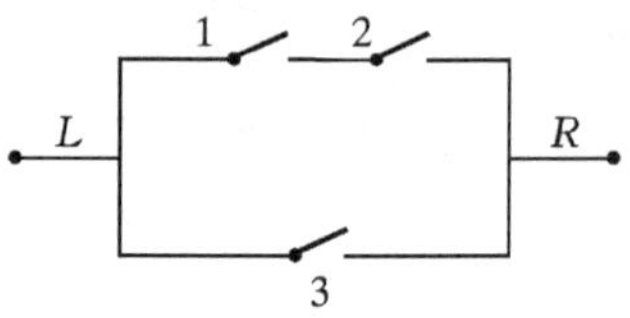

图 9-4

18. 设某人每次射击命中的概率为 0.2，

(1) 求射击 5 次仅有 1 次命中的概率；

(2) 问必须进行多少次独立射击，才能使其至少击中 1 次的概率小于 0.9？

19. 电灯泡使用时数在 1200 h 以上的概率为 0.2，求 3 个灯泡在使用 1200 h 后最多只有 1 个坏的概率.

20. 有一汽车站，每天都有大量汽车通过. 设每辆汽车在一天中的某段时间内发生事故的概率为 0.0001，而在某天的该段时间里有 1000 辆汽车通过，求发生事故的次数不超过 1 次的概率.

第 10 章　随机变量及其分布

随机变量是概率论中的一个重要概念.引入随机变量是为了描述随机现象,用分析的方法来讨论随机现象.本章我们介绍随机变量的基本知识,介绍一些常见的随机变量以及它们的分布.

10.1　随机变量与分布函数

10.1.1　随机变量的概念

有许多随机试验,它们的试验结果直接与数量发生关系.我们看几个例子.

例 10.1　掷一颗骰子,试验的结果是所出现的点数 X, X 的可能值为 $1,2,\cdots,6$, 试验的结果与数量有关.

例 10.2　对一目标独立地射击 n 次,试验的结果是击中目标的次数 X, X 的可能值为 $0,1,2,\cdots,n$, 射击结果与数量有关.

例 10.3　测试一灯泡的寿命,试验的结果是灯泡的寿命值 X (以小时计),它的值是区间 $[0,+\infty)$ 中的一个数,试验结果与数量有关.

也有另外一些试验,它们的结果与数量没有直接的联系,但可以根据需要将试验的结果"量化".

例 10.4　考虑掷硬币的试验,它可能的结果有两个,我们可以用下面的方式使它们与数量联系起来:当出现正面时对应数"1",当出现反面时对应数"0",这样就产生了一个量 X, 即

$$X=\begin{cases}1, & \text{当出现正面}\\ 0, & \text{当出现反面}\end{cases}$$

例 10.5　一袋中装有 5 只红球、2 只白球、3 只黑球,从中任取一只,观察球的颜色.如果我们规定当取得红球时对应数"1",当取得白球时对应数"2",当取得黑球时对应数"3",这样就产生了一个数量 X, 它的取值可以表示所取到的球颜色.

以上几个例子所涉及的量 X 都依赖于随机试验的结果,即在基本事件和数之间建立了一种对应关系,由于试验的结果是随机的,因而它们的取值也是随机的,我们称这样的数量为随机变量.

定义 10.1　设 E 是随机试验, S 是其样本空间,如果对于每一个样本点 $e\in S$, 都有一个确定的实数 $X=X(e)$ 与之对应,则称 $X(e)$ 为**随机变量**,简记为 X.

随机变量通常用大写字母 X, Y, Z 等表示,而表示随机变量所取得的值时,用小写字母 x, y, z 等表示.

由于随机试验的结果是有规律的,所以随机变量也按一定的规律取值.例如,在例 10.4 中

$X=1$ 意味着出现正面,即 X 取 1 的概率为 $\frac{1}{2}$;同理,X 取 0 的概率也为 $\frac{1}{2}$. 这也显示了随机变量作为“函数”,与我们在高等数学中所接触到的函数有着很大的区别.

随机变量的引入,使得我们可以从整体上研究随机试验的全部结果. 因此,用随机变量描述随机现象是概率论与数理统计中的一个重要方法.

10.1.2 分布函数

对于一个随机变量,我们不仅关心它会取什么值,而且关心它以怎样的概率取值. 像例 10.1、例 10.2、例 10.4、例 10.5 中的随机变量,它们的取值可以一一罗列出来;而像例 10.3 中另外一种类型的随机变量,其取值不能一一罗列出来,我们注意的是在某区间 $(a, b]$ 取值的概率:$P\{a<X\leqslant b\}$. 由于

$$P\{a<X\leqslant b\}=P\{X\leqslant b\}-P\{X\leqslant a\}$$

所以只要知道对任何实数 x, $P\{X\leqslant x\}$ 的值就可以了. 由此我们引入分布函数的概念.

定义 10.2 设 X 为随机变量,称函数

$$F(x)=P\{X\leqslant x\}\ (-\infty<x<+\infty)$$

为随机变量 X 的**分布函数**.

这样,X 在区间 $(a, b]$ 取值的概率为

$$P\{a<X\leqslant b\}=F(b)-F(a)$$

下面我们将会看到,利用分布函数可以计算当随机变量在复杂点集上取值时的概率.

例 10.6 求例 10.4 中随机变量 X 的分布函数.

解 当 $x<0$ 时,$\{X\leqslant x\}$ 是不可能事件,所以

$$F(x)=P\{X\leqslant x\}=0$$

当 $0\leqslant x<1$ 时,$\{X\leqslant x\}$ 就是 $\{X=0\}$,所以

$$F(x)=P\{X\leqslant x\}=\frac{1}{2}$$

当 $x\geqslant 1$ 时,$\{X\leqslant x\}=\{X=0\cup X=1\}$ 是必然事件,所以

$$F(x)=P\{X\leqslant x\}=1$$

即随机变量 X 的分布函数为

$$F(x)=\begin{cases}0, & x<0\\ \frac{1}{2}, & 0\leqslant x<1\\ 1, & 1\leqslant x\end{cases}$$

分布函数有如下的一些基本性质.

(1) $F(x)$ 是单调不减函数

这是由于当 $x_2>x_1$ 时

$$F(x_2)-F(x_1)=P\{x_1<X\leqslant x_2\}\geqslant 0$$

(2) 对任何实数 x, $0\leqslant F(x)\leqslant 1$,且

$$F(-\infty)=\lim_{x\to-\infty}F(x)=0$$

$$F(+\infty)=\lim_{x\to+\infty}F(x)=1$$

后两个等式从几何直观上来看是明显的,严格的数学证明从略.

(3) $F(x+0)=F(x)$, 即 $F(x)$ 是右连续的(证明从略)

利用分布函数可以得到

$$P\{X>a\}=1-P\{X\leqslant a\}=1-F(a)$$

$$\begin{aligned}P\{X=a\}&=\lim_{\varepsilon\to0^+}P\{a-\varepsilon<X\leqslant a\}\\&=\lim_{\varepsilon\to0^+}[F(a)-F(a-\varepsilon)]\\&=F(a)-F(a-0)\end{aligned}$$

10.2　离散型随机变量

10.2.1　离散型随机变量的概念

定义 10.3　如果随机变量所有可能取的值是有限个或无限可列个,则称此随机变量为**离散型随机变量**.

设离散型随机变量 X 所有可能取的值为 $x_1,x_2,\cdots,x_n,\cdots$, 取这些值的概率分别为 p_1, $p_2,\cdots,p_n,\cdots$, 则称

$$P\{X=x_i\}=p_i\ (i=1,2,\cdots)$$

为随机变量 X 的分布律. 显然

$$p_i\geqslant0\quad(i=1,\ 2,\ \cdots)$$

$$\sum_{i=1}^{+\infty}p_i=1$$

为直观起见,通常用下面的表格来表示 X 的分布律

X	x_1	x_2	$\cdots$	x_i	$\cdots$
P	p_1	p_2	$\cdots$	p_i	$\cdots$

容易得到, X 的分布函数为

$$F(x)=P\{X\leqslant x\}=\sum_{x_i\leqslant x}P\{X=x_i\}$$

例 10.7　求 10.1.1 节例 10.5 中随机变量 X 的分布律.

解　X 可能的取值为 1, 2, 3, 容易计算

$$P\{X=1\}=\frac{5}{10}=\frac{1}{2},\quad P\{X=2\}=\frac{2}{10}=\frac{1}{5},\quad P\{X=3\}=\frac{3}{10}$$

故 X 的分布律为

X	1	2	3
P	$\frac{1}{2}$	$\frac{1}{5}$	$\frac{3}{10}$

例 10.8　盒中装有 10 个产品,其中 3 个为次品. 从中任取 4 个,求取得的次品数 X 的分布律.

解 X 的所有可能取值为 0, 1, 2, 3, 则 $\{X=i\}$ 表示"任取 4 个产品有 i 个次品"($i=0, 1, 2, 3$) 事件,由于

$$P\{X=0\}=\frac{C_7^4}{C_{10}^4}=\frac{1}{6},\qquad P\{X=1\}=\frac{C_3^1C_7^3}{C_{10}^4}=\frac{1}{2}$$

$$P\{X=2\}=\frac{C_3^2C_7^2}{C_{10}^4}=\frac{3}{10},\qquad P\{X=3\}=\frac{C_3^3C_7^1}{C_{10}^4}=\frac{1}{30}$$

所以 X 的分布律为

X	0	1	2	3
P	$\frac{1}{6}$	$\frac{1}{2}$	$\frac{3}{10}$	$\frac{1}{30}$

例 10.9 某射手的命中率为 p,对一目标进行独立的射击,直至击中目标为止,求射击次数的分布律.

解 X 的所有可能的取值为 $1,2,\cdots,i,\cdots$. $\{X=1\}$ 表示"第一次射击命中",故 $P\{X=1\}=p$; $\{X=2\}$ 表示"第一次射击未命中,第二次射击命中",故 $P\{X=2\}=(1-p)p$; 类似地, $\{X=i\}$ 表示"前 $i-1$ 次射击未命中,第 i 次射击命中",故 $P\{X=i\}=(1-p)^{i-1}p$. 即 X 的分布律为

$$P\{X=i\}=(1-p)^{i-1}p\quad(i=1, 2, \cdots)$$

这种分布称为几何分布 .

10.2.2 几种常见的离散型随机变量的分布

1. 0-1 分布

设随机变量 X 只取两个值: 0, 1, 相应的概率为 q,p, 其中 $0<p<1,q=1-p$, 即 X 的分布律为

X	1	0
P	p	q

则称 X 服从 **0-1 分布**. 只有两个结果的随机试验,如掷硬币的试验,检验产品是否合格的试验,等等,都可以用 0-1 分布来描述.

2. 二项分布

在 n 重伯努利试验中,若以 X 表示事件 A 发生的次数,由上一章知, X 的分布律为

$$P\{X=i\}=P_n(i)=C_n^ip^i(1-p)^{n-i}\quad(i=0,1, 2, \cdots, n)$$

其中 $p=P(A)$. 此时称 X 服从参数为 n,p 的**二项分布**,记为 $X\sim B(n,p)$.

显然,当 $n=1$ 时,二项分布就是 0-1 分布. 因此常常将 X 服从 0-1 分布记为 $X\sim B(1,p)$.

例 10.10 某射手的命中率为 0.02,对目标独立射击 400 次,求至少击中目标 2 次的概率.

解 设 X 表示击中目标的次数,则 $X\sim B(400,0.02)$, 故所求概率为

$$\begin{aligned}P\{X\geqslant 2\}&=1-P\{x<2\}=1-P\{X=0\}-P\{X=1\}\\&=1-0.98^{400}-400\times 0.02\times 0.98^{399}=0.997\end{aligned}$$

3. 泊松(Possion)分布

设随机变量 X 的取值为所有非负整数,其分布律为

$$P\{X=i\}=\frac{e^{-\lambda}\lambda^{i}}{i!}\quad(i=0,\ 1,\ 2,\cdots)$$

其中 $\lambda>0$ 是常数,则称 X 服从**泊松分布**,记为 $X\sim P(\lambda)$.

服从泊松分布的随机变量在实际应用中是非常普遍的.例如,在某个时间间隔内电话交换台收到的呼叫次数,公共汽车站的候车人数,纺纱车间纱锭的断头数,等等,都服从或近似服从泊松分布.下面的泊松定理表明,在一定的条件下,可以用泊松分布逼近二项分布.这也从另外一个侧面说明了泊松分布的重要性.

定理 10.1(泊松定理)　设 $X_n\sim B(n,p_n)$ $(i=1,\ 2,\ \cdots)$,即 X_n 的分布律为

$$P\{X_n=i\}=C_n^i p_n^i\,(1-p_n)^{n-i}\quad(i=1,\ 2,\ \cdots,\ n;\ n=1,\ 2,\ \cdots)$$

这里 p_n 是与 n 有关的数,如果 $\lim\limits_{n\to\infty}np_n=\lambda$,则

$$\lim_{n\to\infty}P\{X_n=i\}=\frac{e^{-\lambda}\lambda^{i}}{i!}$$

即 X_n 的极限分布为参数是 λ 的泊松分布.

* **证**　记 $\lambda_n=np_n$,则 $\lim\limits_{n\to\infty}\lambda_n=\lambda$,因此

$$\begin{aligned}P\{X_n=i\}&=C_n^i p_n^i(1-p_n)^{n-i}\\&=\frac{n(n-1)\cdots(n-i+1)}{i!}p_n^i(1-p_n)^{n-i}\\&=\frac{n(n-1)\cdots(n-i+1)}{i!}\left(\frac{\lambda_n}{n}\right)^i\left(1-\frac{\lambda_n}{n}\right)^{n-i}\\&=\frac{\lambda_i^n}{i!}\left(1-\frac{1}{n}\right)\left(1-\frac{2}{n}\right)\cdots\left(1-\frac{i-1}{n}\right)\left(1-\frac{\lambda_n}{n}\right)^{n-i}\end{aligned}$$

由于对固定的 i,有

$$\lim_{n\to\infty}\lambda_n^i=\lambda,\ \lim_{n\to\infty}\left(1-\frac{1}{n}\right)\left(1-\frac{2}{n}\right)\cdots\left(1-\frac{i-1}{n}\right)=1$$

$$\lim_{n\to\infty}\left(1-\frac{\lambda_n}{n}\right)^{n-i}=\lim_{n\to\infty}\left(1-\frac{\lambda_n}{n}\right)^{-\frac{n}{\lambda_n}\cdot\frac{i-n}{n}\cdot\lambda_n}=e^{-\lambda}$$

因此

$$\lim_{n\to\infty}P\{X_n=i\}=\frac{\lambda^i}{i!}e^{-\lambda}$$

设 $X\sim B(n,p)$,在实际应用中,如果 p 很小,n 又相当大,可近似地认为 $\lambda=np$,此时,$P\{X=i\}\approx\frac{\lambda^i}{i!}e^{-\lambda}$.

例 10.11　对一工厂的产品进行重复抽样检查,共取 200 件产品,检查发现其中有 4 件次品,问能否相信此工厂的次品率不超过 0.005.

解　假设该厂次品率为 0.005,以 X 记 200 件产品中的次品数,则 $X\sim B(200,0.005)$.这里 $n=200$ 可以认为很大,$p=0.005$ 可以认为很小,$\lambda\approx200\times0.005=1$,故 200 件产品中发现 4 件次品的概率为

$$P\{X=4\}\approx\frac{1^4e^{-1}}{4!}\approx0.015$$

这一概率很小,即 200 件产品中有 4 件次品几乎不可能发生,现在既然发生了,有理由怀疑假定的正确性,即工厂的次品率不超过 0.005 不可信.

10.3 连续型随机变量

10.3.1 连续型随机变量的概念

定义 10.4 设随机变量 X 的分布函数为 $F(x)$,若存在某个非负函数 $f(x)$,使

$$F(x)=\int_{-\infty}^{x} f(t)\mathrm{d}t$$

则称 X 为**连续型随机变量**,函数 $f(x)$ 称为 X 的**概率密度函数**,简称**概率密度**.

根据分布函数的性质容易得到,概率密度函数有如下性质:

(1) $f(x)\geqslant 0$;

(2) $\int_{-\infty}^{+\infty} f(t)\mathrm{d}t=1$.

由微积分有关知识我们还可以得到:

(1) $F(x)$ 是 x 的连续函数;

(2)在 $f(x)$ 的连续点处有 $F'(x)=f(x)$;

(3) $P\{a<X\leqslant b\}=F(b)-F(a)=\int_{a}^{b} f(t)\mathrm{d}t$.

关于(3),从几何上来看,$P\{a<X\leqslant b\}$ 的值就是以 x 轴上的区间 $(a,b]$ 为底边,以曲线 $y=f(x)$ 为顶的曲边梯形的面积(如图 10-1 所示).

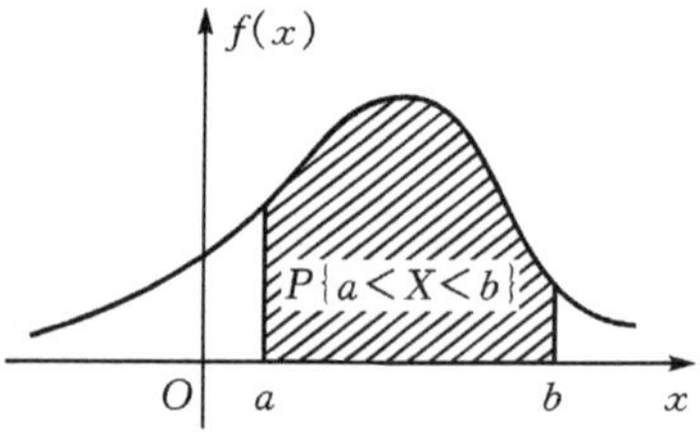

图 10-1

(4) 对于任意实数 a,有 $P\{X=a\}=0$

证 对于 $\varepsilon>0$,由于 $\{X=a\}\subset\{a-\varepsilon<X\leqslant a\}$,所以

$0\leqslant P\{x=a\}\leqslant P\{a-\varepsilon<X\leqslant a\}=F(a)-F(a-\varepsilon)$

由于 $F(x)$ 是连续函数,所以 $\lim\limits_{\varepsilon\to 0^+}F(a-\varepsilon)=F(a)$,即 $P\{X=a\}=0$

这说明对于连续型随机变量有

$$P\{a<X\leqslant b\}=P\{a\leqslant X\leqslant b\}=P\{a<X<b\}=P\{a\leqslant X<b\}$$

应注意的是,对连续型随机变量,$P\{X=a\}=0$,但 $\{X=a\}$ 并非不可能事件.也就是说,一个概率为 0 的事件不一定是不可能事件.同样,一个概率为 1 的事件也未必是必然事件.

例 10.12 设连续型随机变量 X 的分布函数为

$$F(x)=A+B\cdot\arctan x\quad(-\infty<x<+\infty)$$

(1) 确定参数 A,B;

(2) 求 X 的密度函数;

(3) 求 X 在 $[-1,1)$ 取值的概率.

解 (1) 根据分布函数的性质,$F(-\infty)=0,F(+\infty)=1$ 得

$$\begin{cases} A - B \times \dfrac{\pi}{2} = 0 \\ A + B \times \dfrac{\pi}{2} = 1 \end{cases}$$

由此可解得 $A = \dfrac{1}{2}, B = \dfrac{1}{\pi}$.

(2) 由于 $F(x)$ 处处可导,故 X 的密度函数为

$$f(x) = F'(x) = \frac{1}{\pi(1+x^2)}$$

(3) 求 X 在 $(-1,\ 1]$ 取值的概率为

$$P\{-1 < X \leqslant 1\} = F(1) - F(-1) = \frac{1}{2}$$

10.3.2　几种重要的连续性随机变量以及它们的分布

1. 均匀分布

如果 X 的概率密度为

$$f(x) = \begin{cases} \dfrac{1}{b-a}, & a \leqslant x \leqslant b \\ 0, & x < a \text{ 或 } x > b \end{cases}$$

则称 X 服从**均匀分布**. 相应的分布函数为

$$F(x) = \begin{cases} 0, & x < a \\ \dfrac{x-a}{b-a}, & a \leqslant x \leqslant b \\ 1, & x > b \end{cases}$$

2. 正态分布

如果 X 的概率密度为

$$f(x) = \frac{1}{\sqrt{2\pi}\sigma} e^{-\frac{(x-\mu)^2}{2\sigma^2}} \quad (-\infty < x < +\infty)$$

则称 X 服从**正态分布**,记为 $X \sim N(\mu, \sigma^2)$. 相应的分布函数为

$$F(x) = \frac{1}{\sqrt{2\pi}\sigma} \int_{-\infty}^{x} e^{-\frac{(t-\mu)^2}{2\sigma^2}} \mathrm{d}t \quad (-\infty < x < +\infty)$$

$f(x)$, $F(x)$ 的图形如图 10 - 2 所示.

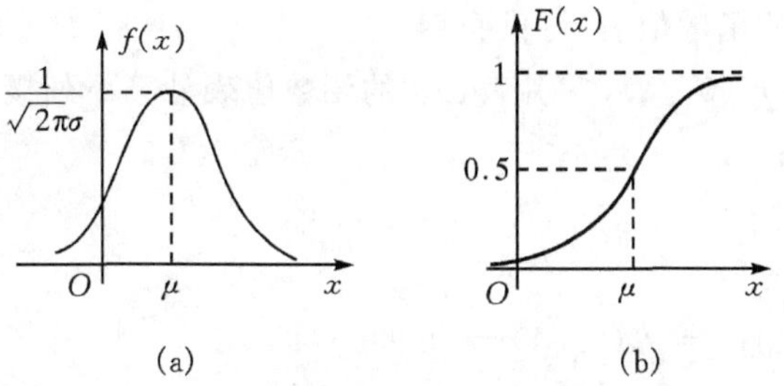

图 10 - 2

容易看到曲线 $y=f(x)$ 有以下的几个特点:

(1) 关于直线 $x=\mu$ 对称;

(2) 当 $x=\mu$ 时, $f(x)$ 取最大值 $\frac{1}{\sqrt{2\pi}\sigma}$,当 x 离 μ 越远 $f(x)$ 的值也就越小.

图 10-3 给出了当 $\mu=0$, σ 取不同值时 $y=f(x)$ 的图形,从这些图形可以看出,当 σ 不同时, $f(x)$ 的形状也不同, σ 越小, X 的取值越集中在 $x=\mu$ 附近. 第 11 章中我们将说明参数 μ, σ 的意义.

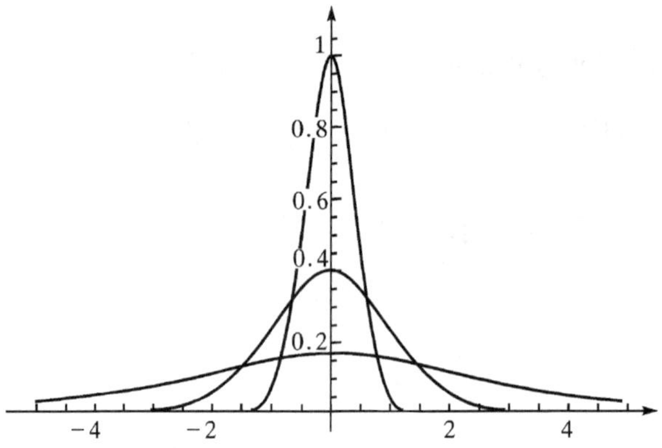

图 10-3

正态分布是概率论中的最重要的分布,许多随机现象都可以用正态分布来描述. 例如调查一群人的身高,高度在平均高度附近的人最多,较高的人和较低的人数较少. 若 X 表示高度,则 X 近似地服从正态分布. 再如,多次测量一零件的长度,由于各种原因的影响,每次测量结果不一定相同,但长度近似地服从正态分布. 一般说来,若影响某一指标的因素很多,这些因素是独立的,而且每一种因素所起的作用不大,则这个指标近似地服从正态分布.

当 $\mu=0$, $\sigma=1$ 时称 X 服从标准正态分布. 此时它的概率密度和分布函数分别记为 $\varphi(x)$, $\Phi(x)$, 即

$$\varphi(x)=\frac{1}{\sqrt{2\pi}}\mathrm{e}^{-\frac{x^2}{2}},\ \Phi(x)=\frac{1}{\sqrt{2\pi}}\int_{-\infty}^{x}\mathrm{e}^{-\frac{x^2}{2}}\mathrm{d}x$$

显然, $\Phi(x)$ 具有下列性质:

(1) $\Phi(0)=0.5$;

(2) $\Phi(+\infty)=1$;

(3) $\Phi(-x)=1-\Phi(x)$

附表 1 中有 $\Phi(x)$ 的函数值表,可供查用.

例 10.13 设 $X\sim N(0,1)$, 利用 $\Phi(x)$ 的函数值表计算下列概率:

(1) $P\{X<1.51\}$;

(2) $P\{X<-1.24\}$;

(3) $P\{2\leqslant X<3.1\}$.

解 (1) $P\{X<1.51\}=\Phi(1.51)=0.9345$

(2) $P\{X<-1.24\}=\Phi(-1.24)=1-\Phi(1.24)=1-0.8925=0.1075$

(3) $P\{2 \leqslant X < 3.1\} = \Phi(3.1) - \Phi(2) = 0.9990 - 0.9772 = 0.0218$

对于一般的正态分布，其分布函数 $F(x)$ 可用标准正态分布函数 $\Phi(x)$ 表达. 设 $X \sim N(\mu, \sigma^2)$，则

$$P\{b_1 \leqslant X < b_2\} = \frac{1}{\sqrt{2\pi}\sigma}\int_{b_1}^{b_2} e^{-\frac{(x-\mu)^2}{2\sigma^2}} dx$$

令 $t = \dfrac{x-\mu}{\sigma}$，则

$$P\{b_1 \leqslant X < b_2\} = \frac{1}{\sqrt{2\pi}}\int_{\frac{b_1-\mu}{\sigma}}^{\frac{b_2-\mu}{\sigma}} e^{-\frac{t^2}{2}} dt = \Phi(\frac{b_2-\mu}{\sigma}) - \Phi(\frac{b_1-\mu}{\sigma})$$

例 10.14　设 $X \sim N(1.5, 4)$，计算下列概率：

(1) $P\{X < -4\}$；

(2) $P\{X > 2\}$.

解　(1) $P\{X < -4\} = \Phi(\frac{-4-1.5}{2}) = \Phi(-2.75) = 1 - \Phi(2.75) = 0.0030$；

(2) $P\{X > 2\} = 1 - \Phi(\frac{2-1.5}{2}) = 1 - \Phi(0.25) = 1 - 0.5987 = 0.4013$.

为了以后的应用，我们对标准正态分布引入 α 分位点的概念.

设 $X \sim N(0, 1)$，$0 < \alpha < 1$，若 z_α 满足条件

$$P\{X > z_\alpha\} = \alpha$$

则称点 z_α 为标准正态分布的上 α 分位点(如图 10-4 所示). 例如，查表可知

$$z_{0.001} = 3.10,\ z_{0.05} = 1.645,\ z_{0.005} = 2.575$$

3. 指数分布

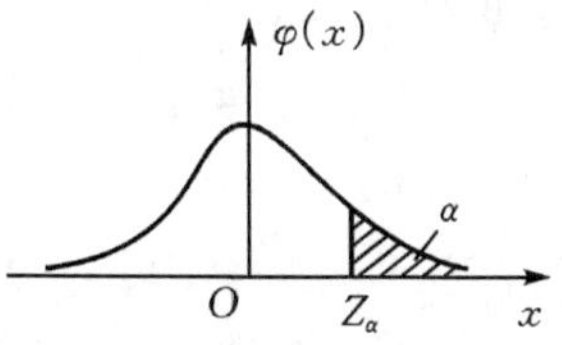

图 10-4

如果 X 的概率密度为

$$f(x) = \begin{cases} \lambda e^{-\lambda x}, & x \geqslant 0 \\ 0, & x < 0 \end{cases}$$

其中 $\lambda > 0$ 是常数，则称 X 服从**指数分布**. 相应的分布函数为

$$F(x) = \begin{cases} 1 - e^{-\lambda x}, & x \geqslant 0 \\ 0, & x < 0 \end{cases}$$

指数分布也是很重要的分布，例如电子元件的寿命，动物的寿命等等都近似地服从指数分布.

10.4　二维随机变量　随机变量的独立性

有些随机现象，往往同时需要两个或两个以上的随机变量来描述. 例如，为了准确描述炮弹落点的位置，需要引进两个坐标(横坐标与纵坐标)，这两个坐标就是两个随机变量. 又如，为了研究某一地区儿童的发育状况，需要调查身高和体重两个指标，这两个指标就是两个随机变量，这两个随机变量之间是有关系的. 因此，有必要研究若干个随机变量作为整体的取值规律——多维随机变量的分布. 我们这里只讨论二维随机变量的情形，对于多维随机变量的情形可以进行类似讨论.

10.4.1　二维随机变量及其分布

设 X,Y 是同一样本空间上的两个随机变量,由它们构成的向量 (X,Y) 称为**二维随机变量**.

与一维随机变量的情形类似,为了讨论二维随机变量 (X,Y) 的取值规律,我们引入以下定义.

定义 10.5　设 (X,Y) 为二维随机变量, x,y 为任意实数,称

$$F(x,y)=P(X\leqslant x,Y\leqslant y)\ (-\infty<x,\ y<+\infty)$$

为**二维随机变量 (X,Y) 的(联合)分布函数**.

$F(x,y)$ 在 (x,y) 处的函数值就是当 (X,Y) 在如图 10－5 所示的区域内取值时的概率.

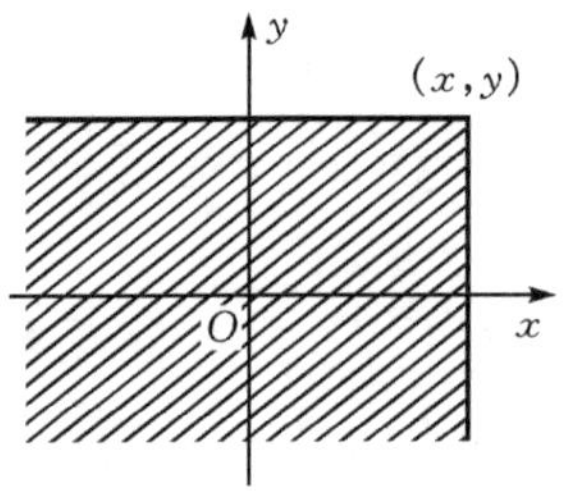

图 10－5

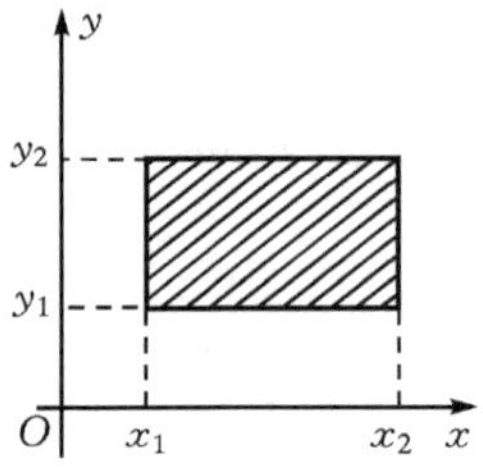

图 10－6

利用 (X,Y) 的分布函数 $F(x,y)$ 可以计算 (X,Y) 在区域 $x_1<x\leqslant x_2$, $y_1<y\leqslant y_2$ 取值时的概率

$$P\{x_1<X\leqslant x_2,y_1<Y\leqslant y_2\}=F(x_2,y_2)-F(x_1,y_2)-F(x_2,y_1)+F(x_1,y_1)$$

参见图 10－6.

二维随机变量的分布函数有着与一维随机变量的分布函数类似的性质:

(1) $F(x,y)$ 关于 x 和 y 单调不减,即当 $x_1<x_2$ 时,有 $F(x_1,y)\leqslant F(x_2,y)$;当 $y_1<y_2$ 时, $F(x,y_1)\leqslant F(x,y_2)$;

(2) $0\leqslant F(x,y)\leqslant 1$;

(3) $F(+\infty,+\infty)=\lim\limits_{\substack{x\to+\infty\\ y\to+\infty}}F(x,y)=1$, $F(-\infty,y)=F(x,-\infty)=0$.

10.4.2　二维离散型随机变量

如果二维随机变量 (X,Y) 所有可能取的数对是有限对或无限可列对,则称 (X,Y) 为**离散型随机变量**.

设 (a_i,b_i) $(i,j=1,2,\cdots)$ 是二维离散型随机变量 (X,Y) 所有可能取的数对,对应的概率

$$P\{X=a_i,Y=b_j\}=p_{ij}\quad(i,\ j=1,\ 2,\cdots)$$

其中 $p_{ij}\geqslant 0$, $\sum\limits_{i=1}^{\infty}\sum\limits_{j=1}^{\infty}p_{ij}=1$,则称 $P\{X=a_i,Y=b_j\}=p_{ij}(i,j=1,2,\cdots)$ 为 (X,Y) 的**概率分布**或 (X,Y) 的**分布律**.

概率分布可用下面的表格来表示,这个表格也称为 (X,Y) 的分布矩阵

X \ Y	b_1	…	b_j	…
a_1	p_{11}	…	p_{1j}	…
⋮	⋮	…	⋮	…
a_i	p_{i1}	…	p_{ij}	…
⋮	⋮		⋮	⋮

例 10.15　设一袋中共装有 5 只球,其中有 3 只球分别标有号码"0",另外 2 只球分别标有号码"1".今从袋中任取一只球,观察号码后放回袋中,再摸一球,若 X,Y 表示第一、第二次摸得球的号数,求 (X,Y) 的概率分布.

解　(X,Y) 可能取的数对为:(0,0),(0,1),(1,0),(1,1),容易计算

$$P\{X=0,Y=0\}=\frac{3}{5}\times\frac{3}{5}=\frac{9}{25},\qquad P\{X=0,Y=1\}=\frac{3}{5}\times\frac{2}{5}=\frac{6}{25},$$

$$P\{X=1,Y=0\}=\frac{2}{5}\times\frac{3}{5}=\frac{6}{25},\qquad P\{X=1,Y=1\}=\frac{2}{5}\times\frac{2}{5}=\frac{4}{25}.$$

故 (X,Y) 的分布矩阵为

X \ Y	0	1
0	$\frac{9}{25}$	$\frac{6}{25}$
1	$\frac{6}{25}$	$\frac{4}{25}$

例 10.16　在例 10.15 中,若第一次摸球后不放回袋中,然后再取第二只球,则 (X,Y) 的分布矩阵为

X \ Y	0	1
0	$\frac{6}{20}$	$\frac{6}{20}$
1	$\frac{6}{20}$	$\frac{2}{20}$

10.4.3　二维连续型随机变量

定义 10.6　设二维随机变量 (X,Y) 的分布函数为 $F(x,y)$,若存在一个非负函数 $f(x,y)$,使

$$F(x,y)=\int_{-\infty}^{x}\int_{-\infty}^{y}f(u,v)\mathrm{d}u\mathrm{d}v$$

则称 (X,Y) 为**连续型随机变量**,并称 $f(x,y)$ 为 (X,Y) 的**概率密度函数**.

容易看出,$f(x,y)$ 具有下列性质:

(1) $f(x,y)\geqslant 0$;

(2) $\int_{-\infty}^{+\infty}\int_{-\infty}^{+\infty}f(x,y)\mathrm{d}x\mathrm{d}y=F(+\infty,+\infty)=1$;

(3) 设 D 为 xOy 平面上一区域,则 (X,Y) 在 D 上取值的概率为

$$P\{(X,Y)\in D\}=\iint_D f(x,y)\mathrm{d}x\mathrm{d}y$$

(4) 若 $f(x,y)$ 在点 $(x,\ y)$ 处连续,则有

$$\frac{\partial^2 F(x,y)}{\partial x\partial y}=f(x,y)$$

常见的二维连续型随机变量的分布有均匀分布与正态分布.

1. 均匀分布

设 D 为平面有界区域,其面积为 A. 若 (X,Y) 的概率密度为

$$f(x,y)=\begin{cases}\dfrac{1}{A}, & (x,y)\in D\\ 0, & 其他\end{cases}$$

则称 (X,Y) 服从均匀分布.

2. 正态分布

若 (X,Y) 的概率密度为

$$f(x,y)=\frac{1}{2\pi\sigma_1\sigma_2\sqrt{1-\rho^2}}\mathrm{e}^{-\frac{1}{2(1-\rho^2)}\left(\frac{(x-\mu_1)^2}{\sigma_1^2}-\frac{2\rho(x-\mu_1)(y-\mu_2)}{\sigma_1\sigma_2}+\frac{(y-\mu_2)^2}{\sigma_2^2}\right)}$$

其中,$\mu_1,\mu_2,\sigma_1,\sigma_2,\rho$ 等均为常数,则称 (X,Y) 服从正态分布.

例 10.17 设 (X,Y) 的概率密度为

$$f(x,y)=\frac{A}{(4+x^2)(9+y^2)}$$

(1) 确定常数 A;

(2) 求 (X,Y) 的分布函数;

(3) 设 D: $0<x\leqslant 2, 0<y\leqslant 3$, 求 $P\{(X,Y)\in D\}$.

解 (1) 由于 $f(x,y)$ 是概率密度,故应满足

$$f(x,y)\geqslant 0,\int_{-\infty}^{+\infty}\int_{-\infty}^{+\infty}f(x,y)\mathrm{d}x\mathrm{d}y=1$$

于是 $A\geqslant 0$, 且

$$\int_{-\infty}^{+\infty}\int_{-\infty}^{+\infty}\frac{A}{(4+x^2)(9+y^2)}\mathrm{d}x\mathrm{d}y=\frac{\pi^2}{6}A=1$$

所以 $A=\dfrac{6}{\pi^2}$.

(2) 设 (X,Y) 的分布函数为 $F(x,y)$, 则

$$\begin{aligned}F(x,y)&=\int_{-\infty}^{x}\int_{-\infty}^{y}\frac{6}{\pi^2(4+u^2)(9+v^2)}\mathrm{d}u\mathrm{d}v\\&=\frac{6}{\pi^2}\cdot\int_{-\infty}^{x}\frac{1}{4+u^2}\mathrm{d}u\cdot\int_{-\infty}^{y}\frac{1}{9+v^2}\mathrm{d}v\\&=\frac{1}{\pi^2}\left(\arctan\frac{x}{2}+\frac{\pi}{2}\right)\left(\arctan\frac{y}{3}+\frac{\pi}{2}\right)\end{aligned}$$

(3) $P\{(X,Y)\in D\}=F(2,3)-F(2,0)-F(0,3)+F(0,0)=\dfrac{9}{16}-\dfrac{3}{8}-\dfrac{3}{8}+\dfrac{1}{4}=\dfrac{1}{16}$

10.4.4　边缘分布

设 (X,Y) 的分布函数为 $F(x,y)$，则可由 $F(x,y)$ 确定 X 及 Y 作为一维随机变量的分布函数 $F_X(x),F_Y(y)$. 事实上，

$$F_X(x)=P\{X\leqslant x\}=P\{X\leqslant x,Y<+\infty\}=F(x,+\infty)$$
$$F_Y(y)=P\{Y\leqslant y\}=P\{X<+\infty,Y\leqslant y\}=F(+\infty,y)$$

$F_X(x),F_Y(y)$ 称为 (X,Y) 的**边缘分布函数**.

下面我们分别讨论二维离散型随机变量和二维连续型随机变量的边缘分布.

设 (X,Y) 是离散型随机变量，其分布律为

$X \backslash Y$	b_1	b_2	$\cdots$	b_j	$\cdots$
a_1	p_{11}	p_{12}	$\cdots$	p_{1j}	$\cdots$
a_2	p_{21}	p_{22}	$\cdots$	p_{2j}	$\cdots$
$\vdots$	$\vdots$	$\vdots$	$\cdots$	$\vdots$	$\cdots$
a_i	p_{i1}	p_{i2}	$\cdots$	p_{ij}	$\cdots$
$\vdots$	$\vdots$	$\vdots$	$\vdots$	$\vdots$	$\vdots$

则

$$\begin{aligned}&P\{X=a_i\}=P\{X=a_i,Y=b_1\}+P\{X=a_i,Y=b_2\}+\cdots+\\&P\{X=a_i,Y=b_j\}+\cdots=p_{i1}+p_{i2}+\cdots+p_{ij}+\cdots\\&\qquad=\sum_{j=1}^{\infty}p_{ij}\ (i=1,2,\cdots)\end{aligned}$$

记 $p_{i\cdot}=\sum\limits_{j=1}^{\infty}p_{ij}\ (i=1,2,\cdots)$ 则得 X 的分布律为

X	a_1	a_2	$\cdots$	a_i	$\cdots$
P	$p_{1\cdot}$	$p_{2\cdot}$	$\cdots$	$p_{i\cdot}$	$\cdots$

同理可得 Y 的分布律为

Y	b_1	b_2	$\cdots$	b_j	$\cdots$
P	$p_{\cdot 1}$	$p_{\cdot 2}$	$\cdots$	$p_{\cdot j}$	$\cdots$

其中 $p_{\cdot j}=\sum\limits_{i=1}^{\infty}p_{ij}\quad(j=1,\ 2,\ \cdots)$.

$P\{X=a_i\}=p_{i\cdot}(i=1,\ 2,\cdots)$ 和 $P\{Y=b_j\}=p_{\cdot j}(j=1,\ 2,\cdots)$ 分别称为 (X,Y) 关于 X,Y 的边缘分布律.

例 10.18　求例 10.15 中 (X,Y) 的边缘分布律.

解　$p_{1\cdot}=\dfrac{9}{25}+\dfrac{6}{25}=\dfrac{15}{25}=\dfrac{3}{5}$，　　$p_{2\cdot}=\dfrac{6}{25}+\dfrac{4}{25}=\dfrac{10}{25}=\dfrac{2}{5}$，

$p_{\cdot 1}=\dfrac{9}{25}+\dfrac{6}{25}=\dfrac{3}{5}$，　　$p_{\cdot 2}=\dfrac{6}{25}+\dfrac{4}{25}=\dfrac{2}{5}$.

为了直观起见,我们常常把 (X,Y) 的概率分布以及边缘分布放在一个表格中

X \ Y	0	1	$p_{i\cdot}$
0	$\frac{9}{25}$	$\frac{6}{25}$	$\frac{3}{5}$
1	$\frac{6}{25}$	$\frac{4}{25}$	$\frac{2}{5}$
$p_{\cdot j}$	$\frac{3}{5}$	$\frac{2}{5}$	

对于例 10.16,这个表格就是

X \ Y	0	1	$p_{i\cdot}$
0	$\frac{6}{20}$	$\frac{6}{20}$	$\frac{3}{5}$
1	$\frac{6}{20}$	$\frac{2}{20}$	$\frac{2}{5}$
$p_{\cdot j}$	$\frac{3}{5}$	$\frac{2}{5}$	

从这两个表格可以看出,X 及 Y 的(边缘)概率分布是相同的,但 (X,Y) 的概率分布却完全不同,这说明,(X,Y) 的概率分布不能由它的边缘分布所唯一确定.

设 (X,Y) 是二维连续型随机变量,其概率密度为 $f(x,y)$. 由于

$$F_X(x)=F(x,+\infty)=\int_{-\infty}^{x}\left(\int_{-\infty}^{+\infty}f(x,y)\mathrm{d}y\right)\mathrm{d}x$$

故 X 是一连续型随机变量,其概率密度为

$$f_X(x)=\int_{-\infty}^{+\infty}f(x,y)\mathrm{d}y$$

同理,Y 也是一连续型随机变量,其概率密度为

$$f_Y(y)=\int_{-\infty}^{+\infty}f(x,y)\mathrm{d}x$$

$f_X(x),f_Y(y)$ 分别称为 (X,Y) 关于 X,Y 的**边缘概率密度**.

例 10.19 设 (X,Y) 在以原点为圆心,r 为半径的圆域上服从均匀分布,求关于 X,Y 的边缘概率密度.

解 容易知道,(X,Y) 的概率密度为

$$f(x,y)=\begin{cases}\dfrac{1}{\pi r^2}, & x^2+y^2\leqslant r^2\\ 0, & x^2+y^2>r^2\end{cases}$$

现在求关于 X 的边缘概率密度 $f_X(x)$,显然,当 $|x|>r$ 时,$f_X(x)=0$,当 $|x|\leqslant r$ 时

$$f_X(x)=\int_{-\infty}^{+\infty}f(x,y)\mathrm{d}y=\int_{-\sqrt{r^2-x^2}}^{\sqrt{r^2-x^2}}\frac{1}{\pi r^2}\mathrm{d}y=\frac{2\sqrt{r^2-x^2}}{\pi r^2}$$

即

$$f_X(y)=\begin{cases}\dfrac{2\sqrt{r^2-x^2}}{\pi r^2}, & |x|\leqslant r\\ 0, & |x|>r\end{cases}$$

同理可求得关于 Y 的边缘概率密度为

$$f_Y(y)=\begin{cases}\dfrac{2\sqrt{r^2-y^2}}{\pi r^2}, & |y|\leqslant r\\ 0, & |y|>r\end{cases}$$

由此看到，虽然 (X,Y) 服从均匀分布，但边缘分布都不均匀.

例 10.20　设 (X,Y) 服从二维正态分布，其分布密度为

$$f(x,y)=\frac{1}{2\pi\sqrt{1-\rho^2}}\mathrm{e}^{-\frac{1}{2(1-\rho^2)}(x^2-2\rho xy+y^2)}\ (-\infty<x,y<+\infty)$$

求关于 X,Y 的边缘概率密度.

解　关于 X 的边缘概率密度为

$$f_X(x)=\int_{-\infty}^{+\infty}f(x,y)\mathrm{d}y=\int_{-\infty}^{+\infty}\frac{1}{2\pi\sqrt{1-\rho^2}}\mathrm{e}^{-\frac{1}{2(1-\rho^2)}(x^2-2\rho xy+y^2)}\mathrm{d}y$$

$$=\frac{\mathrm{e}^{-\frac{x^2}{2}}}{2\pi}\int_{-\infty}^{+\infty}\frac{1}{\sqrt{1-\rho^2}}\mathrm{e}^{-\frac{(y-\rho x)^2}{2(1-\rho^2)}}\mathrm{d}y$$

令 $v=\dfrac{y-\rho x}{\sqrt{1-\rho^2}}$，则

$$f_X(x)=\frac{\mathrm{e}^{-\frac{x^2}{2}}}{2\pi}\int_{-\infty}^{+\infty}\mathrm{e}^{-\frac{v^2}{2}}\mathrm{d}v=\frac{1}{\sqrt{2\pi}}\mathrm{e}^{-\frac{x^2}{2}}\ (-\infty<x<+\infty)$$

同理可求得关于 Y 的边缘概率密度为

$$f_Y(y)=\frac{1}{\sqrt{2\pi}}\mathrm{e}^{-\frac{y^2}{2}}\ (-\infty<y<+\infty)$$

X,Y 都服从标准正态分布，不依赖参数 ρ，但 (X,Y) 的分布与 ρ 有关. 这再次说明，一般不能由边缘分布确定联合分布.

10.4.5　随机变量的独立性

下面我们利用事件的独立性引进随机变量的独立性的概念.

定义 10.7　设 X,Y 是两个随机变量，如果对任何 $x,y\ (-\infty<x,y<+\infty)$，都有

$$P\{X\leqslant x,Y\leqslant y\}=P\{X\leqslant x\}\cdot P\{Y\leqslant y\}$$

则称随机变量 X,Y 是**相互独立**的.

直观地讲，两个随机变量相互独立就是它们的取值互不牵连.

设 X,Y 的分布函数分别为 $F_X(x),F_Y(y)$，二维随机变量 (X,Y) 的分布函数为 $F(x,y)$. 由定义知，X,Y 相互独立的充分必要条件是

$$F(x,y)=F_X(x)\cdot F_Y(y)$$

即可由 X,Y 的(边缘)分布函数确定 (X,Y) 的(联合)分布函数.

设 (X,Y) 为离散型随机变量，其概率分布为

$$P\{X=a_i,Y=b_j\}=p_{ij}\ (i,j=1,2,\cdots)$$

则由定义可以证明 X,Y 相互独立的充分必要条件是

$$p_{ij}=p_{i\cdot}\cdot p_{\cdot j}\quad (i,j=1,2,\cdots)$$

在例 10.15 中

Y \ X	0	1	$p_{i\cdot}$
0	$\frac{9}{25}$	$\frac{6}{25}$	$\frac{3}{5}$
1	$\frac{6}{25}$	$\frac{4}{25}$	$\frac{2}{5}$
$p_{\cdot j}$	$\frac{3}{5}$	$\frac{2}{5}$	

可知 X,Y 是相互独立的.

在例 10.16 中

Y \ X	0	1	$p_{i\cdot}$
0	$\frac{6}{20}$	$\frac{6}{20}$	$\frac{3}{5}$
1	$\frac{6}{20}$	$\frac{2}{20}$	$\frac{2}{5}$
$p_{\cdot j}$	$\frac{3}{5}$	$\frac{2}{5}$	

可知 X,Y 不是相互独立的.

设连续型随机变量 (X,Y) 的概率密度为 $f(x,y)$，关于 X,Y 的边缘概率密度为 $f_X(x)$，$f_Y(y)$，则 X,Y 相互独立的充分必要条件是

$$f(x,y)=f_X(x)\cdot f_Y(y)$$

事实上，若 X,Y 相互独立，则 $F(x,y)=F_X(x)\cdot F_Y(y)$. 分别关于 x,y 求导，则有 $f(x,y)=f_X(x)\cdot f_Y(y)$. 反之亦然.

根据此结论即知，例 10.20 中 X,Y 相互独立充分必要条件是 $\rho=0$. 这是由于若 $\rho=0$，则

$$f(x,y)=\frac{1}{2\pi}\mathrm{e}^{-\frac{1}{2}(x^2+y^2)}$$

而已求得

$$f_X(x)=\frac{1}{\sqrt{2\pi}}\mathrm{e}^{-\frac{x^2}{2}},\ f_Y(y)=\frac{1}{\sqrt{2\pi}}\mathrm{e}^{-\frac{y^2}{2}}$$

因此 $f(x,y)=f_X(x)\cdot f_Y(y)$，即 X,Y 相互独立. 反过来，若 X,Y 相互独立，则 $f(x,y)=f_X(x)\cdot f_Y(y)$，即

$$\frac{1}{2\pi\sqrt{1-\rho^2}}\mathrm{e}^{-\frac{1}{2(1-\rho^2)}(x^2-2\rho xy+y^2)}=\frac{1}{\sqrt{2\pi}}\mathrm{e}^{-\frac{x^2}{2}}\times\frac{1}{\sqrt{2\pi}}\mathrm{e}^{-\frac{y^2}{2}}$$

令 $x=y=0$，故 $\frac{1}{2\pi\sqrt{1-\rho^2}}=\frac{1}{2\pi}$，即 $\rho=0$. 这一结论对一般的正态分布也是成立的.

在例 10.19 中，X 与 Y 是不独立的，事实上，取 $x=y=0$，则

$$f(0,0)=\frac{1}{\pi r^2},\ f_X(0)=\frac{2}{\pi r},\ f_Y(0)=\frac{2}{\pi r}$$

即 $f(0,0)\neq f_X(0)\cdot f_Y(0)$. 因此 X，Y 不相互独立.

随机变量的独立性可以推广到多个随机变量的情形.随机变量 $X_1,X_2,\cdots,X_n$ 如果对任何 $x_1,x_2,\cdots,x_n$ 都有

$$P\{X_1\leqslant x_1,X_2\leqslant x_2,\cdots,X_n\leqslant x_n\}=P\{X_1\leqslant x_1\}\cdot P\{X_2\leqslant x_2\}\cdots P\{X_n\leqslant x_n\}$$

则称随机变量 $X_1,X_2,\cdots,X_n$ 相互独立.

10.5　随机变量的函数的分布

实际问题中,常常需要了解由一个或多个随机变量经函数运算而产生的另外一个随机变量的分布.例如,已知分子运动速度 X 的分布,需要确定其动能 $Y=\frac{1}{2}mX^2$ 的分布;已知炮弹落点 (X,Y) 的分布,需要知道落点到目标的距离 $Z=\sqrt{X^2+Y^2}$ 的分布,等等.本节通过例题来说明如何根据已知的随机变量的分布,确定随机变量的函数的分布.

10.5.1　一维随机变量的函数的分布

例 10.21　设 X 的分布律为

X	-1	0	1	2
P	$\frac{1}{4}$	$\frac{1}{8}$	$\frac{1}{8}$	$\frac{1}{2}$

求(1) $Y=2X+1$ 的分布律;(2)求 $Y=X^2$ 的分布律.

解　(1) X 可能取的值为 $-1,\ 0,\ 1,\ 2$,因此 Y 可能取的值为 $-1,\ 1,\ 3,\ 5$,取这些值的概率分别为

$$P\{Y=-1\}=P\{X=-1\}=\frac{1}{4},\ P\{Y=1\}=P\{X=0\}=\frac{1}{8}$$

$$P\{Y=3\}=P\{X=1\}=\frac{1}{8},\quad P\{Y=5\}=P\{X=2\}=\frac{1}{2}$$

因此,Y 的分布律为

Y	-1	1	3	5
P	$\frac{1}{4}$	$\frac{1}{8}$	$\frac{1}{8}$	$\frac{1}{2}$

(2) Y 可能取的值为 $0,\ 1,\ 4$,取这些值的概率分别为

$$P\{Y=0\}=P\{X=0\}=\frac{1}{8}$$

$$P\{Y=1\}=P\{X=-1\}+P\{X=1\}=\frac{1}{4}+\frac{1}{8}=\frac{3}{8}$$

$$P\{Y=4\}=P\{X=2\}=\frac{1}{2}$$

因此,Y 的分布律为

Y	0	1	4
P	$\frac{1}{8}$	$\frac{3}{8}$	$\frac{1}{2}$

例 10.22　设连续型随机变量 X 的概率密度为 $f(x)$，求 $Y=aX+b$（a,b 是常数，$a>0$）的分布密度.

解　设 X,Y 的分布函数分别为 $F_X(x)$，$F_Y(y)$，密度函数分别为 $f(x)$，$g(y)$，则

$$F_Y(y)=P\{Y\leqslant y\}=P\{aX+b\leqslant y\}=P\{X\leqslant \frac{y-b}{a}\}=F_X(\frac{y-b}{a})$$

因此 Y 的密度函数为

$$g(y)=F_Y'(y)=F_X'(\frac{y-b}{a})\cdot\frac{1}{a}=\frac{1}{a}f(\frac{y-b}{a})$$

设 $X\sim N(\mu,\sigma^2)$，即 X 的分布密度为

$$f(x)=\frac{1}{\sqrt{2\pi}\sigma}e^{-\frac{(x-\mu)^2}{2\sigma^2}}$$

于是 $Y=\dfrac{X-\mu}{\sigma}$ 的密度函数为

$$g(y)=\frac{1}{\sigma^{-1}}f(\sigma y+\mu)=\frac{1}{\sqrt{2\pi}}e^{-\frac{y^2}{2}}$$

即

$$Y=\frac{X-\mu}{\sigma}\sim N(0,1)$$

10.5.2　二维随机变量的函数的分布

例 10.23　设 (X,Y) 的分布律为

X \ Y	6	7
9	$\frac{3}{25}$	$\frac{9}{50}$
10	$\frac{1}{5}$	$\frac{3}{10}$
11	$\frac{2}{25}$	$\frac{3}{25}$

求 $Z=X+Y$ 的分布律.

解　先讨论 Z 可能的取值

表 10.1

X	9	9	10	10	11	11
Y	6	7	6	7	6	7
Z	15	16	16	17	17	18

由上表知，Z 可能的取值为 15，16，17，18，相应的概率分别为

$$P\{Z=15\}=P\{X=9,Y=6\}=\frac{3}{25}$$

$$P\{Z=16\}=P\{X=9,Y=7\}+P\{X=10,Y=6\}=\frac{9}{50}+\frac{1}{50}=\frac{19}{50}$$

$$P\{Z=17\}=P\{X=10,Y=7\}+P\{X=11,Y=6\}=\frac{3}{10}+\frac{2}{25}=\frac{19}{50}$$

$$P\{Z=18\}=P\{X=11,Y=7\}=\frac{3}{25}$$

故 $Z=X+Y$ 的分布律为

Z	15	16	17	18
P	$\frac{3}{25}$	$\frac{19}{50}$	$\frac{19}{50}$	$\frac{3}{25}$

例 10.24 (和的分布)设 (X,Y) 的密度函数为 $f(x,y)$，求 $Z=X+Y$ 的密度函数.

解　设 Z 的概率密度和分布函数分别为 $h(z)$，$H(z)$，于是(参见图 10-7)

$$H(z)=P\{Z\leqslant z\}=P\{X+Y\leqslant z\}=\int_{-\infty}^{+\infty}\left(\int_{-\infty}^{z-x}f(x,y)\mathrm{d}y\right)\mathrm{d}x$$

作代换 $y=v-x$，则

$$H(z)=\int_{-\infty}^{z}\left(\int_{-\infty}^{+\infty}f(x,v-x)\mathrm{d}v\right)\mathrm{d}x=\int_{-\infty}^{z}\left(\int_{-\infty}^{+\infty}f(x,v-x)\mathrm{d}x\right)\mathrm{d}v$$

从而 $Z=X+Y$ 的分布密度为

$$h(z)=\int_{-\infty}^{+\infty}f(x,z-x)\mathrm{d}x$$

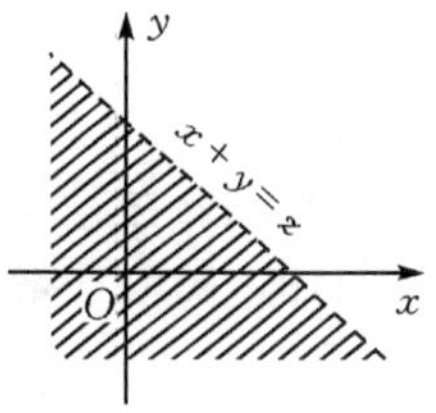

图 10-7

若 X,Y 相互独立,即

$$f(x,y)=f(x)g(y)$$

则

$$h(z)=\int_{-\infty}^{+\infty}f(x)g(z-x)\mathrm{d}x$$

数学上称函数 $h(z)$ 为函数 $f(x)$，$g(y)$ 的卷积.运用此结果容易得到,若 $X\sim N(\mu_1,\sigma_1^2)$，$Y\sim N(\mu_2,\sigma_2^2)$，且 X,Y 相互独立,则

$$X+Y\sim N(\mu_1+\mu_2,\sigma_1^2+\sigma_2^2)$$

习　题　10

1.连续 2 次对目标进行射击,每次击中目标的概率为 0.4.设 X 为击中目标的次数,求 (1)X 的分布律;(2)X 的分布函数.

2.设有一批产品共 2000 个,其中有 40 个次品.随机抽样取 100 个样品,求样品中次品数 X 的分布律.分别按下列方式求:(1)不放回抽样;(2)放回抽样.

3.一袋中装有 5 只球,编号为 1,2,3,4,5.在袋中一次性取出 3 只,X 表示取出 3 只球的最大号码.求 (1)X 的分布律;(2)X 的分布函数;(3) $P\{X\leqslant 2\}$，$P\{X>4\}$，$P\{1<X\leqslant 4\}$.

4.电话交换台每分钟的呼唤次数服从参数为 4 的泊松分布.求

(1) 每分钟恰有 6 次呼唤的概率;

(2) 每分钟呼唤次数不超过 10 次的概率.

5.有一汽车站有大量汽车通过,设每辆汽车在某天某段时间内出事故的概率为 0.0001.在某天某段时间内有 1000 辆汽车通过,求事故次数小于 2 次的概率.

6.设 X 服从泊松分布,其分布律为

$$P\{X=k\}=\frac{\lambda^k}{k!}\mathrm{e}^{-\lambda}\quad(k=0,1,2,\cdots)$$

问当 k 取何值时，$P\{X=k\}$ 最大?

7. 如果 X 的可能值充满了下列区间，函数 $\sin x$ 是否为随机变量 X 的概率密度?

(1) $\left[0,\frac{\pi}{2}\right]$; (2) $[0,\pi]$; (3) $\left[0,\frac{3\pi}{2}\right]$.

8. 公共汽车站每隔 5 分钟发车一趟，乘客到达汽车站在任意时刻是等可能的. 以 X 表示乘客等车时间，求 X 的分布函数和概率密度函数，并求乘客等车时间不超过 3 分钟的概率.

9. 已知某种类型的电子管的寿命 X(以小时计)服从指数分布，其概率密度为

$$f(x)=\begin{cases}\frac{1}{1000}e^{-\frac{x}{1000}}, & x>0\\ 0, & x\leqslant 0\end{cases}$$

一台仪器中装有 5 只此类型电子管，任一只损坏时仪器便不能正常工作. 求仪器正常工作 1000 小时以上的概率.

10. 设连续型随机变量 X 的概率密度函数为 $f(x)=\begin{cases}Axe^{-2x}, & x\geqslant 0\\ 0, & x<0\end{cases}$，求

(1) 常数 A; (2) 分布函数 $F(x)$; (3) $P\{0\leqslant X\leqslant 1\}$.

11. 设 k 在 $[0,5]$ 上服从均匀分布，求方程 $4x^2+4kx+k+2=0$ 有实根的概率.

12. 设随机变量 X 的概率密度函数为

$$f(x)=\begin{cases}\frac{1}{2}e^{x}, & x\leqslant 0\\ \frac{1}{4}, & 0<x\leqslant 2\\ 0, & x>2\end{cases}$$

求分布函数 $F(x)$.

13. 设 X 服从正态分布 $N(10,4)$. 求

(1) $P\{7<X<15\}$; (2) 求 d，使 $P\{|X-10|<d\}=0.9$.

14. 设某机器生产的螺栓的长度 X 服从正态分布 $N(10.05,0.06^2)$(单位:cm)，规定长度在范围 10.05 ± 0.12 内为合格，求螺栓不合格的概率.

15. 测量某目标的距离时发生的误差 X(单位:m)具有概率密度 $f(x)=\frac{1}{40\sqrt{2\pi}}e^{-\frac{x^2}{3200}}$，

求在 3 次测量中至少有 1 次误差的绝对值不超过 30 m 的概率.

16. 公共汽车车门的高度是按男子与车门顶碰头的概率在 0.01 以下来设计的. 设男子的身高服从 $N(170,6^2)$(单位:cm). 试确定车门的高度.

17. 一个大袋子中，装有 3 个桔子、2 个苹果、3 个梨. 今从袋中随机抽出 4 个水果. 若 X 为桔子数，Y 为苹果数，求(X,Y)的联合分布律.

18. 设二维随机变量(X,Y)的概率密度为

$$f(x,y)=\begin{cases}k(6-x-y), & 0\leqslant x\leqslant 2\ ;\ 2\leqslant y\leqslant 4\\ 0, & \text{其他}\end{cases}$$

求(1)k; (2) $P\{X\leqslant 1,Y\leqslant 3\}$; (3) $P\{Y\leqslant 1.5\}$; (4) $P\{X+Y\leqslant 4\}$.

19. 设二维随机变量(X,Y)的概率密度为

$$f(x,y)=\begin{cases}Ae^{-(3x+4y)}, & x>0\ ;\ y>0\\ 0, & \text{其他}\end{cases}$$

求(1)A；(2)(X, Y)的分布函数；(3) $P\{0 < X \leqslant 1, 0 < Y \leqslant 2\}$.

20. 箱子里面装有 12 件产品，其中 2 件是次品，每次从箱子里任取 1 件产品，共取 2 次，定义随机变量 X, Y 如下

$$X = \begin{cases} 0, & 若第一次取出正品 \\ 1, & 若第一次取出次品 \end{cases}, \quad Y = \begin{cases} 0, & 若第二次取出正品 \\ 1, & 若第二次取出次品 \end{cases}$$

分别就下列两种情况求出二维随机变量(X, Y)的联合分布率和关于 X, Y 的边缘分布律，并判断 X, Y 是否相互独立.

(1) 放回抽样；(2) 不放回抽样.

21. 设 X, Y 相互独立，其分布律分别为

X	-2	-1	0	$\frac{1}{2}$
P	$\frac{1}{4}$	$\frac{1}{3}$	$\frac{1}{12}$	$\frac{1}{3}$

Y	$-\frac{1}{2}$	1	3
P	$\frac{1}{2}$	$\frac{1}{4}$	$\frac{1}{4}$

求(X, Y)的概率分布.

22. 设二维随机变量(X, Y)的概率密度为

$$f(x,y) = \begin{cases} x^2 + \dfrac{xy}{3}, & 0 \leqslant x \leqslant 1; 0 \leqslant y \leqslant 2 \\ 0, & 其他 \end{cases}$$

求关于(X, Y)的边缘概率密度 $f_X(x)$，$f_Y(y)$.

23. 设二维随机变量(X, Y)的概率密度为

$$f(x,y) = \begin{cases} e^{-y}, & 0 < x < y \\ 0, & 其他 \end{cases}$$

求关于(X, Y)的边缘概率密度 $f_X(x)$，$f_Y(y)$.

24. 设二维随机变量(X, Y)的概率密度为

$$f(x,y) = \begin{cases} cx^2y, & x^2 \leqslant y \leqslant 1 \\ 0, & 其他 \end{cases}$$

(1) 确定常数 c；(2) 求关于(X, Y)的边缘概率密度.

25. 设二维随机变量(X, Y)的概率密度为

$$f(x,y) = \begin{cases} ke^{-(5x+6y)}, & x > 0; y > 0 \\ 0, & 其他 \end{cases}$$

(1) 确定常数 k；(2) 求关于(X, Y)的边缘概率密度；(3) 问 X, Y 是否相互独立.

26. 设 X, Y 是相互独立的随机变量，X 在$[0, 1]$上服从均匀分布，Y 服从 $\lambda = 2$ 的指数分布，求(1)(X, Y)的概率密度 $f(x,y)$；(2) $P\{Y \leqslant X\}$.

27. 设离散型随机变量 X 的分布律为

X	-2	-1	0	1	2	3
P	0.01	0.20	0.25	0.20	0.15	0.10

求(1) $Y_1 = -2X$ 的分布律；(2) $Y_2 = X^2$ 的分布律.

28. (1)设连续型随机变量 X 的概率密度为 $f_X(x)$，求 $Y = X^3$ 的概率密度.

(2)X 服从 $\lambda = 2$ 的指数分布，求 $Y = X^3$ 的概率密度.

29. 对圆片直径进行测量，测量值在$[5, 6]$上服从均匀分布，求圆面积 Y 的概率密度.

30. 设(X, Y)的概率分布为

X \ Y	-2	-1	0
-1	$\frac{1}{12}$	$\frac{1}{12}$	$\frac{3}{12}$
$\frac{1}{2}$	$\frac{2}{12}$	$\frac{1}{12}$	0
3	$\frac{2}{12}$	0	$\frac{2}{12}$

求(1) $X+Y$;(2) $X-Y$;(3) X^2-Y-2 的概率密度.

31. 设 X，Y 是相互独立的随机变量，X 在 $[0\ ,\ 1]$ 上服从均匀分布，Y 服从 $\lambda=1$ 的指数分布，求 $Z=X+Y$ 的概率密度.

第 11 章　随机变量的数字特征

上一章我们讨论了随机变量的分布函数.分布函数虽然完整地描述了随机变量的变化,但在很多情况下,这种描述显得不够“集中”,况且求分布函数不是一件容易的事情.另一方面,一些实际问题中,并不需要全面地考察随机变量的变化,而只需要从某一侧面去考察随机变量,考察它们的某些特征.本章将介绍随机变量的几个常见的特征.

11.1　数学期望

11.1.1　数学期望及计算

我们常常要讨论一个随机变量平均取什么值,先来讨论一个例子.为确定某零件的尺寸,共进行了 N 次测量,测量的结果 X 是一个随机变量.设 r_1 次测得值为 x_1, r_2 次测得值为 x_2, $\cdots$, r_n 次测得值为 x_n,显然 $r_1+r_2+\cdots+r_n=N$.则这 N 次测量值的平均值为

$$\overline{X}=\frac{r_1x_1+r_2x_2+\cdots+r_nx_n}{N}=x_1\cdot\frac{r_1}{N}+x_2\cdot\frac{r_2}{N}+\cdots+x_n\frac{r_n}{N}$$

从计算中可以看到,平均值不是 X 所取到的 n 个值的简单平均,而是以取这些值的频率为权重的加权平均.设 $p_i=P\{X=a_i\}$,由于当 N 很大时,$\frac{r_i}{N}$ 稳定于 p_i,因此

$$\overline{X}\approx x_1p_1+x_2p_2+\cdots+x_np_n$$

我们称 $\sum\limits_{i=1}^{n}x_ip_i$ 为随机变量 X 的数学期望.一般地,我们有如下定义.

定义 11.1　设离散型随机变量 X 的分布律为

$$P\{X=x_i\}=p_i\quad(i=1,\ 2,\cdots)$$

若级数 $\sum\limits_{i=1}^{\infty}x_ip_i$ 绝对收敛,即 $\sum\limits_{i=1}^{\infty}|x_i|p_i$ 收敛,则称 $\sum\limits_{i=1}^{\infty}x_ip_i$ 为随机变量 X 的**数学期望**,简称**为期望**或**均值**,记为 $E(X)$,即

$$E(X)=\sum_{i=1}^{\infty}x_ip_i$$

例 11.1　设 X 的分布律为

X	0	4	5	5.4	6
P	0.04	0.06	0.1	0.1	0.7

求 $E(X)$.

解　$$E(X)=\sum_{i=1}^{5}x_ip_i$$

$$= 0 \times 0.04 + 4 \times 0.06 + 5 \times 0.1 + 5.4 \times 0.1 + 6 \times 0.7 = 5.48$$

例 11.2　设 $X \sim P(\lambda)$，求 $E(X)$.

解　X 的分布律为

$$P\{X = i\} = \frac{\lambda^i e^{-\lambda}}{i!} \quad (i = 0, 1, 2, \cdots)$$

因此

$$E(X) = \sum_{i=0}^{\infty} i \cdot \frac{\lambda^i}{i!} e^{-\lambda} = \sum_{i=1}^{\infty} \frac{\lambda^i}{(i-1)!} e^{-\lambda} = \lambda e^{-\lambda} \cdot \sum_{i=1}^{\infty} \frac{\lambda^{i-1}}{(i-1)!} = \lambda e^{-\lambda} e^{\lambda} = \lambda$$

对于连续型随机变量的数学期望，我们有如下定义.

定义 11.2　设连续型随机变量 X 的概率密度为 $f(x)$，若广义积分 $\int_{-\infty}^{+\infty} x f(x) \mathrm{d}x$ 绝对收敛，即 $\int_{-\infty}^{+\infty} |x| f(x) \mathrm{d}x$ 收敛，则称 $\int_{-\infty}^{+\infty} x f(x) \mathrm{d}x$ 为随机变量 X 的**数学期望**，即

$$E(X) = \int_{-\infty}^{+\infty} x f(x) \mathrm{d}x$$

例 11.3　设 X 在 $[a,b]$ 上服从均匀分布，求 $E(X)$.

解　X 的概率密度为

$$f(x) = \begin{cases} \dfrac{1}{b-a}, & a \leqslant x \leqslant b \\ 0, & x < a \text{ 或 } x > b \end{cases}$$

因此

$$E(X) = \int_{-\infty}^{+\infty} x f(x) \mathrm{d}x = \int_a^b x \cdot \frac{1}{b-a} \mathrm{d}x = \frac{a+b}{2}$$

例 11.4　设 $X \sim N(\mu, \sigma^2)$，求 $E(X)$.

解　X 的概率密度为

$$f(x) = \frac{1}{\sqrt{2\pi}\sigma} e^{-\frac{(x-\mu)^2}{2\sigma^2}} \quad (-\infty < x < +\infty)$$

因此

$$E(X) = \int_{-\infty}^{+\infty} x f(x) \mathrm{d}x = \frac{1}{\sqrt{2\pi}\sigma} \int_{-\infty}^{+\infty} x \cdot e^{-\frac{(x-\mu)^2}{2\sigma^2}} \mathrm{d}x$$

令 $t = \dfrac{x-\mu}{\sigma}$，得

$$E(X) = \frac{1}{\sqrt{2\pi}} \int_{-\infty}^{+\infty} (\mu + \sigma t) \cdot e^{-\frac{t^2}{2}} \mathrm{d}t = \frac{\mu}{\sqrt{2\pi}} \int_{-\infty}^{+\infty} e^{-\frac{t^2}{2}} \mathrm{d}t + \frac{\sigma}{\sqrt{2\pi}} \int_{-\infty}^{+\infty} t e^{-\frac{t^2}{2}} \mathrm{d}t$$

$$= \frac{\mu}{\sqrt{2\pi}} \cdot \sqrt{2\pi} = \mu$$

可见正态分布的参数 μ 为数学期望. 这一点从 $f(x)$ 的图形来看也是很直观的.

例 11.5　设 X 服从参数为 λ $(\lambda > 0)$ 的指数分布，求 $E(X)$.

解　X 的概率密度为

$$f(x) = \begin{cases} \lambda e^{-\lambda x}, & x \geqslant 0 \\ 0, & x < 0 \end{cases}$$

因此

$$E(X)=\int_{-\infty}^{+\infty}xf(x)\mathrm{d}x=\int_{0}^{+\infty}x\lambda\mathrm{e}^{-\lambda x}\mathrm{d}x=-x\mathrm{e}^{-\lambda x}\Big|_{0}^{+\infty}+\int_{0}^{+\infty}\mathrm{e}^{-\lambda x}\mathrm{d}x$$
$$=-\frac{1}{\lambda}\mathrm{e}^{-\lambda x}\Big|_{0}^{+\infty}=\frac{1}{\lambda}$$

关于随机变量函数的数学期望,我们有下面的定理.

定理 11.1 设随机变量 Y 是随机变量 X 的函数 $Y=g(X)$ ($g(x)$ 是连续函数),则

(1) 若 X 为离散型随机变量,其分布律为

$$P\{X=x_i\}=p_i\quad(i=1,\ 2,\ \cdots)$$

若级数 $\sum\limits_{i=1}^{\infty}g(x_i)p_i$ 绝对收敛,则

$$E(Y)=E(g(X))=\sum_{i=1}^{\infty}g(x_i)p_i$$

(2) 若 X 为连续型随机变量,其概率密度为 $f(x)$, 若积分 $\int_{-\infty}^{+\infty}g(x)f(x)\mathrm{d}x$ 绝对收敛,则

$$E(Y)=E(g(X))=\int_{-\infty}^{+\infty}g(x)f(x)\mathrm{d}x$$

这个结论我们不证明. 它的意义在于不必求出 $g(X)$ 的概率分布,就可直接地计算 $E(g(X))$.

对于二维随机变量函数的数学期望,也有类似的结果. 例如,如果 (X,Y) 是二维连续型变量,其概率密度函数为 $f(x,y)$, 又 $Z=g(X,Y)$ (其中 $g(x,y)$ 是连续函数),而且广义积分

$$\int_{-\infty}^{+\infty}\int_{-\infty}^{+\infty}g(x,y)f(x,y)\mathrm{d}x\mathrm{d}y$$

绝对收敛,则

$$E(Z)=E(g(X,Y))=\int_{-\infty}^{+\infty}\int_{-\infty}^{+\infty}g(x,y)f(x,y)\mathrm{d}x\mathrm{d}y$$

例 11.6 设随机变量 X 的分布律为

X	-2	-1	0	1
P	0.1	0.3	0.4	0.2

且 $Y_1=2X+1$, $Y_2=X^2$, 求 $E(Y_1)$ 和 $E(Y_2)$.

解 $E(Y_1)=E(2X+1)=(2\times(-2)+1)\times0.1+(2\times(-1)+1)\times0.3+(2\times0+1)\times0.4+(2\times1+1)\times0.2=0.4$

$E(Y_2)=E(X^2)=(-2)^2\times0.1+(-1)^2\times0.3+0^2\times0.4+1^2\times0.2=0.9$

例 11.7 设 X 在 $[0,1]$ 上服从均匀分布,求 $E(\sin X)$.

解 X 的概率密度为

$$f(x)=\begin{cases}1, & 0\leqslant x\leqslant 1\\ 0, & \text{其他}\end{cases}$$

因此

$$E(\sin X)=\int_{-\infty}^{+\infty}\sin xf(x)\mathrm{d}x=\int_{0}^{1}\sin x\mathrm{d}x=1-\cos1$$

11.1.2 数学期望的性质

数学期望有如下的性质:

(1) $E(c) = c$,c 是常数;

(2) $E(cX) = cE(X)$,c 是常数;

(3) $E(X+Y) = E(X) + E(Y)$;

(4) 设 X,Y 相互独立,则 $E(XY) = E(X)E(Y)$.

性质(1),(2)是明显的,我们仅就连续型随机变量的情形证明性质(3),(4).

设 (X,Y) 的概率密度函数为 $f(x,y)$,关于 X,Y 的边缘概率密度分别为 $f_X(x)$,$f_Y(y)$.则

$$\begin{aligned}E(X+Y) &= \int_{-\infty}^{+\infty}\int_{-\infty}^{+\infty}(x+y)f(x,y)\mathrm{d}x\mathrm{d}y \\ &= \int_{-\infty}^{+\infty}\int_{-\infty}^{+\infty}xf(x,y)\mathrm{d}x\mathrm{d}y + \int_{-\infty}^{+\infty}\int_{-\infty}^{+\infty}yf(x,y)\mathrm{d}x\mathrm{d}y \\ &= \int_{-\infty}^{+\infty}xf_X(x)\mathrm{d}x + \int_{-\infty}^{+\infty}yf_Y(y)\mathrm{d}y = E(X)+E(Y)\end{aligned}$$

$$\begin{aligned}E(XY) &= \int_{-\infty}^{+\infty}\int_{-\infty}^{+\infty}xyf(x,y)\mathrm{d}x\mathrm{d}y = \int_{-\infty}^{+\infty}\int_{-\infty}^{+\infty}xyf_X(x)f_Y(y)\mathrm{d}x\mathrm{d}y \\ &= \int_{-\infty}^{+\infty}xf_X(x)\mathrm{d}x \cdot \int_{-\infty}^{+\infty}yf_Y(y)\mathrm{d}y = E(X)\cdot E(Y)\end{aligned}$$

这里利用了 X,Y 相互独立的等价条件 $f(x,y) = f_X(x)f_Y(y)$.

性质(3),(4)可以推广到多个随机变量的情形.

例 11.8 设随机变量 X_1,X_2,…,X_n 相互独立,且都服从 0-1 分布:

X_i	1	0
P	p	$1-p$

求 $X_1+X_2+\cdots+X_n$ 的数学期望.

解 设 $X = X_1+X_2+\cdots+X_n$,则 $X = 0, 1, 2, \cdots, n$,且

$$P\{X=i\} = C_n^i p^i (1-p)^{n-i} \quad (i=1, 2, \cdots, n)$$

即 $X \sim B(n,p)$,由于对每个 i,均有 $E(X_i) = p$,故

$$E(X) = E(X_1)+E(X_2)+\cdots+E(X_n) = np$$

11.2 方 差

11.2.1 方差的概念

在讨论随机变量的变化时,不仅需要讨论它的均值是多少,还需要讨论它的取值关于均值的偏离程度.例如,有甲乙两个射手,它们击中的环数由下面的表格给出

X	8	9	10
P	0.3	0.1	0.6

Y	8	9	10
P	0.1	0.5	0.4

容易计算,$E(X) = E(Y) = 9.3$,即二射手的平均击中环数是相同的.如何进一步评价二射手的水平呢?对于甲射手来说,如果击中 X 环,则关于平均击中环数的偏离值为 $X-E(X)$,我们注意到,不管 $X-E(X)$ 是正是负,都意味着偏离了平均值,为避免 $X-E(X)$ 的正负抵消,

因此我们用 $(X-E(X))^2$ 的期望来衡量 X 与 $E(X)$ 的偏离程度. 故甲射手的平均偏离程度为

$$E\left(X-E(X)\right)^2=0.81$$

对于乙射手来说,平均偏离程度为

$$E\left(Y-E(Y)\right)^2=0.41$$

这样,尽管甲、乙二射手的平均击中环数相同,但乙射手水平比较稳定.

定义 11.3　设 X 为随机变量,若 $E\left(X-E(X)\right)^2$ 存在,则称它为 X 的**方差**,记为 $D(X)$,即

$$D(X)=E\left(X-E(X)\right)^2$$

称 $\sqrt{D(X)}$ 为 X 的**标准差**,记为 $\sigma(X)$.

根据数学期望的性质,我们有

$$\begin{aligned}D(X)&=E(X-E(X))^2=E(X^2-2E(X)\cdot X+(E(X))^2)\\&=E(X^2)-2E(X)\cdot E(X)+(E(X))^2=E(X^2)-(E(X))^2\end{aligned}$$

我们常常利用这个结果来计算方差.

例 11.9　设 $X\sim P(\lambda)$,求 $D(X)$.

解　X 的分布律为

$$P\{X=i\}=\frac{\lambda^i\mathrm{e}^{-\lambda}}{i!}\quad(i=0,\ 1,\ 2,\ \cdots)$$

我们已经求得 $E(X)=\lambda$, 而

$$\begin{aligned}E(X^2)&=\sum_{i=0}^{\infty}i^2\cdot\frac{\lambda^i}{i!}\mathrm{e}^{-\lambda}=\sum_{i=1}^{\infty}i\,\frac{\lambda^i}{(i-1)!}\mathrm{e}^{-\lambda}\\&=\sum_{i=1}^{\infty}((i-1)+1)\,\frac{\lambda^i}{(i-1)!}\mathrm{e}^{-\lambda}\\&=\sum_{i=1}^{\infty}(i-1)\,\frac{\lambda^i}{(i-1)!}\mathrm{e}^{-\lambda}+\sum_{i=1}^{\infty}\frac{\lambda^i}{(i-1)!}\mathrm{e}^{-\lambda}\\&=\sum_{i=2}^{\infty}\frac{\lambda^i}{(i-2)!}\mathrm{e}^{-\lambda}+\lambda\mathrm{e}^{-\lambda}\cdot\mathrm{e}^{\lambda}\\&=\lambda^2\sum_{i=2}^{\infty}\frac{\lambda^{i-2}}{(i-2)!}\mathrm{e}^{-\lambda}+\lambda=\lambda^2+\lambda\end{aligned}$$

因此

$$D(X)=E(X^2)-(E(X))^2=\lambda$$

例 11.10　设 X 在 $[a,b]$ 上服从均匀分布,求 $D(X)$.

解　我们已经求得 $E(X)=\dfrac{a+b}{2}$, 而

$$E(X^2)=\int_{-\infty}^{+\infty}x^2f(x)\mathrm{d}x=\int_a^b x^2\cdot\frac{1}{b-a}\mathrm{d}x=\frac{a^2+ab+b^2}{3}$$

因此

$$D(X)=E(X^2)-(E(X))^2=\frac{(b-a)^2}{12}$$

例 11.11　设 $X\sim N(\mu,\sigma^2)$, 求 $D(X)$.

解　我们已经求得 $E(X)=\mu$. 由方差的定义

$$D(X)=E\,(X-E(X))^2=\int_{-\infty}^{+\infty}(x-\mu)^2 f(x)\mathrm{d}x$$
$$=\frac{1}{\sqrt{2\pi}\sigma}\int_{-\infty}^{+\infty}(x-\mu)^2\mathrm{e}^{-\frac{(x-\mu)^2}{2\sigma^2}}\mathrm{d}x$$

令 $t=\dfrac{x-\mu}{\sigma}$，得

$$D(X)=\frac{\sigma^2}{\sqrt{2\pi}}\int_{-\infty}^{+\infty}t^2\mathrm{e}^{-\frac{t^2}{2}}\mathrm{d}t$$
$$=\frac{\sigma^2}{\sqrt{2\pi}}\left(-t\mathrm{e}^{-\frac{t^2}{2}}\Big|_{-\infty}^{+\infty}+\int_{-\infty}^{+\infty}\mathrm{e}^{-\frac{t^2}{2}}\mathrm{d}t\right)$$
$$=\frac{\sigma^2}{\sqrt{2\pi}}\times\sqrt{2\pi}=\sigma^2$$

这样，我们给出了正态分布中第二个参数 σ 的意义，它就是标准差. 因此，正态分布由它的数学期望和标准差所唯一确定.

例 11.12　设 X 服从参数为 $\lambda(\lambda>0)$ 的指数分布，求 $D(X)$ 及 $\sigma(X)$.

解　我们已求得 $D(X)=\dfrac{1}{\lambda}$，而

$$E(X^2)=\int_{-\infty}^{+\infty}x^2 f(x)\mathrm{d}x=\int_0^{+\infty}x^2\lambda\mathrm{e}^{-\lambda x}\mathrm{d}x$$
$$=\left|-x^2\mathrm{e}^{-\lambda x}\right|_0^{+\infty}+2\int_0^{+\infty}x\mathrm{e}^{-\lambda x}\mathrm{d}x$$
$$=\frac{2}{\lambda}\int_0^{+\infty}x\,\lambda\,\mathrm{e}^{-\lambda x}\mathrm{d}x=\frac{2}{\lambda}\,\frac{1}{\lambda}=\frac{2}{\lambda^2}$$

因此

$$D(X)=E(X^2)-(E(X))^2=\frac{2}{\lambda^2}-\left(\frac{1}{\lambda}\right)^2=\frac{1}{\lambda^2}$$
$$\sigma(X)=\sqrt{D(X)}=\frac{1}{\lambda}$$

可见，服从参数为 λ 的指数分布的期望与均方差相等.

11.2.2　方差的性质

方差有如下的性质：

(1) $D(c)=0$；$D(X)=0$ 当且仅当 $P\{X=c\}=1$；

(2) $D(cX)=c^2D(X)$，c 是常数；

(3) 若 X,Y 相互独立，则 $D(X\pm Y)=D(X)+D(Y)$.

证　(1) $D(c)=E(c^2)-(E(c))^2=c^2-c^2=0$ (第二点我们不证)

(2) $D(cX)=E\,(cX-E(cX))^2=E\,(cX-cE(X))^2=c^2E\,(X-E(X))^2=c^2D(X)$

(3) $D(X\pm Y)=E\,((X\pm Y)-E(X\pm Y))^2$
$$=E((X-E(X))\pm(Y-E(Y)))^2$$

$$= E((X-E(X))^2 \pm 2(X-E(X))(Y-E(Y)) + (Y-E(Y))^2)$$
$$= E(X-E(X))^2 \pm 2E((X-E(X))(Y-E(Y))) + E(Y-E(Y))^2$$

由于 X,Y 相互独立,故 $E(XY)=E(X)E(Y)$,因此

$$\begin{aligned} E((X-E(X))(Y-E(Y))) &= E(XY - XE(Y) - YE(X) + E(X)E(Y)) \\ &= E(XY) - E(X)\cdot E(Y) - E(Y)\cdot E(X) + E(X)E(Y) \\ &= E(XY) - E(X)E(Y) = E(X)E(Y) - E(X)E(Y) = 0 \end{aligned}$$

所以

$$D(X\pm Y) = E(X-E(X))^2 + E(Y-E(Y))^2 = D(X) + D(Y)$$

若 X,Y 相互独立时,由性质(2),(3)有

$$D(aX\pm bY) = a^2D(X) + b^2D(Y)$$

其中 a, b 为常数.

性质(3)可以推广到多个相互独立的随机变量的情形.例如,若 X,Y,Z 相互独立,则

$$D(X+Y+Z) = D(X) + D(Y) + D(Z)$$

例 11.13 设 $X\sim B(n,p)$,求 $D(X)$.

解 (参见例 11.8)由于 $X = X_1 + X_2 + \cdots + X_n$,其中 X_i 服从 0-1 分布,且 $X_1, X_2, \cdots, X_n$ 相互独立,因此

$$D(X) = D(X_1) + D(X_2) + \cdots + D(X_n)$$

由于

$$E(X_i) = p, \qquad E(X_i^2) = p$$
$$D(X_i) = E(X_i^2) - (E(X))^2 = p - p^2$$

故

$$D(X) = np(1-p)$$

设随机变量 X 的数学期望 $E(X)$ 和方差 $D(X)$ 都存在,且 $D(X) > 0$,令

$$X^* = \frac{X-E(X)}{\sqrt{D(X)}}$$

则有

$$E(X^*) = 0, D(X^*) = 1$$

这时我们称 X^* 为标准化了的随机变量.

11.3 矩 *协方差 *相关系数

本节介绍随机变量的另外几个数字特征.

定义 11.4 设 X 是随机变量,称 $E(X^k)$ $(k=1,2,\cdots)$ 为 X 的 **k 阶原点矩**.称 $E(X-E(X))^k$ $(k=1,2,\cdots)$ 为 X 的 **k 阶中心矩**.

对于二维随机变量 (X,Y),我们不仅关心 X,Y 本身的一些特征,而且还关心它们之间关

系的特征.

在上节关于方差性质(3)的证明中,我们已经看到,若 X,Y 相互独立,则

$$E(X-E(X))(Y-E(Y))=E(XY)-E(X)E(Y)=0$$

因此,若 $E((X-E(X))(Y-E(Y)))\neq 0$, 则 X,Y 一定不独立,因而存在着某种关系.

定义 11.5 设 X, Y 为二维随机变量,若 $E((X-E(X))(Y-E(Y)))$ 存在,则称它为 X 与 Y 的**协方差**,记为 $\mathrm{cov}(X,Y)$, 即

$$\mathrm{cov}(X,Y)=E((X-E(X))(Y-E(Y)))$$

若 $D(X)>0$, $D(Y)>0$, 则称

$$\rho_{XY}=\frac{\mathrm{cov}(X,Y)}{\sqrt{D(X)}\cdot\sqrt{D(Y)}}$$

为 X 与 Y 的**相关系数**.

易知, X 与 Y 的相关系数即是标准化了的随机变量

$$\frac{X-E(X)}{\sqrt{D(X)}},\quad \frac{Y-E(Y)}{\sqrt{D(Y)}}$$

的协方差.

为了进一步讨论相关系数的性质,我们不加证明地介绍下面的定理.

定理 11.2 (柯西-许瓦尔兹不等式)对任意的随机变量 X,Y, 均有

$$(E(XY))^2\leqslant E(X^2)E(Y^2)$$

等号成立当且仅当存在常数 λ_0, 使

$$P\{Y=\lambda_0X\}=1$$

定理 11.3 $|\rho_{XY}|\leqslant 1$, 等号成立当且仅当存在常数 a,b, 使

$$P\{Y=aX+b\}=1$$

此时我们称 X 与 Y 以概率 1 线性相关.

证 由定理 11.2 知

$$(\mathrm{cov}(X,Y))^2\leqslant E(X-E(X))^2\cdot E(Y-E(Y))^2=D(X)D(Y)$$

因此

$$\rho_{XY}^2=\frac{(\mathrm{cov}(X,Y))^2}{D(X)D(Y)}\leqslant 1$$

故有 $|\rho_{XY}|\leqslant 1$, 且等号成立当且仅当存在常数 λ_0, 使

$$P\{Y-E(Y)=\lambda_0(X-E(X))\}=1$$

即

$$P\{Y=\lambda_0X+E(Y)-\lambda_0E(X)\}=1$$

这个定理表明,若 $\rho_{XY}=\pm 1$, 则 X 与 Y 之间存在着某种线性关系. 下面讨论 $\rho_{XY}=0$ 的情形,首先引进如下定义.

定义 11.6 若 $\rho_{XY}=0$, 则称 X 与 Y 不相关.

若 X,Y 相互独立,则 $\mathrm{cov}(X,Y)=E(X-E(X))(Y-E(Y))=0$, 故 $\rho_{XY}=0$, 即 X 与 Y 不相关. 但反过来不一定成立.

例 11.14 设 (X,Y) 的分布律为

X \ Y	0	1
-1	$\frac{1}{3}$	0
0	0	$\frac{1}{3}$
1	$\frac{1}{3}$	0

证明 X 与 Y 不是相互独立的，但 X 与 Y 不相关.

证　(X,Y) 关于 X,Y 的边缘分布律为

X	-1	0	1
P	$\frac{1}{3}$	$\frac{1}{3}$	$\frac{1}{3}$

Y	0	1
P	$\frac{2}{3}$	$\frac{1}{3}$

因 $p_{1\cdot}=\frac{1}{3}$，$p_{\cdot 1}=\frac{2}{3}$，$p_{11}=\frac{1}{3}$，所以 $p_{11}\neq p_{1\cdot}\cdot p_{\cdot 1}$ 即 X 与 Y 不相互独立.但容易计算

$$E(X)=0,\quad E(Y)=\frac{1}{3},\quad E(XY)=0$$

因此

$$\operatorname{cov}(X,Y)=E(XY)-E(X)E(Y)=0$$

故 $\rho_{XY}=0$，即 X 与 Y 不相关.

在本节最后，我们再介绍一个不相关性的定理.

定理 11.4　设 X,Y 是随机变量，下面的说法是等价的：

(1) $\rho_{XY}=0$；

(2) $E(XY)=E(X)E(Y)$；

(3) $D(X+Y)=D(X)+D(Y)$.

证　由 $\operatorname{cov}(X,Y)=E(XY)-E(X)E(Y)$ 即知(1)与(2)等价.由

$$\begin{aligned}D(X+Y)&=E(X+Y)^2-(E(X+Y))^2\\&=E(X^2)+2E(XY)+E(Y^2)-(E(X))^2-2E(X)E(Y)-(E(Y))^2\\&=D(X)+D(Y)+2\operatorname{cov}(X,Y)\end{aligned}$$

即知(1)与(3)等价.

习　题　11

1.设 X 的分布律为

X	-1	0	$\frac{1}{2}$	1	2
P	$\frac{1}{3}$	$\frac{1}{6}$	$\frac{1}{6}$	$\frac{1}{12}$	$\frac{1}{4}$

求(1) $E(X)$；(2) $E(-X+1)$；(3) $E(X^2)$.

2.若有 n 把看上去样子相同的钥匙，其中只有一把能打开门上的锁.用它们去试开门上的锁，设取得每把钥匙是等可能的.若每把钥匙试开后除去，求试开次数 X 的期望.

3. 某产品的次品率为0.1,检验员每天检验4次,每次随机地取10件产品进行检验.如发现其中的次品数多于1,就去调整设备.以X表示1天中调整设备的次数,求$E(X)$.

4. 对球的直径作近似测量,其值均匀分布在区间$[a,b]$上,求球的体积的数学期望.

5. 设在某一规定的时间间隔内,某电器设备用于最大负荷的时间为X(以小时计)是一个随机变量,其概率密度为

$$f(x)=\begin{cases}\dfrac{x}{1500^2}, & 0\leqslant x\leqslant 1500\\ \dfrac{3000-x}{1500^2}, & 1500<x\leqslant 3000\\ 0, & \text{其他}\end{cases}$$

求$E(X)$.

6. 设X服从几何分布,其分布律为

$$P\{X=i\}=q^{i-1}p\quad(i=1,2,\cdots;p+q=1)$$

求$E(X)$,$D(X)$.

7. 设随机变量X的概率密度函数为

$$f(x)=\begin{cases}x, & 0<x<1\\ 2-x, & 1\leqslant x<2\\ 0, & \text{其他}\end{cases}$$

求$E(X)$,$D(X)$.

8. 一台设备由三大部件构成,在部件运转中部件需调整的概率为0.1,0.2,0.3,假设各部件的状态互相独立,以X表示同时需要调整的部件数,试求X的期望与方差.

9. 设二维随机变量(X,Y)的概率密度为

$$f(x,y)=\begin{cases}12y^2, & 0\leqslant y\leqslant x\leqslant 1\\ 0, & \text{其他}\end{cases}$$

求(1)关于(X,Y)的边缘概率密度;(2) $E(X)$,$E(Y)$;(3) $E(XY)$;(4) $E(X^2+Y^2)$.

10. 一工厂生产的某种设备的寿命X(以年计)服从指数分布,其概率密度为

$$f(x,y)=\begin{cases}\dfrac{1}{4}\mathrm{e}^{-x/4}, & x>0\\ 0, & x\leqslant 0\end{cases}$$

工厂规定,出售的设备若在一年之内损坏可予以调换.若工厂售出一台设备盈利100元,调换一台设备厂方需花费300元.试求工厂售出一台设备净盈利的数学期望.

11. 设二维随机变量(X,Y)的概率密度为

$$f(x,y)=\frac{1}{2\pi}\mathrm{e}^{-\frac{x^2+y^2}{2}}$$

求$Z=\sqrt{X^2+Y^2}$的数学期望.

12. 设X,Y相互独立,概率密度分别为

$$f_X(x)=\begin{cases}2x, & 0\leqslant x\leqslant 1\\ 0, & \text{其他}\end{cases},\qquad f_Y(y)=\begin{cases}\mathrm{e}^{5-y}, & y>5\\ 0, & \text{其他}\end{cases}$$

求$E(XY)$.

13. 设X,Y相互独立,$E(X)=E(Y)=0$,$D(X)=D(Y)=1$,求$E(X+Y)^2$.

14. 设(X, Y)的概率密度为

$$f_X(x)=\begin{cases}\frac{1}{8}(x+y), & 0\leqslant x,y\leqslant 2\\ 0, & 其他\end{cases}$$

求 $E(X)$，$E(Y)$，$\mathrm{cov}(X,Y)$，ρ_{XY}.

15. 设(X, Y)的概率密度为

$$f(x,y)=\begin{cases}1, & 0\leqslant x\leqslant 1,|y|\leqslant x\\ 0, & 其他\end{cases}$$

求(1)关于(X, Y)的边缘概率密度；(2) $E(X)$，$E(Y)$ 及 $D(X)$，$D(Y)$；(3) $\mathrm{cov}(X,Y)$，ρ_{XY}.

16. 设(X, Y)的概率密度为

$$f(x,y)=\begin{cases}\frac{1}{\pi}, & x^2+y^2\leqslant 1\\ 0, & 其他\end{cases}$$

验证 X，Y 不相互独立，X，Y 也不相关.

17. 证明任一事件在一次试验中发生的次数的方差不超过 $\frac{1}{4}$.

第 12 章　大数定律与中心极限定理

人们发现，在大量的重复试验中随机事件的频率具有稳定性(这在前面几章中已经提及)，大量的随机现象的平均结果也具有稳定性，大数定律在严格的数学意义上表达了这种稳定性. 中心极限定理则指出，在一定的条件下，大量的独立随机变量的和的分布以正态分布为极限. 本章将介绍特殊情形下的大数定律和中心极限定理.

12.1　大数定律

12.1.1　切比雪夫(Chebyshev)不等式

下面我们介绍一个重要的不等式.

定理 12.1　设随机变量 X 具有数学期望 $E(X)=\mu$，方差 $D(X)=\sigma^2$，则对于任意正数 ε，有不等式

$$P\{|X-\mu|\geqslant\varepsilon\}\leqslant\frac{\sigma^2}{\varepsilon^2}$$

这一不等式称为**切比雪夫不等式**.

证　我们只就连续型随机变量的情形来证明. 设 X 的概率密度为 $f(x)$，因此

$$P\{|X-\mu|\geqslant\varepsilon\}=\int_{|x-\mu|\geqslant\varepsilon}f(x)\mathrm{d}x$$

在积分范围 $|x-\mu|\geqslant\varepsilon$ 上，$\frac{(x-\mu)^2}{\varepsilon^2}\geqslant 1$，故

$$\begin{aligned}\int_{|x-\mu|\geqslant\varepsilon}f(x)\mathrm{d}x&\leqslant\int_{|x-\mu|\geqslant\varepsilon}\frac{(x-\mu)^2}{\varepsilon^2}f(x)\mathrm{d}x\\&\leqslant\int_{-\infty}^{+\infty}\frac{(x-\mu)^2}{\varepsilon^2}f(x)\mathrm{d}x=\frac{1}{\varepsilon^2}D(X)\end{aligned}$$

即

$$P\{|X-\mu|\geqslant\varepsilon\}\leqslant\frac{\sigma^2}{\varepsilon^2}$$

这个不等式的意义在于在 X 的分布未知的情况下，给出了估算 X 的取值以数学期望 $E(X)$ 为中心的分散程度的方法，在理论上和实际中都有很大的用处.

切比雪夫不等式也可写为

$$P\{|X-\mu|<\varepsilon\}>1-\frac{\sigma^2}{\varepsilon^2}$$

例 12.1　某居民小区有 10000 盏灯. 夜晚某段时间开灯的概率均为 0.7，且开、关时间彼此独立，估计该段时间开着的灯在 6800～7200 盏的概率.

解　令 X 表示同时开着灯的数目，则 $X \sim B(10000,\ 0.7)$，于是有

$$P\{6800 < X < 7200\} = \sum_{k=6801}^{7199} C_{10000}^{k}\ (0.7)^{k}\ (1-0.7)^{10000-k}$$

利用切比雪夫不等式作近似计算得

$$\begin{aligned} P\{6800 < X < 7200\} &= P\{|X-7000| < 200\} \\ &> 1-\frac{10000\times 0.7\times(1-0.7)}{200^2} \\ &\approx 0.95 \end{aligned}$$

12.1.2　大数定律

定义 12.1　设 $X_1, X_2, \cdots, X_n, \cdots$ 是随机变量列，X 是一个随机变量，若对于任意给定的正数 ε，有 $\lim\limits_{n\to\infty} P\{|X_n - X| \geqslant \varepsilon\} = 0$，则称随机变量列 $X_1, X_2, \cdots, X_n, \cdots$ 依概率收敛于随机变量 X，记作 $X_n \xrightarrow{P} X$.

定理 12.2　(切比雪夫大数定律)设随机变量列 $X_1, X_2, \cdots, X_n, \cdots$ 相互独立，每个随机变量都有数学期望 $E(X_1), E(X_2), \cdots, E(X_n), \cdots$，且有有限的方差 $D(X_1), D(X_2), \cdots, D(X_n), \cdots$，并且这些方差有公共的上界，即存在常数 C，使 $D(X_i) \leqslant C\ (i=1,2,\cdots)$，则对于任意正数 ε，都有

$$\lim_{n\to\infty} P\{|\frac{1}{n}\sum_{i=1}^{n} X_i - \frac{1}{n}\sum_{i=1}^{n} E(X_i)| \geqslant \varepsilon\} = 0$$

证　由于 $X_1, X_2, \cdots, X_n, \cdots$ 相互独立，因此

$$E(\frac{1}{n}\sum_{i=1}^{n} X_i) = \frac{1}{n}\sum_{i=1}^{n} E(X_i), \qquad D(\frac{1}{n}\sum_{i=1}^{n} X_i) = \frac{1}{n^2}\sum_{i=1}^{n} D(X_i)$$

对随机变量 $\frac{1}{n}\sum\limits_{i=1}^{n} X_i$ 应用切比雪夫不等式，则有

$$0 \leqslant \lim_{n\to\infty} P\{|\frac{1}{n}\sum_{i=1}^{n} X_i - \frac{1}{n}\sum_{i=1}^{n} E(X_i)| \geqslant \varepsilon\} \leqslant \frac{\sum\limits_{i=1}^{n} D(X_i)}{n^2\varepsilon^2} \leqslant \frac{nC}{n^2\varepsilon^2} = \frac{C}{n\varepsilon^2}$$

当 $n \to \infty$时，即得

$$\lim_{n\to\infty} P\{|\frac{1}{n}\sum_{i=1}^{n} X_i - \frac{1}{n}\sum_{i=1}^{n} E(X_i)| \geqslant \varepsilon\} = 0$$

这个定理告诉我们，在定理的条件下，当 n 充分大时，n 个相互独立的随机变量 $X_1, X_2, \cdots, X_n$ 的平均值 $\frac{1}{n}\sum\limits_{i=1}^{n} X_i$ 的离散程度是很小的，它将聚集在其数学期望平均值 $\frac{1}{n}\sum\limits_{i=1}^{n} E(X_i)$ 附近. 这说明，对某一现象的个别观察尽管有随机性，但大量观察的平均结果却具有稳定性. 亦即相互独立的随机变量的平均值依概率收敛于数学期望平均值，即

$$\frac{1}{n}\sum_{i=1}^{n} X_i \xrightarrow{P} \frac{1}{n}\sum_{i=1}^{n} E(X_i)$$

定理 12.3　(独立同分布大数定律)设随机变量列 $X_1, X_2, \cdots, X_n, \cdots$ 相互独立且同分布，

且 $E(X_i)=\mu$, $D(X_i)=\sigma^2$ $(i=1,\ 2,\cdots)$，则对任意给定的正数 ε，有

$$\lim_{n\to\infty}P\{\mid \frac{1}{n}\sum_{i=1}^{n}X_i-\mu\mid \geqslant\varepsilon\}=0$$

由定理 12.2 容易得到该结论，证明留给读者.

这一结论表明，在一定条件下，n 个随机变量的算术平均值接近于常数. 例如，我们要测量某一物理量 a，设在相同的条件下重复测量 n 次，测得值为 $x_1,x_2,\cdots,x_n$. 这些结果可以看成是 n 个独立的、服从同一分布的随机变量 $X_1,X_2,\cdots,X_n$ 所取的值. 当 n 充分大时，$\frac{1}{n}\sum_{i=1}^{n}x_i$ 作为 a 的近似值，误差是很小的，即是 $\frac{1}{n}\sum_{i=1}^{n}X_i\xrightarrow{P}\mu$. 这与我们的经验是一致的.

定理 12.4 (伯努利大数定律)设 n_A 是 n 次伯努利试验中事件 A 出现的次数，而 p 是事件 A 在每次试验中出现的概率，则对任意给定的正数 ε，都有

$$\lim_{n\to\infty}P\{\mid \frac{n_A}{n}-p\mid \geqslant\varepsilon\}=0$$

证 设 X_i 表示第 i 次试验中事件 A 出现的次数，则 X_i 服从 0－1 分布，且

$$E(X_i)=p,\quad D(X_i)=p(1-p)\leqslant\frac{1}{4}\ (i=1,2,\cdots,n)$$

由于各次试验是相互独立的，因而 $X_1,X_2,\cdots,X_n,\cdots$ 是相互独立的，而

$$\frac{1}{n}\sum_{i=1}^{n}X_i=\frac{n_A}{n},\quad \frac{1}{n}\sum_{i=1}^{n}E(X_i)=p$$

故由定理 12.3 即得出

$$\lim_{n\to\infty}P\{\mid \frac{n_A}{n}-p\mid \geqslant\varepsilon\}=0$$

由于 $\frac{n_A}{n}$ 是事件 A 在 n 次伯努利试验中出现的频率，因此定理 12.4 对频率的稳定性给出了理论上的表述与证明. 定理 12.4 还说明频率 $\frac{n_A}{n}$ 依概率收敛于 p，当 n 很大时，事件 A 发生的频率与概率很接近，发生较大偏差的可能性是很小的，因此可以用频率来代替概率. 另一方面，如果 A 的概率很小，则当 n 很大时，事件 A 在 n 次试验中出现的频率也很小，因此可以认为事件 A 在一次试验中不可能发生. 当然，至于概率小到什么程度才算“小”要视事件的重要性而定. 同理，如果 A 的概率很接近于 1，则可以认为事件 A 在一次试验中一定发生. 这一原理称为**实际推断原理**.

12.2 中心极限定理

经过大量的观察，人们发现，如果一个随机变量是由大量相互独立的随机因素的影响所造成，而其中每一个个别因素在总影响中所起的作用都不是很大，则这个随机变量服从或近似服从正态分布，中心极限定理对此进行了严格的表述和证明.

定理 12.5(独立同分布中心极限定理) 设 $X_1,X_2,\cdots,X_n,\cdots$ 是独立同分布的随机变量列，且 $E(X_i)=\mu$, $D(X_i)=\sigma^2>0$ $(i=1,\ 2,\ \cdots)$，则随机变量

$$Y_n = \frac{\sum_{i=1}^{n} X_i - n\mu}{\sqrt{n}\sigma}$$

的分布函数 $F_n(x)$ 对任意实数 x 满足

$$\lim_{n\to\infty} F_n(x) = \lim_{n\to\infty} P\{Y_n \leqslant x\} = \frac{1}{\sqrt{2\pi}}\int_{-\infty}^{x} e^{-\frac{t^2}{2}} dt$$

这个定理我们不证. 此定理表明,在一定的条件下,当 n 很大时,“标准化”了的随机变量 Y_n 近似地服从正态分布 $N(0,1)$,这时 $\sum_{i=1}^{n} X_i$ 近似地服从正态分布 $N(n\mu, n\sigma^2)$. 以后我们将会看到,这个定理是数理统计中的一个重要工具.

下面再介绍一个中心极限定理,它是定理 12.5 的一个特殊情形.

定理 12.6(棣莫佛-拉普拉斯定理)　设 $\eta_n \sim B(n,p)$ $(n = 1,2,\cdots)$,且 $0 < p < 1$,则对任意实数 x,都有

$$\lim_{n\to\infty} P\left\{\frac{\eta_n - np}{\sqrt{np(1-p)}} \leqslant x\right\} = \frac{1}{\sqrt{2\pi}}\int_{-\infty}^{x} e^{-\frac{t^2}{2}} dt$$

证　由 11.1 节的例 11.8 知,$\eta_n = X_1 + X_2 + \cdots + X_n$,其中 $X_i (i = 1,2,\cdots)$ 相互独立且服从同一 0-1 分布. 由于 $E(X_i) = p$, $D(X_i) = p(1-p)$ $(i = 1,2,\cdots,n)$,由定理 12.5 可直接得到定理的结论.

定理 12.6 表明,若 η_n 服从二项分布,则“标准化”了的随机变量 $\frac{\eta_n - np}{\sqrt{np(1-p)}}$ 近似服从正态分布 $N(0, 1)$,这时 η_n 近似地服从正态分布 $N(np, np(1-p))$.

根据定理 12.6,有

$$\lim_{n\to\infty} P\left\{a < \frac{\eta_n - np}{\sqrt{np(1-p)}} \leqslant b\right\} = \frac{1}{\sqrt{2\pi}}\int_{a}^{b} e^{-\frac{t^2}{2}} dt = \Phi(b) - \Phi(a)$$

因此,当 n 很大时

$$P\left\{a < \frac{\eta_n - np}{\sqrt{np(1-p)}} \leqslant b\right\} \approx \Phi(b) - \Phi(a)$$

我们常常利用这个近似公式计算二项分布的概率.

例 12.2　某厂生产的产品的合格率为 0.8,重复检查 100 件产品,求

(1) 合格品件数在 70 到 86 之间的概率;

(2) 合格品件数不少于 80 的概率.

解　设 η 表示合格品的件数,则 $\eta \sim B(n,p)$,其中 $n = 100, p = 0.8$.

(1) 所求概率为

$$\begin{aligned} P\{70 \leqslant \eta \leqslant 86\} &= P\left\{\frac{70 - np}{\sqrt{np(1-p)}} \leqslant \frac{\eta - np}{\sqrt{np(1-p)}} \leqslant \frac{86 - np}{\sqrt{np(1-p)}}\right\} \\ &= P\left\{-2.5 \leqslant \frac{\eta - np}{\sqrt{np(1-p)}} \leqslant 1.5\right\} \\ &\approx \Phi(1.5) - \Phi(-2.5) = 0.927 \end{aligned}$$

(2) 所求概率为

$$P\{80 \leqslant \eta \leqslant 100\} = P\left\{\frac{80-np}{\sqrt{np(1-p)}} \leqslant \frac{\eta-np}{\sqrt{np(1-p)}} \leqslant \frac{100-np}{\sqrt{np(1-p)}}\right\}$$
$$= P\{0 \leqslant \frac{\eta-np}{\sqrt{np(1-p)}} \leqslant 5\}$$
$$\approx \Phi(5) - \Phi(0) \approx 1 - 0.5 = 0.5$$

例 12.3　某单位有 200 台电话机,据统计,每台电话机大约有 5%的时间需要用外线通话.若每台电话机是否使用外线是相互独立的,问该单位应安装多少外线,才能以 90%的概率保证每台电话机需要外线时有外线可供使用.

解　设 η 表示任一时刻正在使用外线的电话机台数,则 $\eta \sim B(n,p)$,这里 $n = 200$,$p = 0.05$. 又设总机应安装 r 根外线,根据题意知

$$P\{0 \leqslant \eta \leqslant r\} \geqslant 0.90$$

而

$$P\{0 \leqslant \eta \leqslant y\} = P\left\{\frac{0-np}{\sqrt{np(1-p)}} \leqslant \frac{\eta-np}{\sqrt{np(1-p)}} \leqslant \frac{r-np}{\sqrt{np(1-p)}}\right\}$$
$$= P\left\{-3.24 \leqslant \frac{\eta-np}{\sqrt{np(1-p)}} \leqslant \frac{r-10}{3.08}\right\}$$
$$\approx \Phi(\frac{r-10}{3.08}) - \Phi(-3.24) \approx \Phi(\frac{r-10}{3.08})$$

故有

$$\Phi(\frac{r-10}{3.08}) \geqslant 0.90$$

查表知

$$\frac{r-10}{3.08} \geqslant 1.29$$

解得 $r \geqslant 13.97$,即应安装 14 根外线,才能以 90%的概率保证每台电话机需要外线时有外线可供使用.

习　题　12

1. 设 X 的方差为 2.5,利用切比雪夫不等式估计 $P\{|X-E(X)|<7.5\}$.

2. 一供电网共有 10000 盏电灯,假定夜间每盏电灯开灯的概率均为 0.7,开、关彼此独立,试利用切比雪夫不等式估计同时开着的灯数在 6800 与 7200 之间的概率.

3. 设 X_i $(i = 1,2,\cdots,50)$ 是相互独立的随机变量,它们都服从参数为 $\lambda = 0.03$ 的泊松分布,记 $Z = X_1 + X_2 + \cdots + X_{50}$,利用中心极限定理计算概率 $P\{Z \geqslant 3\}$.

4. 试利用中心极限定理计算第 2 题的概率.

5. 已知某工厂产品的次品率为 0.005,求任取 10000 件产品次品件数不超过 70 的概率.

6. 某车间有同种车床 200 台,每台车床需电功率 Q. 由于种种原因车床不连续开动,开工率仅 0.6,假定各车床独立工作,问至少应向该车间供给多少电力,才能以 99.9%的概率保证该车间不致因供电不足而影响生产?

7. 有一复杂的系统，由 100 个相互独立起作用的部件组成，在整个运行期间每个部件损坏的概率为 0.10，为使整个系统正常工作，至少需要 85 个部件正常工作，求整个系统正常工作的概率.

8. 某纺织工厂一个女工照顾 800 个纱锭，在工作中，由于种种原因，纱锭上的纱会被扯断. 设在某一段时间里每个纱锭断纱的概率均为 0.005，试用泊松定理和中心极限定理计算在这段时间里断纱次数不大于 10 的概率.

9. 设 $P(A)=p$，在 n 重伯努利试验中事件 A 发生的频率为 $\frac{r}{n}$. 试用中心极限定理证明，当 n 很大时，有 $P\left\{\left|\frac{r}{n}-p\right|<\varepsilon\right\}\approx 2\Phi\left(\varepsilon\sqrt{\frac{n}{p(1-p)}}\right)(\varepsilon>0)$.

第 13 章　数理统计的基本概念

前几章介绍了概率论的基础知识，从本章起后面几章是数理统计初步的内容，数理统计与概率论是研究随机现象统计规律性的两门姐妹学科，它们之间有着密切的联系. 可以说，概率论是数理统计的理论基础，而数理统计是概率论的重要应用.

13.1　数理统计研究的方法与内容

我们知道，随机事件可由随机变量来描述. 在概率论中，研究一随机变量 X 时，总是先给出它的概率分布或密度函数，然后去研究它的某些概率特征，这些概率特征在不同程度上就表示了该随机变量所描述的随机现象的统计规律性. 例如，某钢筋厂生产某型钢筋，由于配料和生产过程中种种随机因素的影响，各根钢筋的抗拉强度一般是不同的. 若以 e 来记一根钢筋，$X=X(e)$ 表示 e 的抗拉强度，则 X 是一个随机变量，假定 X 的分布函数 $F(x)$ 是已知的，那么我们就可以通过 $F(x)$ 求出 X 的数学期望 $E(X)$ 和方差 $D(X)$，若规定抗拉强度不大于某一常数 a 者为次品，则出现一件次品的概率为 $p=P\{x\leqslant a\}=F(a)$，于是 $E(X)$、$D(X)$、p 就从不同角度刻画了随机变量 X，即表明了该型号钢筋的平均抗拉强度、抗拉强度的分散程度及次品率，这是我们在概率论中研究随机变量的方法. 值得注意的是，上述随机变量 X 的分布函数 $F(x)$ 是事先给定的.

然而在实际问题中，$F(x)$ 往往是未知的，那么用什么方法来确定 $F(x)$ 呢？如果我们所研究的问题不需要完全确定出 $F(x)$，又如何来求 $E(X)$，$D(X)$，p 呢？这就是数理统计要解决的问题.

对上述问题，有人可能会说，把每根钢筋的抗拉强度测出来岂不方便，如果客观实际允许我们这样做，自然最理想，但由于受时间、人力的限制，不可能将生产的钢筋都拿出来进行抗拉试验，更何况这种试验是破坏性的，一旦获得试验结果，钢筋也就被破坏了，这样看来，要通过了解每根钢筋的抗拉强度来解决上述问题是不现实的，只能从中抽取具有代表性的一部分进行试验并记录其结果，然后根据得到的局部数据对整体钢筋的抗拉强度进行推断，以解决所提出的问题. 由此可见，在实际问题中，我们要想全面地观察一个随机变量是有一定困难的，往往只能观察到它的部分结果，但是由于局部与整体有着密切的内在联系的，只要观察到的局部结果具有充分的代表性，我们还是可以利用局部信息去推断整体情况的，这就是数理统计方法的基本思想. 数理统计的基本任务就是研究如何对随机现象进行观察、试验，以获得具有代表性的局部数据，以及如何由这些局部数据进行整理、分析，以推断整体的规律性. 由于收集到的数据是带有随机性的，所以数理统计必须以概率为理论基础.

数理统计所研究的内容是相当丰富的，归纳起来大致上可分为“收集数据”和“统计推断”两个方面.

(1) 收集数据，即研究如何对随机现象进行观察、试验，以便获得能够更好地反映整体情况的局部数据.其内容包括抽样技术、试验设计等.

(2) 统计推断,即研究如何对所收集到的数据进行整理、加工,并对所讨论的问题作出尽可能精确可靠的结论.其内容包括参数估计、假设检验、回归分析和方差分析等.统计推断是数理统计的主体.

数理统计是一门应用性很强的数学学科,它已被广泛而深入地应用到科学研究、工农业生产、医疗卫生、生物遗传、气象预报、水文地质以及社会经济、人文学科等领域中,可以说,凡是有大量数据出现的地方,几乎都要用到数理统计.同时,数理统计的广泛应用也促进了其自身的不断发展,使其内容更加丰富,但本书中只能根据本课程的基本要求,对统计推断中一些最基本的内容作简单介绍,为今后的应用打下必要的基础.

13.2　总体与样本

1. 总体与个体

在数理统计中,我们常常把研究对象的全体称为总体,而把组成总体的每一个成员称为个体.例如某钢筋厂日产的所有钢筋,某元件厂月产的全部晶体三极管,某灯泡厂年产的全体灯泡,等等,它们各自都组成一个总体,其中的每根钢筋、每一只三极管、每一只灯泡都是个体.但在实际研究中,我们关心的并不是这些钢筋、三极管、灯泡每个个体本身,而是它们的某一项数量指标,如钢筋的抗拉强度、三极管的直流放大系数、灯泡的使用寿命,这些数量指标显然都是随机变量.因此,我们把对某一个总体的研究就归结为对这个总体的随机变量的研究.为了研究的方便,下面给出总体的数学定义.

定义 13.1　随机变量 X 可能取值的全体组成的集合称为**总体**,其中每一个可能取的值称为**个体**.

由此可见,一个总体总是和一个随机变量 X 联系在一起的,今后我们提到一个总体时,指的就是联系于该总体的随机变量,通常我们把这个总体也记为 X,该随机变量的分布也称为总体分布,它的分布函数也称为总体分布函数,记为 $F(x)$,总体分布为正态分布时,称总体为正态总体,常记为 $N(\mu, \sigma^2)$.如果总体 X 可能取的值只有有限个,则称 X 为有限总体,否则称为无限总体.

2. 样本

为了推断总体的分布函数或某些数字特征,需要从总体中抽取一部分个体加以观察和研究,以获得有关总体的信息,由于我们希望抽取的部分个体能够很好地反映总体情况,应对抽取个体的方法提出一定的要求.容易想到,如果总体中每个个体被抽到的机会是均等的,而且在每次抽取时总体的成分不变.基于这种想法,我们抽取个体的方式应该是随机的、有放回的.这种抽取个体的方法称为**简单随机抽样**,简称为**抽样**.采用简单随机抽样法从总体中抽取的部分个体称为**简单随机样本**,简称**样本**,样本中个体的数目称为**样本容量**.由于简单随机样本中的每个个体都是在总体成分不变的情况下抽取的,它所有可能取的值与总体的相同,因此简单随机样本可看成是一组相互独立且与总体同分布的随机变量.下面给出其数学定义.

定义 13.2　如果随机变量 $X_1, X_2, \cdots, X_n$ 相互独立,且每一个 $X_i (i=1,2,\cdots,n)$ 与总体 X 有相同的分布,则称 $X_1, X_2, \cdots, X_n$ 为来自总体 X 的**简单随机样本**,简称为**样本**,称 n 为样

本容量.

简单随机样本具有下面两个特性：

(1) **独立性** 样本中的 n 个随机变量 $X_1,X_2,\cdots,X_n$ 相互独立；

(2) **代表性** 样本中的 n 个随机变量 $X_1,X_2,\cdots,X_n$ 与总体 X 有相同的分布.

在现实问题中，对于有限总体采取有放回抽样即为简单随机抽样，对于无限总体可采取无放回抽样，当有限总体所包含的个体总数 N 比被抽取的个体数 n 大得多(如 $N/n>10$)，也可采取无放回抽样，尤其对于带有破坏性的随机试验更应如此. 例如钢筋抗拉试验，灯泡寿命试验等，一旦获得试验结果，就不能再放回总体，在这种情况下，采取无放回抽样取得的 n 个个体仍可视为简单随机样本. 顺便指出，对于上述无放回抽样的情况，一个一个地抽取 n 个个体与一下子抽取 n 个个体没有什么区别，在实用上也常采取后一种方法.

当 n 次抽样一经完成，我们就得到一组实数 $x_1,x_2,\cdots,x_n$，称它们为样本 $X_1,X_2,\cdots,X_n$ 一个**观测值**，简称为**样本值**. 有时在不会引起混淆的情况下，也用 $x_1,x_2,\cdots,x_n$ 作为样本的记号.

设总体 X 的分布函数为 $F(x)$，则样本 $X_1,X_2,\cdots,X_n$ 的联合分布函数为

$$F(x_1,x_2,\cdots,x_n)=\prod_{i=1}^{n}F(x_i) \tag{13.1}$$

如果总体 X 为连续型随机变量，其密度函数为 $f(x)$，则样本 $X_1,X_2,\cdots,X_n$ 的联合密度函数为

$$f(x_1,x_2,\cdots,x_n)=\prod_{i=1}^{n}f(x_i) \tag{13.2}$$

如果总体 X 为离散型随机变量，其分布律为 $P\{X=x\}=p(x)$，则样本 $X_1,X_2,\cdots,X_n$ 的联合分布律

$$P\{X_1=x_1,X_2=x_2,\cdots,X_n=x_n\}=\prod_{i=1}^{n}p(x_i) \tag{13.3}$$

13.3 统计量及其分布

13.3.1 统计量的概念

由于样本来自总体，是总体的代表和反映，它自然包含了总体公布的信息，但取得样本后，样本观测值是一堆“杂乱无章”的数据，只有对这些数据经过一番整理加工，才能从样本中获得我们所需要的信息. 通常对样本整理加工的比较常用的方法就是针对具体问题构造样本的某种函数，通过该函数来提取样本所包含的总体的有关信息，从而对总体进行统计推断，这种函数在数理统计中就称为统计量.

定义 13.3 设 $X_1,X_2,\cdots,X_n$ 为总体 X 的一个样本，如果样本函数 $g(X_1,X_2,\cdots,X_n)$ 中不包含任何未知参数，则称 $g(X_1,X_2,\cdots,X_n)$ 为一个**统计量**.

显然，统计量 $g(X_1,X_2,\cdots,X_n)$ 是随机变量，如果 $x_1,x_2,\cdots,x_n$ 为样本 $X_1,X_2,\cdots,X_n$ 的一个观测值，则 $g(x_1,x_2,\cdots,x_n)$ 就是 $g(X_1,X_2,\cdots,X_n)$ 的一个观测值.

例如，设 $X\sim N(\mu,\sigma^2)$，其中 μ,σ^2 均为未知参数，$X_1,X_2,\cdots,X_n$ 为总体 X 的一个样本，

则 $\frac{1}{n}\sum_{i-1}^{n}X_i$，$\sum_{i=1}^{n}X_i^2$，$\max\{X_1,X_2,\cdots,X_n\}$ 都是统计量，而 $\sum_{i=1}^{n}(X_i-\mu)^2$，$\sum_{i=1}^{n}X_i/\sigma$，$\min(X_1,X_2,\cdots,X_n\}+\mu$ 都不是统计量.

在推断总体的某些数字特征时，常常要用下面的一些统计量. 设 $X_1,X_2,\cdots,X_n$ 为总体 X 的一个样本，则定义

样本均值

$$\overline{X}=\frac{1}{n}\sum_{i=1}^{n}X_i$$

样本方差

$$S^2=\frac{1}{n-1}\sum_{i=1}^{n}(X_i-\overline{X})^2$$

样本标准差

$$S=\sqrt{\frac{1}{n-1}\sum_{i=1}^{n}(X_i-\overline{X})^2}$$

样本 k 阶原点矩

$$A_k=\frac{1}{n}\sum_{i=1}^{n}X_i^k\ (k=1,2,\cdots)$$

样本 k 阶中心矩

$$B_k=\frac{1}{n}\sum_{i=1}^{n}(X_i-\overline{X})^k\ (k=1,2,\cdots)$$

如果样本 $X_1,X_2,\cdots,X_n$ 的观测值为 $x_1,x_2,\cdots,x_n$，则上述统计量的观测值分别为

$$\overline{x}=\frac{1}{n}\sum_{i=1}^{n}x_i$$

$$s^2=\frac{1}{n-1}\sum_{i=1}^{n}(x_i-\overline{x})^2$$

$$s=\sqrt{\frac{1}{n-1}\sum_{i=1}^{n}(x_i-\overline{x})^2}$$

$$a_k=\frac{1}{n}\sum_{i=1}^{n}x_i^k\ (k=1,2,\cdots)$$

$$b_k=\frac{1}{n}\sum_{i=1}^{n}(x_i-\overline{x})^k\ (k=1,2,\cdots)$$

这些观测值仍分别称为样本均值、样本方差、样本均方差、样本 k 阶原点矩和样本 k 阶中心矩.

例 13.1　从一批 40 W 的灯泡中抽取 10 个进行寿命试验，得到数据如下(单位：h)

1050	1100	1080	1120	1200
1250	1040	1130	1300	1200

求样本均值与样本方差的观测值.

解　样本容量 $n=10$，所以

$$\overline{x} = \frac{1}{10}\sum_{i=1}^{0} x_i = \frac{1}{10}(1050 + 1100 + 1080 + 1120 + 1200 + 1250 + 1040 + 1130 + 1200)$$
$$= 1147$$

$$s^2 = \frac{1}{9}\sum_{i=1}^{10} (x_i - \overline{x})^2$$
$$= \frac{1}{9}((1050 - 1147)^2 + (1100 - 1147)^2 + (1080 - 1147)^2 + (1120 - 1147)^2 + (1250 - 1147)^2 + (1040 - 1147)^2 + (1040 - 1147)^2 + (1130 - 1147)^2 + (1300 - 1147)^2 + (1200 - 1147)^2)$$
$$= 7578.89$$

13.3.2 几个重要的统计量分布

统计量也是随机变量,其分布称为统计量分布或抽样分布.下面主要介绍三个重要的统计量分布,即 χ^2 分布、t 分布和 F 分布,它们在统计推断中经常被用到.在此之前,先介绍正态总体样本均值 $\overline{X}$ 的分布.

1. 正态总体样本均值 $\overline{X}$ 的分布

定理 13.1 设 $X_1, X_2, \cdots, X_n$ 是正态总体 $N(\mu, \sigma^2)$ 的一个样本,则 $\overline{X} \sim N(\mu, \frac{\sigma^2}{n})$.

证 由条件知 $\overline{X} = \frac{1}{n}\sum_{i=1}^{n} X_i$ 仍服从正态分布,且

$$E(\overline{X}) = E(\frac{1}{n}\sum_{i=1}^{n} X_i) = \frac{1}{n}\sum_{i=1}^{n} E(X_i) = \frac{1}{n} \cdot n\mu = \mu$$

$$D(\overline{X}) = D(\frac{1}{n}\sum_{i=1}^{n} X_i) = \frac{1}{n^2}\sum_{i=1}^{n} D(X_i) = \frac{1}{n^2} \cdot n\sigma^2 = \frac{\sigma^2}{n}$$

所以

$$\overline{X} \sim N(\mu, \frac{\sigma^2}{n})$$

定理 13.1 表明,正态总体的样本均值 $\overline{X}$ 的分布仍是正态分布,且 $\overline{X}$ 的数学期望等于总体的数学期望,$\overline{X}$ 的方差等于总体方差的 $\frac{1}{n}$. 根据这一结论,当正态总体的数学期望 μ 未知时,我们可以用样本均值 $\overline{X}$ 去推断 μ. 由于 $\overline{X}$ 的方差 $\frac{\sigma^2}{n}$ 随着样本容量 n 的增加越来越少,所以 $\overline{X}$ 与 μ 的偏离程度随着 n 的增大而越来越小,即 $\overline{X}$ 的取值逐渐稳定在 μ 的附近,从而用 $\overline{X}$ 推断 μ 越来越精确.

例 13.2 设总体 $X \sim N(1, 25)$,今取得容量为 50 的样本,求样本均值 $\overline{X}$ 落在 0 和 2 之间的概率.

解 由定理 13.1 知,$\overline{X} \sim N(1, \frac{1}{2})$,于是

$$P\{0 < \overline{X} < 2\} = P\left\{\frac{0-1}{1/\sqrt{2}} < \frac{\overline{X}-1}{1/\sqrt{2}} < \frac{2-1}{1/\sqrt{2}}\right\} = \Phi(\sqrt{2}) - \Phi(-\sqrt{2})$$
$$= 2\Phi(\sqrt{2}) - 1 = 0.8414$$

2. χ^2 分布

定义 13.4　设 $X_1, X_2, \cdots, X_n$ 是标准正态总体 $N(0, 1)$ 的一个样本，则称统计量

$$\chi^2 = X_1^2 + X_2^2 + \cdots + X_n^2 \tag{13.4}$$

的分布为具有**自由度为 n 的 χ^2 分布**，记为 $\chi^2(n)$，即 $\chi^2 \sim \chi^2(n)$.

由概率论的知识可以证明，统计量 χ^2 的密度函数为

$$f(x) = \begin{cases} \dfrac{1}{2^{\frac{n}{2}}\Gamma(\frac{n}{2})} x^{\frac{n}{2}-1} e^{-\frac{x}{2}}, & x > 0 \\ 0, & x \leqslant 0 \end{cases}$$

其中 $\Gamma(\frac{n}{2})$ 是伽玛函数在 $\frac{n}{2}$ 的值. $f(x)$ 的图形如图 13-1 所示. 对于不同的 n，$f(x)$ 的图形不同.

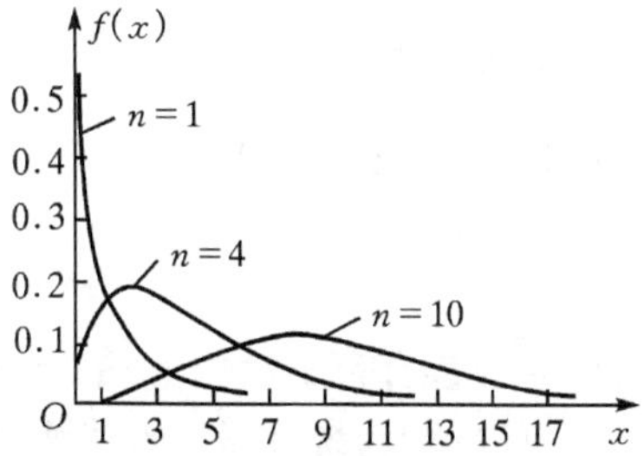

图 13-1

χ^2 分布具有以下性质

(1) 设 $\chi^2 \sim \chi^2(n)$，则有

$$E(\chi^2) = n, \quad D(\chi^2) = 2n$$

(2)设 $\chi_1^2 \sim \chi^2(n_1)$，$\chi_2^2 \sim \chi^2(n_2)$，且 χ_1^2 与 χ_2^2 相互独立，则有

$$\chi_1^2 + \chi_2^2 \sim \chi^2(n_1 + n_2)$$

证　(1) 由于 $X_i \sim N(0, 1)$ $(i = 1, 2, \cdots, n)$，则 $E(X_i) = 0$，$D(X_i) = 1$，从而

$$E(X_i^2) = D(X_i) + (E(X_i))^2 = 1$$

由于

$$E(X_i^4) = \int_{-\infty}^{+\infty} x^4 \frac{1}{\sqrt{2\pi}} e^{-\frac{x}{2}} dx = 3$$

从而

$$D(X_i^2) = E(X_i^4) + (E(X_i^2))^2 = 3 - 1 = 2$$

于是

$$E(\chi^2) = E(\sum_{i=1}^{n} X_i^2) = \sum_{i=1}^{n} E(X_i^2) = n$$

$$D(\chi^2) = D(\sum_{i=1}^{n} X_i^2) = \sum_{i=1}^{n} D(X_i^2) = 2n$$

(2) 证明略.

设 $f(x)$ 是自由度为 n 的 χ^2 分布的密度函数，对于任意给定的 $\alpha(0 < \alpha < 1)$，称满足条件

$$P\{\chi^2 > \chi_\alpha^2(n)\} = \int_{\chi_\alpha^2(n)}^{+\infty} f(x) dx = \alpha$$

的 $\chi_\alpha^2(n)$ 为 $\chi^2(n)$ 分布的 **α 上侧临界值**，其几何意义如图 13-2 所示. 对于不同的 α 及 n，上侧临界值 $\chi_\alpha^2(n)$ 已制成表格，可以查用(见附表 4). 例如，对于 $\alpha = 0.1$，$n = 25$，查表得：

$$\chi_{0.1}^2(25) = 34.382$$

当 $n > 45$ 时，无表可查，这时，可按近似公式

$$\chi_\alpha^2(n) \approx \frac{1}{2}(z_\alpha + \sqrt{(2n-1)^2})$$

来求 $\chi_\alpha^2(n)$，其中 z_α 为标准正态分布 $N(0,1)$ 的 α 上侧临界值.

定理 13.2　设 $X_1, X_2, \cdots, X_n$ 是正态总体 $N(\mu,\sigma^2)$ 的一个样本，$\overline{X}$ 与 S^2 分别为样本均值与样本方差，则

(1) $\overline{X}$ 与 S^2 相互独立；

(2) $\dfrac{(n-1)S^2}{\sigma^2} \sim \chi^2(n-1)$.

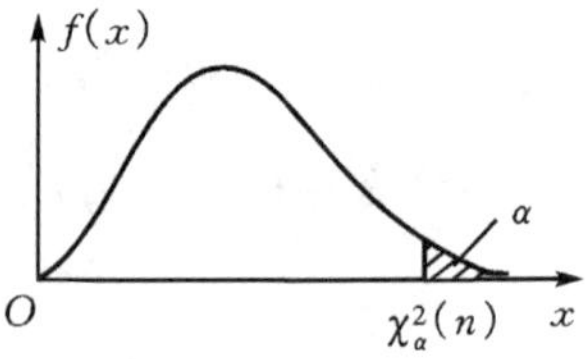

图 13-2

这个定理的证明比较复杂，这里只给出结论，不作证明. 它给 χ^2 分布的应用提供了依据.

3. *t* 分布

定义 13.5　设 $X \sim N(0,1)$，$Y \sim \chi^2(n)$，且 X 与 Y 相互独立，则称统计量

$$t = \frac{X}{\sqrt{Y/n}} \tag{13.5}$$

的分布为具有**自由度为 n 的 t 分布**，记为 $t(n)$，即 $t \sim t(n)$.

可以证明，统计量 t 的密度函数为

$$f(x) = \frac{\Gamma(\frac{n+1}{2})}{\sqrt{n\pi}\Gamma(\frac{n}{2})}(1+\frac{x^2}{n})^{-\frac{n+1}{2}} \quad (-\infty < x < +\infty)$$

且当 $n \to \infty$ 时，$f(x)$ 趋于标准正态分布的密度函数，即

$$\lim_{n\to\infty} f(x) = \frac{1}{\sqrt{2\pi}} e^{-\frac{x^2}{2}} \quad (-\infty < x < +\infty)$$

函数 $f(x)$ 的图形如图 13-3 所示.

自由度为 n 的 t 分布的 **α 上侧临界值**是指满足

$$P\{t > t_\alpha(n)\} = \int_{t_\alpha(n)}^{+\infty} f(x)\mathrm{d}x = \alpha \quad (0 < \alpha < 1)$$

的点 $t_\alpha(n)$，式中的 $f(x)$ 为 t 分布的密度函数，其几何解释如图 13-4 所示.

由 t 分布的 α 上侧临界值的定义及密度函数 $f(x)$ 图形的对称性知

$$t_{1-\alpha}(n) = -t_\alpha(n)$$

$$P\{|t| > t_{\alpha/2}(n)\} = \alpha$$

故也称 $t_{\alpha/2}(n)$ 为 t 分布的 **α 双侧临界值**.

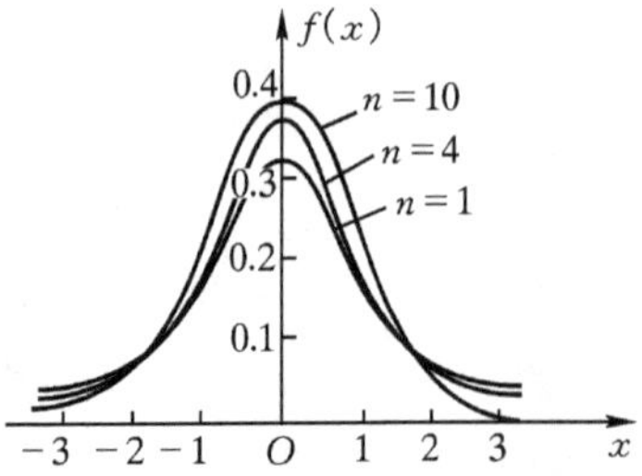

图 13-3

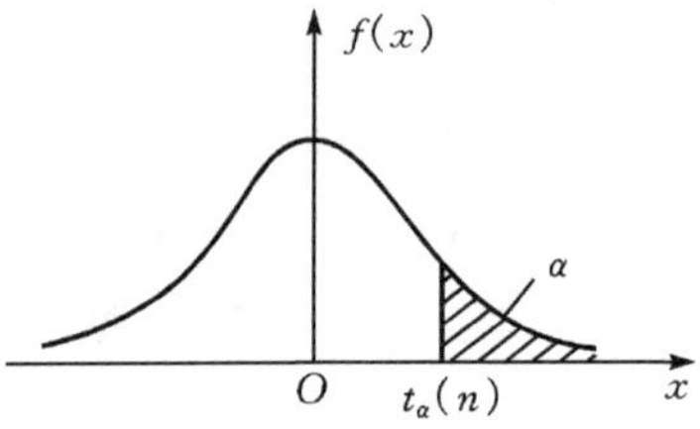

图 13-4

t 分布的上侧临界值 $t_\alpha(n)$ 和双侧临界值 $t_{\alpha/2}(n)$ 可由附表 3 查得. 但在 $n > 45$ 时无详细表格可查,则可用 $N(0,1)$ 的上侧临界值 z_α 近似代替 $t_\alpha(n)$, 即 $n > 45$ 时,有

$$t_\alpha(n) \approx z_\alpha$$

例如,对 $\alpha = 0.05, n = 20$, 可查到

$$t_{0.05}(20) = 1.7247, \quad t_{0.05/2}(20) = t_{0.025}(20) = 2.860$$

对 $\alpha = 0.05, n = 50$, 可由标准正态分布表查得满足

$$P\{Z \leqslant z_{0.05}\} = 1 - 0.05 = 0.95$$

的 $z_{0.05} = 1.645$, 由于 $n = 50 > 45$, 所以

$$t_{0.05}(50) \approx z_{0.05} = 1.645$$

下面两个定理是 t 分布重要应用的依据,我们不予证明直接给出结论.

定理 13.3　设 $X_1, X_2, \cdots, X_n$ 是正态总体 $N(\mu, \sigma^2)$ 的一个样本, $\overline{X}$, S^2 分别为样本的均值和方差,则

$$\frac{\overline{X} - \mu}{S/\sqrt{n}} \sim t(n-1) \tag{13.6}$$

定理 13.4　设 $X_1, X_2, \cdots, X_m$ 和 $Y_1, Y_2, \cdots, Y_n$ 分别是来自具有相同方差的两个正态总体 $N(\mu_1, \sigma^2)$ 和 $N(\mu_2, \sigma^2)$ 的样本,且它们相互独立,则

$$\frac{(\overline{X} - \overline{Y}) - (\mu_1 - \mu_2)}{S_w \sqrt{\dfrac{1}{m} + \dfrac{1}{n}}} \sim t(m+n-2) \tag{13.7}$$

其中

$$\overline{X} = \frac{1}{m}\sum_{i=1}^{m} X_i, \quad S_1^2 = \frac{1}{m-1}\sum_{i=1}^{m}(X_i - \overline{X})^2$$

$$\overline{Y} = \frac{1}{n}\sum_{i=1}^{n} Y_i, \quad S_2^2 = \frac{1}{n-1}\sum_{i=1}^{n}(Y_i - \overline{Y})^2$$

$$S_w^2 = \frac{(m-1)S_1^2 + (n-1)S_2^2}{m+n-2}$$

4. *F* 分布

定义 13.6　设 $U \sim \chi^2(m), V \sim \chi^2(n)$, 且 U 与 V 相互独立,则称统计量

$$F = \frac{U/m}{V/n} \tag{13.8}$$

的分布为具有**自由度 (m,n) 的 F 分布**,记为 $F(m,n)$, 即 $F \sim F(m,n)$. 其中 m 称**第一自由度**, n 称**第二自由度**.

可以证明, F 分布的密度函数为

$$f(x) = \begin{cases} \dfrac{\Gamma\left(\dfrac{m+n}{2}\right)}{\Gamma\left(\dfrac{m}{2}\right)\Gamma\left(\dfrac{n}{2}\right)} \left(\dfrac{m}{n}\right)^{\frac{m}{2}} x^{\frac{m}{2}-1} \left(1 + \dfrac{m}{n}x\right)^{-\frac{m+n}{2}}, & x > 0 \\ 0, & x \leqslant 0 \end{cases}$$

F 分布密度函数 $f(x)$ 的图形如图 13-5 所示.

F 分布的 **α 上侧临界值**是指满足

$$P\{F > F_\alpha(m,\ n)\} = \int_{F_\alpha(m,n)}^{+\infty} f(x)\mathrm{d}x = \alpha \quad (0 < \alpha < 1)$$

的点 $F_\alpha(m,n)$，其中 $f(x)$ 是 F 分布的密度函数. 几何意义如图 13－6 所示.

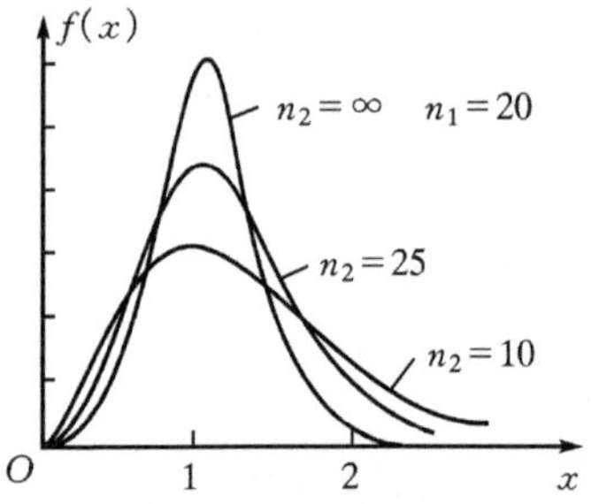

图 13－5

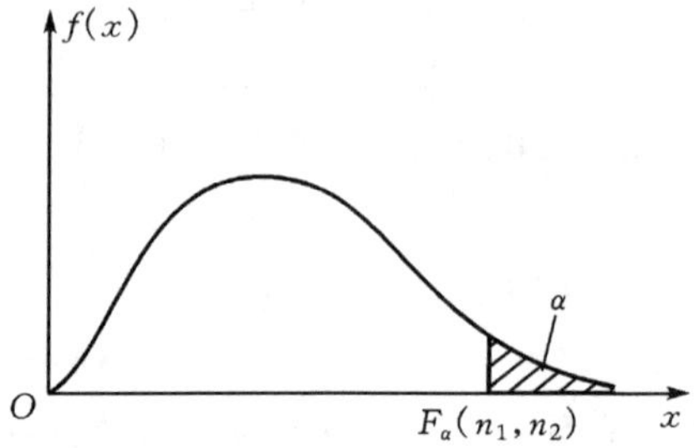

图 13－6

F 分布的上侧临界值具有如下性质

$$F_{1-\alpha}(m,\ n) = \frac{1}{F_\alpha(n,\ m)} \tag{13.9}$$

式(13.9)常用于求 F 分布表(附表 5)中没有列出的某些值，例如，对于 $\alpha = 0.05$，$m = 15$，$n = 12$，从附表 5 可查得

$$F_{0.05}(15,\ 12) = 2.62$$

但对于 $\alpha = 0.95$，$m = 12$，$n = 15$，从附表 5 无法查出 $F_{0.95}(12,\ 15)$. 这时，可利用关系式(13.9)求出

$$F_{0.95}(12,\ 15) = \frac{1}{F_{0.05}(15,\ 12)} = \frac{1}{2.62} \approx 0.38$$

定理 13.5　设 $X_1,\ X_2,\cdots,X_m$ 和 $Y_1,\ Y_2,\ \cdots,\ Y_n$ 分别是来自两个正态总体 $N(\mu_1,\sigma_1^2)$ 和 $N(\mu_2,\sigma_2^2)$ 的样本，且它们相互独立，则

$$\frac{S_1/\sigma_1^2}{S_2/\sigma_2^2} \sim F(m-1,\ n-1) \tag{13.10}$$

其中

$$S_1^2 = \frac{1}{m-1}\sum_{i=1}^{m}(X_i - \overline{X})^2, \qquad \overline{X} = \frac{1}{m}\sum_{i=1}^{m}X_i$$

$$S_2^2 = \frac{1}{n-1}\sum_{i=1}^{n}(Y_i - \overline{Y})^2, \qquad \overline{Y} = \frac{1}{n}\sum_{i=1}^{n}Y_i$$

证明略.

上面介绍的 χ^2 分布、t 分布和 F 分布，称为数理统计的三大分布，与它们有关的几个定理是参数估计和假设检验的理论基础，必须很好掌握.

习　题　13

1. 简单随机样本具有哪些特性？试举一两个属于简单随机样本的例子.

2. 设 $X \sim N(\mu,\ \sigma^2)$，其中 μ 已知 σ^2 未知，而 $X_1,\ X_2,\ X_3,\ X_4$ 为总体 X 的一个容量为 4 的样本，试问下列样本函数中，哪些是统计量，哪些不是统计量，为什么？

(1) $\chi^2=\frac{1}{\sigma^2}\sum_{i=1}^{n}(X_i-\mu)^2$

(2) $t=\frac{(\overline{X}-\mu)\sqrt{3}}{S}$，其中 $\overline{X}=\frac{1}{4}\sum_{i=1}^{4}X_i$，$S=\sqrt{\frac{1}{3}\sum_{i=1}^{4}(X_i-\overline{X})^2}$

(3) $F=\left(\frac{X_1-X_2}{X_3-X_4}\right)^2$

3. 对某种混凝土的抗压强度进行研究，得到它的样本观测值如下：

1939，1697，3030，2424，2020，2909，1815，2020，2310

试求样本均值和样本方差的观测值 $\overline{x}$ 和 s^2.

4. 从正态总体 $N(52.6,3^2)$ 中随机抽取一容量为 36 的样本，求样本均值 $\overline{X}$ 落在区间 (51.4,53.8) 内的概率.

5. 求总体 $N(20,3)$ 的容量分别为 10,15 的两个独立样本均值差的绝对值大于 0.3 的概率.

6. 设 X_1，X_2，…，X_{10} 是来自正态总体 $N(0,0.3^2)$ 的一个容量为 10 的样本，试求概率 $P\{\sum_{i=1}^{10}X_i^2>144\}$.

7. 查表求下列 χ^2 分布、t 分布和 F 分布的上侧临界值.

(1) $\chi^2_{0.05}(10)$，$\chi^2_{0.01}(7)$，$\chi^2_{0.975}(14)$；

(2) $t_{0.05}(9)$，$t_{0.01}(20)$；

(3) $F_{0.1}(10,9)$，$F_{0.05}(10,9)$，$F_{0.9}(28,2)$.

第 14 章　参数估计

统计推断的基本问题可以分为两大类，一类是估计问题，另一类是假设检验问题. 本章介绍总体的参数估计. 所谓参数估计，是假定总体的分布已知，利用样本的资料，对其所含未知参数的值或取值范围，作出尽可能正确推断的一种方法. 参数估计又分为点估计和区间估计两种，本章分别介绍点估计和区间估计的一些最常用方法.

14.1　参数的点估计

点估计问题的一般提法是：设总体 X 的分布函数为 $F(x,\theta)$ 已知，θ 是未知参数，$X_1, X_2, \cdots, X_n$ 是总体 X 的一个样本，样本观察值为 $x_1, x_2, \cdots, x_n$，构造一个适当的统计量 $\hat{\theta} = \hat{\theta}(X_1, X_2, \cdots, X_n)$，作为未知参数 θ 的**估计量**，在得到样本观察值 $x_1, x_2, \cdots, x_n$ 之后，就可用 $\hat{\theta}(x_1, x_2, \cdots, x_n)$ 作为 θ 的**估计值**.

例如，设总体 X 服从正态分布 $N(\mu, \sigma^2)$，其均值 μ 未知，$X_1, X_2, \cdots, X_n$ 是它的一个样本. 根据大数定律，样本均值 $\overline{X}$ 为依概率收敛于总体均值 μ，则说明，当 n 充分大时，$\overline{X}$ 是 μ 的良好近似，因此，可以用

$$\hat{\mu} = \overline{X} = \frac{1}{n}\sum_{i=1}^{n} X_i$$

作为 μ 的估计量，而在得到样本观察值 $x_1, x_2, \cdots, x_n$ 之后，就用

$$\hat{\mu} = \overline{x} = \frac{1}{n}\sum_{i=1}^{n} x_i$$

作为 μ 的估计值. 由于这种估计是用一个点(数)去对未知数进行估计，叫做**点估计**.

构造估计量 $\hat{\theta} = \hat{\theta}(X_1, X_2, \cdots, X_n)$ 的方法很多，下面我们仅介绍求点估计的两种常用方法：矩估计法和极大似然估计法，然后给出衡量估计量好坏的若干标准.

14.1.1　矩估计法

在本节开头所述的例子中，我们是用样本均值 $\overline{X}$ 估计总体均值 $\mu = E(X)$ 的，也就是用样本一阶原点矩 $\overline{X} = A_1 = \frac{1}{n}\sum_{i=1}^{n} X_i$ 作为总体一阶原点矩 $E(X)$ 的估计量. 根据大数定律，当总体二阶原点矩 $E(X^2)$ 存在时，样本二阶原点矩 $A_2 = \frac{1}{n}\sum_{i=1}^{n} X_i^2$ 依概率收敛于 $E(X^2)$，故用样本二阶原点矩 $A_2 = \frac{1}{n}\sum_{i=1}^{n} X_i^2$ 作为总体二阶原点矩 $E(X^2)$ 的估计量. 事实上，对于任一正整数 k，当 $E(X^k)$ 存在时，我们可以用样本 k 阶原点矩 $A_k = \frac{1}{n}\sum_{i=1}^{n} X_i^k$ 作为总体 k 阶原点矩 $E(X^k)$ 的

估计量，当得到样本观察值 $x_1,x_2,\cdots,x_n$ 之后，就用 $a_k=\frac{1}{n}\sum_{i=1}^{n}x_i^k$ 作为 $E(X^k)$ 的估计值. 这就是矩估计法的基本思想.

矩估计法的步骤如下.

设总体 X 的分布函数为 $F(x;\theta_1,\theta_2,\cdots,\theta_m)$，其中 $\theta_1,\theta_2,\cdots,\theta_m$ 为未知参数. 并设总体 X 的 k 阶原点矩 $\mu_k=E(X^k)$ $(k=1,2,\cdots,m)$ 均存在，则

$$\mu_k=\mu_k(\theta_1,\theta_2,\cdots,\theta_m)\ (k=1,2,\cdots,m)$$

设总体 X 的一个样本为 $X_1,X_2,\cdots,X_n$，则样本的 k 阶原点矩为

$$A_k=\frac{1}{n}\sum_{i=1}^{n}X_i^k\quad(k=1,2,\cdots,m)$$

依据矩估计法的基本思想，取 m 个估计量

$$\hat{\mu}_k=\mu_k(\hat{\theta}_1,\hat{\theta}_2,\cdots,\hat{\theta}_m)=A_k=\frac{1}{n}\sum_{i=1}^{n}X_i^k\quad(k=1,2,\cdots,m)$$

从而确定了 m 个含有未知参数 $\theta_1,\theta_2,\cdots,\theta_m$ 估计量 $\hat{\theta}_1,\hat{\theta}_2,\cdots,\hat{\theta}_m$ 的方程组

$$\begin{cases}\mu_1(\hat{\theta}_1,\hat{\theta}_2,\cdots,\hat{\theta}_m)=A_1=\frac{1}{n}\sum_{i=1}^{n}X_i\\ \mu_2(\hat{\theta}_1,\hat{\theta}_2,\cdots,\hat{\theta}_m)=A_2=\frac{1}{n}\sum_{i=1}^{n}X_i^2\\ \vdots\\ \mu_m(\hat{\theta}_1,\hat{\theta}_2,\cdots,\hat{\theta}_m)=A_m=\frac{1}{n}\sum_{i=1}^{n}X_i^m\end{cases}\tag{14.1}$$

求出方程组(14.1)的全部解(假设存在)

$$\hat{\theta}_k=\hat{\theta}_k(X_1,X_2,\cdots,X_n)\quad(k=1,2,\cdots,m)\tag{14.2}$$

就称为未知参数 $\theta_1,\theta_2,\cdots,\theta_m$ 的矩估计量. 代入观测值 $x_1,x_2,\cdots,x_n$ 得

$$\hat{\theta}_k=\hat{\theta}_k(x_1,x_2,\cdots,x_n)\quad(k=1,2,\cdots,m)\tag{14.3}$$

就称为未知参数 $\theta_1,\theta_2,\cdots,\theta_m$ 的矩估计值.

这种求估计量(值)的方法称为矩估计法，由矩估计法求得的估计量(值)，简称**矩估计**.

矩估计法是一种古老而有效的方法，它比较简单且直观性强，因此它在点估计中占有重要的地位.

例 14.1　设总体 X 的均值 μ 与方差 σ^2 均存在，即 $E(X)=\mu$，$D(X)=\sigma^2$，但 μ,σ^2 未知，$X_1,X_2,\cdots,X_n$ 是来自总体 X 的一个样本. 试求 μ 与 σ^2 的矩估计量.

解　这里没有给出总体 X 的分布，却并不妨碍问题的解决，因为我们已经知道

$$E(X)=\mu,\qquad E(X^2)=D(X)+(E(X))^2=\sigma^2+\mu^2$$

按矩估计法，建立矩方程组

$$\begin{cases}\hat{\mu}=\frac{1}{n}\sum_{i=1}^{n}X_i\\ \hat{\sigma}^2+\hat{\mu}^2=\frac{1}{n}\sum_{i=1}^{n}X_i^2\end{cases}$$

解之得

$$\hat{\mu} = \overline{X}$$

$$\hat{\sigma}^2 = \frac{1}{n}\sum_{i=1}^{n} X_i^2 - \overline{X}^2 = \frac{1}{n}\sum_{i=1}^{n} (X_i - \overline{X})^2 = B_2$$

当得到样本观察值 $x_1, x_2, \cdots, x_n$ 之后,就得到相应的估计值

$$\hat{\mu} = \overline{x}, \quad \hat{\sigma}^2 = b_2$$

由此可见,无论总体 X 服从何种分布,其数学期望与方差的矩估计量总是样本均值 $\overline{X} = \frac{1}{n}\sum_{i=1}^{n} X_i$ 和样本二阶中心矩 $B_2 = \frac{1}{n}\sum_{i=1}^{n}(X_i - \overline{X})^2$.

例 14.2 设总体 X 服从指数分布,其密度函数为

$$f(x) = \begin{cases} \lambda e^{-\lambda x}, & x > 0 \\ 0, & x \leqslant 0 \end{cases}$$

其中 $\lambda > 0$ 为未知数. 求 λ 的矩估计量.

解 首先要找出未知数 λ 与总体分布的矩的关系,由于

$$E(X) = \int_{-\infty}^{+\infty} x f(x) \mathrm{d}x = \int_{0}^{+\infty} x\lambda e^{-\lambda x} \mathrm{d}x = \frac{1}{\lambda}$$

根据矩估计法,则

$$\hat{E}(X) = \frac{1}{\hat{\lambda}} = \frac{1}{n}\sum_{i=1}^{n} X_i$$

解之便得 λ 的矩估计量为

$$\hat{\lambda} = \frac{1}{\frac{1}{n}\sum_{i=1}^{n} X_i} = \frac{1}{\overline{X}}$$

例 14.3 设有一大批产品,其次品率为 $p(0 < p < 1)$. 现从中抽出 10 件,发现 2 件次品,试求 p 的矩估计值.

解 若次品用"1"表示,正品用"0"表示,则总体 X 服从参数为 p 的 0-1 分布,即

$$P\{x = 1\} = p, \quad P\{x = 0\} = 1 - p$$

设总体 X 的一个容量为 10 的样本,由于

$$E(X) = 1 \times p + 0 \times (1 - p) = p$$

按矩估计法,则 p 的矩估计量为

$$\hat{p} = \hat{E}(X) = \frac{1}{10}\sum_{i=1}^{10} X_i$$

现得到的样本值 $x_1, x_2, \cdots, x_n$ 中有 8 个"0"和 2 个"1",于是可用

$$\hat{p} = \frac{1}{10}\sum_{i=1}^{10} X_i = \frac{2}{10}$$

作为 p 的矩估计值.

例 14.4 设总体 X 的分布密度为

$$f(x) = \begin{cases} (1 + \alpha)x^{\alpha}, & x \in (0, 1) \\ 0, & x \notin (0, 1) \end{cases}$$

其中 $\alpha > -1$ 为未知参数. 试求 α 的矩估计量.

解　由于

$$E(X) = \int_{-\infty}^{+\infty} xf(x)\mathrm{d}x = \int_0^1 x(1+\alpha)x^{\alpha}\mathrm{d}x = \frac{\alpha+1}{\alpha+2}$$

所以

$$\alpha = \frac{1-2E(X)}{E(X)-1}$$

根据矩估计法,用 $\overline{X}$ 作为 $E(X)$ 的估计量,于是 α 的矩估计量为

$$\hat{\alpha} = \frac{1-2\overline{X}}{\overline{X}-1}$$

例 14.5　设总体 X 的分布律为

X	1	2	3
p_i	θ^2	$2\theta(1-\theta)$	$(1-\theta)^2$

其中 θ 为未知参数. 现抽得一个样本值 $x_1 = 1$, $x_2 = 2$, $x_3 = 1$, 求 θ 的估计值.

解　总体 X 的一阶原点矩为

$$E(X) = 1\times\theta^2 + 2\times 2\theta(1-\theta) + 3\times(1-\theta)^2 = 3-2\theta$$

样本一阶原点矩观测值为

$$\bar{x} = \frac{1}{3}\sum_{i=1}^{3} x_i = \frac{1}{3}(1+2+1) = \frac{4}{3}$$

根据矩估计法有 $3-2\hat{\theta} = \frac{4}{3}$, 即 θ 的估计值为 $\hat{\theta} = \frac{5}{6}$.

14.1.2　极大似然估计法

极大似然估计法是求点估计的又一重要而有效的方法,它是在总体的分布类型已知的情况下,对其中一个或多个未知参数进行估计. 这种方法的直观想法是:一个随机试验如有若干个可能结果 A, B, C, …, 如果在一次试验中 A 出现,那么一般说来当时试验的条件应最有利于 A 的出现,或者说当时的条件应使 A 出现的概率最大. 例如,在例 14.3 中,结果 $x_1, x_2, \cdots, x_{10}$ 已经出现,其中有 8 个"0"和 2 个"1",这个结果出现的概率为

$$P\{X_1 = x_1, X_2 = x_2, \cdots, X_{10} = x_{10}\} = \prod_{i=1}^{10} P\{X_i = x_i\} = \prod_{i=1}^{10} p^{x_i}(1-p)^{1-x_i}$$
$$= p^{x_1+x_2+\cdots+x_{10}}(1-p)^{10-(x_1+x_2+\cdots+x_{10})} = p^2(1-p)^8$$

此概率随参数 p 不同而不同,既然 $x_1, x_2, \cdots, x_{10}$ 已知出现,我们则认为当时 p 值应为函数

$$L(p) = p^2\cdot(1-p)^8 \qquad (0 < p < 1)$$

的最大值点 $\hat{p}$. 根据求极值的方法,令

$$L'(p) = 2p\cdot(1-p)^8 - 8p^2\cdot(1-p)^7 = 0$$

解之得

$$p = \frac{2}{10}$$

那么在当时的情况下,我们用 $\hat{p} = \frac{2}{10}$ 作为产品次品率 p 的估计值是比较合理的. 显然,这个估

计值与例 14.3 中求得的矩估计值是一致的. 然而,这里我们却采用了与矩估计法截然不同的思想方法,即选择参数 p 的值出现概率达到最大,用这样选择的值作为未知参数 p 的估计值.

在已经得到试验结果的情况下,应该选择使这个结果出现的可能性最大的那个 θ 作为 θ 的估计值 $\hat{\theta}$,这就是极大似然估计法选择未知参数估计值的基本思想.

下面就离散型总体和连续型总体两种情况介绍极大似然估计法.

1. 离散型总体情形

设离散型总体 X 的分布律为

$$P\{X = x\} = p(x;\theta_1,\cdots,\theta_m)$$

其中 $\theta_1,\theta_2,\cdots,\theta_m$ 是未知参数. 如果 $X_1,X_2,\cdots,X_n$ 是总体 X 的一个样本,则样本的联合分布律为

$$P\{X_1 = x_1, X_2 = x_2,\cdots,X_n = x_n\} = \prod_{i=1}^{n} p(x_i;\theta_1,\cdots,\theta_m)$$

对于确定的样本观测值 $x_1,x_2,\cdots,x_n$,则样本的联合分布律是 $\theta_1,\theta_2,\cdots,\theta_m$ 函数,记为

$$L(\theta_1,\theta_2,\cdots,\theta_m) = \prod_{i=1}^{n} p(x_i;\theta_1,\cdots,\theta_m) \tag{14.4}$$

称式(14.4)为**似然函数**,简记为 L.

选择 $\theta_1,\theta_2,\cdots,\theta_m$ 的值 $\hat{\theta}_1,\hat{\theta}_2,\cdots,\hat{\theta}_m$ 使 $L(\theta_1,\theta_2,\cdots,\theta_m)$ 达到最大,即

$$L\big|_{(\hat{\theta}_1,\hat{\theta}_2,\cdots,\hat{\theta}_m)} = \max L(\theta_1,\theta_2,\cdots,\theta_m) \tag{14.5}$$

用这样获得的 $\hat{\theta}_1,\hat{\theta}_2,\cdots,\hat{\theta}_m$ 依次作为未知参数 $\theta_1,\theta_2,\cdots,\theta_m$ 的估计值. 这种求未知参数估计值的方法称为**极大似然估计法**. 求得的估计值 $\hat{\theta}_1,\hat{\theta}_2,\cdots,\hat{\theta}_m$ 称为**极大似然估计值**.

如果似然函数 L 对 $\theta_1,\theta_2,\cdots,\theta_m$ 的偏导数存在,求 $\theta_1,\theta_2,\cdots,\theta_m$ 偏导数并令其等于零得

$$\frac{\partial L}{\partial \theta_i} = 0 \qquad (i = 1,2,\cdots,m) \tag{14.6}$$

称式(14.6)为**似然方程**.

利用微分学中求极值的方法,从似然方程中解出

$$\theta_i = \theta_i(x_1,x_2,\cdots,x_n) \qquad (i = 1,\ 2,\cdots,m)$$

即得 θ_i 的极大似然估计值为

$$\hat{\theta}_i = \hat{\theta}_i(x_1,x_2,\cdots,x_n) \qquad (i = 1,\ 2,\cdots,m) \tag{14.7}$$

把极大似然估计值 $\hat{\theta}_i(x_1,x_2,\cdots,x_n)$ 中的的样本值 $x_1,x_2,\cdots,x_n$ 用样本 $X_1,X_2,\cdots,X_n$ 代替后便得到相应的极大似然估计量

$$\hat{\theta}_i(X_1,X_2,\cdots,X_n)\ (i = 1,\ 2,\cdots,m) \tag{14.8}$$

由于 $\ln L$ 与 L 有相同的极值点,常常用

$$\frac{\partial \ln L}{\partial \theta_i} = 0 \qquad (i = 1,\ 2,\cdots,m) \tag{14.9}$$

来代替似然方程(14.6),这样求解更为方便. 称式(14.9)为**对数似然方程**.

例 14.6 设总体 $X \sim P(\lambda)$,其中 λ 未知,试求参数 λ 的极大似然估计.

解 设 $X_1,X_2,\cdots,X_n$ 为总体 X 的一个样本,$x_1,x_2,\cdots,x_n$ 为样本观察值. 由于 X 的分布律为

$$P\{X=x\}=\frac{e^{-\lambda}\lambda^{x}}{x!}\ (x=0,\ 1,\ 2,\ \cdots)$$

则似然函数为

$$L=\prod_{i=1}^{n}\frac{e^{-\lambda}\lambda^{x_i}}{x_i!}=e^{-n\lambda}\frac{\lambda^{\sum\limits_{i=1}^{n}x_i}}{\prod\limits_{i=1}^{n}x_i!}$$

取对数得

$$\ln L=-n\lambda+\sum_{i=1}^{n}x_i\ln\lambda-\ln(\prod_{i=1}^{n}x_i!)$$

则对数似然方程为

$$\frac{d\ln L}{d\lambda}=-n+\frac{1}{\lambda}\sum_{i=1}^{n}x_i=0$$

解得 $\lambda=\frac{1}{n}\sum\limits_{i=1}^{n}x_i=\overline{X}$，故 λ 的极大似然估计量为

$$\hat{\lambda}=\frac{1}{n}\sum_{i=1}^{n}X_i=\overline{X}$$

2. 连续型总体情形

设总体 X 的密度函数为

$$f(x;\theta_1,\theta_2,\cdots,\theta_n)$$

其中 $\theta_1,\theta_2,\cdots,\theta_n$ 是未知参数. 如果 $X_1,X_2,\cdots,X_n$ 是总体 X 的一个样本，则样本的联合密度函数为

$$L(x_1,x_2,\cdots,x_n;\theta_1,\theta_2,\cdots,\theta_n)=\prod_{i=1}^{n}f(x_i;\theta_1,\theta_2,\cdots,\theta_n) \tag{14.10}$$

若取得样本观测值 $x_1,x_2,\cdots,x_n$，则式(14.10)是 $\theta_1,\theta_2,\cdots,\theta_m$ 的函数，记为

$$L(\theta_1,\theta_2,\cdots,\theta_n)=\prod_{i=1}^{n}f(x_i;\theta_1,\theta_2,\cdots,\theta_n) \tag{14.11}$$

称式(14.11)为似然函数，简记为 L.

类似于离散型总体情形的方法，我们可以用极大似然法求出未知参数得到估计量.

例 14.7　设总体 X 服从正态分布 $N(\mu,\sigma^2)$，其中 $-\infty<\mu<+\infty$，$\sigma^2>0$ 均为未知参数. 试求 μ 与 σ^2 的极大似然估计量.

解　设 $X_1,X_2,\cdots,X_n$ 为总体 X 的一个样本，X 的概率密度为

$$f(x;\mu,\sigma^2)=\frac{1}{\sqrt{2\pi}\sigma}e^{-\frac{(x-\mu)^2}{2\sigma^2}}$$

则似然函数为

$$L=\prod_{i=1}^{n}\frac{1}{\sqrt{2\pi}\sigma}e^{-\frac{(x_i-\mu)^2}{2\sigma^2}}=\left(\frac{1}{2\pi\sigma^2}\right)^{\frac{n}{2}}e^{-\frac{1}{2\sigma^2}\sum\limits_{i=1}^{n}(x_i-\mu)^2}$$

取 L 对数得

$$\ln L=-\frac{n}{2}\ln 2\pi-\frac{n}{2}\ln\sigma^2-\frac{1}{2\sigma^2}\sum_{i=1}^{n}(x_i-\mu)^2$$

分别对 μ,σ^2 求偏导数,建立对数似然方程组

$$\begin{cases}\dfrac{\partial \ln L}{\partial \mu}=\dfrac{1}{\sigma^2}\sum\limits_{i=1}^{n}(x_i-\mu)=0\\ \dfrac{\partial \ln L}{\partial \sigma^2}=-\dfrac{n}{2\sigma^2}+\dfrac{1}{2\sigma^4}\sum\limits_{i=1}^{n}(x_i-\mu)^2=0\end{cases}$$

解之得

$$\mu=\frac{1}{n}\sum_{i=1}^{n}x_i=\overline{x},\qquad \sigma^2=\frac{1}{n}\sum_{i=1}^{n}(x_i-\overline{x})^2$$

故 μ, σ^2 的极大似然估计为

$$\hat{\mu}=\frac{1}{n}\sum_{i=1}^{n}X_i=\overline{X},\qquad \hat{\sigma}^2=\frac{1}{n}\sum_{i=1}^{n}(X_i-\overline{X})^2=B_2$$

这个结果与矩估计量一致.

例 14.8　求例 14.4 中未知数 α 的极大似然估计值.

解　设 $x_1,x_2,\cdots,x_n$ 为总体 X 的一个样本值,则似然函数为

$$L=\prod_{i=1}^{n}f(x_i;\alpha_i)$$

L 的极大值在 L 不为零的部分取得. L 不为零的部分为

$$L_1=(1+\alpha)^n x_1^{\alpha}x_2^{\alpha}\cdots x_n^{\alpha}\qquad(0<x_i<1,i=1,2,\cdots,n;\ \alpha>-1)$$

从而

$$\ln L_1=n\ln(1+\alpha)+\alpha\sum_{i=1}^{n}\ln x_i$$

上式对 α 求导数,建立对数似然方程

$$\frac{\mathrm{d}\ln L_1}{\mathrm{d}\alpha}=\frac{n}{1+\alpha}+\sum_{i=1}^{n}\ln x_i=0$$

解之得

$$\alpha=-\frac{n}{\sum\limits_{i=1}^{n}\ln x_i}-1$$

所以 α 的极大似然估计量为

$$\hat{\alpha}=-\frac{n}{\sum\limits_{i=1}^{n}\ln X_i}-1$$

比较知 α 的极大似然估计量与矩估计量不一致.

14.1.3　衡量估计量的若干标准

上面介绍了两种求未知参数点估计的常用方法,即矩估计法和极大似然估计法.对于同一未知参数,用不同的方法可能得到不同的估计量.例如在例 14.4 和例 14.8 中,同一参数 α 的矩估计量和极大似然估计法估计量就不同.究竟采用哪一个为好呢?这就涉及用什么标准来衡量估计量优劣的问题.衡量估计量的标准很多,但最基本、最常用的三个标准是无偏性、有效性和一致性.

1. 无偏性

估计量是随机变量,对于不同的样本值它有不同的估计值,当然,我们希望它在未知参数附近徘徊,即希望它的数学期望等于被估未知参数的真值.

定义 14.1　设 $\hat{\theta}$ 是未知参数 θ 的一个估计量,若

$$E(\hat{\theta}) = \theta \tag{14.12}$$

则称 $\hat{\theta}$ 是 θ 的**无偏估计量**.

例 14.9　设总体 X 的期望 μ 和方差 σ^2 均存在, $X_1, X_2, \cdots, X_n$ 是来自总体 X 的一个样本,试证样本均值 $\overline{X}$ 与样本方差 S^2 分别是 μ 和 σ^2 的无偏估计量.

证　由于

$$E(\overline{X}) = E\left(\frac{1}{n}\sum_{i=1}^{n} X_i\right) = \frac{1}{n}\sum_{i=1}^{n} E(X_i) = \frac{1}{n}\sum_{i=1}^{n}\mu = \mu$$

$$\begin{aligned}
E(S^2) &= E\left[\frac{1}{n-1}\sum_{i=1}^{n} (X_i - \overline{X})^2\right] \\
&= \frac{1}{n-1}E\left\{\sum_{i=1}^{n} [(X_i - \mu) - (\overline{X} - \mu)]^2\right\} \\
&= \frac{1}{n-1}E\left\{\sum_{i=1}^{n} (X_i - \mu)^2 - 2(\overline{X} - \mu)\sum_{i=1}^{n}(X_i - \mu) + n(\overline{X} - \mu)^2\right\} \\
&= \frac{1}{n-1}\left\{\sum_{i=1}^{n} E(X_i - \mu)^2 - nE(\overline{X} - \mu)^2\right\} \\
&= \frac{1}{n-1}\left(n\sigma^2 - n\frac{\sigma^2}{n}\right) = \sigma^2
\end{aligned}$$

由此可见, $\overline{X}$ 是 μ 的无偏估计量, S^2 是 σ^2 的无偏估计量.

在例 14.1 中我们得到用矩估计法求得 σ^2 的估计量为样本二阶中心矩,即

$$\hat{\sigma}^2 = B_2 = \frac{1}{n}\sum_{i=1}^{n} (X_i - \overline{X})^2 = \frac{n-1}{n}S^2$$

由于

$$E(B_2) = E\left(\frac{n-1}{n}S^2\right) = \frac{n-1}{n}E(S^2) = \frac{n-1}{n}\sigma^2$$

这表明样本二阶中心矩 B_2 不是 σ^2 的无偏估计量,正由于此,我们定义样本方差为

$$S^2 = \frac{1}{n-1}\sum_{i=1}^{n} (X_i - \overline{X})^2$$

通常也就用样本方差 S^2 作为总体方差 σ^2 的估计量.

2. 有效性

现在来比较未知参数 θ 的两个不同的无偏估计量 $\hat{\theta}_1$, $\hat{\theta}_2$, 如果 $\hat{\theta}_1$ 较 $\hat{\theta}_2$ 更密集地出现在 θ 附近,我们就认为 $\hat{\theta}_1$ 较 $\hat{\theta}_2$ 更为理想. 而无偏估计量 $\hat{\theta}$ 出现在 θ 附近的密集程度通常是用方差 $E((\hat{\theta} - \theta)^2) = D(\hat{\theta})$ 衡量的. 因为 $E(\hat{\theta}) = \theta$,故 $E((\hat{\theta} - \theta)^2) = D(\hat{\theta})$. 从这个意义来说,无偏估计量以方差小者为好,即较为有效.

定义 14.2　设 $\hat{\theta}_1$，$\hat{\theta}_2$ 是 θ 的两个无偏估计量，若

$$D(\hat{\theta}_1) < D(\hat{\theta}_2) \tag{14.13}$$

则称 $\hat{\theta}_1$ 较 $\hat{\theta}_2$ 有效.

例 14.10　设总体 X 的数学期望为 μ，而 $X_1, X_2, \cdots, X_n$ 为该总体的一个样本，试证明样本加权平均值

$$\overline{X}^* = \sum_{i=1}^{n} c_i X_i \qquad (c_i \geqslant 0, \sum_{i=1}^{n} c_i = 1)$$

为 μ 的无偏估计量，且 $D(\overline{X}) \leqslant D(\overline{X}^*)$.

证　因为

$$E(\overline{X}^*) = E\Big(\sum_{i=1}^{n} c_i X_i\Big) = \sum_{i=1}^{n} c_i E(X_i) = \sum_{i=1}^{n} c_i \mu = \mu \sum_{i=1}^{n} c_i = \mu$$

所以 $\overline{X}^*$ 为 μ 的无偏估计量.

由代数学中的柯西(Cauchy)不等式知

$$1 = \Big(\sum_{i=1}^{n} 1 \cdot c_i\Big)^2 \leqslant \Big(\sum_{i=1}^{n} 1^2\Big) \cdot \Big(\sum_{i=1}^{n} c_i^2\Big) = n \sum_{i=1}^{n} c_i^2$$

从而

$$D(\overline{X}) = \frac{1}{n} D(X) \leqslant \Big(\sum_{i=1}^{n} c_i^2\Big) \cdot D(X) = \sum_{i=1}^{n} (c_i^2 D(X_i)) = D\Big(\sum_{i=1}^{n} c_i X_i\Big) = D(\overline{X}^*)$$

即

$$D(\overline{X}) \leqslant D(\overline{X}^*)$$

3. 一致性

由于估计量 $\hat{\theta}$ 依赖于样本容量 n，因而需要考查 $n \to \infty$时的极限性态，看它是否依概率收敛于 θ，这便引出一致性的概念.

定义 14.3　设 $\hat{\theta}$ 是参数 θ 的一个估计量，若 $\hat{\theta}$ 依概率收敛于 θ，即对于任一给定的 $\varepsilon > 0$，恒有

$$\lim_{n \to \infty} P(|\hat{\theta} - \theta| > \varepsilon) = 0 \tag{14.14}$$

则称 $\hat{\theta}$ 是 θ 的一致估计量.

可以证明，样本均值 $\overline{X}$ 与样本方差 S^2 分别依概率收敛于总体期望 μ 与总体方差 σ^2，所以，$\overline{X}$ 与 S^2 分别为 μ 与 σ^2 的一致估计量.

14.2　区间估计

上一节介绍了参数的点估计，即用适当的统计量 $\hat{\theta}(X_1, X_2, \cdots, X_n)$ 去估计未知数 θ，当获得样本 $X_1, X_2, \cdots, X_n$ 的观察值 $x_1, x_2, \cdots, x_n$ 之后，用 $\hat{\theta}(x_1, x_2, \cdots, x_n)$ 作为 θ 的一个估计值，给人们一个明确的数量概念. 可是仔细分析一下就会发现，点估计也有它的不足之处. 事实上，$\hat{\theta}(x_1, x_2, \cdots, x_n)$ 作为 θ 估计值是一种近似值，其精确度有多高？可信程度如何？点估计本身

没有给出回答.为此我们介绍参数的区间估计.

顾名思义,区间估计就是用一个区间估计未知参数,说得明确一点,就是由样本构造一个区间,用这个作为未知参数的估计范围,并使未知参数在其内具有指定的概率(可信程度).为了便于讨论,我们引入置信区间的概念.

定义 14.4　设总体 X 的分布 $F(x;\theta)$ 中含有未知参数 θ,而 $X_1,X_2,\cdots,X_n$ 为总体 X 的一个样本.若对事先给定的 $\alpha(0<\alpha<1)$,存在两个统计量 $\hat{\theta}_1=\hat{\theta}_1(X_1,X_2,\cdots,X_n)$ 和 $\hat{\theta}_2=\hat{\theta}_2(X_1,X_2,\cdots,X_n)$,使得

$$P\{\hat{\theta}_1<\theta<\hat{\theta}_2\}=1-\alpha \tag{14.15}$$

则称区间 $(\hat{\theta}_1,\ \hat{\theta}_2)$ 为未知参数 θ 的**置信度为 $1-\alpha$ 的置信区间**.其中 $\hat{\theta}_1$ 称**置信下限**,$\hat{\theta}_2$ 称**置信上限**.

由定义知,置信区间 $(\hat{\theta}_1,\ \hat{\theta}_2)$ 的一个随机区间,并且它的两个端点都是不依赖于未知参数 θ 的随机变量.应着重指出的是,对于一个样本观察值 $x_1,x_2,\cdots,x_n$,$(\hat{\theta}_1,\ \hat{\theta}_2)$ 是一个确定的的区间,此时区间 $(\hat{\theta}_1,\ \hat{\theta}_2)$ 要么包括 θ 的真值,要么不包括 θ 的真值,二者必居其一.因此,只有在一个样本观察值取出之前,关于置信区间包含 θ 真值的概率的说法才有意义.定义中概率等式(14.15)的意义是:若反复抽样多次(每次的样本容量都相等),则每次得到的样本值都确定一个区间 $(\hat{\theta}_1,\ \hat{\theta}_2)$,在这些区间中,包含 θ 真值的大约占 $100(1-\alpha)\%$,不包含 θ 真值的大约占 $100\alpha\ \%$.这就是说,对于给定的 α,比如 $\alpha=0.05$,若抽样 100 次,则得到 100 个确定的区间,其中大约 95 个包含 θ 真值,大约 5 个不含 θ 的值.因此,对于 $\alpha=0.05$,而估计正确的概率为 0.95.可见 α 越小,置信区间 $(\hat{\theta}_1,\ \hat{\theta}_2)$ 包含 θ 真值的概率 $1-\alpha$ 越大,但一般来说,α 越小,置信区间 $(\hat{\theta}_1,\ \hat{\theta}_2)$ 的长度越大,区间估计的精确度就会降低.反之,α 越大,置信区间越小,但是区间 $(\hat{\theta}_1,\ \hat{\theta}_2)$ 作为 θ 的估计的可信性降低,所以区间估计的一般原则是:在给定的较大置信度 $1-\alpha$ 下,确定未知参数 θ 的置信区间 $(\hat{\theta}_1,\ \hat{\theta}_2)$,并尽量使其长度达到最小.

在实际问题中,寻求置信区间的一般方法如下.

(1) 寻找样本 $X_1,X_2,\cdots,X_n$ 的一个函数

$$U=U(X_1,X_2,\cdots,X_n;\theta)$$

它只含所要求置信区间的未知参数 θ,而不含其他参数,并且 U 的分布已知;

(2) 对于给定的置信度 $1-\alpha$,确定常数 a, b,使

$$P\{a<U(X_1,X_2,\cdots,X_n;\theta)<b\}=1-\alpha$$

(3) 若能从不等式 $a<U(X_1,X_2,\cdots,X_n;\theta)<b$ 中得到等价不等式

$$\hat{\theta}_1(X_1,X_2,\cdots,X_n)<\theta<\hat{\theta}_2(X_1,X_2,\cdots,X_n)$$

记 $\hat{\theta}_1=\hat{\theta}_1(X_1,X_2,\cdots,X_n)$,$\hat{\theta}_2=\hat{\theta}_2(X_1,X_2,\cdots,X_n)$,则 $(\hat{\theta}_1,\ \hat{\theta}_2)$ 就是 θ 的置信度为 $1-\alpha$ 的置信区间.

由于实际问题中总体多为正态总体,下面仅就正态总体 $N(\mu,\sigma^2)$,求参数 μ 或 σ^2 的置信区间.

14.2.1 均值 μ 的区间估计

下面分方差 σ^2 已知和未知两种情况进行讨论.

1. 方差 σ^2 已知

由于样本均值 $\overline{X}=\dfrac{1}{n}\sum_{i=1}^{n}X_i$ 是 μ 的无偏估计量,且 $\overline{X}\sim N(\mu,\ \dfrac{\sigma^2}{n})$,所以

$$U=\frac{\overline{X}-\mu}{\sigma/\sqrt{n}}\sim N(0,1) \tag{14.16}$$

对于给定的 α,由标准正态分布表可查得 α 双侧临界值 $z_{\frac{\alpha}{2}}$(即 $\dfrac{\alpha}{2}$ 上侧临界值)(见图 14-1),使得

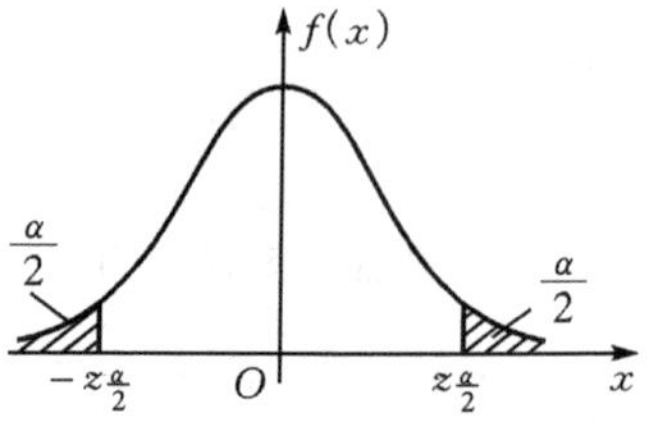

图 14-1

$$P\{|U|\geqslant z_{\frac{\alpha}{2}}\}=\alpha$$

即

$$P\left\{\left|\frac{\overline{X}-\mu}{\sigma/\sqrt{n}}\right|<z_{\frac{\alpha}{2}}\right\}=1-\alpha$$

上式等价于

$$P\left\{\overline{X}-\frac{\sigma}{\sqrt{n}}z_{\frac{\alpha}{2}}<\mu<\overline{X}+\frac{\sigma}{\sqrt{n}}z_{\frac{\alpha}{2}}\right\}=1-\alpha \tag{14.17}$$

由此可得 μ 的置信度为 $1-\alpha$ 的置信区间为

$$\left(\overline{X}-\frac{\sigma}{\sqrt{n}}z_{\frac{\alpha}{2}},\quad \overline{X}+\frac{\sigma}{\sqrt{n}}z_{\frac{\alpha}{2}}\right) \tag{14.18}$$

例如,当样本观察值为 5.1,5.0,4.8,5.1,4.7,5.0,5.2,5.1,5.0,且 $\sigma=1$,$\alpha=0.05$ 时,则 $n=9$,$\overline{X}=5$,由正态分布表可查得

$$z_{\frac{\alpha}{2}}=z_{0.025}=1.96$$

于是

$$\overline{X}-\frac{\sigma}{\sqrt{n}}z_{\frac{\alpha}{2}}=5-\frac{1}{3}\times 1.96=4.35$$

$$\overline{X}+\frac{\sigma}{\sqrt{n}}z_{\frac{\alpha}{2}}=5+\frac{1}{3}\times 1.96=5.65$$

因此有 $100(1-\alpha)\%=95\%$的把握估计 μ 在区间 (4.35,5.65) 内.

2. 方差 σ^2 未知

这时虽然也有 $\dfrac{\overline{X}-\mu}{\sigma/\sqrt{n}}\sim N(0,\ 1)$,但是 $\dfrac{\overline{X}-\mu}{\sigma/\sqrt{n}}$ 中除含待估计参数 μ 外,还含有未知参数 σ,因此不能再用 $\dfrac{\overline{X}-\mu}{\sigma/\sqrt{n}}$ 去构造置信区间. 由于 S^2 是 σ^2 的无偏估计,故可用 S 代替 σ,得到

$$t=\frac{\overline{X}-\mu}{S/\sqrt{n}}\sim t(t-1)$$

此时 t 除待估计参数 μ 外,不再含有其他未知参数,故可用 t 去构造置信区间. 对于给定的 α,查 t 分布表,可得 α 双侧临界值 $t_{\frac{\alpha}{2}}(n-1)$ (见图 14-2),使得

$$P\{|t| \geqslant t_{\frac{\alpha}{2}}(n-1)\} = \alpha$$

上式等价于

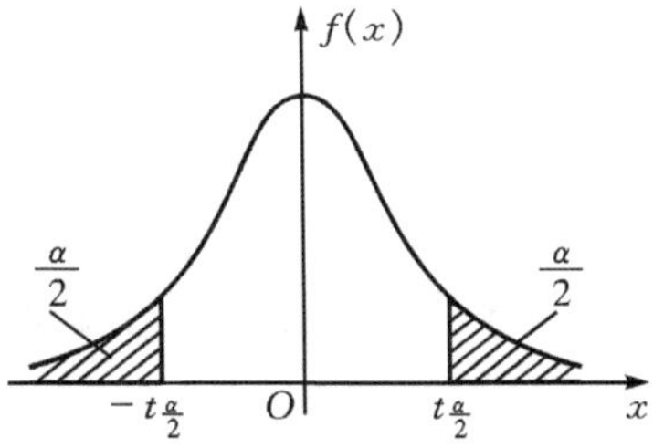

图 14-2

$$P\left(\overline{X} - t_{\frac{\alpha}{2}}(n-1)\frac{S}{\sqrt{n}} < \mu < \overline{X} + t_{\frac{\alpha}{2}}(n-1)\frac{S}{\sqrt{n}}\right) = 1-\alpha \tag{14.19}$$

由此得 μ 的置信度为 $1-\alpha$ 的置信区间为

$$\left(\overline{X} - t_{\frac{\alpha}{2}}(n-1)\frac{S}{\sqrt{n}},\ \ \overline{X} + t_{\frac{\alpha}{2}}(n-1)\frac{S}{\sqrt{n}}\right) \tag{14.20}$$

例 14.11　为了估计某一物件的重量 μ，把它在天平上重复称 5 次，其数据如下(单位:g)

5.52，　5.48，　5.64，　5.51，　5.43

假定此天平无系统误差且随机误差服从正态分布，试求 μ 的置信度为 0.95 的置信区间.

解　随机误差服从正态分布，且天平无系统误差，则称量的可能结果为正态总体，其均值 μ，方差 σ^2 未知. 根据上面构造出的 μ 的置信区间为式(14.20)，须算出

$$\overline{x} = \frac{1}{5}(5.52 + 5.48 + 5.64 + 5.51 + 5.43) = 5.516$$

$$s^2 = \frac{1}{4}((5.52 - 5.516)^2 + (5.48 - 5.516)^2 + (5.64 - 5.516)^2 + (5.51 - 5.516)^2 + (5.43 - 5.516)^2) = 0.006053$$

$$s = 0.07798$$

对于 $\alpha = 1 - 0.95 = 0.05$，$n - 1 = 4$，查 t 分布表得

$$t_{\frac{\alpha}{2}}(n-1) = t_{0.025}(4) = 2.776$$

于是

$$\overline{X} - \frac{S}{\sqrt{n}} t_{\frac{\alpha}{2}}(n-1) = 5.516 - \frac{0.0778}{5} \times 2.776 = 5.420$$

$$\overline{X} + \frac{S}{\sqrt{n}} t_{\frac{\alpha}{2}}(n-1) = 5.516 + \frac{0.0778}{5} \times 2.776 = 5.613$$

所以 μ 的置信度为 0.95 的置信区间是 (5.420,5.613).

14.2.2　方差 σ^2 的置信区间

由 13.3 节中定理 13.2 知，$\frac{(n-1)S^2}{\sigma^2} \sim \chi^2(n-1)$，因此

$$P\left\{\chi^2_{1-\frac{\alpha}{2}}(n-1) < \frac{(n-1)S^2}{\sigma^2} < \chi^2_{\frac{\alpha}{2}}(n-1)\right\} = 1-\alpha$$

即

$$P\left\{\frac{(n-1)S^2}{\chi^2_{\frac{\alpha}{2}}(n-1)} < \sigma^2 < \frac{(n-1)S^2}{\chi^2_{1-\frac{\alpha}{2}}(n-1)}\right\} = 1-\alpha \tag{14.21}$$

由此得 σ^2 的置信度为 $1-\alpha$ 的置信区间为

$$\left(\frac{(n-1)S^2}{\chi^2_{\frac{\alpha}{2}}(n-1)},\quad \frac{(n-1)S^2}{\chi^2_{1-\frac{\alpha}{2}}(n-1)}\right) \tag{14.22}$$

其中 χ^2 分布的 $\frac{\alpha}{2}$ 上侧临界值 $\chi^2_{\frac{\alpha}{2}}(n-1)$ 与 $1-\alpha$ 上侧临界值 $\chi^2_{1-\frac{\alpha}{2}}(n-1)$ 统称为 χ^2 分布的**双侧临界值**,几何意义如图 14-3 所示.

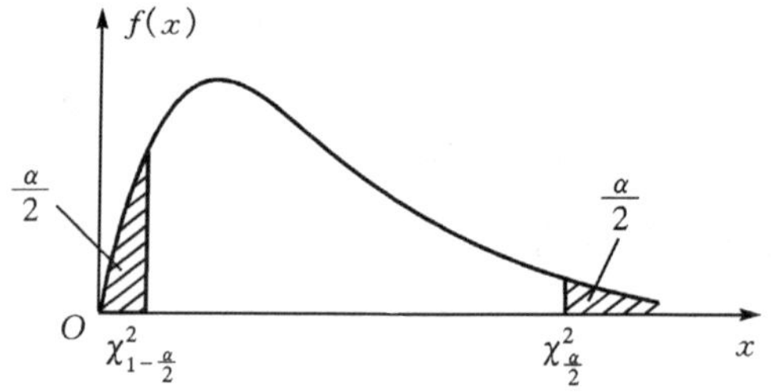

图 14-3

例 14.12　冷抽铜丝的折断力服从正态分布,从一批铜丝中任取 10 根,测试折断力,得数据如下(单位:kg)

578,　572,　570,　568,　572,　570,　570,　596,　584,　572

求总体方差 σ^2 与标准差 σ 的置信度为 0.9 的置信区间.

解　由已知数据算得

$$\bar{x} = \frac{1}{10}(578+572+570+568+572+570+570+570+596+584+572) = 575.2$$

$$s^2 = \frac{1}{9}((578-575.2)^2+\cdots(572-575.2)^2) = 73.508$$

对于 $\alpha = 1-0.9 = 0.1$, $n = 10$. 查 χ^2 分布表得

$$\chi^2_{\frac{\alpha}{2}}(n-1) = \chi^2_{0.05}(9) = 16.919,$$

$$\chi^2_{1-\frac{\alpha}{2}}(n-1) = \chi^2_{0.95}(9) = 3.325$$

故得 σ^2 的置信度 0.9 的置信区间为

$$(40.28,\quad 204.98)$$

σ 的置信度为 0.9 的置信区间为

$$(6.35,\quad 14.32)$$

14.2.3　均值差 $\mu_1-\mu_2$ 与方差比 $\frac{\sigma_1^2}{\sigma_2^2}$ 的区间估计

实际中常遇到这样的问题,已知某产品的某一数量指标 X 服从正态分布,但由于工艺改变,原料不同、设备条件或操作人员不同等因素,引起总体均值、方差的改变. 我们需要知道这些改变有多大,这就需要考虑总体均值差或方差比的估计问题.

1. 均值差 $\mu_1 - \mu_2$ 的置信区间

设 $\overline{X}_1$ 与 S_1^2 分别是总体 $N(\mu_1, \sigma_1^2)$、容量为 m 的样本均值与方差，$\overline{X}_2$ 与 S_2^2 分别是总体 $N(\mu_2, \sigma_2^2)$、容量为 n 的样本均值与方差，且两样本相互独立. 现在考虑两个总体均值差 $\mu_1 - \mu_2$ 的区间估计.

(1) σ_1^2, σ_2^2 为已知的情形

由于 $\overline{X}_1$ 与 $\overline{X}_2$ 分别为 μ_1 与 μ_2 的无偏估计量，且 $\overline{X}_1 \sim N(\mu_1, \sigma_1^2/m)$，$\overline{X}_2 \sim N(\mu_2, \sigma_2^2/n)$，故 $\overline{X}_1 - \overline{X}_2$ 为 $\mu_1 - \mu_2$ 的无偏估计量，且

$$\overline{X}_1 - \overline{X}_2 \sim N\left(\mu_1 - \mu_2, \frac{\sigma_1^2}{m} + \frac{\sigma_2^2}{n}\right)$$

显然 $\dfrac{\sigma_1^2}{m} + \dfrac{\sigma_2^2}{n}$ 是已知的，于是 $\mu_1 - \mu_2$ 的置信度为 $1-\alpha$ 的置信区间为

$$\left(\overline{X}_1 - \overline{X}_2 - \sqrt{\frac{\sigma_1^2}{m} + \frac{\sigma_2^2}{n}} \cdot z_{\frac{\alpha}{2}},\quad \overline{X}_1 - \overline{X}_2 + \sqrt{\frac{\sigma_1^2}{m} + \frac{\sigma_2^2}{n}} \cdot z_{\frac{\alpha}{2}}\right) \tag{14.23}$$

(2) $\sigma_1^2 = \sigma_2^2 = \sigma^2$ 未知的情形

由 13.3 节中的定理 13.4 知

$$t = \frac{(\overline{X} - \overline{Y}) - (\mu_1 - \mu_2)}{S_w \sqrt{\dfrac{1}{m} + \dfrac{1}{n}}} \sim t(m+n-2)$$

其中

$$S_w^2 = \frac{(m-1)S_1^2 + (n-1)S_2^2}{m+n-2}$$

因此 $\mu_1 - \mu_2$ 的置信度为 $1-\alpha$ 的置信区间为

$$\left((\overline{X}_1 - \overline{X}_2) - t_{\frac{\alpha}{2}}(m+n-2) S_w \sqrt{\frac{1}{m} + \frac{1}{n}},\quad (\overline{X}_1 - \overline{X}_2) + t_{\frac{\alpha}{2}}(m+n-2) S_w \sqrt{\frac{1}{m} + \frac{1}{n}}\right) \tag{14.24}$$

例 14.13　为了比较 A、B 两种型号灯泡的寿命，随机抽取 A 型号灯泡 5 只，测得平均寿命 $\overline{X}_1 = 1000$ h，标准差 $s_1 = 28$ h；随机抽取 B 型号灯泡 7 只，测得平均寿命 $\overline{X}_2 = 980$ h，标准差 $s_2 = 32$ h. 设两个总体都是正态分布，并且由生产过程知它们的方差相等. 试求二总体均值差 $\mu_1 - \mu_2$ 的置信度为 0.95 的置信区间.

解　由实际抽样的随机性知两个样本是相互独立的. 又因它们的方差相等，故可用式(14.24)给出的形式. 这里 $1-\alpha = 0.95$，即 $\alpha = 0.05$，且 $m+n-2 = 10$，查 t 分布表得

$$t_{\frac{\alpha}{2}}(m+n-2) = t_{0.025}(10) = 2.2281$$

计算得

$$S_w^2 = \frac{(m-1)S_1^2 + (n-1)S_2^2}{m+n-2} = \frac{1}{10} \times (4 \times 28^2 + 6 \times 32^2) = 928$$

$$S_w = 30.46$$

$$\sqrt{\frac{1}{m} + \frac{1}{n}} = \sqrt{\frac{1}{5} + \frac{1}{7}} = 0.5855$$

$$\overline{x}_1 - \overline{x}_2 = 1000 - 980 = 20$$

于是 $\mu_1 - \mu_2$ 的置信度为 0.95 的置信区间为

$$(20-30.46\times0.5855\times2.2281,\quad 20+30.46\times0.5855\times2.2281)$$

即

$$(-19.74,\quad 59.74)$$

一般地，$\mu_1-\mu_2$ 的置信区间的含义是：左端点大于零，则可认为 $\mu_1>\mu_2$；若右端点小于零，则可认为 $\mu_1<\mu_2$；但例 14.13 的情况，则不能是以 95%把握判定 μ_1 与 μ_2 哪个大.

2. 方差比 $\frac{\sigma_1^2}{\sigma_2^2}$ 的区间估计

设二正态总体 $N(\mu_1,\sigma_1^2)$ 与 $N(\mu_2,\sigma_2^2)$ 的参数都未知，S_1^2 与 S_2^2 为相应的样本方差，它们相互独立，且相应的样本容量为 m,n. 下面来求方差比 $\frac{\sigma_1^2}{\sigma_2^2}$ 的置信区间.

由 13.3 节中定理 13.5 知

$$F=\frac{S_1^2/\sigma_1^2}{S_2^2/\sigma_2^2}\sim F(m-1,n-1)$$

于是

$$P\left\{F_{1-\frac{\alpha}{2}}(m-1,n-1)<\frac{S_1^2/\sigma_1^2}{S_2^2/\sigma_2^2}<F_{\frac{\alpha}{2}}(m-1,n-1)\right\}=1-\alpha \tag{14.25}$$

其中 F 分布的 $1-\frac{\alpha}{2}$ 上侧临界值 $F_{1-\frac{\alpha}{2}}(m-1,n-1)$ 与 $\frac{\alpha}{2}$ 上侧临界值 $F_{\frac{\alpha}{2}}(m-1,n-1)$ 统称为 F 分布的 α 双侧临界值(见图 14-4)，式(14.25)可变形为

$$P\left\{\frac{S_1^2/S_2^2}{F_{\frac{\alpha}{2}}(m-1,n-1)}<\frac{\sigma_1^2}{\sigma_2^2}<\frac{S_1^2/S_2^2}{F_{1-\frac{\alpha}{2}}(m-1,n-1)}\right\}=1-\alpha$$

故 $\frac{\sigma_1^2}{\sigma_2^2}$ 的置信度为 $1-\alpha$ 的置信区间为

$$\left(\frac{S_1^2/S_2^2}{F_{\frac{\alpha}{2}}(m-1,n-1)},\frac{S_1^2/S_2^2}{F_{1-\frac{\alpha}{2}}(m-1,n-1)}\right) \tag{14.26}$$

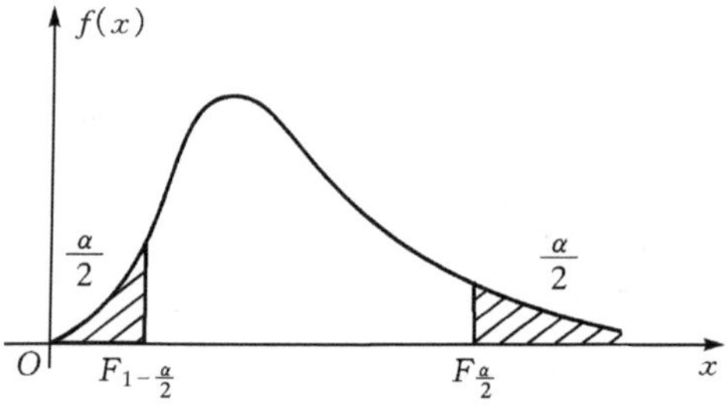

图 14-4

方差比 $\frac{\sigma_1^2}{\sigma_2^2}$ 的置信区间的含义是：若右端点小于 1，则可认为总体 $N(\mu_1,\sigma_1^2)$ 比总体 $N(\mu_2,\sigma_2^2)$ 的波动小；若左端点大于 1，则可认为总体 $N(\mu_1,\sigma_1^2)$ 比总体 $N(\mu_2,\sigma_2^2)$ 波动大；若两端点在 1 两侧，则难以从这次抽样中判定二总体波动性谁大谁小.

例 14.14　从总体 $N(\mu_1,\sigma_1^2)$ 中抽取一容量为 25 的样本，测得样本方差 $s_1^2=6.38$. 又从总体 $N(\mu_2,\sigma_2^2)$ 中抽取一容量为 15 的样本，测得样本方差 $s_2^2=5.15$. 求二总体方差比 $\frac{\sigma_1^2}{\sigma_2^2}$ 的置信度为 0.9 的置信区间.

解　这里 $m=25$，$n=15$，所以 $m-1=24$，$n-1=14$. 又 $1-\alpha=0.9$，$\frac{\alpha}{2}=0.05$，$1-\frac{\alpha}{2}=0.95$，查 F 分布表得

$$F_{0.05}(24,14)=2.35,\quad F_{0.95}(24,14)=\frac{1}{F_{0.05}(14,24)}=\frac{1}{2.13}$$

而

$$\frac{s_1^2}{s_2^2}=\frac{6.38}{5.15}=1.24$$

所以 $\frac{\sigma_1^2}{\sigma_2^2}$ 的置信度为 0.9 的置信区间为 $\left(\frac{1.24}{2.35},\ 1.24\times 2.13\right)$，即 $(0.528,\ 2.64)$.

为了便于读者使用，我们把参数的区间估计列成表 14.1，如下所示.

表 14.1　参数区间估计表

序号	待估参数总体	待估参数	已知条件	置信度	置信区间
1	单正态总体	μ	σ^2 已知	$1-\alpha$	$(\overline{X}\pm\frac{\sigma}{\sqrt{n}}z_{\frac{\alpha}{2}})$
2	单正态总体	μ	σ^2 未知	$1-\alpha$	$(\overline{X}\pm\frac{S}{\sqrt{n}}t_{\frac{\alpha}{2}}(n-1))$
3	单正态总体	σ^2	μ 未知	$1-\alpha$	$\left(\frac{(n-1)S^2}{\chi^2_{\frac{\alpha}{2}}(n-1)},\ \frac{(n-1)S^2}{\chi^2_{1-\frac{\alpha}{2}}(n-1)}\right)$
4	双正态总体	$\mu_1-\mu_2$	σ_1^2,σ_2^2 已知	$1-\alpha$	$\left((\overline{X}-\overline{Y})\pm z_{\frac{\alpha}{2}}\sqrt{\frac{\sigma_1^2}{m}+\frac{\sigma_2^2}{n}}\right)$
5	双正态总体	$\mu_1-\mu_2$	σ_1^2,σ_2^2 未知，但 $\sigma_1^2=\sigma_2^2$	$1-\alpha$	$\left((\overline{X}-\overline{Y})\pm t_{\frac{\alpha}{2}}(m+n-2)\cdot S_w\sqrt{\frac{1}{m}+\frac{1}{n}}\right)$
6	双正态总体	$\frac{\sigma_1^2}{\sigma_2^2}$	μ_1,μ_2 未知	$1-\alpha$	$\left(\frac{S_1^2/S_2^2}{F_{\frac{\alpha}{2}}(m-1,n-1)},\frac{S_1^2/S_2^2}{F_{1-\frac{\alpha}{2}}(m-1,n-1)}\right)$

习　题　14

1. 设总体 X 服从均匀分布，密度函数为

$$f(x)=\begin{cases}\frac{1}{\beta-\alpha}, & \alpha<x<\beta\\ 0, & \text{其他}\end{cases}$$

试求参数 α,β 的矩估计量.

2. 设总体 X 服从几何分布，其分布律为

$$P\{X=x\}=p(1-p)^{x-1},\ (k=1,2,\cdots)$$

求参数 p 的矩估计量与极大似然估计量.

3. 设总体服从指数分布,即

$$f(x)=\begin{cases}\lambda e^{-\chi^2 x}, & x>0\\ 0, & x\leqslant 0\end{cases}\quad(\lambda>0)$$

试求 λ 的极大似然估计量.如果某电子元件的实用寿命服从该指数分布,今随机抽取 18 个电子元件,测得寿命数据如下(单位:h)

16, 29, 50, 68, 100, 130, 140, 270, 280

340, 410, 450, 520, 620, 190, 210, 800, 1100

求 λ 的估计值.

4. 设总体 X 服从二项分布 $B(N,p)$,其中 N 已知,试求参数 p 的矩估计量与极大似然估计量.

5. 设 X_1,X_2,X_3 是来自总体 X 的一个容量为 3 的样本,且 $E(X)=\mu$, $D(X)=\sigma^2$. 证明系列统计量

(1) $\overline{X}_1^*=\frac{1}{2}X_1+\frac{1}{3}X_2+\frac{1}{6}X_3$

(2) $\overline{X}_2^*=\frac{2}{3}X_1+\frac{1}{4}X_2+\frac{1}{12}X_3$

(3) $\overline{X}_3^*=\frac{1}{2}X_1+\frac{1}{2}X_2$

都是 μ 的无偏估计量,并说明哪一个较为有效.

6. 设某车间生产的螺杆直径服从正态分布 $N(\mu,\sigma^2)$,今抽 5 支测得直径如下(单位:mm):

22.3, 21.5, 22.0, 21.8, 21.4

(1) 已知 $\sigma=0.3$,求 μ 的 0.95 置信区间;

(2) 如果 σ 未知,求 μ 的 0.95 置信区间.

7. 为确定某种溶液的甲醛浓度(%)取得 4 个独立测定值,算得 $\overline{X}=8.34$,样本标准差 $s=0.03$. 设总体服从正态分布,试求总体方差 σ^2 及其标准差 σ 的置信度 0.95 置信区间.

8. 测得一批钢件中 20 个样本的屈服点(单位: t/cm²)为

4.98, 5.11, 5.20, 5.20, 5.11, 5.00, 5.61, 4.88, 5.27, 5.38

5.46, 5.27, 5.23, 4.96, 5.35, 5.15, 5.35, 4.77, 5.38, 5.54

设屈服点服从正态分布 $N(\mu,\sigma^2)$,求 μ 和 σ 的置信度 0.95 置信区间.

9. 随机地从 A 批导线中抽取 4 根,从 B 批中抽取 5 根,测得其电阻(单位:Ω)并计算得

$$\overline{x}_A=0.1425,\quad s_A^2=0.0000083$$

$$\overline{x}_B=0.1425,\quad s_B^2=0.0000053$$

设测量数据服从正态分布 $N(\mu_1,\sigma_1^2)$, $N(\mu_2,\sigma_2^2)$,试求均值 $\mu_1-\mu_2$ 的置信度为 0.95 的置信区间.

10. 两台机床加工同一种零件,分别抽取 6 个和 9 个零件,测其长度算得样本方差分别为 $s_1^2=0.245$, $s_2^2=0.375$. 假定各台机床加工零件的长度都服从正态分布,试求两个总体方差之比 $\frac{\sigma_1^2}{\sigma_2^2}$ 的置信度为 0.95 的置信区间.

第 15 章　假设检验

统计推断的另一类问题是假设检验.所谓假设指的是对总体的分布或分布中所含某个参数作的某种推断,假设往往源于对随机现象的实际观察或理论分析.根据从总体中抽出来的样本来检验此假设是否成立,这就是所谓的假设检验.假设检验大致上可以分为两类.

(1)对总体分布中所含参数作某一假设,根据从总体中抽出来的样本来判断这一假设是否成立,称之为**参数假设检验**;

(2)对总体的分布做某种假设,根据从总体中抽出来的样本判断这种假设是否成立,称之为**分布假设检验**.

本章只介绍假设检验的基本思想和正态总体参数的假设检验方法.

15.1　假设检验的基本方法

关于总体 X 分布或随机事件的概率的各种论断称统计假设,简称假设,用" H "表示.例如:

(1)对于检验某个总体 X 的分布,可以提出假设:

H_0: X 服从正态分布; H_1: X 不服从正态分布.

(2)对于总体 X 的分布的参数,若检验均值,可以提出假设:

$H_0: \mu = \mu_0$; $H_1: \mu \neq \mu_0$ 或 $H_0: \mu \leqslant \mu_0$; $H_1: \mu > \mu_0$.

若检验方差,可以提出假设:

$H_0: \sigma^2 = \sigma_0^2$; $H_1: \sigma^2 \neq \sigma_0^2$ 或 $H_0: \sigma^2 \geqslant \sigma_0^2$; $H_1: \sigma^2 < \sigma_0^2$

等等.这里 μ_0,σ_0^2 是已知常数,$\mu = E(X)$,$\sigma^2 = D(X)$ 是未知参数.

上面对于总体 X 的每个论断,我们都提出了两个相互对立的(统计)假设: H_0 和 H_1,显然 H_0 和 H_1 只有一个成立,即 H_0 为真时 H_1 为假,或 H_0 为假时 H_1 为真.我们称 H_0 为**原假设**(又称**零假设**或**基本假设**),H_1 称为**备择假设**(或**对立假设**).

统计假设提出之后,我们关心的是它的真伪.所谓假设 H_0 的检验,就是根据来自总体的样本,按照一定的规则对 H_0 作出判断:是接受,还是拒绝,这个用来对假设作出判断的规则叫做**检验准则**,简称**检验**.如何对统计假设进行检验呢?下面通过几个具体例子来说明假设检验的基本思想和推理方法.

例 15.1　有一大批产品,须经检验合格后才能出厂,按标准,其次品率不得超过4%.今从这批产品中任意抽查 10 件,发现有 4 件次品,问这批产品能否出厂?

解　直观上看,这批产品似乎不能出厂,但根据何在?设这批产品的次品率为 p,则问题化为如何根据抽样结果"10 件产品有 4 件次品"来判断不等式" $p \leqslant 0.04$ "是否成立?

为此,我们先做假设

$$H_0: p \leqslant 0.04; \quad H_1: p > 0.04$$

然后看在此假设下,会出现什么后果,此时,"10 件产品有 4 件次品"这一事件概率

$$P_{10}(4) = C_{10}^4 p^4 (1-p)^6 < C_{10}^4 p^4 \leqslant \frac{10\times 9\times 8\times 7}{4!}\times 0.04^4 < 0.001$$

其概率小于 0.001,即"10 件产品中有 4 件次品"这一事件平均在 1000 次抽样中难得发生 1 次,也就是说,这是一个小概率事件. 根据实际推断原理,小概率事件在一次抽样中是不会发生的. 而今这一小概率事件在一次抽样中竟然发生了,这是不合理的! 产生这种不合理现象的原因就在于假设了 $p\leqslant 0.04$. 因此,可以认为原假设 H_0 是不成立的,则拒绝 H_0,接受 H_1,即 $p>0.04$. 故按标准这批产品不能出厂.

例 15.2 某工厂用包装机包装奶粉,额定标准为每袋净重 0.5 kg. 设包装机正常工作时,包装的奶粉重量服从正态分布,其均值为 0.5 kg,标准差为 0.015 kg,并且根据长期的经验知标准差相当稳定. 为检验某台包装机的工作是否正常,某天开工后,随机抽取包装的奶粉 9 袋,称得净重(单位:kg)为:

0.499, 0.515, 0.508, 0.512, 0.498, 0.515, 0.516, 0.513, 0.524

问该包装机工作是否正常?

解 我们知道,即使包装机正常工作,波动性总是存在的,所包装的奶粉每袋不会都等于 0.5 kg. 造成这种差异的因素有两种,一是偶然因素的影响,二是条件因素的影响. 由于偶然因素而发生的差异称为随机误差,在生产和生活中是不可避免的,从而是允许存在的,只须将其控制在某个范围即可. 由于条件因素而产生的差异称为**条件误差**或**系统误差**,它的出现意味着外界条件达不到给定标准(例如生产设备缺陷,系统部件的异常等),需要加以控制和调整. 如果包装机包装的奶粉的重量只存在随机误差,而且不超出给定的范围,我们可以判断包装机工作正常;如果我们有理由断定包装的奶粉重量不是 0.5 kg,并且误差较大,其主要原因就是条件误差,即包装机工作不正常. 问题的关键是,用什么方法判断包装机是否正常工作呢?

设这天包装机所包装奶粉的重量为 X,则 $X\sim N(\mu,\ \sigma^2)$. 由于标准差 σ 相当稳定,可认为已知 $\sigma=0.015$,即有 $X\sim N(\mu,\ 0.015^2)$,我们要推断的是总体 X 的均值 μ. 因此我们提出假设:

$$H_0: \mu = \mu_0 = 0.5;\ H_1: \mu \neq \mu_0$$

由于要检验的假设涉及总体 X 均值 μ,且样本均值 $\overline{X}=\frac{1}{n}\sum_{i=1}^{n}X_i$ 是 μ 的无偏估计,故应想到用样本均值 $\overline{X}$ 进行判断. 若 H_0 为真,则 $\overline{X}$ 的取值应"集中"在 $\mu=\mu_0$ 附近,给定一个界限值 λ_α,则 $\{|\overline{X}-\mu_0|\geqslant\lambda_\alpha\}$ 应为一个小概率事件,适当选择一个小概率 $0<\alpha<1$(也称为**显著性水平**),则

$$P\{|\overline{X}-\mu_0|\geqslant\lambda_\alpha\}=\alpha$$

或

$$P\left\{\left|\frac{\overline{X}-\mu_0}{\sigma/\sqrt{n}}\right|\geqslant\frac{\lambda_\alpha}{\sigma/\sqrt{n}}\right\}=\alpha$$

在 H_0 为真下,由于统计量

$$U=\frac{\overline{X}-\mu_0}{\sigma/\sqrt{n}}\sim N(0,\ 1)$$

则

$$P\{|U| \geqslant z_{\frac{\alpha}{2}}\} = \alpha$$

亦即 $\{|U| \geqslant z_{\frac{\alpha}{2}}\}$ 为小概率事件，或统计量 U 落在区间 $(-\infty, -z_{\frac{\alpha}{2}}] \cup [z_{\frac{\alpha}{2}}, +\infty)$ 上为小概率，其中 $z_{\frac{\alpha}{2}}$ 为标准正态分布的上 $\frac{\alpha}{2}$ 分位点(α 的双侧临界值). 若在一次试验中，小概率事件发生了，亦即统计值 $u \in (-\infty, -z_{\frac{\alpha}{2}}]$ 或 $u \in [z_{\frac{\alpha}{2}}, +\infty)$，由实际推断原理知这是不合理的，而造成不合理的原因是 H_0 不成立，也就是说包装机是由条件误差造成的工作不正常. 否则接受 H_0.

就我们所提出的问题而言，由于 $n = 9$，$\sigma = 0.015$，样本均值的观测值为

$$\overline{x} = \frac{1}{9}(0.499 + 0.515 + 0.508 + 0.512 + 0.498 + 0.515 + 0.516 + 0.513 + 0.524)$$

$$= 0.5110$$

则统计值

$$u = \frac{\overline{x} - \mu_0}{\sigma/\sqrt{n}} = \frac{0.511 - 0.5}{0.015/3} = 2.2$$

若取 $\alpha = 0.05$，查标准正态分布表有 $z_{\frac{\alpha}{2}} = z_{0.025} = 1.96$，则

$$|u| = 2.2 > z_{0.025} = 1.96$$

这就是说，小概率事件 $\{|U| \geqslant z_{\frac{\alpha}{2}}\}$ 居然在一次抽样中发生了，这与实际推断原理矛盾，于是拒绝 H_0 (接受 H_1)，即认为这天包装机工作不正常.

例 15.3　设例 15.2 中的自动包装机在另一天开工后，随机抽取包装的奶粉 9 袋，算得平均值为 $\overline{x} = 0.493$ kg，问该包装机工作是否正常?

解　这里仍用假设

$$H_0: \mu = \mu_0 = 0.5;\ H_1: \mu \neq \mu_0$$

原假设表示包装机工作正常，取小概率 $\alpha = 0.05$，采用与例 15.2 同样的方法来检验假设 H_0，由于统计值

$$u = \frac{\overline{x} - \mu_0}{\sigma/\sqrt{n}} = \frac{0.493 - 0.5}{0.015/3} = -1.4$$

查表得

$$z_{\frac{\alpha}{2}} = z_{0.025} = 1.96$$

因为

$$|u| = 1.4 < z_{0.025} = 1.96$$

这说明抽样结果与原假设没有矛盾，即认为原假设是合理的，于是我们应接受原假设 H_0，故这天包装机工作正常.

从上面的分析讨论中，可以看到，假设检验的推理方法具有如下特点：

为了检验一个假设 H_0是否成立，我们先假定这个假设成立，然后看在此假设成立的前提下会出现什么后果. 如果该假设导致小概率事件在一次抽样中发生了，则认为出现了不合理现象，这表明抽样结果与原假设矛盾，或者说原假设不符合实际观测结果，我们应拒绝原假设；如果没有导致上述不合理的现象出现，则认为原假设符合实际观测结果，即假设是合理的，我们应该接受原假设. 这里我们在拒绝原假设时，是运用了实际推断原理和概率反证法的基本思想.

例 15.2、例 15.3 的假设检验问题称为**双边(侧)假设检验**. 可以看出,在假设检验中,需要构造一个适用于检验原假设 H_0 的统计量 U,称之为检验统计量. 当给定一个显著性水平 α,相应得到一个小概率事件 $\{|U| \geqslant \lambda_\alpha\}$ 及对应的拒绝原假设 H_0 的区域称为**拒绝域**,接受原假设 H_0 的区域称为**接受域**,拒绝域的边界点称为**临界点**或**临界值**.

应当指出,由于假设检验的方法是建立在实际推断原理基础上的,用它做出的结论只是一种合理推断,是可能犯错误的. 当客观上 H_0 为真时,可能犯拒绝 H_0 的错误,即犯了"以真为假"("弃真")的错误,称之为**第一类错误**,犯第一类错误的概率为显著性水平 α;另外,当 H_0 不真时,也可能犯接受 H_0 的错误,即犯了"以假为真"("取伪")的错误,称之为**第二类错误**,通常用 β 表示犯第二类错误的概率. 对一个假设检验问题来说,我们当然希望 α,β 都很小,但是当样本容量固定时,可以证明 α 小 β 就大,β 小 α 就大,因此不能要求 α,β 都很小. 要想让它们同时减少,只有增大样本容量. 在实际问题中,一般总是控制 α,α 的大小视具体问题而定,通常 α 取 0.1,0.05,0.01,0.005 等值.

综上所述,假设检验的步骤如下.

(1)根据问题的要求,提出原假设 H_0 及备择假设 H_1(一般地,在双边检验中,备择假设可以不写出来);

(2)选取适当的小概率 α 以及样本容量 n;

(3)构造适当的检验统计量 J,在假设 H_0 成立的前提下,J 的分布是已知的;查找临界值 λ_α,使 $P\{|J| \geqslant \lambda_\alpha\} = \alpha$,即 $\{|J| \geqslant \lambda_\alpha\}$ 为小概率事件,同时得到拒绝域;

(4)进行一次具体抽样,计算检验统计值 j,若 j 落在拒绝域内,则拒绝 H_0,否则接受 H_0.

15.2 参数假设检验

对于同一总体,检验不同的参数(如均值和方差)或检验同一个参数,由于已知条件不同,则需要构造不同检验统计量,就有不同的检验法. 有时还需要对不同总体的同类参数的差异进行检验(如检验两总体的均值之间的差异). 因此参数假设检验的内容很丰富,本节只限于讨论单个正态总体和两个正态总体的参数双边假设检验问题.

15.2.1 单个正态总体均值的检验

设总体 $X \sim N(\mu,\sigma^2)$,$X_1,X_2,\cdots,X_n$ 为 X 的一个样本. 下面分 σ^2 已知和 σ^2 未知两种情形讨论总体均值 μ_0 的假设检验问题.

1. σ^2 已知时,假设检验 $H_0: \mu = \mu_0$

在假设 H_0 成立的条件下,由于

$$\overline{X} = \frac{1}{n}\sum_{i=1}^{n} X_i \sim N(\mu_0,\ \frac{\sigma^2}{n})$$

于是统计量

$$U = \frac{\overline{X} - \mu_0}{\sigma/\sqrt{n}} \sim N(0,\ 1) \tag{15.1}$$

对于给定显著性水平 α,可查表求得 $z_{\frac{\alpha}{2}}$,使

$$P\{|U| \geqslant z_{\frac{\alpha}{2}}\} = \alpha$$

由样本观测值 x_1，x_2，…，x_n 计算统计量的观测值

$$u = \frac{\overline{X} - \mu_0}{\sigma/\sqrt{n}} \tag{15.2}$$

做出判断：

(1)如果 U 的观测值满足 $|u| \geqslant z_{\frac{\alpha}{2}}$，则拒绝原假设 H_0，即认为总体均值 μ 与常数 μ_0 有显著差异；

(2)如果 U 的观测值满足 $|u| < z_{\frac{\alpha}{2}}$，则接受原假设 H_0，即认为总体均值 μ 与常数 μ_0 无显著差异.

这种用标准正态分布的统计量 U 来检验假设的方法称为 **U 检验法**.

例 15.4　根据长期经验和资料的分析，某砖厂生产的砖的“抗断强度” X 服从正态分布，方差 $\sigma^2 = 1.21$. 从该厂产品中随机抽取 6 块，测得抗断强度如下(单位：kg /cm)：

32.56，　29.66，　31.64，　30.00，　31.87，　31.03

检测这批砖的平均抗断强度为 32.50 kg /cm² 是否成立(取 $\alpha = 0.01$，并假设砖的抗断强度的方差不会有什么变化)？

解　(1) 提出假设 $H_0: \mu = \mu_0 = 32.50$；

(2) 由于 σ^2 已知，用 U 检验法. 构造统计量 $U = \dfrac{\overline{X} - \mu_0}{\sigma/\sqrt{n}}$；

(3) 对于 $\alpha = 0.01$，查标准正态表求 $z_{\frac{\alpha}{2}}$，使 $P\{|U| \geqslant z_{\frac{\alpha}{2}}\} = \alpha$. 查表得

$$z_{\frac{\alpha}{2}} = z_{0.005} = 2.58$$

(4) 由于 $n = 6$，$\sigma^2 = 1.21$，$\overline{x} = \dfrac{1}{6}\sum_{i=1}^{6} x_i = 31.13$，求得统计值

$$u = \frac{\overline{x} - \mu_0}{\sigma/\sqrt{n}} = \frac{31.13 - 32.50}{1.1/\sqrt{6}} \approx -3.05$$

(5) 判断：由于 $|u| = 3.05 > z_{0.005} = 2.58$，所以在显著性水平 $\alpha = 0.01$ 下否定 H_0，即不能认为这批产品的平均抗断强度是 32.50 kg /cm².

2. σ^2 未知时，假设检验 $H_0: \mu = \mu_0$

由于 σ^2 未知，$U = \dfrac{\overline{X} - \mu_0}{\sigma/\sqrt{n}}$ 已不是统计量，因为 U 含有未知参数 σ，这时我们自然想到用 σ^2 的无偏估计量 S^2 代替 σ^2，在假设 H_0 成立的前提下，统计量

$$t = \frac{\overline{X} - \mu_0}{S/\sqrt{n}} \sim t(n-1) \tag{15.3}$$

于是对于给定的显著性水平 α，由 t 分布表可查得 $t_{\frac{\alpha}{2}}$，使得

$$P\{|t| \geqslant t_{\frac{\alpha}{2}}\} = \alpha$$

由样本观测值 x_1，x_2，…，x_n 计算统计量的观测值

$$t = \frac{\overline{x} - \mu_0}{s/\sqrt{n}} \tag{15.4}$$

做出判断：

(1)如果 t 的观测值满足 $|t| \geqslant t_{\frac{\alpha}{2}}$，则拒绝原假设 H_0，即认为总体均值 μ 与常数 μ_0 有显

著差异；

(2)如果 U 的观测值满足 $|t| < t_{\frac{\alpha}{2}}$，则接受原假设 H_0，即认为总体均值 μ 与常数 μ_0 无显著差异.

这种用 t 分布的统计量来检验假设的方法称为 **t 检验法**.

例 15.5 某电器厂生产一种云母片，由长期生产的数据知，云母片的厚度服从正态分布，厚度均值 $\mu_0 = 0.130$ mm. 现从某天生产的云母片中随机抽取 10 片，测量其厚度，算得样本均值 $\overline{x} = 0.146$ mm，样本标准差 $s = 0.0135$ mm. 问这天生产的云母片的平均厚度与以往有无显著差异？（$\alpha = 0.05$）.

解 把该天生产的云母片的厚度作为总体 X，则 $X \sim N(\mu, \sigma^2)$，μ 和 σ^2 均未知.

(1)提出假设 $H_0: \mu = \mu_0 = 0.130$；

(2)由于 σ^2 未知，用 t 检验法. 构造统计量 $t = \dfrac{\overline{x} - \mu_0}{S/\sqrt{n}}$；

(3)对于 $\alpha = 0.05$，$n = 10$，由 t 分布表查 $t_{\frac{\alpha}{2}}(n-1)$，使 $P\{|t| \geqslant t_{\frac{\alpha}{2}}\} = \alpha$；查表得

$$t_{\frac{\alpha}{2}}(n-1) = t_{0.025}(9) = 2.262$$

(4)由 $\overline{X}$，S 的观测值 $\overline{X} = 0.146$，$s = 0.0135$ 及 $n = 10$ 计算统计值

$$t = \frac{\overline{x} - \mu_0}{s/\sqrt{n}} = \frac{0.146 - 0.130}{0.0135/\sqrt{10}} \approx 3.748$$

(5)判断：由于 $|t| \approx 3.748 > t_{0.025}(9) = 2.262$，应拒绝原假设 H_0，即在显著性水平 $\alpha = 0.05$ 下可以认为 μ 与 0.13 有显著差异，也就是说这天生产的云母片与以往有显著差异.

15.2.2 单个正态总体的方差检验

设总体 $X \sim N(\mu, \sigma^2)$，$X_1, X_2, \cdots, X_n$ 是 X 的一个样本，下面分 μ 未知、μ 已知两种情况来讨论总体方差 σ^2 的假设检验问题.

1. μ 未知时，检验假设

$$H_0: \sigma^2 = \sigma_0^2$$

其中 σ_0^2 为已知常数.

由于 $\overline{X}$ 是 μ 的无偏估计量，用 $\overline{X}$ 代替 μ；样本方差 S^2 是 σ^2 的无偏估计量，当 H_0 为真时，比值 $\dfrac{S^2}{\sigma_0^2}$ 一般来说应在 1 附近摆动，而不能过分大于 1 或过分小于 1. 在 H_0 为真时，统计量

$$\chi^2 = \frac{(n-1)S^2}{\sigma_0^2} = \frac{\sum_{i=1}^{n}(X_i - \overline{X})^2}{\sigma_0^2} \sim \chi^2(n-1) \tag{15.5}$$

对于给定的显著性水平 α，由 χ^2 分布表可查得 $\chi^2_{1-\frac{\alpha}{2}}(n-1)$ 与 $\chi^2_{\frac{\alpha}{2}}(n-1)$，使得

$$P\{\chi^2 \leqslant \chi^2_{1-\frac{\alpha}{2}}(n-1)\} = P\{\chi^2 \geqslant \chi^2_{\frac{\alpha}{2}}(n-1)\} = \frac{\alpha}{2}$$

即

$$P\{\{\chi^2 \leqslant \chi^2_{1-\frac{\alpha}{2}}(n-1)\} \cup \{\chi^2 \geqslant \chi^2_{\frac{\alpha}{2}}(n-1)\}\} = \alpha$$

由样本观测值计算统计值

$$\chi^2 = \frac{(n-1)s^2}{\sigma_0^2} = \frac{\sum_{i=1}^{n}(x_i - \overline{X})^2}{\sigma_0^2} \tag{15.6}$$

做出判断：

(1)若统计值 χ^2 满足：$\chi^2 \leqslant \chi^2_{1-\frac{\alpha}{2}}(n-1)$ 或 $\chi^2 \geqslant \chi^2_{\frac{\alpha}{2}}(n-1)$，拒绝 H_0，即在水平 α 下认为方差 σ^2 与 σ_0^2 有显著差异；

(2) 若统计值 χ^2 满足：$\chi^2_{1-\frac{\alpha}{2}}(n-1) < \chi^2 < \chi^2_{\frac{\alpha}{2}}(n-1)$，接受 H_0，即认为在水平下 α 总体方差 σ^2 与常数 σ_0^2 无显著差异.

2. μ 已知时，检验假设

$$H_0: \sigma^2 = \sigma_0^2$$

其中 σ_0^2 为已知常数.

由于 $\frac{1}{n}\sum_{i=1}^{n}(X_i-\mu)^2$ 是 σ^2 的无偏估计量，当 H_0 为真时，统计量

$$\chi^2 = \frac{\sum_{i=1}^{n}(X_i - \mu)^2}{\sigma_0^2} \sim \chi^2(n) \tag{15.7}$$

对于给定的显著性水平 α，由 χ^2 分布表可查得 $\chi^2_{1-\frac{\alpha}{2}}(n)$ 与 $\chi^2_{\frac{\alpha}{2}}(n)$，使得

$$P\{\chi^2 \leqslant \chi^2_{1-\frac{\alpha}{2}}(n)\} = P\{\chi^2 \geqslant \chi^2_{\frac{\alpha}{2}}(n)\} = \frac{\alpha}{2}$$

即

$$P\{\{\chi^2 \leqslant \chi^2_{1-\frac{\alpha}{2}}(n)\} \cup \{\chi^2 \geqslant \chi^2_{\frac{\alpha}{2}}(n)\}\} = \alpha$$

由样本观测值计算统计值

$$\chi^2 = \frac{\sum_{i=1}^{n}(x_i - \mu)^2}{\sigma_0^2} \tag{15.8}$$

做出判断：

(1)若统计值 χ^2 满足：$\chi^2 \leqslant \chi^2_{1-\frac{\alpha}{2}}(n)$ 或 $\chi^2 \geqslant \chi^2_{\frac{\alpha}{2}}(n)$，拒绝 H_0，即在水平 α 下认为方差 σ^2 与 σ_0^2 有显著差异；

(2) 若统计值 χ^2 满足：$\chi^2_{1-\frac{\alpha}{2}}(n) < \chi^2 < \chi^2_{\frac{\alpha}{2}}(n)$，接受 H_0，即认为在水平 α 下总体方差 σ^2 与常数 σ_0^2 无显著差异.

由上述 χ^2 统计量给出的检验方法称为 χ^2 检验法.

例 15.6　某厂生产某型号电池，其寿命长期以来服从方差为 $\sigma_0^2 = 5000\ \text{h}^2$ 的正态分布. 今有一批这种电池，从它的生产情况来看，寿命的波动性有所改变. 为判断这一看法是否合乎实际，现从这批电池中随机抽取 25 只，测出其寿命的样本方差为 $s^2 = 7200\ \text{h}^2$. 问根据这一数据能否断定这批电池的寿命的波动性较以前有显著变化？(取显著性水平 $\alpha = 0.02$).

解　把这批电池的寿命作为 X 总体，则 $X \sim N(\mu, \sigma^2)$，其中 μ 与 σ^2 均未知，于是问题就化为在显著性水平 $\alpha = 0.02$ 下，检验假设

$$H_0: \sigma^2 = \sigma_0^2 = 5000$$

由于 μ 未知,需用式(15.7)统计量 $\chi^2 = \dfrac{(n-1)S^2}{\sigma_0^2}$ 来检验，对于 $\alpha = 0.02$，$n = 25$，查 χ^2 分布表可得

$$\chi^2_{1-\frac{\alpha}{2}}(n-1) = \chi^2_{0.99}(24) = 10.856, \quad \chi^2_{\frac{\alpha}{2}}(n-1) = \chi^2_{0.01}(24) = 42.98$$

而统计量 χ^2 的观测值为

$$\frac{(n-1)s^2}{\sigma_0^2} = \frac{24 \times 7200}{5000} = 34.56$$

由于

$$\chi^2_{1-\frac{\alpha}{2}}(n-1) < \frac{(n-1)s^2}{\sigma_0^2} < \chi^2_{\frac{\alpha}{2}}(n-1)$$

应接受假设 H_0，即在显著性水平 $\alpha = 0.02$ 下,可以认为这批电池的寿命的波动性较以往无显著变化.

15.2.3　两个正态总体均值差的检验

设 $\overline{X}$ 与 S_1^2 是总体 $X \sim N(\mu_1, \sigma^2)$ 的容量为 m 的样本均值与样本方差，$\overline{Y}$ 与 S_2^2 是总体 $Y \sim N(\mu_2, \sigma^2)$ 的容量为 n 的样本均值与样本方差,且这两个样本相互独立,其中 σ^2 未知,要检验假设

$$H_0: \mu_1 = \mu_2$$

因为在假设 H_0 成立的前提下,统计量

$$t = \frac{\overline{X} - \overline{Y}}{S_w \sqrt{\dfrac{1}{m} + \dfrac{1}{n}}} \sim t(n_1 + n_2 - 2) \tag{15.9}$$

其中

$$S_w = \sqrt{\frac{(m-1)S_1^2 + (n-1)S_2^2}{m+n-2}}$$

故用 t 检验法来检验假设 H_0，对给定的水平 α，查表得 $t_{\frac{\alpha}{2}}(n_1 + n_2 - 2)$. 由样本观测值计算统计值

$$t = \frac{\overline{x} - \overline{y}}{s_w \cdot \sqrt{\dfrac{1}{m} + \dfrac{1}{n}}} \tag{15.10}$$

判断:若 t 的观测值满足 $|t| \geqslant t_{\frac{\alpha}{2}}(m+n-2)$，则拒绝假设 H_0，即认为在显著性水平 α 下,两个总体的均值有显著差异;否则,接受假设 H_0，即认为在显著性水平 α 下,两个总体的均值无显著差异.

例 15.7　对用两种不同热处理方法加工的金属材料作抗拉强度试验,得到数据如下(单位:kg/cm²)

甲种方法:31，34，29，26，32，35，38，34，30，29，32，31;

乙种方法:26，24，28，29，30，29，32，26，31，29，32，28.

设用两种不同热处理方法加工的金属材料的抗拉强度各构成正态总体，且两个总体的方差相同．问在水平 $\alpha = 0.05$ 下，用两种热处理方法加工的金属材料的(平均)抗拉强度是否有显著差异？

解　设二正态总体的均值分别为 μ_1 和 μ_2，则问题是假设检验 $H_0: \mu_1 = \mu_2$．这里 $m = n = 12$，通过计算可得统计量 t 的观测值

$$t = \frac{\overline{x} - \overline{y}}{s_w \cdot \sqrt{\frac{1}{m} + \frac{1}{n}}} = 2.559$$

又 $\alpha = 0.05$，查 t 分布表可得

$$t_{\frac{\alpha}{2}}(m+n-2) = t_{0.025}(22) = 2.074$$

显然 $|t| \geqslant t_{\frac{\alpha}{2}}(m+n-2)$，故拒绝假设 H_0，即在水平 $\alpha = 0.05$ 下，可以认为用两种不同热处理方法加工的金属材料的(平均)抗拉强度有显著差异．

15.2.4　两个正态总体方差齐性的检验

在用 t 检验法去检验两个正态总体均值是否相等时，一定要求两个正态总体方差一定相等(称方差齐性)，否则就不能用 t 检验法．如果我们事先并不知道方差是否相等，就必须进行方差齐性的检验．

设 S_1^2 与 S_2^2 分别是两个正态总体 $N(\mu_1, \sigma_1^2)$ 与 $N(\mu_2, \sigma_2^2)$ 的样本方差，二者相互独立，样本的容量分别为 m 和 n，其中 μ_1, μ_2 未知，现在来检验假设

$$H_0: \sigma_1^2 = \sigma_2^2$$

在假设 H_0 成立的前提下，统计量

$$F = \frac{S_1^2}{S_2^2} \sim F(m-1,\ n-1) \tag{15.11}$$

对于给定的水平 α，查 F 分布表求得 $F_{1-\frac{\alpha}{2}}(m-1, n-1)$ 及 $F_{\frac{\alpha}{2}}(m-1, n-1)$，使

$$P\{F \leqslant F_{1-\frac{\alpha}{2}}(m-1, n-1)\} = P\{F \geqslant F_{\frac{\alpha}{2}}(m-1, n-1)\} = \frac{\alpha}{2}$$

由样本值计算统计值

$$F = \frac{s_1^2}{s_2^2} \tag{15.12}$$

若

$$\frac{s_1^2}{s_2^2} \leqslant F_{1-\frac{\alpha}{2}}(m-1, n-1) \text{ 或 } \frac{s_1^2}{s_2^2} \geqslant F_{\frac{\alpha}{2}}(m-1, n-1) \tag{15.13}$$

则拒绝原假设 H_0，即在水平 α 下认为二总体方差 σ_1^2 与 σ_2^2 有显著差异；若

$$F_{1-\frac{\alpha}{2}}(m-1, n-1) < \frac{s_1^2}{s_2^2} < F_{\frac{\alpha}{2}}(m-1, n-1) \tag{15.14}$$

则接受假设 H_0，即认为在水平 α 下二总体的方差 σ_1^2 与 σ_2^2 无显著差异．

由于这个检验法运用的统计量服从 F 分布，所以称之为 **F 检验法**．

例 15.8　检验某地区正常成年男子 156 名，正常成年女子 74 名，计算得男性红细胞平均

数为 $465.13\times10^4/\text{mm}^3$，样本标准差为 $54.80\times10^4/\text{mm}^3$；女性红细胞平均数为 $422.16\times10^4/\text{mm}^3$，样本标准差为 $49.20\times10^4/\text{mm}^3$. 由经验知，正常成年男子和正常成年女子的红细胞数都服从正态分布，问在水平 α 下，检验该地区正常成年人的红细胞平均数是否与性别有关.

解 把该地区正常成年男子的红细胞数作为总体 $X\sim N(\mu_1,\sigma_1^2)$，把该地区正常成年女子的红细胞数作为总体 $Y\sim N(\mu_2,\sigma_2^2)$. 现在要求检验假设 $H_0:\mu_1=\mu_2$. 为了应用 t 检验法，首先用 F 检验法来检验假设 $H_0^{(1)}:\sigma_1^2=\sigma_2^2$. 已知

$$m=156,\quad \bar{x}=465.13\times10^4,\quad s_1=54.80\times10^4$$
$$n=74,\quad \bar{y}=422.16\times10^4,\quad s_2=49.20\times10^4$$

则统计量 F 的观测值

$$\frac{s_1^2}{s_2^2}=\frac{(54.80\times10^4)^2}{(49.20\times10^4)^2}\approx1.24$$

由给定水平 $\alpha=0.1$，查表得

$$F_{1-\frac{\alpha}{2}}(m-1,n-1)=F_{0.95}(155,\ 73)\approx1.43$$
$$F_{\frac{\alpha}{2}}(m-1,n-1)=F_{0.05}(155,73)\approx1.73$$

显然

$$F_{1-\frac{\alpha}{2}}(m-1,n-1)<\frac{s_1^2}{s_2^2}<F_{\frac{\alpha}{2}}(m-1,n-1)$$

故在水平 $\alpha=0.1$ 下接受假设 $H_0^{(1)}$，即认为总体方差具有齐性.

其次再用 t 检验法检验假设 $H_0:\mu_1=\mu_2$. 由于

$$s_w=\sqrt{\frac{(m-1)s_1^2+(n-1)s_2^2}{m+n-2}}=\sqrt{\frac{155\times(54.80\times10^4)^2+73\times(49.20\times10^4)^2}{228}}$$
$$\approx53.07\times10^4$$
$$\sqrt{\frac{1}{m}+\frac{1}{n}}=\sqrt{\frac{1}{156}+\frac{1}{74}}\approx0.14$$

则统计量 t 的观测值

$$t=\frac{\bar{x}-\bar{y}}{s_w\sqrt{\frac{1}{m}+\frac{1}{n}}}\approx\frac{456.13\times10^4-422.16\times10^4}{53.07\times10^4\times0.14}\approx4.57$$

若取显著性水平 $\alpha=0.05$，查表得

$$t_{\frac{\alpha}{2}}(m+n-2)=t_{0.025}(228)=1.97$$

由于

$$|t|\approx4.57>t_{0.025}(228)=1.97$$

故在水平 $\alpha=0.05$ 下拒绝假设 H_0，即认为当地正常成年男子与正常成年女子的红细胞有显著差异.

将正态总体在不同条件下用各种方法进行参数假设检验的情况列成表 15.1，以方便读者对比.

表 15.1　正态总体参数假设检验表

总体	假设 H_0	已知参数	检验法	在 α 下拒绝 H_0，若
$N(\mu,\sigma^2)$	$\mu=\mu_0$	σ^2	U 检验	$\dfrac{\lvert \overline{x}-\mu_0 \rvert}{\sigma/\sqrt{n}} \geqslant z_{\frac{\alpha}{2}}$
	$\mu=\mu_0$	—	t 检验	$\dfrac{\lvert \overline{x}-\mu_0 \rvert}{s/\sqrt{n}} \geqslant t_{\frac{\alpha}{2}}$
	$\sigma^2=\sigma_0{}^2$	μ	χ^2 检验	$\dfrac{\sum\limits_{i=1}^{n}(x_i-\mu)^2}{\sigma_0^2} \leqslant \chi^2_{1-\frac{\alpha}{2}}(n)$ 或 $\dfrac{\sum\limits_{i=1}^{n}(x_i-\mu)^2}{\sigma_0^2} \geqslant \chi^2_{\frac{\alpha}{2}}(n)$
	$\sigma^2=\sigma_0^2$	—	χ^2 检验	$\dfrac{(n-1)s^2}{\sigma^2} \leqslant \chi^2_{1-\frac{\alpha}{2}}(n-1)$ 或 $\dfrac{(n-1)s^2}{\sigma^2} \geqslant \chi^2_{\frac{\alpha}{2}}(n-1)$
$N(\mu_1,\sigma_1^2)$ 与 $N(\mu_2,\sigma_2^2)$	$\mu_1=\mu_2$	σ_1,σ_2 未知，但相等	t 检验	$t=\dfrac{\lvert \overline{x}-\overline{y} \rvert}{s_w\sqrt{1/m+1/n}} \geqslant t_{\frac{\alpha}{2}}(m+n-2)$ 其中 $s_w=\sqrt{\dfrac{(m-1)s_1^2+(n-1)s_2^2}{m+n-2}}$
	$\sigma_1^2=\sigma_2^2$	—	F 检验	$\dfrac{s_1^2}{s_2^2} \leqslant F_{1-\frac{\alpha}{2}}(m-1,n-1)$ 或 $\dfrac{s_1^2}{s_2^2} \geqslant F_{\frac{\alpha}{2}}(m-1,n-1)$

习　题　15

1. 设某灯泡的寿命服从正态分布，已知它的标准差为 150 h. 现从一批产品中随意抽取 25 只，测得它们的平均寿命为 1636 h. 问在水平 $\alpha=0.05$ 之下，能否认为这批灯泡的平均寿命为 1600 h?

2. 某食品厂生产罐头食品，每罐标准重量为 500 g. 今从刚生产的一批罐头中抽取 10 罐，称得其重量为(单位:g)：

495，　510，　505，　498，　503，　492，　502，　512，　497，　506

假定罐头重量服从正态分布，问这批罐头的平均重量是否合乎标准(取 $\alpha=0.05$)？

3. 已知维尼龙纤度 X 在正常情况下服从正态分布 $N(\mu,\ \sigma^2)$，按规定加工精度为 $\sigma^2=0.048^2$，某天抽取 5 根纤维，测得其纤度为：

1.32， 1.55， 1.36， 1.40， 1.44

试问这天的加工精度有无显著变化(取 $\alpha = 0.02$)？

4. 某苗圃用两种方法做杨树的育苗试验，在两组育苗试验中，已知苗高服从正态分布，标准差分别为 $\sigma_1 = 20$ cm，$\sigma_2 = 18$ cm. 现各取 60 株样本，求出苗高的平均值分别为 $\overline{x}_1 = 59.34$，$\overline{x}_2 = 49.16$. 问这两种育苗方案对平均苗高的影响有无显著差异(取 $\alpha = 0.05$)？

5. 有甲乙两台车床加工样产品，从这两台车床加工的产品中随意抽出若干件，测量产品直径为(单位：cm)：

甲：20.5， 19.8， 19.7， 20.4， 20.1， 20.0， 19.0， 19.9

乙：19.7， 20.8， 20.5， 19.8， 19.4， 20.6， 19.2

假定两台车床加工的产品直径都服从正态分布，且方差相同. 问两台车床加工产品的平均直径有无显著差异(取 $\alpha = 0.05$)？

6. 对两批同类电子元件的电阻进行测试，各抽 6 件，测的结果如下(单位：Ω)：

A 批：0.140， 0.138， 0.143， 0.144， 0.141， 0.137

B 批：0.135， 0.140， 0.142， 0.136， 0.138， 0.141

已知元件的电阻分别服从正态分布，试问

(1) 两批元件的电阻的方差是否相等($\alpha = 0.05$)？

(2) 两批元件的平均电阻是否有显著差异($\alpha = 0.05$)？

附　表

附表 1　标准正态分布表

$$\Phi(x)=\int_{-\infty}^{x}\frac{1}{\sqrt{2\pi}}e^{-\frac{t^2}{2}}dt$$

x	0	1	2	3	4	5	6	7	8	9
0.0	0.500 0	0.504 0	0.508 0	0.512 0	0.516 0	0.519 9	0.523 9	0.527 9	0.531 9	0.535 9
0.1	0.539 8	0.543 8	0.547 8	0.551 7	0.555 7	0.559 6	0.563 6	0.567 5	0.571 4	0.575 3
0.2	0.579 3	0.583 2	0.587 1	0.591 0	0.594 8	0.598 7	0.602 6	0.606 4	0.610 3	0.614 1
0.3	0.617 9	0.621 7	0.625 5	0.629 3	0.633 1	0.636 8	0.640 4	0.644 3	0.648 0	0.651 7
0.4	0.655 4	0.659 1	0.662 8	0.666 4	0.670 0	0.673 6	0.677 2	0.680 8	0.684 4	0.687 9
0.5	0.691 5	0.695 0	0.698 5	0.701 9	0.705 4	0.708 8	0.712 3	0.715 7	0.719 0	0.722 4
0.6	0.725 7	0.729 1	0.732 4	0.735 7	0.738 9	0.742 2	0.745 4	0.748 6	0.751 7	0.754 9
0.7	0.758 0	0.761 1	0.764 2	0.767 3	0.770 3	0.773 4	0.776 4	0.779 4	0.782 3	0.785 2
0.8	0.788 1	0.791 0	0.793 9	0.796 7	0.799 5	0.802 3	0.805 1	0.807 8	0.810 6	0.813 3
0.9	0.815 9	0.818 6	0.821 2	0.823 8	0.826 4	0.828 9	0.835 5	0.834 0	0.836 5	0.838 9
1.0	0.841 3	0.843 8	0.846 1	0.848 5	0.850 8	0.853 1	0.855 4	0.857 7	0.859 9	0.862 1
1.1	0.864 3	0.866 5	0.868 6	0.870 8	0.872 9	0.874 9	0.877 0	0.879 0	0.881 0	0.883 0
1.2	0.884 9	0.886 9	0.888 8	0.890 7	0.892 5	0.894 4	0.896 2	0.898 0	0.899 7	0.901 5
1.3	0.903 2	0.904 9	0.906 6	0.908 2	0.909 9	0.911 5	0.913 1	0.914 7	0.916 2	0.917 7
1.4	0.919 2	0.920 7	0.922 2	0.923 6	0.925 1	0.926 5	0.927 9	0.929 2	0.930 6	0.931 9
1.5	0.933 2	0.934 5	0.935 7	0.937 0	0.938 2	0.939 4	0.940 6	0.941 8	0.943 0	0.944 1
1.6	0.945 2	0.946 3	0.947 4	0.948 4	0.949 5	0.950 5	0.951 5	0.952 5	0.953 5	0.953 5
1.7	0.955 4	0.956 4	0.957 3	0.958 2	0.959 1	0.959 9	0.960 8	0.961 6	0.962 5	0.963 3
1.8	0.964 1	0.964 8	0.965 6	0.966 4	0.967 2	0.967 8	0.968 6	0.969 3	0.970 0	0.970 6
1.9	0.971 3	0.971 9	0.972 6	0.973 2	0.973 8	0.974 4	0.975 0	0.975 6	0.976 2	0.976 7
2.0	0.977 2	0.977 8	0.978 3	0.978 8	0.979 3	0.979 8	0.980 3	0.980 8	0.981 2	0.981 7
2.1	0.982 1	0.982 6	0.983 0	0.983 4	0.983 8	0.984 2	0.984 6	0.985 0	0.985 4	0.985 7
2.2	0.986 1	0.986 4	0.986 8	0.987 1	0.987 4	0.987 8	0.988 1	0.988 4	0.988 7	0.989 0
2.3	0.989 3	0.989 6	0.989 8	0.990 1	0.990 4	0.990 6	0.990 9	0.991 1	0.991 3	0.991 6
2.4	0.991 8	0.992 0	0.992 2	0.992 5	0.992 7	0.992 9	0.993 1	0.993 2	0.993 4	0.993 6
2.5	0.993 8	0.994 0	0.994 1	0.994 3	0.994 5	0.994 6	0.994 8	0.994 9	0.995 1	0.995 2
2.6	0.995 3	0.995 5	0.995 6	0.995 7	0.995 9	0.996 0	0.996 1	0.996 2	0.996 3	0.996 4
2.7	0.996 5	0.996 6	0.996 7	0.996 8	0.996 9	0.997 0	0.997 1	0.997 2	0.997 3	0.997 4
2.8	0.997 4	0.997 5	0.997 6	0.997 7	0.997 7	0.997 8	0.997 9	0.997 9	0.998 0	0.998 1
2.9	0.998 1	0.998 2	0.998 2	0.998 3	0.998 4	0.998 4	0.998 5	0.998 5	0.998 6	0.998 6
3.0	0.998 7	0.999 0	0.999 3	0.999 5	0.999 7	0.999 8	0.999 8	0.999 9	0.999 9	1.000 0

附表 2 泊松分布表

$$P\{X=k\}=\frac{\lambda^k}{k!}e^{-\lambda}$$

k \ λ	0.1	0.2	0.3	0.4	0.5	0.6	0.7	0.8
0	0.904837	0.818731	0.740818	0.670320	0.606531	0.548812	0.496585	0.449329
1	0.090484	0.163746	0.222245	0.268128	0.303265	0.329287	0.347610	0.359463
2	0.004524	0.016375	0.033337	0.053626	0.075816	0.098786	0.121663	0.143785
3	0.000151	0.001092	0.003334	0.007150	0.012636	0.019757	0.028388	0.038343
4	0.000004	0.000055	0.000250	0.000715	0.001580	0.002964	0.004968	0.007669
5	—	0.000002	0.000015	0.000057	0.000158	0.000356	0.000696	0.001227
6	—	—	0.000001	0.000004	0.000013	0.000036	0.000081	0.000164
7	—	—	—	—	0.000001	0.000003	0.000008	0.000019
8	—	—	—	—	—	—	0.000001	0.000002

k \ λ	0.9	1.0	1.5	2.0	2.5	3.0	3.5	4.0
0	0.406570	0.367879	0.223130	0.135335	0.082085	0.049787	0.030197	0.018316
1	0.365913	0.367879	0.334695	0.270671	0.205212	0.149361	0.105691	0.073263
2	0.164661	0.183940	0.251021	0.270671	0.256516	0.224042	0.184959	0.146525
3	0.049398	0.061313	0.125511	0.180447	0.213763	0.224042	0.215785	0.195367
4	0.011115	0.015328	0.047067	0.090224	0.133602	0.168031	0.188812	0.195367
5	0.002001	0.003066	0.014120	0.036089	0.066801	0.100819	0.132169	0.156293
6	0.000300	0.000511	0.003530	0.012030	0.027834	0.050409	0.077098	0.104196
7	0.000039	0.000073	0.000756	0.003437	0.009941	0.021604	0.038549	0.059540
8	0.000004	0.000009	0.000142	0.000859	0.003106	0.008102	0.016865	0.029770
9	—	0.000001	0.000024	0.000191	0.000863	0.002701	0.006559	0.013231
10	—	—	0.000004	0.000038	0.000216	0.000810	0.002296	0.005292
11	—	—	—	0.000007	0.000049	0.000221	0.000730	0.001925
12	—	—	—	0.000001	0.000010	0.000055	0.000213	0.000642
13	—	—	—	—	0.000002	0.000013	0.000057	0.000197
14	—	—	—	—	—	0.000003	0.000014	0.000056
15	—	—	—	—	—	0.000001	0.000003	0.000015
16	—	—	—	—	—	—	0.000001	0.000004
17	—	—	—	—	—	—	—	0.000001

续附表 2

k \ λ	4.5	5.0	6.0	7.0	8.0	9.0	10.0
0	0.011109	0.006738	0.002479	0.000912	0.000335	0.000123	0.000045
1	0.049990	0.033690	0.014873	0.006383	0.002684	0.001111	0.000454
2	0.112479	0.084224	0.044618	0.022341	0.010735	0.004998	0.002270
3	0.168718	0.140374	0.089235	0.052129	0.028626	0.014994	0.007567
4	0.189808	0.175467	0.133853	0.091226	0.057252	0.033737	0.018917
5	0.170827	0.175467	0.160623	0.127717	0.091604	0.060727	0.037833
6	0.128120	0.146223	0.160623	0.149003	0.122138	0.091090	0.063055
7	0.082363	0.104445	0.137677	0.149003	0.139587	0.117116	0.090079
8	0.046329	0.065278	0.103258	0.130377	0.139587	0.131756	0.112599
9	0.023165	0.036266	0.068838	0.101405	0.124077	0.131756	0.125110
10	0.010424	0.018133	0.041303	0.070983	0.099262	0.118580	0.125110
11	0.004264	0.008242	0.022529	0.045171	0.072190	0.097020	0.113736
12	0.001599	0.003434	0.011264	0.026350	0.048127	0.072765	0.094780
13	0.000554	0.001321	0.005199	0.014188	0.029616	0.050376	0.072908
14	0.000178	0.000472	0.002228	0.007094	0.016924	0.032384	0.052077
15	0.000053	0.000157	0.000891	0.003311	0.009026	0.019431	0.034718
16	0.000015	0.000049	0.000334	0.001448	0.004513	0.010930	0.021699
17	0.000004	0.000014	0.000118	0.000596	0.002124	0.005786	0.012764
18	0.000001	0.000004	0.000039	0.000232	0.000944	0.002893	0.007091
19	—	0.000001	0.000012	0.000085	0.000397	0.001370	0.003732
20	—	—	0.000004	0.000030	0.000159	0.000617	0.001866
21	—	—	0.000001	0.000010	0.000061	0.000264	0.000889
22	—	—	—	0.000003	0.000022	0.000108	0.000404
23	—	—	—	0.000001	0.000008	0.000042	0.000176
24	—	—	—	—	0.000003	0.000016	0.000073
25	—	—	—	—	0.000001	0.000006	0.000029
26	—	—	—	—	—	0.000002	0.000011
27	—	—	—	—	—	0.000001	0.000004
28	—	—	—	—	—	—	0.000002
29	—	—	—	—	—	—	0.000001

附表 3　t 分布表

$$P\{t(n) > t_\alpha(n)\} = \alpha$$

n \ α	0.25	0.10	0.05	0.025	0.01	0.005
1	1.0000	3.0777	6.3137	12.7062	31.8210	63.6559
2	0.8165	1.8856	2.9200	4.3027	6.9645	9.9250
3	0.7649	1.6377	2.3534	3.1824	4.5407	5.8408
4	0.7407	1.5332	2.1318	2.7765	3.7469	4.6041
5	0.7267	1.4759	2.0150	2.5706	3.3649	4.0321
6	0.7176	1.4398	1.9432	2.4469	3.1427	3.7074
7	0.7111	1.4149	1.8946	2.3646	2.9979	3.4995
8	0.7064	1.3968	1.8595	2.3060	2.8965	3.3554
9	0.7027	1.3830	1.8331	2.2622	2.8214	3.2498
10	0.6998	1.3722	1.8125	2.2281	2.7638	3.1693
11	0.6974	1.3634	1.7959	2.2010	2.7181	3.1058
12	0.6955	1.3562	1.7823	2.1788	2.6810	3.0545
13	0.6938	1.3502	1.7709	2.1604	2.6503	3.0123
14	0.6924	1.3450	1.7613	2.1448	2.6245	2.9768
15	0.6912	1.3406	1.7531	2.1315	2.6025	2.9467
16	0.6901	1.3368	1.7459	2.1199	2.5835	2.9208
17	0.6892	1.3334	1.7396	2.1098	2.5669	2.8982
18	0.6884	1.3304	1.7341	2.1009	2.5524	2.8784
19	0.6876	1.3277	1.7291	2.0930	2.5395	2.8609
20	0.6870	1.3253	1.7247	2.0860	2.5280	2.8453
21	0.6864	1.3232	1.7207	2.0796	2.5176	2.8314
22	0.6858	1.3212	1.7171	2.0739	2.5083	2.8188
23	0.6853	1.3195	1.7139	2.0687	2.4999	2.8073
24	0.6848	1.3178	1.7109	2.0639	2.4922	2.7970
25	0.6844	1.3163	1.7081	2.0595	2.4851	2.7874
26	0.6840	1.3150	1.7056	2.0555	2.4786	2.7787
27	0.6837	1.3137	1.7033	2.0518	2.4727	2.7707
28	0.6834	1.3125	1.7011	2.0484	2.4671	2.7633
29	0.6830	1.3114	1.6991	2.0452	2.4620	2.7564
30	0.6828	1.3104	1.6973	2.0423	2.4573	2.7500
31	0.6825	1.3095	1.6955	2.0395	2.4528	2.7440
32	0.6822	1.3086	1.6939	2.0369	2.4487	2.7385
33	0.6820	1.3077	1.6924	2.0345	2.4448	2.7333
34	0.6818	1.3070	1.6909	2.0322	2.4411	2.7284
35	0.6816	1.3062	1.6896	2.0301	2.4377	2.7238
36	0.6814	1.3055	1.6883	2.0281	2.4345	2.7195
37	0.6812	1.3049	1.6871	2.0262	2.4314	2.7154
38	0.6810	1.3042	1.6860	2.0244	2.4286	2.7116
39	0.6808	1.3036	1.6849	2.0227	2.4258	2.7079
40	0.6807	1.3031	1.6839	2.0211	2.4233	2.7045
41	0.6805	1.3025	1.6829	2.0195	2.4208	2.7012
42	0.6804	1.3020	1.6820	2.0181	2.4185	2.6981
43	0.6802	1.3016	1.6811	2.0167	2.4163	2.6951
44	0.6801	1.3011	1.6802	2.0154	2.4141	2.6923
45	0.6800	1.3006	1.6794	2.0141	2.1421	2.6896

附表 4　χ^2 分布表

$$P\{\chi^2(n) > \chi^2_\alpha(n)\} = \alpha$$

n \ α	0.995	0.99	0.975	0.95	0.90	0.1	0.05	0.025	0.01	0.005
1	—	—	0.001	0.004	0.016	2.706	3.841	5.024	6.635	7.879
2	0.010	0.020	0.051	0.103	0.211	4.605	5.991	7.378	9.210	10.597
3	0.072	0.115	0.216	0.352	0.584	6.251	7.815	9.348	11.345	12.838
4	0.207	0.297	0.484	0.711	1.064	7.779	9.488	11.143	13.277	14.860
5	0.412	0.554	0.831	1.145	1.610	9.236	11.07	12.833	15.086	16.750
6	0.676	0.872	1.237	1.635	2.204	10.645	12.592	14.449	16.812	18.548
7	0.989	1.239	1.690	2.167	2.833	12.017	14.067	16.013	18.475	20.278
8	1.344	1.646	2.180	2.733	3.490	13.362	15.507	17.535	20.09	21.955
9	1.735	2.088	2.700	3.325	4.168	14.684	16.919	19.023	21.666	23.589
10	2.156	2.558	3.247	3.940	4.865	15.987	18.307	20.483	23.209	25.188
11	2.603	3.053	3.816	4.575	5.578	17.275	19.675	21.92	24.725	26.757
12	3.074	3.571	4.404	5.226	6.304	18.549	21.026	23.337	26.217	28.300
13	3.565	4.107	5.009	5.892	7.042	19.812	22.362	24.736	27.688	29.819
14	4.075	4.660	5.629	6.571	7.790	21.064	23.685	26.119	29.141	31.319
15	4.601	5.229	6.262	7.261	8.547	22.307	24.996	27.488	30.578	32.801
16	5.142	5.812	6.908	7.962	9.312	23.542	26.296	28.845	32.000	34.267
17	5.697	6.408	7.564	8.672	10.085	24.769	27.587	30.191	33.409	35.718
18	6.265	7.015	8.231	9.390	10.865	25.989	28.869	32.526	34.805	37.156
19	6.844	7.633	8.907	10.117	11.651	27.204	30.144	32.852	36.191	38.582
20	7.434	8.260	9.591	10.851	12.443	28.412	31.410	34.170	37.566	39.997
21	8.034	8.897	10.283	11.591	13.240	29.615	32.671	35.479	38.932	41.401
22	8.643	9.542	10.982	12.338	14.042	30.813	33.924	36.781	40.289	42.796
23	9.260	10.196	11.689	13.091	14.848	32.007	35.172	38.076	41.638	44.181
24	9.886	10.856	12.401	13.848	15.659	33.196	36.415	39.364	42.890	45.559
25	10.520	11.524	13.120	14.611	16.473	34.382	37.652	40.646	44.314	46.928
26	11.160	12.198	13.844	15.379	17.292	35.563	38.885	41.923	45.642	48.290
27	11.808	12.879	14.573	16.151	18.114	36.741	40113	43.194	46.963	49.645
28	12.461	13.565	15.308	16.928	18.939	37.916	41.337	44.461	48.278	50.993
29	13.121	14.257	16.047	17.708	19.768	39.087	42.557	45.722	49.588	52.336
30	13.787	14.954	16.791	18.493	20.599	40.256	43.773	46.979	50.892	53.672
31	14.458	15.655	17.539	19.281	21.434	41.422	44.985	48.232	53.191	55.003
32	15.134	16.362	18.291	20.072	22.271	42.585	46.194	49.480	53.486	56.328
33	15.815	17.074	19.047	20.867	23.110	43.745	47.400	50.725	54.776	57.648
34	16.501	17.789	19.806	21.664	23.952	44.903	48.602	51.966	56.061	58.964
35	17.192	18.509	20.569	22.465	24.797	46.059	49.802	53.203	57.342	60.275
36	17.887	19.233	21.336	23.269	25.643	47.212	50.998	54.437	58.619	61.581
37	18.586	19.960	22.106	24.075	26.492	48.363	52.192	55.668	59.892	62.883
38	19.289	20.691	22.878	24.884	27.343	49.513	53.384	56.896	61.162	64.181
39	19.996	21.426	23.654	25.695	28.196	50.663	54.572	58.120	62.428	65.476
40	20.707	22.164	24.433	26.509	29.051	51.805	55.758	59.342	63.691	66.766
41	21.421	22.906	25.215	27.326	29.907	52.949	56.942	60.561	64.950	68.053
42	22.138	23.650	25.999	28.144	30.765	54.090	58.124	61.777	66.206	69.336
43	22.859	24.398	26.785	28.965	31.625	55.230	59.304	62.990	67.459	70.616
44	23.584	25.148	27.575	29.787	32.487	56.369	60.481	64.201	68.710	71.893
45	24.311	25.901	28.366	30.612	33.350	57.505	61.656	65.410	69.957	73.166

附表 5　F 分布表

$$P\{F(n_1,n_2) > F_\alpha(n_1,n_2)\} = \alpha$$

($\alpha = 0.10$)

λ n_1 / n_2	1	2	3	4	5	6	8	12	24	∞
1	39.86	49.50	53.59	55.83	57.24	58.20	59.44	60.71	62.00	63.33
2	8.53	9.00	9.16	9.24	9.29	9.33	9.37	9.41	9.45	9.49
3	5.54	5.46	5.36	5.32	5.31	5.28	5.25	5.22	5.18	5.13
4	4.54	4.32	4.19	4.11	4.05	4.01	3.95	3.90	3.83	3.76
5	4.06	3.78	3.62	3.52	3.45	3.40	3.34	3.27	3.19	3.10
6	3.78	3.46	3.29	3.18	3.11	3.05	2.98	2.90	2.82	2.72
7	3.59	3.26	3.07	2.96	2.88	2.83	2.75	2.67	2.58	2.47
8	3.46	3.11	2.92	2.81	2.73	2.67	2.59	2.50	2.40	2.29
9	3.36	3.01	2.81	2.69	2.61	2.55	2.47	2.38	2.28	2.16
10	3.29	2.92	2.73	2.61	2.52	2.46	2.38	2.28	2.18	2.06
11	3.23	2.86	2.66	2.54	2.45	2.39	2.30	2.21	2.10	1.97
12	3.18	2.81	2.61	2.48	2.39	2.33	2.24	2.15	2.04	1.90
13	3.14	2.76	2.56	2.43	2.35	2.28	2.20	2.10	1.98	1.85
14	3.10	2.73	2.52	2.39	2.31	2.24	2.15	2.05	1.94	1.8
15	3.07	2.70	2.49	2.36	2.27	2.21	2.12	2.02	1.90	1.76
16	3.05	2.67	2.46	2.33	2.24	2.18	2.09	1.99	1.87	1.72
17	3.03	2.64	2.44	2.31	2.22	2.15	2.06	1.96	1.84	1.69
18	3.01	2.62	2.42	2.29	2.20	2.13	2.04	1.93	1.81	1.66
19	2.99	2.61	2.40	2.27	2.18	2.11	2.02	1.91	1.79	1.63
20	2.97	2.59	2.38	2.25	2.16	2.09	2.00	1.89	1.77	1.61
21	2.96	2.57	2.36	2.23	2.14	2.08	1.98	1.87	1.75	1.59
22	2.95	2.56	2.35	2.22	2.13	2.06	1.97	1.86	1.73	1.57
23	2.94	2.55	2.34	2.21	2.11	2.05	1.95	1.84	1.72	1.55
24	2.93	2.54	2.33	2.19	2.10	2.04	1.94	1.83	1.70	1.53
25	2.92	2.53	2.32	2.18	2.09	2.02	1.93	1.82	1.69	1.52
26	2.91	2.52	2.31	2.17	2.08	2.01	1.92	1.81	1.68	1.50
27	2.90	2.51	2.30	2.17	2.07	2.00	1.91	1.80	1.67	1.49
28	2.89	2.50	2.29	2.16	2.06	2.00	1.90	1.79	1.66	1.48
29	2.89	2.50	2.28	2.15	2.06	1.99	1.89	1.78	1.65	1.47
30	2.88	2.49	2.28	2.14	2.05	1.98	1.88	1.77	1.64	1.46
40	2.84	2.44	2.23	2.09	2.00	1.93	1.83	1.71	1.57	1.38
60	2.79	2.39	2.18	2.04	1.95	1.87	1.77	1.66	1.51	1.29
120	2.75	2.35	2.13	1.99	1.90	1.82	1.72	1.60	1.45	1.19
∞	2.71	2.30	2.08	1.94	1.85	1.17	1.67	1.55	1.38	1.00

注:表中的 n_1 是第一自由度,n_2 是第二自由度,λ 是 α 的上临界值.续表类似.

续附表 5

($\alpha = 0.05$)

λ n_1 / n_2	1	2	3	4	5	6	8	12	24	∞
1	161.4	199.5	215.7	224.6	230.2	234.6	238.9	243.9	249	254.3
2	18.51	19.0	19.2	19.2	19.3	19.3	19.4	19.4	19.5	19.5
3	10.13	9.55	9.28	9.12	9.01	8.94	8.84	8.74	8.64	8.53
4	7.71	6.94	6.59	6.39	6.26	6.16	6.04	5.91	5.77	5.63
5	6.61	5.79	5.41	5.19	5.05	4.95	4.82	4.68	4.53	4.36
6	5.99	5.14	4.76	4.53	4.39	4.28	4.15	4.00	3.84	3.67
7	5.59	4.74	4.35	4.12	3.97	3.87	3.73	3.57	3.41	3.23
8	5.32	4.46	4.07	3.84	3.69	3.58	3.44	3.28	3.12	2.93
9	5.12	4.26	3.86	3.63	3.48	3.37	3.23	3.07	2.90	2.71
10	4.96	4.01	3.71	3.48	3.33	3.22	3.07	2.91	2.74	2.54
11	4.84	3.98	3.59	3.36	3.20	3.09	2.95	2.79	2.61	2.40
12	4.75	3.89	3.49	3.26	3.11	3.00	2.85	2.69	2.5	2.30
13	4.67	3.81	3.41	3.18	3.02	2.92	2.77	2.60	2.42	2.21
14	4.60	3.74	3.34	3.11	2.96	2.85	2.70	2.53	2.35	2.13
15	4.54	3.68	3.29	3.06	2.90	2.79	2.64	2.48	2.29	2.07
16	4.49	3.63	3.24	3.01	2.85	2.74	2.59	2.42	2.24	2.01
17	4.45	3.59	3.20	2.96	2.81	2.70	2.55	2.38	2.19	1.96
18	4.41	3.55	3.16	2.93	2.77	2.66	2.51	2.34	2.15	1.92
19	4.38	3.52	3.13	2.90	2.74	2.63	2.48	2.31	2.11	1.88
20	4.35	3.49	3.10	2.87	2.71	2.60	2.45	2.28	2.08	1.84
21	4.32	3.47	3.07	2.84	2.68	2.57	2.42	2.25	2.05	1.81
22	4.30	3.44	3.05	2.82	2.66	2.55	2.40	2.23	2.03	1.78
23	4.28	3.42	3.03	2.80	2.64	2.53	2.38	2.20	2.01	1.76
24	4.26	3.40	3.01	2.78	2.62	2.51	2.36	2.18	1.98	1.73
25	4.24	3.39	2.99	2.76	2.60	2.49	2.34	2.16	1.96	1.71
26	4.22	3.37	2.98	2.74	2.59	2.47	2.32	2.15	1.95	1.69
27	4.21	3.35	2.96	2.73	2.57	2.46	2.31	2.13	1.93	1.67
28	4.20	3.34	2.95	2.71	2.56	2.44	2.29	2.12	1.91	1.65
29	4.18	3.33	2.93	2.70	2.54	2.43	2.28	2.10	1.90	1.64
30	4.17	3.32	2.92	2.69	2.53	2.42	2.27	2.09	1.89	1.62
40	4.08	3.23	2.84	2.61	2.45	2.34	2.18	2.00	1.79	1.51
60	4.00	3.15	2.76	2.52	2.37	2.25	2.10	1.92	1.70	1.39
120	3.92	3.07	2.68	2.45	2.29	2.17	2.02	1.83	1.61	1.25
∞	3.84	3.00	2.60	2.37	2.21	2.09	1.94	1.75	1.52	1.00

续附表 5

($\alpha=0.025$)

λ n_1 / n_2	1	2	3	4	5	6	8	12	24	∞
1	647.8	799.5	864.2	899.6	921.8	937.1	956.7	976.7	997.2	1018
2	38.51	39.00	39.17	39.25	39.30	39.33	39.37	39.41	39.46	39.5
3	17.44	16.04	15.44	15.1	14.88	14.73	14.54	14.34	14.12	13.9
4	12.22	10.65	9.98	9.60	9.36	9.20	8.98	8.75	8.51	8.26
5	10.01	8.43	7.76	7.39	7.15	6.98	6.76	6.52	6.28	6.02
6	8.81	7.26	6.60	6.23	5.99	5.82	5.60	5.37	5.12	4.85
7	8.07	6.54	5.89	5.52	5.29	5.12	4.90	4.67	4.42	4.14
8	7.57	6.06	5.42	5.05	4.82	4.65	4.43	4.2	3.95	3.67
9	7.21	5.71	5.08	4.72	4.48	4.32	4.10	3.87	3.61	3.33
10	6.94	5.46	4.83	4.47	4.24	4.07	3.85	3.62	3.37	3.08
11	6.72	5.26	4.63	4.28	4.04	3.88	3.66	3.43	3.17	2.88
12	6.55	5.10	4.47	4.12	3.89	3.73	3.51	3.28	3.02	2.72
13	6.41	4.97	4.35	4.00	3.77	3.60	3.39	3.15	2.89	2.69
14	6.30	4.86	4.24	3.89	3.66	3.50	3.29	3.05	2.79	2.49
15	6.20	4.77	4.15	3.80	3.58	3.41	3.20	2.96	2.70	2.40
16	6.12	4.69	4.08	3.73	3.50	3.34	3.12	2.89	2.63	2.32
17	6.04	4.62	4.01	3.66	3.44	3.28	3.06	2.82	2.56	2.25
18	5.98	4.56	3.95	3.61	3.38	3.22	3.01	2.77	2.50	2.19
19	5.92	4.51	3.90	3.56	3.33	3.17	2.96	2.72	2.45	2.13
20	5.87	4.46	3.86	3.51	3.29	3.13	2.91	2.68	2.41	2.09
21	5.83	4.42	3.82	3.48	3.25	3.09	2.87	2.64	2.37	2.04
22	5.79	4.38	3.78	3.44	3.22	3.05	2.84	2.6	2.33	2.00
23	5.75	4.35	3.75	3.41	3.18	3.02	2.81	2.57	2.30	1.97
24	5.72	4.32	3.72	3.38	3.15	2.99	2.78	2.54	2.27	1.94
25	5.69	4.29	3.69	3.35	3.13	2.97	2.75	2.51	2.24	1.91
26	5.66	4.27	3.67	3.33	3.10	2.94	2.73	2.49	2.22	1.88
27	5.63	4.24	3.65	3.31	3.08	2.92	2.71	2.47	2.19	1.85
28	5.61	4.22	3.63	3.29	3.06	2.90	2.69	2.45	2.17	1.83
29	5.59	4.20	3.61	3.27	3.04	2.88	2.67	2.43	2.15	1.81
30	5.57	4.18	3.59	3.25	3.03	2.87	2.65	2.41	2.14	1.79
40	5.42	4.05	3.46	3.13	2.90	2.74	2.53	2.29	2.01	1.64
60	5.29	3.93	3.34	3.01	2.79	2.63	2.41	2.17	1.88	1.48
120	5.15	3.80	3.23	2.89	2.67	2.52	2.30	2.05	1.76	1.31
∞	5.02	3.69	3.12	2.79	2.57	2.41	2.19	1.94	1.64	1.00

续附表 5

（$\alpha=0.01$）

n_2 \ n_1	1	2	3	4	5	6	8	12	24	∞
1	4052	4999	5403	5625	5764	5859	5981	6106	6234	6366
2	98.49	99.01	99.17	99.25	99.30	99.33	99.36	99.42	99.46	99.50
3	34.12	30.81	29.46	28.71	28.24	27.91	27.49	27.05	26.60	26.12
4	21.20	18.00	16.69	15.98	15.52	15.21	14.80	14.37	13.93	13.46
5	16.26	13.27	12.06	11.39	10.97	10.67	10.29	9.89	9.47	9.02
6	13.74	10.92	9.78	9.15	8.75	8.47	8.10	7.72	7.31	6.88
7	12.25	9.55	8.45	7.85	7.46	7.19	6.84	6.47	6.07	5.65
8	11.26	8.65	7.59	7.01	6.63	6.37	6.03	5.67	5.28	4.86
9	10.56	8.02	6.99	6.42	6.06	5.80	5.47	5.11	4.73	4.31
10	10.04	7.56	6.55	5.99	5.64	5.39	5.06	4.71	4.33	3.91
11	9.65	7.20	6.22	5.67	5.32	5.07	4.74	4.40	4.02	3.60
12	9.33	6.93	5.95	5.41	5.06	4.82	4.50	4.16	3.78	3.36
13	9.07	6.70	5.74	5.20	4.86	4.62	4.30	3.96	3.59	3.16
14	8.86	6.51	5.56	5.03	4.69	4.46	4.14	3.80	3.43	3.00
15	8.68	6.36	5.42	4.89	4.56	4.32	4.00	3.67	3.29	2.87
16	8.53	6.23	5.29	4.77	4.44	4.20	3.89	3.55	3.18	2.75
17	8.40	6.11	5.18	4.67	4.34	4.10	3.79	3.45	3.08	2.65
18	8.28	6.01	5.09	4.58	4.25	4.01	3.71	3.37	3.00	2.57
19	8.18	5.93	5.01	4.50	4.17	3.94	3.63	3.30	2.92	2.49
20	8.10	5.85	4.94	4.43	4.10	3.87	3.56	3.23	2.86	2.42
21	8.02	5.78	4.87	4.37	4.04	3.81	3.51	3.17	2.80	2.36
22	7.94	5.72	4.82	4.31	3.99	3.76	3.45	3.12	2.75	2.31
23	7.88	5.66	4.76	4.26	3.94	3.71	3.41	3.07	2.70	2.26
24	7.82	5.61	4.72	4.22	3.90	3.67	3.36	3.03	2.66	2.21
25	7.77	5.57	4.68	4.18	3.86	3.63	3.32	2.99	2.62	2.17
26	7.72	5.53	4.64	4.14	3.82	3.59	3.29	2.96	2.58	2.13
27	7.68	5.49	4.6	4.11	3.78	3.56	3.26	2.93	2.55	2.10
28	7.64	5.45	4.57	4.07	3.75	3.53	3.23	2.90	2.52	2.06
29	7.60	5.42	4.54	4.04	3.73	3.50	3.20	2.87	2.49	2.03
30	7.56	5.39	4.51	4.02	3.70	3.47	3.17	2.84	2.47	2.01
40	7.31	5.18	4.31	3.83	3.51	3.29	2.99	2.66	2.29	1.80
60	7.08	4.98	4.13	3.65	3.34	3.12	2.82	2.50	2.12	1.60
120	6.85	4.79	3.95	3.48	3.17	2.96	2.66	2.34	1.95	1.38
∞	6.64	4.60	3.78	3.32	3.02	2.80	2.51	2.18	1.79	1.00

续附表 5

($\alpha = 0.005$)

λ n_1 / n_2	1	2	3	4	5	6	8	12	24	∞
1	16211	20000	21615	22500	23056	23437	23925	24426	24940	25465
2	198.5	199.0	199.2	199.2	199.3	199.3	199.4	199.4	199.5	199.5
3	55.55	49.8	47.47	46.19	45.39	44.84	44.13	43.39	42.62	41.83
4	31.33	26.28	24.26	23.15	22.46	21.97	21.35	20.70	20.03	19.32
5	22.78	18.31	16.53	15.56	14.94	14.51	13.96	13.38	12.78	12.14
6	18.63	14.45	12.92	12.03	11.46	11.07	10.57	10.03	9.47	8.88
7	16.24	12.4	10.88	10.05	9.52	9.16	8.68	8.18	7.65	7.08
8	14.69	11.04	9.60	8.81	8.30	7.95	7.50	7.01	6.50	5.95
9	13.61	10.11	8.72	7.96	7.47	7.13	6.69	6.23	5.73	5.19
10	12.83	9.43	8.08	7.34	6.87	6.54	6.12	5.66	5.17	4.64
11	12.23	8.91	7.60	6.88	6.42	6.10	5.68	5.24	4.76	4.23
12	11.75	8.51	7.23	6.52	6.07	5.76	5.35	4.91	4.43	3.90
13	11.37	8.19	6.93	6.23	5.79	5.48	5.08	4.64	4.17	3.65
14	11.06	7.92	6.68	6.00	5.56	5.26	4.86	4.43	3.96	3.44
15	10.80	7.7	6.48	5.80	5.37	5.07	4.67	4.25	3.79	3.26
16	10.58	7.51	6.30	5.64	5.21	4.91	4.52	4.10	3.64	3.11
17	10.38	7.35	6.16	5.50	5.07	4.78	4.39	3.97	3.51	2.98
18	10.22	7.21	6.03	5.37	4.96	4.66	4.28	3.86	3.40	2.87
19	10.07	7.09	5.92	5.27	4.85	4.56	4.18	3.76	3.31	2.78
20	9.94	6.99	5.82	5.17	4.76	4.47	4.09	3.68	3.22	2.69
21	9.83	6.89	5.73	5.09	4.68	4.39	4.01	3.60	3.15	2.61
22	9.73	6.81	5.65	5.02	4.61	4.32	3.94	3.54	3.08	2.55
23	9.63	6.73	5.58	4.95	4.54	4.26	3.88	3.47	3.02	2.48
24	9.55	6.66	5.52	4.89	4.49	4.20	3.83	3.42	2.97	2.43
25	9.48	6.6	5.46	4.84	4.43	4.15	3.78	3.37	2.92	2.38
26	9.41	6.54	5.41	4.79	4.38	4.10	3.73	3.33	2.87	2.33
27	9.34	6.49	5.36	4.74	4.34	4.06	3.69	3.28	2.83	2.29
28	9.28	6.44	5.32	4.70	4.30	4.02	3.65	3.25	2.79	2.25
29	9.23	6.40	5.28	4.66	4.26	3.98	3.61	3.21	2.76	2.21
30	9.18	6.35	5.24	4.62	4.23	3.95	3.58	3.18	2.73	2.18
40	8.83	6.07	4.98	4.37	3.99	3.71	3.35	2.95	2.50	1.93
60	8.49	5.79	4.73	4.14	3.76	3.49	3.13	2.74	2.29	1.69
120	8.18	5.54	4.50	3.92	3.55	3.28	2.93	2.54	2.09	1.43
∞	7.88	5.30	4.28	3.72	3.35	3.09	2.74	2.36	1.90	1.00

习题参考答案

上　篇

习 题 1

1.(1)8；(2)3；(3)6；(4)13.

2.(1)+；(2)-；(3)+.

3. $k=1$；$l=5$.

4.(1)38；(2) a^2；(3)6123000.

5.(1)-12；(2)-25；(3) $a^2(a+3)$.

6.(1)1；(2)160；(3)-270；(4) x^3+y^3.

7. -28；0.

8. -15.

9. -3；3；4.

10. 略.

11.(1) $x=1$，$y=2$，$z=3$；(2) $x_1=3$，$x_2=-4$，$x_3=-1$，$x_4=1$.

习 题 2

1.(1) $\begin{pmatrix} -1 & 3 & 1 & 5 \\ 8 & 2 & 8 & 2 \\ 3 & 7 & 9 & 13 \end{pmatrix}$；(2) $\begin{pmatrix} 14 & 13 & 8 & 7 \\ -2 & 5 & -2 & 5 \\ 2 & 1 & 6 & 5 \end{pmatrix}$；(3) $\begin{pmatrix} 3 & 1 & 1 & -1 \\ -4 & 0 & -4 & 0 \\ -1 & -3 & -3 & -5 \end{pmatrix}$.

2.(1) $\begin{pmatrix} 35 \\ 6 \\ 49 \end{pmatrix}$；(2) $\begin{pmatrix} -1 & 1 & 10 \\ 1 & 0 & 7 \end{pmatrix}$；(3)14；(4) $\begin{pmatrix} 3 & -6 \\ 1 & -2 \\ 2 & -4 \end{pmatrix}$.

(5) $a_{11}x_1^2+a_{22}x_2^2+a_{33}x_3^2+2a_{12}x_1x_2+2a_{13}x_1x_3+2a_{23}x_2x_3$.

(6) $\dfrac{1}{12}\begin{pmatrix} 16 & 13 \\ -7 & -1 \\ 8 & 8 \end{pmatrix}$；(7) $\begin{pmatrix} 3 & -10 & 4 \\ 1 & 8 & -6 \\ 6 & 4 & -1 \end{pmatrix}$.

3.(1) $\begin{pmatrix} 0 & 14 & -3 \\ 17 & 13 & 10 \end{pmatrix}$；$\begin{pmatrix} 0 & 17 \\ 14 & 13 \\ -3 & 10 \end{pmatrix}$；$\begin{pmatrix} 40 & 0 & -20 \\ 20 & 60 & 40 \end{pmatrix}$.

4. 不成立.

5. $\boldsymbol{A}^* = \begin{pmatrix} 10 & 0 & 0 \\ -10 & 5 & 0 \\ 2 & -4 & 2 \end{pmatrix}$；$\boldsymbol{A}^{-1} = \begin{pmatrix} 1 & 0 & 0 \\ -1 & \frac{1}{2} & 0 \\ \frac{1}{5} & -\frac{2}{5} & \frac{1}{5} \end{pmatrix}$.

6. $\begin{pmatrix} -\frac{5}{2} & 1 & -\frac{1}{2} \\ 5 & -1 & 1 \\ \frac{7}{2} & -1 & \frac{1}{2} \end{pmatrix}$.

7. $\lambda \neq -3$ 时，$R(\boldsymbol{A}) = 3$；$\lambda = -3$ 时，$R(\boldsymbol{A}) = 2$.

8. $-\frac{2^{2n-1}}{3}$.

9. (1) $\boldsymbol{X} = \begin{pmatrix} 1 & 1 \\ \frac{1}{4} & 0 \end{pmatrix}$；(2) $\boldsymbol{X} = \begin{pmatrix} -2 & 2 & 1 \\ -\frac{8}{3} & 5 & -\frac{2}{3} \end{pmatrix}$；(3) $\boldsymbol{X} = \begin{pmatrix} 2 & -1 & 0 \\ 1 & 3 & -4 \\ 1 & 0 & -2 \end{pmatrix}$.

10. $\boldsymbol{X} = \begin{pmatrix} 2 & 0 & 1 \\ 0 & 3 & 0 \\ 1 & 0 & 2 \end{pmatrix}$.

11. $\boldsymbol{X}^{-1} = \frac{1}{2}(\boldsymbol{X} - \boldsymbol{E})$；$(\boldsymbol{X} + 2\boldsymbol{E})^{-1} = -\frac{1}{4}(\boldsymbol{X} - 3\boldsymbol{E})$.

12. 略.

13. $x_1 = 1$，$x_2 = -\frac{3}{2}$，$x_3 = 1$.

14. $\frac{1}{3}\begin{pmatrix} 1+2^{13} & 4+2^{13} \\ -1-2^{11} & -4-2^{11} \end{pmatrix}$.

15. (1)3；(2)3.

16. $\boldsymbol{AB} = \begin{pmatrix} 7 & 27 & 0 & 0 & 0 \\ 18 & 70 & 0 & 0 & 0 \\ 3 & 3 & 5 & 1 & 2 \\ 7 & 9 & 14 & 11 & 10 \\ 5 & 4 & 8 & 4 & 6 \end{pmatrix}$；$\boldsymbol{A}^{-1} = \begin{pmatrix} 4 & -\frac{2}{3} & 0 & 0 & 0 \\ -1 & -\frac{1}{2} & 0 & 0 & 0 \\ 0 & 0 & -\frac{1}{6} & -\frac{1}{6} & \frac{1}{2} \\ 0 & 0 & -\frac{2}{3} & \frac{1}{3} & 0 \\ 0 & 0 & \frac{7}{6} & \frac{1}{6} & -\frac{1}{2} \end{pmatrix}$.

习 题 3

1. (3，8，7).

2. (1，2，3，4).

3. $-11\boldsymbol{\alpha}_1 + 14\boldsymbol{\alpha}_2 + 9\boldsymbol{\alpha}_3$.

4. $\boldsymbol{\gamma}_1 = 6\boldsymbol{\alpha}_1 + 4\boldsymbol{\alpha}_2 - 17\boldsymbol{\alpha}_3$；$\boldsymbol{\gamma}_2 = 8\boldsymbol{\alpha}_1 + 23\boldsymbol{\alpha}_2 - 7\boldsymbol{\alpha}_3$.

5. $k \neq 3$ 且 $k \neq -2$.

6. 略.

7. 略.

8.(1) 线性无关;(2) 线性相关.

9.(1) 秩为 3;(2) 秩为 4.

10. $k=3$.

11. $t=1$, $\boldsymbol{\alpha}_1=\frac{7}{9}\boldsymbol{\beta}_1+\frac{4}{9}\boldsymbol{\beta}_2$, $\boldsymbol{\alpha}_2=-\frac{1}{9}\boldsymbol{\beta}_1+\frac{2}{9}\boldsymbol{\beta}_2$; $\boldsymbol{\beta}_1=\boldsymbol{\alpha}_1-2\boldsymbol{\alpha}_2$, $\boldsymbol{\beta}_2=\frac{1}{2}\boldsymbol{\alpha}_1+\frac{7}{2}\boldsymbol{\alpha}_2$.

12. $\boldsymbol{\alpha}_1,\boldsymbol{\alpha}_2$ 为极大无关组, $\boldsymbol{\alpha}_3=\frac{5}{7}\boldsymbol{\alpha}_1-\frac{4}{7}\boldsymbol{\alpha}_2$, $\boldsymbol{\alpha}_4=\boldsymbol{\alpha}_1-\boldsymbol{\alpha}_2$.

习 题 4

1.(1) $\boldsymbol{\xi}_1=\begin{pmatrix}-19\\7\\1\end{pmatrix}$, $\boldsymbol{x}=\begin{pmatrix}x_1\\x_2\\x_3\end{pmatrix}=k\begin{pmatrix}-19\\7\\1\end{pmatrix}$;

(2) $\boldsymbol{\xi}_1=\begin{pmatrix}-\frac{3}{7}\\\frac{2}{7}\\1\\0\end{pmatrix}$, $\boldsymbol{\xi}_2=\begin{pmatrix}-\frac{13}{7}\\\frac{4}{7}\\0\\1\end{pmatrix}$, $\boldsymbol{x}=k_1\begin{pmatrix}-\frac{3}{7}\\\frac{2}{7}\\1\\0\end{pmatrix}+k_2\begin{pmatrix}-\frac{13}{7}\\\frac{4}{7}\\0\\1\end{pmatrix}$;

(3) $\boldsymbol{\xi}_1=\begin{pmatrix}-2\\1\\0\\0\\0\end{pmatrix}$, $\boldsymbol{\xi}_2=\begin{pmatrix}-2\\0\\1\\0\\1\end{pmatrix}$, $\boldsymbol{x}=k_1\begin{pmatrix}-2\\1\\0\\0\\0\end{pmatrix}+k_2\begin{pmatrix}-2\\0\\1\\0\\1\end{pmatrix}$;

(4) 无基础解系,只有零解.

2.(1) $\boldsymbol{x}=k\begin{pmatrix}-3\\3\\-1\\2\end{pmatrix}+\begin{pmatrix}1\\0\\1\\0\end{pmatrix}$; (2) $\boldsymbol{x}=k_1\begin{pmatrix}-9\\1\\7\\0\end{pmatrix}+k_2\begin{pmatrix}1\\-1\\0\\2\end{pmatrix}+\begin{pmatrix}1\\-2\\0\\0\end{pmatrix}$;

(3) $\boldsymbol{x}=k_1\begin{pmatrix}-1\\1\\0\\0\\0\end{pmatrix}+k_2\begin{pmatrix}\frac{1}{2}\\0\\-\frac{1}{2}\\1\\0\end{pmatrix}+k_3\begin{pmatrix}1\\0\\-1\\0\\1\end{pmatrix}+\begin{pmatrix}\frac{1}{2}\\0\\-\frac{1}{2}\\0\\0\end{pmatrix}$.

3. $a\neq-1$ 时有唯一解; $a=-1$ 且 $b=1$ 时有无穷解; $a=-1$ 且 $b\neq1$ 时无解.

4. $\lambda\neq-1$ 且 $\lambda\neq4$ 时有唯一解; $\lambda=4$ 时有无穷解, $\boldsymbol{x}=\begin{pmatrix}-3\\-1\\1\end{pmatrix}+\begin{pmatrix}0\\4\\0\end{pmatrix}$.

5. $\boldsymbol{x}=k_1\begin{pmatrix}1\\0\\0\end{pmatrix}+k_2\begin{pmatrix}1\\1\\-1\end{pmatrix}+\begin{pmatrix}2\\1\\0\end{pmatrix}$.

6. $\boldsymbol{B}=\begin{pmatrix}1&0\\5&2\\8&1\\0&1\end{pmatrix}$.

7. $\begin{cases}x_1-2x_2+x_3=0\\2x_1-3x_2+x_3=0\end{cases}$.

8. $\boldsymbol{x}=k\begin{pmatrix}2\\3\\4\\5\end{pmatrix}+\begin{pmatrix}1\\2\\3\\4\end{pmatrix}$.

习题 5

1. 略.

2. (1) $\lambda_1=-1$,$\lambda_2=-5$;$\boldsymbol{p}_1=\begin{pmatrix}-2\\1\end{pmatrix}$,$\boldsymbol{p}_2=\begin{pmatrix}1\\1\end{pmatrix}$;

(2) $\lambda_1=-2$,$\lambda_2=\lambda_3=1$;$\boldsymbol{p}_1=\begin{pmatrix}-1\\1\\1\end{pmatrix}$,$\boldsymbol{p}_2=\begin{pmatrix}-2\\1\\0\end{pmatrix}$,$\boldsymbol{p}_3=\begin{pmatrix}0\\0\\1\end{pmatrix}$;

(3) $\lambda_1=4a$,$\lambda_2=\lambda_3=\lambda_4=0$;$\boldsymbol{p}_1=\begin{pmatrix}1\\1\\1\\1\end{pmatrix}$,$\boldsymbol{p}_2=\begin{pmatrix}-1\\1\\0\\0\end{pmatrix}$,$\boldsymbol{p}_3=\begin{pmatrix}-1\\0\\1\\0\end{pmatrix}$,$\boldsymbol{p}_4=\begin{pmatrix}-1\\0\\0\\1\end{pmatrix}$.

3. $\lambda=3$.

4. $x=4$.

5. $\boldsymbol{A}^{100}=\begin{pmatrix}2-2^{100}&2-2^{101}&0\\-1+2^{100}&-1+2^{101}&0\\-1-2^{100}&-2+2^{101}&1\end{pmatrix}$.

6. $\boldsymbol{A}=\frac{1}{3}\begin{pmatrix}-1&0&2\\0&1&2\\2&2&0\end{pmatrix}$.

7. (1) $\boldsymbol{P}=\begin{pmatrix}0&0&1\\1&1&0\\1&0&1\end{pmatrix}$,$\boldsymbol{\Lambda}=\begin{pmatrix}1&&\\&2&\\&&3\end{pmatrix}$;(2) 不能.

8. 略.

9.(1) $\begin{pmatrix}\frac{3}{5}\\ \frac{4}{5}\end{pmatrix}$, $\begin{pmatrix}-\frac{4}{5}\\ \frac{3}{5}\end{pmatrix}$;

(2) $(1, 0, 0)^T$, $\left(0, \frac{\sqrt{2}}{2}, -\frac{\sqrt{2}}{2}\right)^T$, $\left(0, \frac{\sqrt{2}}{2}, \frac{\sqrt{2}}{2}\right)^T$;

(3) $\left(\frac{1}{2}, \frac{1}{2}, \frac{1}{2}, \frac{1}{2}\right)^T$, $\left(\frac{1}{2}, \frac{1}{2}, -\frac{1}{2}, -\frac{1}{2}\right)^T$, $\left(-\frac{1}{2}, \frac{1}{2}, -\frac{1}{2}, \frac{1}{2}\right)^T$,

$\left(\frac{1}{2}, -\frac{1}{2}, -\frac{1}{2}, \frac{1}{2}\right)^T$.

10. $\boldsymbol{A} = \begin{pmatrix}4 & 1 & 1\\ 1 & 4 & 1\\ 1 & 1 & 4\end{pmatrix}$.

11.(1) $\boldsymbol{P} = \begin{pmatrix}\frac{2}{3} & \frac{1}{3} & \frac{2}{3}\\ -\frac{2}{3} & \frac{2}{3} & \frac{1}{3}\\ \frac{1}{3} & \frac{2}{3} & -\frac{2}{3}\end{pmatrix}$, $\boldsymbol{P}^T\boldsymbol{AP} = \begin{pmatrix}4 & & \\ & -2 & \\ & & 1\end{pmatrix}$;

(2) $\boldsymbol{P} = \begin{pmatrix}\frac{\sqrt{5}}{5} & \frac{4\sqrt{5}}{15} & \frac{2}{3}\\ -\frac{4\sqrt{5}}{5} & \frac{2\sqrt{5}}{15} & \frac{1}{3}\\ 0 & -\frac{\sqrt{5}}{3} & -\frac{2}{3}\end{pmatrix}$, $\boldsymbol{P}^T\boldsymbol{AP} = \begin{pmatrix}-3 & & \\ & -3 & \\ & & 6\end{pmatrix}$.

12.略.

13.126.

习 题 6

1.(1)不是;(2)不是;(3)不是;(4)是.

2.(1) $f_1 = (x_1, x_2, x_3)\begin{pmatrix}3 & -1 & \frac{1}{2}\\ -1 & -1 & 4\\ \frac{1}{2} & 4 & 0\end{pmatrix}\begin{pmatrix}x_1\\ x_2\\ x_3\end{pmatrix}$;

(2) $f_1 = (x_1, x_2, x_3, x_4)\begin{pmatrix}0 & \frac{1}{2} & 1 & 0\\ \frac{1}{2} & 1 & -1 & -3\\ 1 & -1 & 2 & 0\\ 0 & -3 & 0 & -1\end{pmatrix}\begin{pmatrix}x_1\\ x_2\\ x_3\\ x_4\end{pmatrix}$;

3. (1) $f=2y_1^2-y_2^2+4y_3^2$, $\begin{pmatrix}x_1\\x_2\\x_3\end{pmatrix}=\begin{pmatrix}1&1&-2\\0&1&-2\\0&0&1\end{pmatrix}\begin{pmatrix}y_1\\y_2\\y_3\end{pmatrix}$;

(2) $f=y_1^2-2y_2^2+\frac{1}{2}y_3^2$, $\begin{pmatrix}x_1\\x_2\\x_3\\x_4\end{pmatrix}=\begin{pmatrix}1&-2&1&-1\\0&1&-\frac{3}{2}&1\\0&0&1&-1\\0&0&0&1\end{pmatrix}\begin{pmatrix}y_1\\y_2\\y_3\\y_4\end{pmatrix}$;

(3) $f=y_1^2+y_2^2-2y_3^2$, $\begin{pmatrix}x_1\\x_2\\x_3\end{pmatrix}=\begin{pmatrix}1&-1&0\\0&1&-1\\0&0&1\end{pmatrix}\begin{pmatrix}y_1\\y_2\\y_3\end{pmatrix}$.

4. (1) $f=y_1^2+y_2^2+10y_3^2$, $\begin{cases}x_1=\frac{2\sqrt{5}}{5}y_1+\frac{2\sqrt{5}}{15}y_2+\frac{1}{3}y_3\\x_2=-\frac{\sqrt{5}}{5}y_1+\frac{4\sqrt{5}}{15}y_2+\frac{2}{3}y_3\\x_3=\frac{1}{3}y_1-\frac{2}{3}y_3\end{cases}$;

(2) $f=y_1^2+y_2^2-y_3^2-y_4^2$, $\begin{cases}x_1=\frac{\sqrt{2}}{2}y_1+\frac{\sqrt{2}}{2}y_3\\x_2=\frac{\sqrt{2}}{2}y_1-\frac{\sqrt{2}}{2}y_3\\x_3=\frac{\sqrt{2}}{2}y_2+\frac{\sqrt{2}}{2}y_4\\x_4=\frac{\sqrt{2}}{2}y_2-\frac{\sqrt{2}}{2}y_4\end{cases}$.

5. (1)正定;(2)非正定.

习 题 7

1. $\min[-f(x)]=2x_1+3x_2+0x_4+0x_5+5(x_6-x_y)$

$$\text{s. t}\begin{cases}x_1+x_2-x_4-(x_6-x_y)=-5\\-6x_1+7x_2+x_5-9(x_6-x_y)=15\\19x_1-7x_2+5(x_6-x_y)=13\\x_1,x_2,x_4,x_5,x_6,x_7\geqslant 0\end{cases}$$

2. 最优解为 $\boldsymbol{x}=(4,2)^{\mathrm{T}}$,最优值为$-14$.

3. 最优解为 $\boldsymbol{x}=\left(\frac{11}{5},\frac{2}{5},0\right)^{\mathrm{T}}$,最优值为 $\frac{28}{5}$.

下 篇

习 题 8

1. (1) $AB\cup AC\cup BC$；(2) $\overline{ABC}$；(3) $A\overline{B}\cup\overline{A}B$；(4) $\overline{A}\,\overline{B}\,\overline{C}$.

2. (1) $\{x \mid \frac{1}{4}\leqslant x<\frac{3}{2}\}$；(2) $\{x \mid \frac{1}{4}\leqslant x\leqslant\frac{1}{2}$ 或 $1<x<\frac{3}{2}\}$；(3) $\varnothing$；

(4) $\{x \mid 0\leqslant x<\frac{1}{4}$ 或 $\frac{1}{2}<x\leqslant 1$ 或 $\frac{3}{2}\leqslant x<1\}$.

3. (1)必然事件；(2)不可能事件；(3)取到球的号码是 2 或 4；(4)取到球的号码是除过 2 和 4；取到球的号码是 6,8 或 10.

4. (1)0.8，0.9；(2)0.3；(3)0.2；(4)0.

5. (1) $\dfrac{C_{400}^{90}C_{1100}^{110}}{C_{1500}^{200}}$；(2) $1-\dfrac{C_{1100}^{200}+C_{400}^{1}C_{1100}^{199}}{C_{1500}^{200}}$.

6. 0.018144.

7. (1)0.4643；(2)0.8929.

8. $\dfrac{1}{k!}$.

9. (1) $\dfrac{1}{12}$；(2) $\dfrac{1}{20}$.

10. (1)0.0001；(2)0.7864；(3)0.2136；(4)0.2022.

11. $\dfrac{10}{19}$.

12. (1)0.35；(2)0.6；(3)0.7；(4)0.3.

习 题 9

1. (1)0.0083；(2)0.9917.

2. 0.009.

3. $\dfrac{1}{180}$.

4. $\dfrac{5}{9}$.

5. 0.625.

6. 0.0075.

7. 0.6.

8. $\dfrac{a(c+1)+bc}{(a+b)(c+d+1)}$.

9. 0.083；0.287.

10. 0.3223.

11. 坐火车来的可能性大.

12. 0.097.
13. 0.97.
14. 0.458.
15. 略.
16. 0.936.
17. $p(1+p+p^2)$.
18. (1)0.4096;(2)11.
19. 0.104.
20. 0.9953.

习 题 10

1. (1)

X	0	1	2
P	0.36	0.48	0.16

(2) $F(x)=\begin{cases}0, & x\leqslant 0\\ 0.36, & 0<x\leqslant 1\\ 0.84, & 1<x\leqslant 2\\ 1, & 2<x\end{cases}$.

2. (1) $P\{X=i\}=\dfrac{C_{40}^{i}C_{1960}^{100-i}}{C_{2000}^{100}}$;

(2) $P\{X=i\}=C_{100}^{i}\times(0.02)^{i}\times(0.98)^{100-i}\ (i=1, 2, \cdots, 100)$.

3. (1)

X	3	4	5
P	$\frac{1}{10}$	$\frac{3}{10}$	$\frac{6}{10}$

(2) $F(x)=\begin{cases}0, & x\leqslant 3\\ 0.1, & 3<x\leqslant 4\\ 0.4, & 4<x\leqslant 5\\ 1, & 5<x\end{cases}$;　　(3)0; 0.4; 0.6.

4. (1)0.1042; (2)0.99716.
5. 0.9953.
6. 若 λ 为整数时,则当 $k=\lambda$ 或 $k=\lambda-1$ 时,$P\{X=k\}$ 最大;若 λ 不为整数时,则当 $k=[\lambda]$ 时,$P\{X=k\}$ 最大.
7. (1)是; (2)不是; (3)不是.
8. $F(x)=\begin{cases}0, & x<0\\ \dfrac{x}{5}, & 0\leqslant x<5\\ 1, & x\geqslant 5\end{cases}$; $f(x)=\begin{cases}\dfrac{1}{5}, & 1\leqslant x\leqslant 5\\ 0, & 其他\end{cases}$; 0.6.

9. 0.00673.

10. (1) $A=4$; (2) $F(x)=\begin{cases}1-(2x+1)e^{-2x}, & x>0\\ 0, & x\leqslant 0\end{cases}$; (3) $1-3e^{-2}$.

11. 0.6.

12. $F(x)=\begin{cases}\dfrac{1}{2}e^{x}, & x\leqslant 0\\ \dfrac{1}{2}+\dfrac{x}{4}, & 0<x\leqslant 2\\ 1, & x>2\end{cases}$.

13. 0.927; 3.29.

14. 0.0455.

15. 0.9069.

16. 183.98.

17.

X \ Y	0	1	2
0	0	$\frac{2}{70}$	$\frac{3}{70}$
1	$\frac{3}{70}$	$\frac{18}{70}$	$\frac{9}{70}$
2	$\frac{9}{70}$	$\frac{18}{70}$	$\frac{3}{70}$
3	$\frac{3}{70}$	$\frac{2}{70}$	0

18. (1) $k=\frac{1}{8}$; (2) $\frac{3}{8}$; (3) $\frac{27}{32}$; (4) $\frac{2}{3}$.

19. (1) $A=1$; (2) $\frac{2}{27}$.

20. (1)放回抽样

X \ Y	0	1	$p_{i\cdot}$
0	$\frac{25}{36}$	$\frac{5}{36}$	$\frac{5}{6}$
1	$\frac{5}{36}$	$\frac{1}{36}$	$\frac{1}{6}$
$p_{\cdot j}$	$\frac{5}{6}$	$\frac{1}{6}$	1

相互独立;

(2)不放回抽样

X \ Y	0	1	$p_{i\cdot}$
0	$\frac{15}{22}$	$\frac{5}{33}$	$\frac{5}{6}$
1	$\frac{5}{33}$	$\frac{1}{66}$	$\frac{1}{6}$
$p_{\cdot j}$	$\frac{5}{6}$	$\frac{1}{6}$	1

不相互独立

21.

X \ Y	$-\frac{1}{2}$	1	3
-2	$\frac{1}{8}$	$\frac{1}{16}$	$\frac{1}{16}$
-1	$\frac{1}{6}$	$\frac{1}{12}$	$\frac{1}{12}$
0	$\frac{1}{24}$	$\frac{1}{48}$	$\frac{1}{48}$
$\frac{1}{2}$	$\frac{1}{6}$	$\frac{1}{12}$	$\frac{1}{12}$

22. $f_X(x)=\begin{cases}2x^2+\frac{2}{3}x, & 0\leqslant x\leqslant 1\\ 0, & 其他\end{cases}$;　$f_Y(y)=\begin{cases}\frac{1}{3}+\frac{1}{6}y, & 0\leqslant y\leqslant 2\\ 0, & 其他\end{cases}$.

23. $f_X(x)=\begin{cases}e^{-x}, & x>0\\ 0, & x\leqslant 0\end{cases}$; $f_Y(y)=\begin{cases}ye^{-y}, & y>0\\ 0, & y\leqslant 0\end{cases}$.

24. (1) $c=\frac{21}{4}$;

(2) $f_X(x)=\begin{cases}\frac{21}{8}(x^2-x^6), & -1\leqslant x\leqslant 1\\ 0, & 其他\end{cases}$; $f_Y(y)=\begin{cases}\frac{7}{2}y^{\frac{5}{2}}, & 0\leqslant y\leqslant 1\\ 0, & 其他\end{cases}$.

25. (1) $k=30$; (2) $f_X(x)=\begin{cases}5e^{-5x}, & x>0\\ 0, & x\leqslant 0\end{cases}$; $f_Y(y)=\begin{cases}6ye^{-6y}, & y>0\\ 0, & y\leqslant 0\end{cases}$.

26. (1) $f(x,y)=\begin{cases}2e^{-2y}, & 0\leqslant x\leqslant 1, y>0\\ 0, & 其他\end{cases}$;　(2) $\frac{1}{2}(1+e^{-2})$

27. (1)

Y_1	-6	-4	-2	0	2	4
P	0.10	0.15	0.20	0.25	0.20	0.10

(2)

Y_2	0	1	4	9
P	0.25	0.40	0.25	0.10

28. (1) $f_Y(y)=\frac{1}{3}f_X(\sqrt[3]{y})y^{-\frac{2}{3}}(y\neq 0)$；(2) $f_Y(y)=\begin{cases}\frac{2}{3}e^{-2\sqrt[3]{y}}y^{-\frac{2}{3}}, & y>0\\ 0, & y\leqslant 0\end{cases}$.

29. $f_Y(y)=\begin{cases}\frac{1}{\sqrt{\pi y}}, & \frac{25}{4}\pi\leqslant y\leqslant 9\pi\\ 0, & \text{其他}\end{cases}$.

30. $f_Z(z)=\begin{cases}(e-1)e^{-z}, & z\geqslant 1\\ 1-e^{-z}, & 0\leqslant z<1\\ 0, & z<0\end{cases}$.

习 题 11

1. (1) $\frac{1}{3}$；(2) $\frac{2}{3}$；(3) $\frac{25}{24}$.
2. $\frac{n+1}{2}$.
3. 1.0556.
4. $\frac{\pi}{24}(a+b)(a^2+b^2)$.
5. 1500 分.
6. $\frac{1}{p}$；$\frac{q}{p^2}$.
7. 1；$\frac{1}{6}$.
8. 0.6；0.46.
9. (1) $f_X(x)=\begin{cases}4x^3, & 0\leqslant x\leqslant 1\\ 0, & \text{其他}\end{cases}$，$f_Y(y)=\begin{cases}12y^2(1-y), & 0\leqslant y\leqslant 1\\ 0, & \text{其他}\end{cases}$；

   (2) $\frac{4}{5}$，$\frac{3}{5}$；(3) $\frac{1}{2}$；(4) $\frac{16}{15}$.
10. $300e^{-\frac{1}{4}}-200\approx 33.64$ 元.
11. $\sqrt{\frac{\pi}{2}}$.
12. 4.
13. 2.
14. $\frac{7}{6}$；$\frac{7}{6}$；$-\frac{1}{36}$；$-\frac{1}{11}$.
15. (1) $f_X(x)=\begin{cases}2x, & 0\leqslant x\leqslant 1\\ 0, & \text{其他}\end{cases}$，$f_Y(y)=\begin{cases}1-|y|, & -1\leqslant y\leqslant 1\\ 0, & \text{其他}\end{cases}$；

    (2) $\frac{2}{3}$，0，$\frac{1}{18}$，$\frac{1}{6}$；(3) 0，0.
16. 略.
17. 略.

习 题 12

1. 不小于 0.9556.

2. 不小于 0.95.
3. 0.1103.
4. 0.99999.
5. 0.9977.
6. 141 Q.
7. 0.9525.
8. 0.997; 0.997.
9. 略.

习 题 13

1. 代表性,独立性.
2. (1)不是统计量,(2)、(3)是统计量.
3. $\bar{x} = 2240.444$, $s^2 = 197032.247$.
4. 0.9836.
5. 0.6744.
6. 0.1.
7. (1)18.307, 18.475, 5.629; (2)1.8331, 2.5280; (3)2.42, 3.14, 0.4.

习 题 14

1. $\hat{\alpha} = \overline{X} - \sqrt{3}S$, $\hat{\beta} = \overline{X} + \sqrt{3}S$.
2. $\hat{p} = \dfrac{1}{\overline{X}}$.
3. $\hat{\lambda} = \dfrac{1}{\overline{X}}$, $\hat{\lambda} = \dfrac{1}{318}$.
4. $\hat{p} = \dfrac{1}{N}$, 其中 $\overline{X} = \dfrac{1}{n}\sum_{i=1}^{n} X_i$.
5. $\overline{X}_1^*$ 较为有效.
6. (1) (21.537,22.063); (2) (21.344,22.256).
7. (0.00029,0.0125); (0.017,0.112).
8. (5.1069,5.3131); (0.1675,0.3217).
9. (−0.002016,0.006116).
10. (0.142,4.639).

习 题 15

1. 可以认为这批灯泡的平均寿命 $\mu = 1600$ h.
2. 合乎标准.
3. 已有显著变化.
4. 有显著变化.
5. 直径无显著变化.
6. (1)方差相等;(2)平均值无显著差异.

参考文献

1. 同济大学数学教研室. 线性代数. 4 版. 北京:高等教育出版社, 2003
2. 刘舒强,宋益兰. 线性代数. 天津:天津大学出版社,2002
3. 欧阳克智,李富民,高军安,等. 简明线性代数. 2 版. 北京:高等教育出版社,2010
4. 涂晓青,李捷,杜之韩,等. 经济管理数学基础. 成都:西南财经大学出版社,2007
5. 大连理工大学,东南大学,合肥工业大学. 应用概率统计. 上海: 上海科学技术出版社, 1990
6. 盛骤,谢式千,潘承毅. 概率论与数理统计. 4 版. 北京:高等教育出版社, 2008
7.《运筹学》教材编写组. 运筹学. 3 版. 北京:清华大学出版社,2005